21 世纪高等教育规划教材

理 论 力 学

范钦珊　王立峰　主编

刘荣梅　孙　伟
王立峰　范钦珊　编著

机 械 工 业 出 版 社

本书是在调研的基础上，根据新的培养计划和教育部高等学校非力学专业力学基础课程教学指导分委员会最新制定的《理论力学课程教学基本要求（A类）》，从一般院校的实际情况出发，删去大部分院校不需要的教学内容编写而成。在面向21世纪课程教学内容与体系改革的基础上，本书对传统内容进一步加以精选，大大压缩教材篇幅，以满足60学时左右“理论力学”或“工程力学”课程理论力学部分的教学要求。

从力学素质教育的要求出发，本书更注重基本概念，而不追求烦琐的理论推导与数学运算。本书与以往的同类教材相比，工程概念有所加强，引入了大量涉及广泛领域的工程实例以及与工程有关的例题和习题。

全书除绪论外，共分11章，第1～3章为静力学；第4～6章为运动学；第7～10章为动力学；第11章为虚位移原理。

本书可作为高等学校工科各专业的基础力学课程教材，也可供有关工程技术人员参考。

图书在版编目（CIP）数据

理论力学/范钦珊，王立峰主编．—北京：机械工业出版社，2013.3（2019.7重印）
21世纪高等教育规划教材
ISBN 978-7-111-41415-5

Ⅰ.①理… Ⅱ.①范… ②王… Ⅲ.①理论力学－高等学校－教材
Ⅳ.①O31

中国版本图书馆CIP数据核字（2013）第025260号

机械工业出版社（北京市百万庄大街22号　邮政编码100037）
策划编辑：姜　凤　责任编辑：姜　凤　李　乐
版式设计：张　薇　责任校对：丁丽丽
封面设计：张　静　责任印制：李　飞
三河市骏杰印刷有限公司印刷
2019年7月第1版第3次印刷
169mm×239mm・17.75印张・364千字
标准书号：ISBN 978-7-111-41415-5
定价：35.00元

凡购本书，如有缺页、倒页、脱页，由本社发行部调换

电话服务	网络服务
服务咨询热线：010-88379833	机 工 官 网：www.cmpbook.com
读者购书热线：010-88379649	机 工 官 博：weibo.com/cmp1952
	教育服务网：www.cmpedu.com
封面无防伪标均为盗版	金 书 网：www.golden-book.com

前言

本书是应机械工业出版社之约而编写的，主要是为了适应一般高等学校力学课程教学改革、提高教学质量的要求。

全国普通高等学校新一轮培养计划中，课程的教学总学时数大幅度减少。基础力学课程的教学时数也要相应压缩。怎样在有限的教学时数内，使学生既能掌握基础力学的基本知识，又能了解一些基础力学的最新进展；既能培养学生的力学素质，又能加强工程概念。这是很多力学教育工作者关心的事情。

编写本书之前，著者对我国高等学校“基础力学”的教学状况以及对“基础力学”教材的需求进行了调研，与从事基础力学第一线教学的老师以及已经学习和正在学习力学课程的同学交换了关于基础力学教材的意见。

本书是在上述调研的基础上，根据新的培养计划和教育部高等学校非力学专业力学基础课程教学指导分委员会最新制定的《理论力学课程教学基本要求（A类)》，从一般院校的实际情况出发，删去大部分院校不需要的教学内容编写而成。在面向21世纪课程教学内容与体系改革的基础上，本书对传统内容进一步加以精选，大大压缩教材篇幅，以满足60学时左右“理论力学”或“工程力学”课程理论力学部分的教学要求。

从力学素质教育的要求出发，本书更注重基本概念，而不追求烦琐的理论推导与数学运算。

工科院校的“基础力学”教学内容与很多工程领域密切相关。基础力学教学不仅可以培养学生的力学素质，而且可以加强学生的工程概念。这对于他们向其他学科或其他工程领域扩展是很有利的。基于此，本书与以往的同类教材相比，工程概念有所加强，引入了大量涉及广泛领域的工程实例以及与工程有关的例题和习题。

全书除绪论外，共分11章，第1~3章为静力学；第4~6章为运动学；第7~10章为动力学；第11章为虚位移原理。

本书可作为高等学校工科各专业的基础力学课程教材，也可供有关工程技术人员参考。

本书由清华大学范钦珊教授和南京航空航天大学王立峰教授主编，南京航空航天大学刘荣梅副教授和孙伟副教授编写。本书于2010年至2012年初形成初稿，于2012年6~7月统稿。范钦珊教授的统稿工作是在美国加州休息期间完成的，统稿期间承蒙清华大学校友吴擎虹、范心洋提供了良好的工作条件与生活环境，借本书出版之际谨对两位清华校友表示诚挚谢意。

范钦珊

2013年3月

目 录

绪　　论

0.1　工程与力学

20 世纪以前，推动近代科学技术与社会进步的蒸汽机、内燃机、铁路、桥梁、船舶、兵器等，都是在力学知识的积累、应用和完善的基础上逐渐形成和发展起来的。

20 世纪以后产生的诸多高新技术，如高层建筑（图 0-1a）、大跨度斜拉桥（图 0-1b）、海洋平台（图 0-2）、航空航天器（图 0-3 和图 0-4）、机器人（图 0-5）、高速列车（图 0-6）以及大型水利工程（图 0-7）等许多重要工程更是在理论力学指导下得以实现，并不断发展完善的。

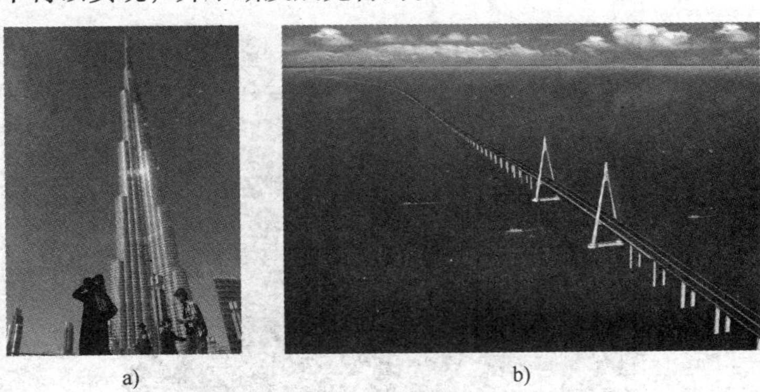

a)　　　　　　　　　　b)

图 0-1　高层建筑与大跨度斜拉桥

图 0-2　海洋石油钻井平台

图 0-3　我国的长征火箭

图 0-4　新型航天器

图 0-5　特殊工作环境中的机器人

图 0-6　高速列车

图 0-7　我国的三峡大坝水力枢纽工程

20 世纪以后产生的另一些高新技术，如电子工程、计算机工程等，虽然是在其他基础学科指导下产生和发展起来的，但都对力学提出了各式各样的、大大小小的问题。

例如：计算机硬盘驱动器（图 0-8），若给定不变的角加速度，如何确定从启动到正常运行所需的时间以及转数；已知硬盘转台的质量及其分布，当驱动器达到正常运行所需角速度时，驱动电动机的功率如何确定；等等，都与理论力学有关。

再如，跟踪目标的雷达（图 0-9），怎样在不同的时间间隔内，通过测量目标与雷达之间的距离和雷达的方位角，准确地测定目标的速度和加速度。这也是理论力学中最基础的内容之一。

图 0-8　计算机硬盘驱动器

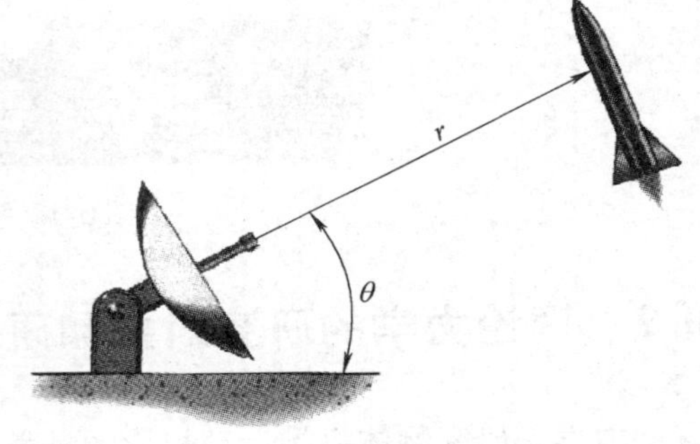

图 0-9　雷达确定目标的方位

舰载飞机（图 0-10）在飞机发动机和弹射器推力作用下从甲板上起飞，于是就有下列与理论力学有关的问题：若已知推力和跑道的可能长度，则需要多大的初始速度和时间间隔才能达到飞离甲板时的速度；反之，如果已知初始速度、一定时间间隔后飞离甲板时的速度，那么需要飞机发动机和弹射器施加多大的推力，或者需要多长的跑道。

图 0-10 舰载飞机从甲板上起飞

需要指出的是，除了工业部门的工程外，还有一些非工业工程也都与理论力学密切相关，体育运动工程就是一例。图 0-11 所示的棒球运动员用球棒击球后，棒球的速度大小和方向都发生了变化，如果已知这种变化即可确定棒球受力；反之，如果已知击球前棒球的速度，根据被击后球的速度，就可确定球棒对球所需施加的力。赛车结构（图 0-12）为什么前细后粗，为什么车轮是前小后大？这些都与理论力学的基础知识有关。

图 0-11 击球力与球的速度

图 0-12 赛车结构

0.2 理论力学的研究对象和研究内容

力学是研究物体机械运动规律的科学。所谓机械运动，是指物体在空间的位置和形状随时间的变化。作为力学的一个非常重要的分支，理论力学是研究物体机械运动一般规律的一门学科，它不仅是其他各门力学学科的基础，也是各门与机械运动密切相关的工程技术学科的基础。

理论力学属于经典力学的范畴。近代物理学的发展指出了经典力学的局限性：经典力学仅适用于运动速度远小于光速的宏观物体的运动。当物体运动的速度接近光速时，其运动应当用相对论力学来研究；当物体的大小接近微观粒子时，其运动应当用量子力学来研究。那么，人类社会进入 21 世纪后，是否还需要经典力学呢？回答是肯定的。事实上，在绝大多数工程实际问题中，所处理的对象都是宏观物体，而且其速度也远低于光速，因此其力学问题仍然属于经典力学研究的范围。同时，计算机的广泛应用和计算技术的不断发展也大大促进了经典力学的发展和应用。

根据循序渐进的认识规律及科学体系，理论力学的内容通常分为静力学、运动学和动力学三个部分。

1. 静力学

研究物体的平衡规律，同时也研究物体受力的分析方法，以及力系简化的方法等。

2. 运动学

研究物体运动的几何性质（如轨迹、速度和加速度等），而不考虑物体运动的物理原因。

3. 动力学

研究物体运动变化与其所受的力之间的关系，是理论力学最主要的组成部分。

0.3　理论力学的研究方法

理论力学的研究方法是从实践出发，经过抽象化、综合、归纳，建立公理，再应用数学演绎和逻辑推理而得到定理和结论，形成理论体系，然后再通过实践来证实理论的正确性。根据这样的步骤，现代理论力学的研究方法有三种，即理论分析方法、实验分析方法和计算机分析方法。

1. 理论分析方法

主要采用建立在归纳基础上的演绎法——在建立研究对象力学模型的基础上，根据物体机械运动的基本概念与基本原理，应用数学演绎的方法，确定物体的运动规律以及运动与力之间关系的定理与方程。

2. 实验分析方法

理论力学的实验分析方法大致可以分为以下几种类型：

• 基本力学量的测定实验，包括摩擦因数、位移、速度、加速度、角速度、角加速度、频率等的测定。

• 综合性与创新型实验，一方面应用理论力学的基本理论解决工程中的实际问题，另一方面研究一些基本理论难以解决的实际问题，通过实验建立合适的简化模型，为理论分析提供必要的基础。

3. 计算机分析方法

对于大多数的工程技术问题，由于物体的几何形状较复杂或者问题的某些特征是非线性的，因此很少有理论解析解。现代计算机的发展和普及，为计算技术在工程技术问题中的应用开辟了广阔的道路，大大促进了数学在力学研究中的应用。它不仅能完成力学问题中大量的数值计算，而且在逻辑推理、公式推导等方面也是极为有效的工具。计算机凭借自身高速与高精度的数值运算能力、极强的数据存储能力，以及逻辑判断和过程控制等能力，已经成功地解决了国际工程等领域众多的大型科学和工程计算难题，如飞机的设计（图 0-13）汽车的碰撞分析（图 0-14）等。

图 0-13　飞机模型

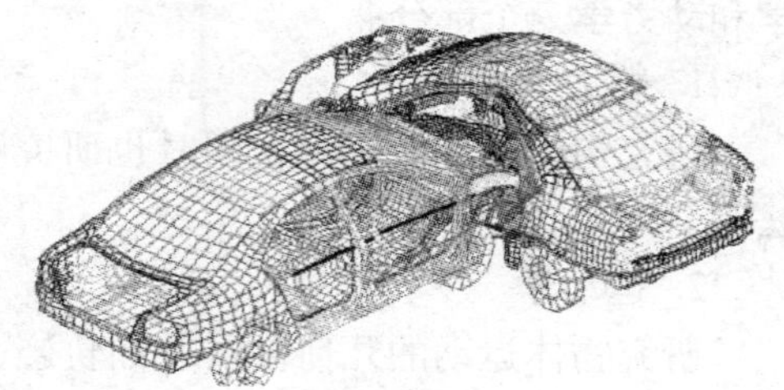

图 0-14　汽车碰撞模型

应当指出的是，计算工具的运用不能脱离具体研究的对象，只有数字运算与力学现象的物理本质紧密地结合起来，才能得出符合实际的正确结论。

0.4　学习理论力学的目的

理论力学是航空航天、机械、车辆、土木等工程科学与技术的一门重要的基础课程。理论力学的基本概念和解决问题的方法均可以直接为解决工程对象的力学问题服务，如各种飞行器、机器人等机构和结构的设计与控制，都必须以理论力学为基础。同时，对于日常生活和工程实际中出现的许多力学现象，也需要利用理论力学的知识去认识和解释，从而加以利用或消除。因此，理论力学是工程技术人员必须掌握的一门学科。

通过本课程的学习，要求掌握物体机械运动的基本规律，初步学会应用这些规律分析和解决工程实际中的力学问题，为学习后续的有关课程，如材料力学、结构力学、流体力学、空气动力学、飞行力学、机械振动、机械设计等做好准备。

此外，理论力学课程具有内容丰富、问题灵活多变、应用领域广阔等特点，因此理论力学课程的学习还有助于加强学生的工程概念、激发学生的创新意识、训练学生的创新思维、培养学生的创新能力，为今后从事工程技术和科学研究工作奠定良好的基础。

第 1 章　静力学概念与物体受力分析

本章主要介绍静力学的基础知识：静力学模型——载荷与力的模型、物体的模型、接触与连接方式的模型；静力学基本原理；受力分析的基本方法。关于受力分析，大多数读者在物理学中都有所接触，但处理的问题比较简单，与一些复杂问题、特别是工程问题还有一定的距离。读者学习本章内容时应特别注意工程问题中物体受力分析的基本方法。

1.1　静力学模型概述

所谓模型是指实际物体与实际问题的合理抽象与理想化。静力学模型包括三个方面：

（1）受力的理想化。

（2）物体的理想化。

（3）接触与连接方式的理想化。

1.1.1　力的两种效应

力是物体间的相互作用。这种作用对物体产生两种效应：

（1）运动效应（effect of motion）——力使物体的运动状态发生变化的效应。

（2）变形效应（effect of deformation）——力使物体发生变形的效应。

物体的平衡是一种特殊的运动状态——相对于惯性参考系静止或作匀速直线平移的状态。

1.1.2　物体受力的抽象与简化

物体受到的力大都是通过物体间直接或间接接触而产生的。接触处多数情形下并不是一个点，而是具有一定面积的一个面。因此，无论是施力或是受力的物体，其接触处所受的力都是作用在接触面上的**分布力**（distributed force），而且在很多情形下，分布的情况是比较复杂的。

当分布力作用的面积很小时，为了分析计算方便起见，可以将分布力理想化为作用于一点的合力，称为**集中力**（concentrated force）。

例如，静止的汽车通过轮胎作用在桥面上的力，当轮胎与桥面接触面积较小时，即可视为集中力（图 1-1a）；而桥面施加在桥梁上的力则为分布力（图 1-1b）。

作用在物体上的所有力的集合称为**力系**。空集的力系称为**零力系**。若两个力系

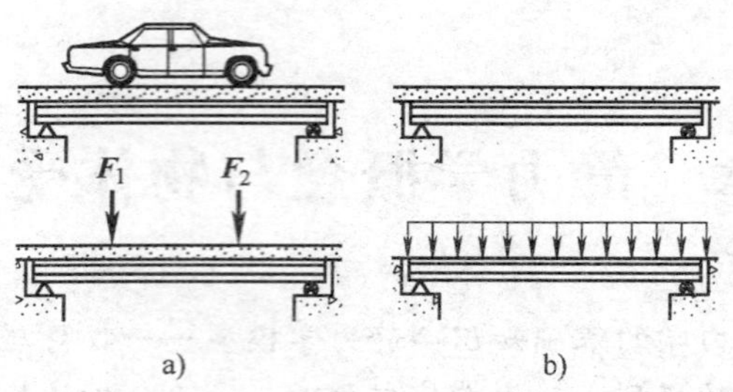

图 1-1 集中力与分布力

对物体的作用效果相同，则称这两个力系为等**效力系**。

如果一个力与一个力系等效，则称这个力为该力系的**合力**，而该力系中的力称为此合力的**分力**。

如果物体在一个力系的作用下保持平衡，则称此力系为**平衡力系**。

1.1.3 物体的抽象与简化

物体受力时，其内部各点间的相对位置会发生改变，从而使物体的形状发生改变，这种改变称为**变形**。

在研究力的运动效应时，如果物体的变形对运动和平衡的影响甚微，则变形可以忽略不计，这时的物体便可以抽象为**刚体**。可以说，刚体就是受力作用时不变形的物体。也可以说，刚体内任意两点之间的距离保持不变。显然，刚体是一种理想化的物体的模型。

刚体可以是抽象的物体，也可以是具体的物体；可以是单个的工程构件，也可以是工程结构整体。例如，建筑工地上常见的塔式起重机，当设计其单一部件或零件时，都不能看成刚体，而必须视为变形体，这时的零件或部件就是变形体模型（图 1-2a）。但是，当需要确定保证塔式起重机在各种工作状态下都不发生倾覆所需的配重时，整个塔式起重机又可以视为刚体（图 1-2b）。

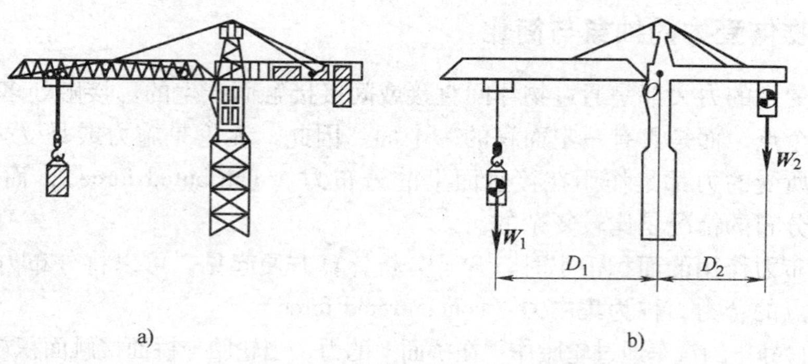

图 1-2 塔式起重机的两种不同模式

a）塔式起重机的变形体模型 b）塔式起重机的刚体模型

当物体的大小和形状在所研究的问题中可以忽略不计时，可以将其抽象为**质点**。质点也是一种理想模型。一个物体能否理想化为质点，取决于所研究的问题。例如，在研究地球绕太阳的公转时，可以将地球作为质点；而在研究地球的自转时，就不能将地球抽象为质点。

由若干具有某种联系的质点所组成的系统称为**质点系**。若质点系内各质点之间的距离可以变化，则称为**可变质点系**。若质点系内各质点之间的距离保持不变，则称为**不变质点系**。刚体可以看做是由无穷多个质点组成的不变质点系。

1.1.4　接触与连接方式的抽象与简化　约束

物体的运动如果没有受到其他物体的直接制约，诸如飞行中的飞机、火箭、人造卫星等，这类物体称为**自由体**（free body）。如果物体的运动受到其他物体的直接制约，诸如在地面上行驶的车辆受到地面的制约，桥梁受到桥墩的制约，各种机械中的轴受到轴承的制约，等等。这类物体称为非**自由体**或**受约束体**（constrained body）。

对其他物体的运动起制约作用的物体称为**约束**（constraint）。地面是车辆的约束，桥墩是桥梁的约束，轴承是轴的约束，等等。

对于工程问题中常见的约束，将在 1.3 节中详细讨论。

1.2　静力学基本原理

静力学基本原理是静力学的理论基础。

1.2.1　二力平衡原理

作用于刚体上的两个力，使刚体保持平衡的充分必要条件是：二力大小相等，方向相反，并且作用在同一直线上。

这一原理给出了最简单力系的平衡条件，是研究复杂力系平衡条件的基础。

在工程问题中，有些构件可简化为只在两点处各受到一个力作用的刚体，这样的构件称为**二力构件**。当二力构件平衡时，这两个力必定大小相等，方向相反，作用线共线，如图 1-3 所示。由于工程上的二力构件大多数是杆件，所以二力构件常被简称为**二力杆**。

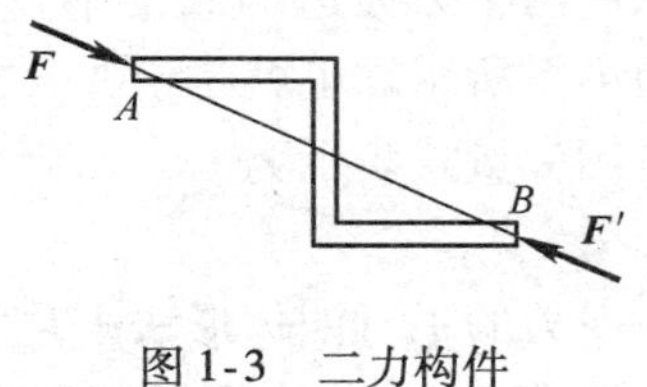

图 1-3　二力构件

1.2.2　加减平衡力系原理

在作用于刚体的任何一个力系中，加上或除去一个平衡力系，不改变原力系对刚体的作用。

由上面的两个原理，可以导出如下有用的推论。

推论1　力的可传性原理

作用于刚体上一点的力，可以沿其作用线移到刚体内任意一点，而不改变它对刚体的作用效应。

证明：设 $\boldsymbol{F}$ 作用于刚体上的点 A，点 B 为 $\boldsymbol{F}$ 作用线上的任意点，且点 B 在刚体内，如图1-4a所示。由加减平衡力系原理，在点 B 加上一对平衡力 $\boldsymbol{F}_1$ 和 $\boldsymbol{F}_2$，且 $\boldsymbol{F}_1$ 和 $\boldsymbol{F}_2$ 的大小与 $\boldsymbol{F}$ 的大小相等，$\boldsymbol{F}_2$ 的方向与 $\boldsymbol{F}$ 相同。现在刚体上作用的三个力与原来的 $\boldsymbol{F}$ 等效，如图1-4b所示。而由二力平衡原理，$\boldsymbol{F}_1$ 和 $\boldsymbol{F}$ 构成一平衡力系。根据加减平衡力系原理，将平衡力系 $\boldsymbol{F}_1$ 和 $\boldsymbol{F}$ 除去。这样，刚体上只剩下 $\boldsymbol{F}_2$ 作用在点 B，且 $\boldsymbol{F}_2=\boldsymbol{F}$，如图1-4c所示。这就将原来作用在点 A 的 $\boldsymbol{F}$ 沿着作用线移到了刚体内的点 B 处，而没有改变原来的力对于刚体的作用效应。

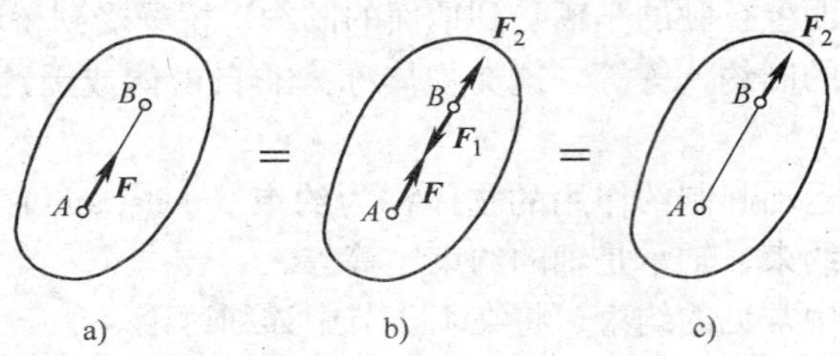

图1-4　力的可传性

当作用于刚体上的力具有可传性后，力的三要素，即：力的大小、方向和作用点就转化为力的大小、方向和作用线。所以力是可以沿作用线移动的矢量，这种矢量称为**滑移矢量**。

1.2.3　力的平行四边形法则

作用于物体上同一点的两个力，可以合成为一个合力，合力的作用点仍在该点，合力的大小和方向由以这两个力为边构成的平行四边形的对角线确定，如图1-5所示。也就是说，合力矢量为两个力的矢量和，可用矢量式表示为

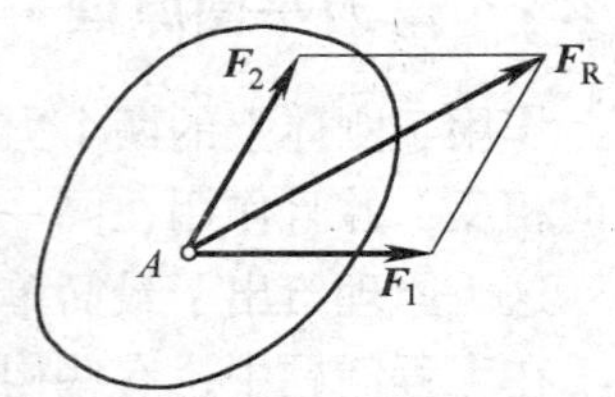

图1-5　力的平行四边形法则

$$\boldsymbol{F}_1+\boldsymbol{F}_2=\boldsymbol{F}_\mathrm{R}$$

力的平行四边形法则是力系简化和合成的理论基础。

推论2　三力平衡汇交定理

当刚体在三个力作用下平衡时，如果其中两个力的作用线汇交于一点，这三个力必在同一平面内，而且第三个力的作用线通过汇交点。

证明：设刚体在 $\boldsymbol{F}_1$、$\boldsymbol{F}_2$ 和 $\boldsymbol{F}_3$ 三个力的作用下平衡，其中 $\boldsymbol{F}_1$ 和 $\boldsymbol{F}_2$ 的作用线汇交于点 O，如图1-6a所示。应用力的可传性原理，将 $\boldsymbol{F}_1$ 和 $\boldsymbol{F}_2$ 沿各自的作用线移至

汇交点 O。再根据力的平行四边形法则，将作用于同一点的 $\boldsymbol{F}_1$ 和 $\boldsymbol{F}_2$ 合成，得到二者的合力 $\boldsymbol{F}_{12}$，如图 1-6b 所示。用合力 $\boldsymbol{F}_{12}$ 代替 $\boldsymbol{F}_1$ 和 $\boldsymbol{F}_2$ 的作用后，刚体只受两个力的作用，即，作用于点 O 的 $\boldsymbol{F}_{12}$ 和作用于点 A_3 的 $\boldsymbol{F}_3$。由二力平衡原理，$\boldsymbol{F}_{12}$ 和 $\boldsymbol{F}_3$ 的作用线必共线，由此，$\boldsymbol{F}_3$ 的作用线必通过点 O。而且 $\boldsymbol{F}_{12}$ 是 $\boldsymbol{F}_1$ 和 $\boldsymbol{F}_2$ 构成的平行四边形的对角线，所以 $\boldsymbol{F}_{12}$ 与 $\boldsymbol{F}_1$ 和 $\boldsymbol{F}_2$ 共面，亦即，$\boldsymbol{F}_3$ 与 $\boldsymbol{F}_1$ 和 $\boldsymbol{F}_2$ 共面。

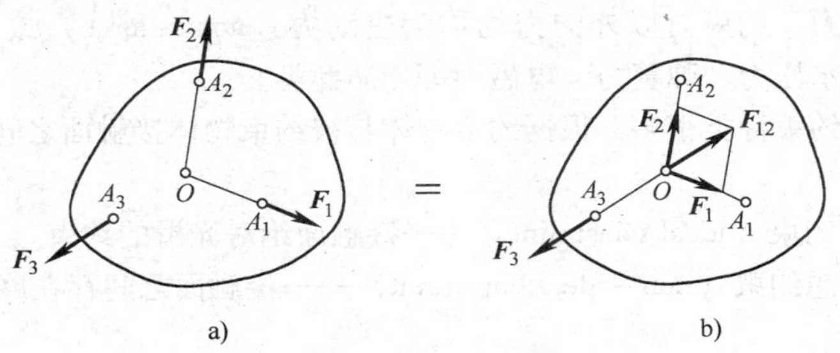

图 1-6　三力平衡汇交

1.2.4　作用和反作用定律

作用力与反作用力总是同时存在，二者大小相等、方向相反、作用线共线，分别作用在两个相互作用的物体上。通常，如果作用力用 $\boldsymbol{F}$ 表示，则它的反作用力用 $\boldsymbol{F}'$ 表示。

这就是牛顿第三定律。

1.2.5　刚化原理

变形体在某一力系作用下处于平衡时，如果将变形后的变形体刚化为刚体，则平衡状态保持不变。

也就是说，如果变形体在某一力系作用下是平衡的，那么刚体在该力系作用下就一定也是平衡的。这表明，只要变形体是平衡的，它就必定满足刚体的平衡条件。所以，刚体的平衡条件，是变形体平衡的必要条件。

刚化原理建立了变形体平衡与刚体平衡的联系。它的重要性体现在两个方面：一方面，静力学中研究工程结构的平衡问题时，所选取的研究对象可以是单个刚体，而大多数情况下则是解除了外部约束的由若干个刚体组成的刚体系统。而这样的刚体系统作为一个整体，它一般不满足刚体的定义，即不满足系统中任意两点之间的距离保持不变的条件。如果没有刚化原理，则静力学对单个刚体推导出的力系的平衡条件要应用于上述的刚体系统上就没有理论依据。根据刚化原理，只要已知上述的刚体系统是平衡的，它就一定满足对刚体导出的力系平衡条件。另一方面，材料力学研究变形体，根据刚化原理，就可以将静力学中对刚体得到的力系平衡条件，应用于已知是平衡的变形体上。从这个意义上讲，刚化原理建立了理论力学与材料力学之间的联系。

1.3 工程常见约束与约束力

作用在物体上的力大致可分为两大类：主动力和约束力。

约束物与被约束物之间的相互作用力，统称为**约束力**（constraint force）。约束力是一种被动力。约束力以外的力均称为**主动力**（active force）或**载荷**（loads），重力、风力、水压力、弹簧力、电磁力等均属此类。

工程中的约束种类很多。根据约束物体与被约束物体接触面之间有无摩擦，约束可分为：

（1）理想约束（ideal constraint）——接触面绝对光滑的约束。

（2）非理想约束（non - ideal constraint）——接触面之间存在摩擦时，一般为非理想约束。

本章将主要讨论理想约束。

根据约束物体的刚性程度，约束又可以分为：

（1）柔性约束（flexible constraint）。

（2）刚性约束（rigid constraint）。

在工程问题中，约束力的大小通常是未知的，对于静力学问题需要通过平衡条件来求解。通过接触产生的约束力，其作用点就在接触点处。下面介绍几种工程中常见的约束及其约束力的确定。

1.3.1 柔性约束

绳索、胶带、链条等都可以理想化为柔性约束，统称为**柔索**（cable）。这种约束所能限制的运动是被约束体沿柔索伸长方向的运动，所以柔性约束的约束力只能是拉力，不能是压力。例如，图 1-7a 所示的是绳索对物体的约束力。

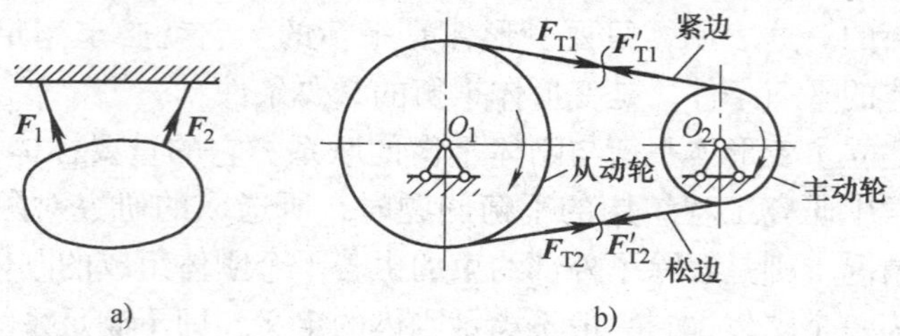

图 1-7 柔性约束

再如，图 1-7b 中的带轮传动机构中，胶带虽然有紧边和松边之分，但两边的胶带所产生的约束力都是拉力，只不过紧边的拉力要大于松边的拉力。

1.3.2 刚性约束

约束物与被约束物如果都是刚体，则二者之间为刚性接触。下面介绍几种常见的刚性约束。

1. 光滑接触面（smooth surface）

两个物体的接触面处光滑无摩擦时，约束物体只能限制被约束物体沿二者接触面公法线方向的运动，因此，其约束力沿着接触面的公法线方向，故称为法向约束力，用 $\boldsymbol{F}_N$表示。此外，由于光滑接触没有摩擦力，不能限制沿接触面切线方向的运动，所以没有切向约束力。图 1-8a、b 所示分别为光滑曲面对刚体球的约束力和齿轮传动机构中齿轮的约束力。

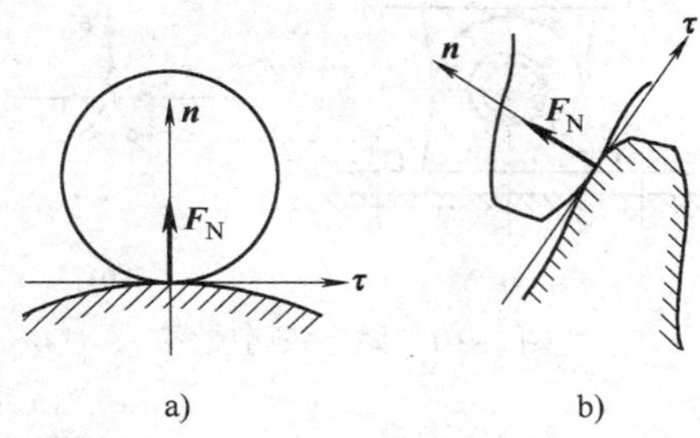

图 1-8　光滑接触面约束

2. 光滑圆柱铰链

光滑圆柱铰链（smooth cylindrical pin）简称为**铰链**，由柱孔和销钉组成，其实际结构简图如图 1-9a 所示，相互连接的两个构件并不直接接触，而是通过铰链联接。

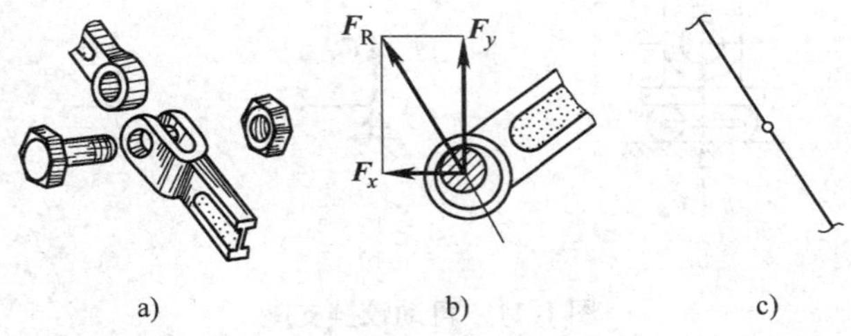

图 1-9　铰链约束

现分析铰链对其中一个构件的约束力。销钉与构件的接触如图 1-9b 所示。可以看出二者之间为线（销钉的母线）接触，在图示的平面上则为点接触。而这个接触点的位置随构件所受的外载荷的变化而改变。所以，虽然从接触的情况看，这种约束与光滑接触面约束相同，但由于接触点无法事先确定，因此它又与光滑接触面约束不同。

约束力的方向应沿着接触点处的公法线方向，而由于接触点无法事先确定，因此约束力的方向是未知的。工程上通常用分量来表示大小、方向均未知的约束力。在平面问题中这些分量分别为 $\boldsymbol{F}_x$、$\boldsymbol{F}_y$，即 $\boldsymbol{F}_R=(F_x, F_y)$，如图 1-9b 所示。铰链约束的力学符号如图 1-9c 所示。

（1）固定铰链支座

若将铰链连接的两个物体中的一个物体固定在地面或机架上，则构成固定铰链支座约束，简称为固定铰支座或固定支座，其结构简图如图 1-10a 所示。这种联接方式的特点是限制了被约束物体只能绕铰链轴线转动，而不能有移动。其约束力的表示与铰链相同。图 1-10b 所示为固定铰支座力学符号和约束力。

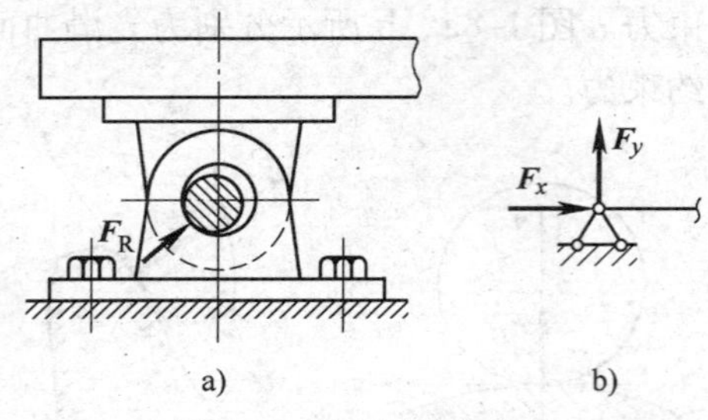

图 1-10　固定铰链支座

（2）可动铰链支座

为了解决桥梁、屋架结构等工程结构由于温度变化而使得其跨度伸长或缩短的问题，在固定铰链支座中，解除其对某一方向运动的限制，这就构成了可动铰链支座（roller support），简称为**可动铰支座**或**可动支座**，又称为**辊轴**，其结构简图如图 1-11a 所示。

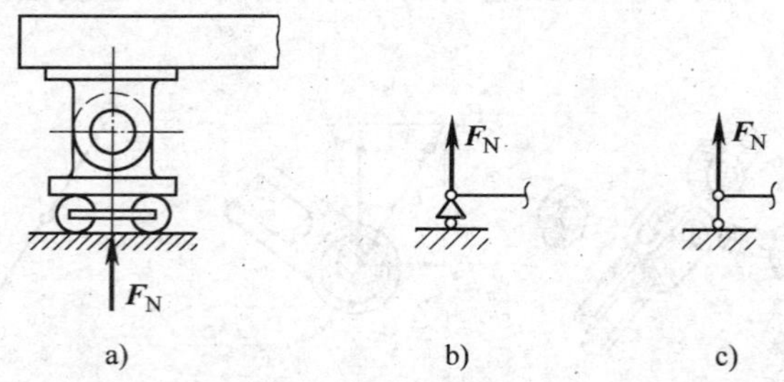

图 1-11　可动铰链支座

这样在固定铰支座的两个约束力分量中，对于可动铰链支座就只剩下一个分量，即与可移动方向垂直的分量 $\boldsymbol{F}_N$。图 1-11b、c 所示为它的力学符号和约束力。

需要指出的是，某些工程结构中的可动铰链支座，既限制被约束物体向下运动，也限制向上运动。因此，约束力 $\boldsymbol{F}_N$ 垂直于接触面，可能指向上，也可能指向下。

只限制物体沿某一方向的运动，而不限制沿其相反方向的运动的约束，称为**单面约束**。例如，柔性约束和光滑接触面约束都是单面约束。既能限制物体沿某一方向的运动，又能限制沿其相反方向的运动的约束，称为**双面约束**。例如，可动铰支座为双面约束。单面约束的约束力的指向是确定的，而双面约束的约束力的指向需要根据平衡条件来确定。

（3）向心轴承

如果将固定铰支座中的圆柱铰链的长度延长，使它成为一根轴，则固定支座就限制该轴只能绕其轴线转动。这样固定支座对于被约束体轴来说，就构成了向心轴承约束。实际的向心轴承的简图如图 1-12a 所示。其对轴的约束力与固定铰支座相同，即在与轴线垂直的平面内，用两个正交分量表示。图 1-12b 所示为它的力学符号和约束力。

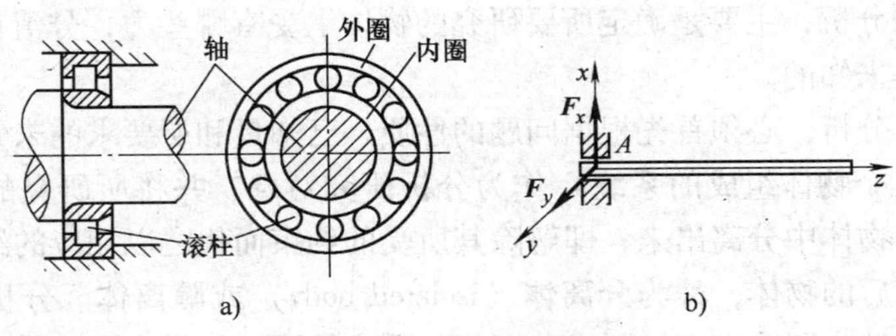

图 1-12　向心轴承

（4）向心推力轴承

如果在向心轴承上再增加对沿轴线方向运动的限制，则就成为向心推力轴承，简称推力轴承。其结构简图如图 1-13a 所示。它的约束力就是在向心轴承的两个约束力分量基础上增加一个沿轴线方向的分量 $\boldsymbol{F}_z$，如图 1-13b 所示。图 1-13c 所示为它的力学符号。

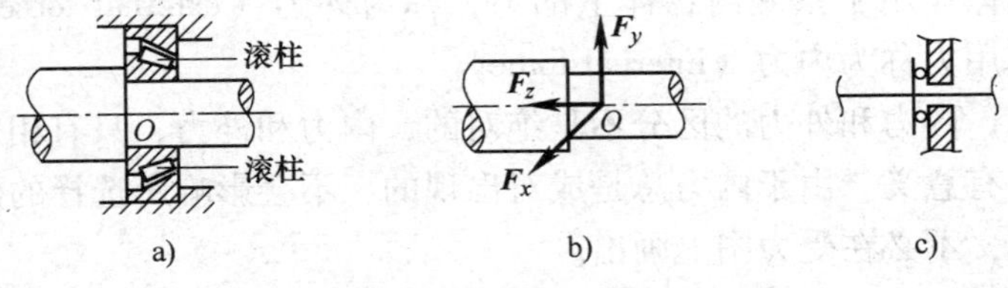

图 1-13　向心推力轴承

（5）球形铰链

球形铰链（ball - socket joint）简称**球铰**。与一般铰链相似，也有固定球铰与活动球铰之分。其结构简图如图 1-14a 所示，被约束物体上的球头与约束物体上的球窝连接。

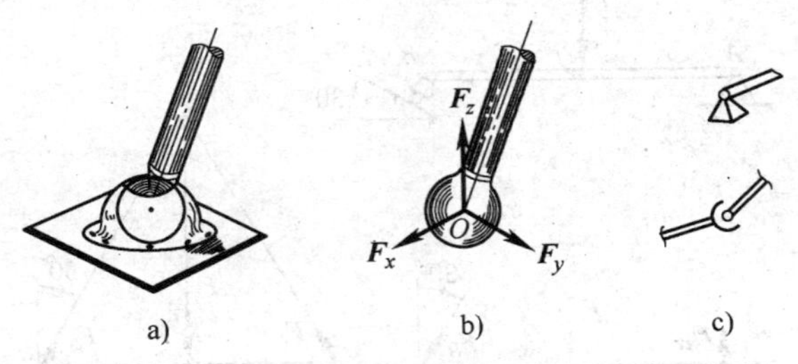

图 1-14　球形铰链

这种约束的特点是被约束物体只绕球心作空间转动，而不能有空间任意方向的移动。因此，球铰的约束力为空间力，一般用三个分量表示：$\boldsymbol{F}_{\mathrm{R}}=(F_x, F_y, F_z)$，如图 1-14b 所示。其力学符号如图 1-14c 所示。

1.4 受力分析初步

所谓受力分析，主要是确定所要研究的物体上受有哪些力，分清哪些力是已知的，哪些力是未知的。

进行受力分析，必须首先根据问题的性质、已知量和所要求的未知量，选择某一物体（或几个物体组成的系统）作为分析研究对象，并将所研究的物体从与之接触或连接的物体中分离出来，即解除其所受的约束而代之以相应的约束力。

解除约束后的物体，称为**分离体**（isolated body）或**隔离体**。分析作用在分离体上的全部主动力和约束力，画出分离体的受力简图——**受力图**。受力分析具体步骤如下：

（1）选定合适的研究对象，取出分离体；

（2）画出所有作用在分离体上的主动力（一般皆为已知力）；

（3）在分离体的所有约束处，根据约束的性质画出相应的约束力。

当选择若干个物体组成的系统作为研究对象时，作用于系统上的力可分为两类：系统外物体作用于系统内物体上的力，称为**外力**（external force）；系统内物体间的相互作用力称为**内力**（internal force）。

应该指出，内力和外力的区分不是绝对的，内力和外力，只有相对于某一确定的研究对象才有意义。由于内力总是成对出现的，不会影响所选择的研究对象的平衡状态，因此，不必在受力图上画出。

此外，当所选择的研究对象不止一个时，要正确应用作用与反作用定律，确定相互联系的物体在同一约束处的约束力，作用力与反作用力应该大小相等、方向相反（参见例题 1-2 和例题 1-3）。

【例题 1-1】 水平梁 AB 的约束和所承受的载荷如图 1-15a 所示。如果不计梁的自重，试画出梁 AB 的受力图。

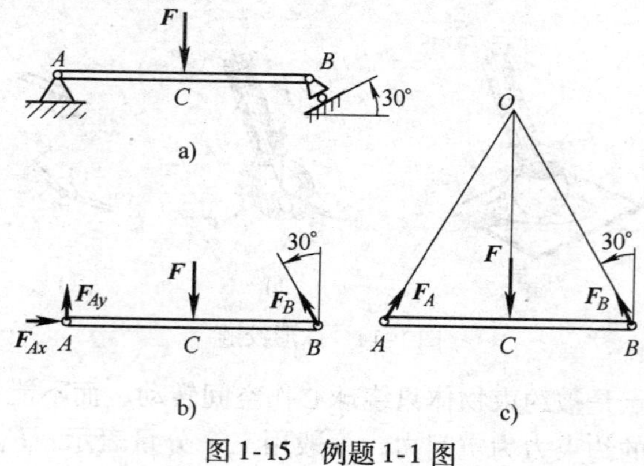

图 1-15 例题 1-1 图

解：1. 确定研究对象

以梁 AB 为研究对象，如图 1-15b 所示。

2. 确定主动力和约束力，画出受力图

作用在梁上的集中力 $\boldsymbol{F}$ 为主动力。

A 处为固定铰支座，其约束力可用两个正交的分量表示，即 $\boldsymbol{F}_{Ax}$ 和 $\boldsymbol{F}_{Ay}$。B 处为可动铰支座，其约束力 $\boldsymbol{F}_B$ 应垂直于支承面，即垂直于倾角为 30°的斜面。于是梁 AB 的受力图如图 1-15b 所示。图中 $\boldsymbol{F}_{Ax}$、$\boldsymbol{F}_{Ay}$ 和 $\boldsymbol{F}_B$ 三者的指向都是假设的，这是因为，在较复杂的情形下，无法判断约束力的实际指向，以后由平衡条件就很容易确定了。

对于本例，应用三力平衡汇交定理还可以将受力图画得更简洁些。实际上 A 处只有一个方向未知的约束力。于是，梁 AB 上受到三个力的作用而平衡。其中主动力 $\boldsymbol{F}$ 和 B 处约束力 $\boldsymbol{F}_B$ 的作用线为已知，二者的作用线交于点 O。根据三力平衡汇交定理，A 处的约束力的作用线也必交于点 O。据此，可以画出 A 处的约束力 $\boldsymbol{F}_A$，受力图如图 1-15c 所示。

【例题 1-2】 简易起重机如图 1-16a 所示。A、C 处为固定铰链支座，B 处为铰链约束。起吊重量为 $\boldsymbol{W}$，各构件自重不计。试分别画出拉杆 BC、水平梁 AB 和整体的受力图。

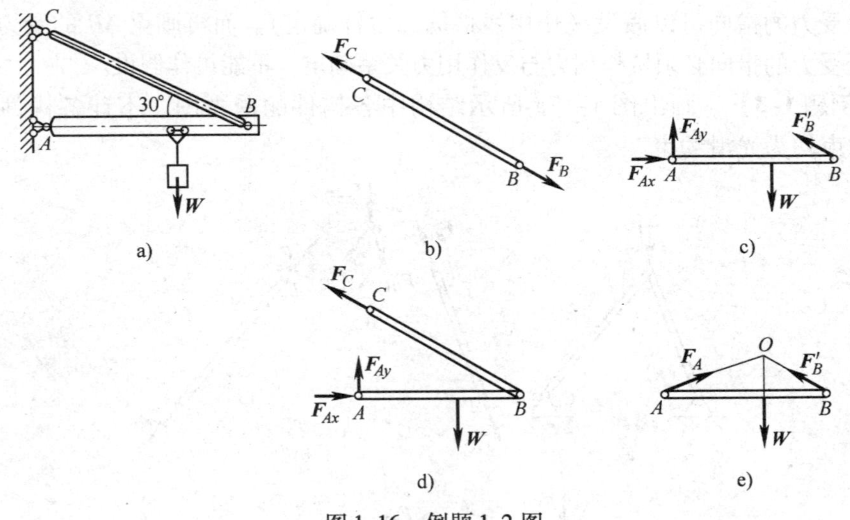

图 1-16　例题 1-2 图

解：1. 拉杆 BC 的受力图

以拉杆 BC 为研究对象，不计自重，杆 BC 只在 B、C 两端受力而平衡，故为二力杆。可以确定 $\boldsymbol{F}_B$ 和 $\boldsymbol{F}_C$ 必沿 BC 连线的方向，先假设为拉力。于是，杆 BC 受力图如图 1-16b 所示。

2. 梁 AB 的受力图

以梁 AB（包括被起吊的重物）为研究对象，重物的重力 $\boldsymbol{W}$ 为作用在梁 AB 上的主动力；B 处为铰链约束，受到的约束力与杆 BC 在 B 处的受力互为作用力与反作用力，杆 BC 在 B 处受力的作用线与指向已经假设，因此可以确定梁 AB 在 B 处的约束力 $\boldsymbol{F}'_B$的作用线和指向；A 处为固定铰链支座，约束力用两个正交的分量 $\boldsymbol{F}_{Ax}$ 和 $\boldsymbol{F}_{Ay}$ 表示。于是梁 AB 的受力图如图 1-16c 所示。

3. 起重机整体的受力图

以整体为研究对象，$\boldsymbol{W}$ 为作用在梁 AB 上的主动力。解除 A、C 两处的约束，如图 1-16d 所示。A 处的约束力与梁 AB 在 A 处的约束力相同；C 处的约束力与杆 BC 在 C 处的约束力相同。B 处的约束力对所取的研究对象而言是内力，所以不必画出。于是起重机整体的受力图如图 1-16d 所示。

梁 AB 的受力图还可以运用三力平衡汇交定理进一步简化，这时整体受力图中 A 处约束力与 BC 梁在 A 处受力一致，如图 1-16e 所示。

需要注意的是，在不同构件的受力图中，同一点处的受力的表示应一致。例如，在梁 AB 的受力图中点 A 处的受力的表示，应与整体受力图中点 A 处的受力一致。此时，对点 A 处受力的表示，可以根据约束的性质，对其约束力的指向作出假设。而在画整体的受力图时，对点 A 处受力的表示，就不能再作出不同的假设，必须与前面的假设一致。类似地，在拉杆 BC 和梁 AB 的两个受力图中，在先画拉杆 BC 受力图时，点 B 处受力的指向可以假设（作用线根据二力杆确定）。而再画梁 AB 的受力图时，点 B 处受力的指向必须按作用力与反作用力关系确定，不能再作假设。

【例题 1-3】 画出图 1-17a 所示结构中各构件的受力图。不计各构件重力，所有约束均为光滑约束。

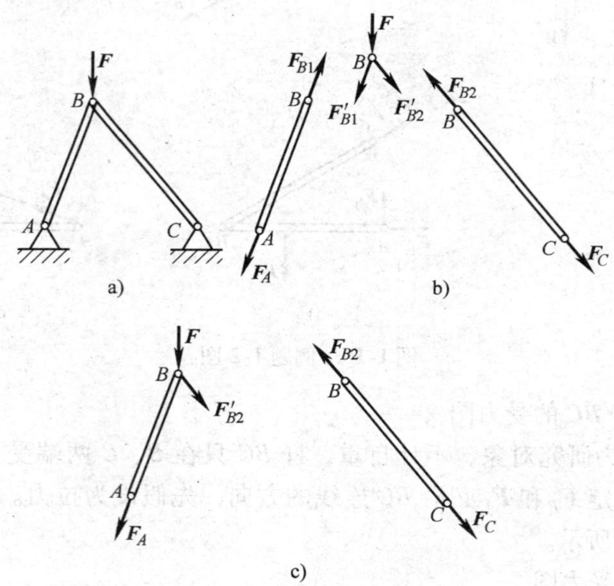

图 1-17 例题 1-3 图

解：当结构有中间铰时，受力图有两种画法：

1. 第一种画法——将中间铰中的销钉取出

以中间铰中的销钉为研究对象单独取出。这时将结构分为三部分：*AB* 杆、*B* 铰（销钉）、*BC* 杆，其中杆 *AB*、*BC* 都是二力杆，所以杆两端的约束力 $\boldsymbol{F}_A$ 和 $\boldsymbol{F}_{B1}$、$\boldsymbol{F}_C$ 和 $\boldsymbol{F}_{B2}$ 均沿杆端的连线；*B* 铰处除受主动力 $\boldsymbol{F}$ 作用外，还受有杆 *AB*、*BC* 在 *B* 处对其的作用力 $\boldsymbol{F}'_{B1}$ 和 $\boldsymbol{F}'_{B2}$，二者分别与 $\boldsymbol{F}_{B1}$ 和 $\boldsymbol{F}_{B2}$ 大小相等、方向相反，如图 1-17b 所示。

2. 第二种画法——将销钉置于任意一杆上

例如将中间铰（销钉）*B* 固连在杆 *AB* 上，结构分为杆 *AB*（含销钉 *B*）、杆 *BC* 两部分，受力分析结果如图 1-17c 所示。

3. 本例讨论

分析杆 *AB*（含销钉 *B*）时销钉 *B* 固连在杆 *AB* 上，销钉 *B* 与杆 *AB* 组成一个子系统，销钉 *B* 与杆 *AB* 的相互作用力 $\boldsymbol{F}_{B1}$、$\boldsymbol{F}'_{B1}$ 成为系统内力，不用画出。需要画出作用在 *B* 点的主动力 $\boldsymbol{F}$ 和杆 *BC* 对销钉 *B* 的约束力 $\boldsymbol{F}'_{B2}$（即系统外力）。若中间铰 *B* 固连在杆 *BC* 上，请读者自行分析其受力。

对于铰链处受到集中力作用的情形，都可以认为这个集中力是作用在销钉上的，采用本例的方法分析受力。

如果铰链连接的构件有三个或更多，则铰链处的受力更复杂，但分析的方法与过程都与本例相同。

1.5　本章小结与讨论

1.5.1　本章小结

本章主要内容有：

（1）理论力学的一些基本概念，包括：刚体、质点、质点系、平衡、力、集中力、分布力、力系、等效力系、合力以及约束等。

（2）静力学基本原理：二力平衡原理、加减平衡力系原理、力的平行四边形法则、作用和反作用定律和刚化原理。

（3）推论：力的可传性原理、三力平衡汇交定理。

（4）约束类型与约束力，包括：柔性约束、光滑接触面约束、光滑铰链约束、固定铰链支座约束、可动铰链支座约束、向心轴承、向心推力轴承和球形铰链等。

（5）受力分析和受力图。

1.5.2　整体平衡与局部平衡

整体平衡时，则组成整体的每一个局部也必然平衡。所谓整体可以是由若干刚体组成的系统（例如结构），也可以是单个刚体。所谓局部，就是组成系统的每一个刚体，或者由其中的部分刚体组成的子系统。

例如，在例题 1-2 中，所考察的对象可以是整体，也可以是拉杆 *BC* 或梁 *AB*。只要整体是平衡的，则拉杆 *BC* 和梁 *AB* 也一定是平衡的。

1.5.3 关于二力构件

实际结构中，若不计构件的自重，则只要构件的两端都是铰链约束，两端之间无其他外力作用，则这一构件必为二力构件。对于图 1-18 所示各种结构中，请读者判断哪些是二力构件，哪些则不是二力构件。

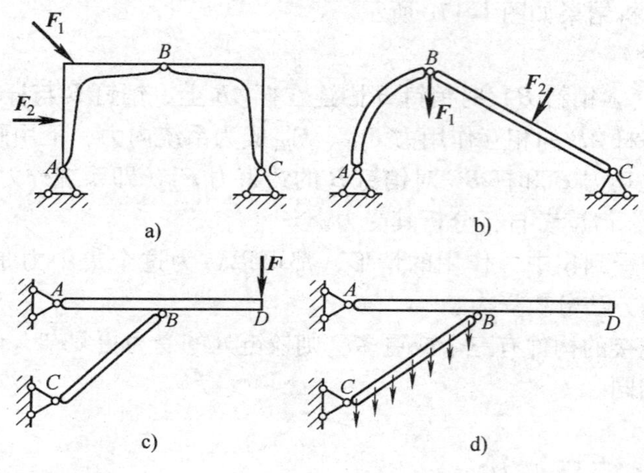

图 1-18 二力构件的判别

1.5.4 静力学基本原理的适用性

静力学的某些原理，例如力的可传性、平衡的充要条件，对于柔性体是不成立的，而对于弹性体则在一定的前提下是成立的。

图 1-19a 中所示的绳索平衡时 $\boldsymbol{F}_1 = -\boldsymbol{F}_2$；但 $\boldsymbol{F}_1 = -\boldsymbol{F}_2$ 时，绳索不一定能平衡（图 1-19b）。

如果将图 1-19 中的绳索改为弹性杆件，请读者思考平衡的充要条件是否成立。

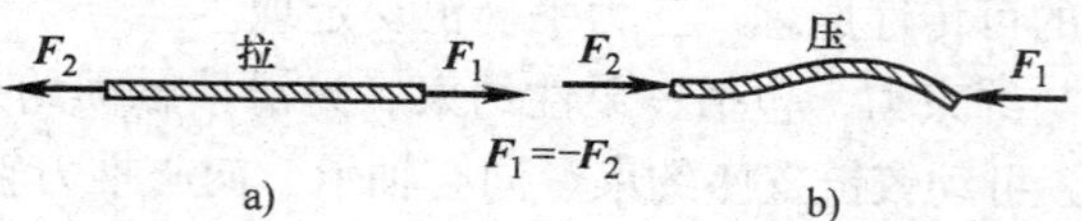

图 1-19 平衡原理对于柔性体的限制性

结合图 1-20a、b 中所示刚性圆环与弹性圆环，读者可自行分析：力的可传性应用于弹性体时又会遇到什么问题？

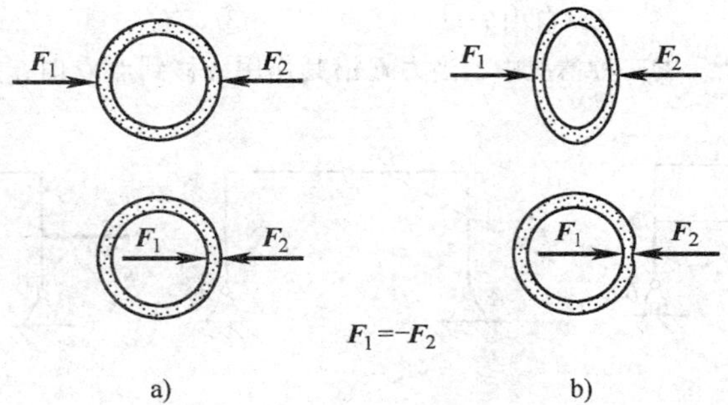

图 1-20　平衡原理对于柔性体的限制性
a）刚性圆环　b）弹性圆环

1.5.5　关于约束

根据约束性质分析约束力，是受力分析的重要内容。本章只介绍了几种常见的工程约束模型。工程中还有一些约束，其约束力为复杂的分布力系，对于这些约束需要将复杂的分布力系加以简化，得到简单的约束力。这类问题将在下一章详细讨论。

习　　题

选择填空题

1-1　在下述原理、法则及定律中，只适用于刚体的有（　　）。

① 二力平衡原理　　② 力的平行四边形法则　　③ 加减平衡力系原理
④ 力的可传性原理　　⑤ 作用与反作用定律

1-2　作用在一个刚体上的两个力 $\boldsymbol{F}_A$、$\boldsymbol{F}_B$，如果满足 $\boldsymbol{F}_A = -\boldsymbol{F}_B$ 的条件，则该二力可能是（　　）。

① 作用力和反作用力或一对平衡力　　② 一对平衡力或一个力偶
③ 一对平衡力或一个力和一个力偶　　④ 作用力与反作用力或一个力偶

1-3　图 1-21 所示的系统受主动力 $\boldsymbol{F}$ 作用而平衡，欲使 A 支座约束力的作用线与 AB 成 30° 角，则倾斜面的倾角 α 应为（　　）。

① 0°　　② 30°　　③ 45°　　④ 60°

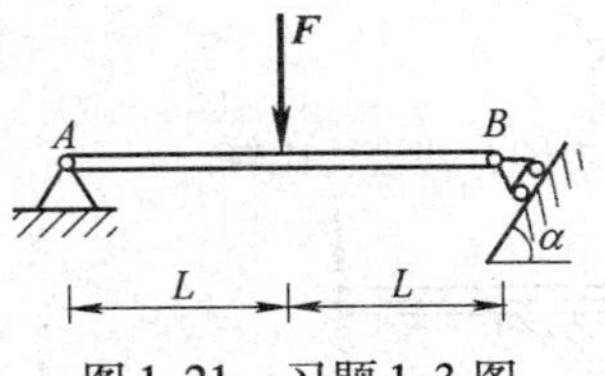

图 1-21　习题 1-3 图

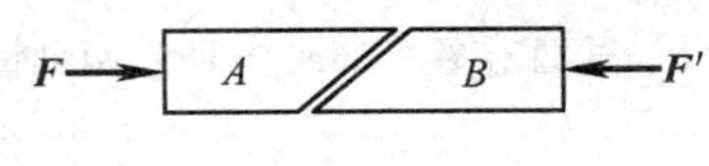

图 1-22　习题 1-4 图

1-4　图 1-22 所示的楔形块 A、B，自重不计，接触处光滑，则（　　）。

① A 平衡，B 不平衡　　② A 不平衡，B 平衡
③ A 、B 均不平衡　　④ A 、B 均平衡

1-5　考虑力对物体作用的外效应和内效应，力是（　　）。

① 滑动矢量　　② 自由矢量　　③ 定位矢量

1-6　在图 1-23 所示的三种情况中，当力 $\boldsymbol{F}$ 沿其作用线移到点 D 时，并不改变 B 处受力情况的是（　　）。

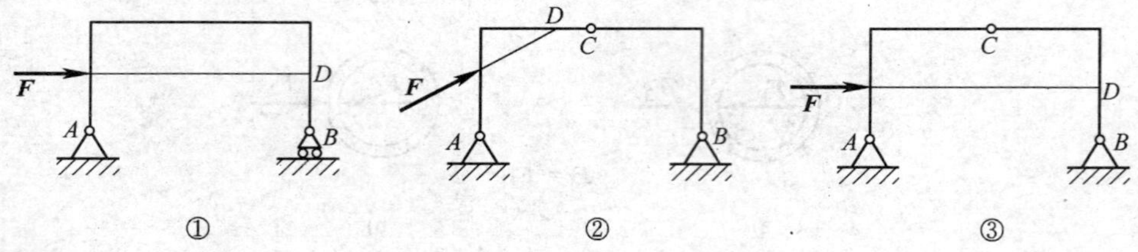

图 1-23　习题 1-6 图

1-7　一刚体受两个作用在同一直线上、指向相反的力 $\boldsymbol{F}_1$ 和 $\boldsymbol{F}_2$ 作用（如图 1-24 所示），它们的大小之间的关系为 $F_1 = 2F_2$，则该力的合力矢 $\boldsymbol{F}_R$ 可表示为（　　）。

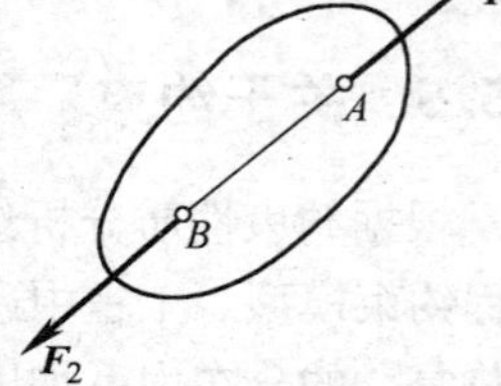

图 1-24　习题 1-7 图

① $\boldsymbol{F}_R = \boldsymbol{F}_1 - \boldsymbol{F}_2$　　② $\boldsymbol{F}_R = \boldsymbol{F}_2 - \boldsymbol{F}_1$

③ $\boldsymbol{F}_R = \boldsymbol{F}_1 + \boldsymbol{F}_2$　　④ $\boldsymbol{F}_R = \boldsymbol{F}_2$

1-8　刚体受三力作用而处于平衡状态，则此三力的作用线（　　）。

① 必汇交于一点　　② 必互相平行

③ 必皆为零　　④ 必位于同一平面内

1-9　作用在刚体上的力可沿其作用线任意移动，而不改变力对刚体的作用效果。所以，在静力学中，力是（　　）矢量。

分析计算题

1-10　如图 1-25a、b 所示，Ox_1y_1 与 Ox_2y_2 分别为正交与斜交坐标系。试将同一力 $\boldsymbol{F}$ 分别对两坐标系进行分解和投影，并比较分力与力的投影。

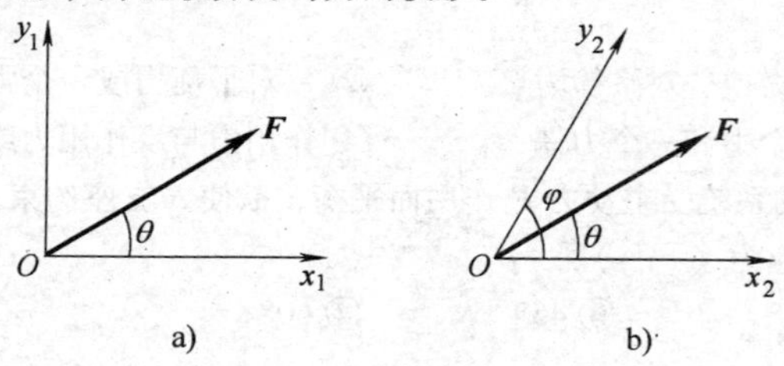

图 1-25　习题 1-10 图

1-11　试画出图 1-26a、b 所示两种情形下各物体的受力图，并进行比较。

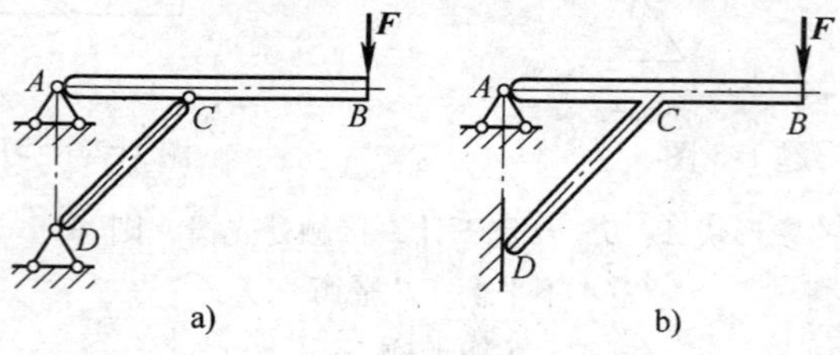

图 1-26　习题 1-11 图

1-12　试画出图 1-27 所示各物体的受力图。

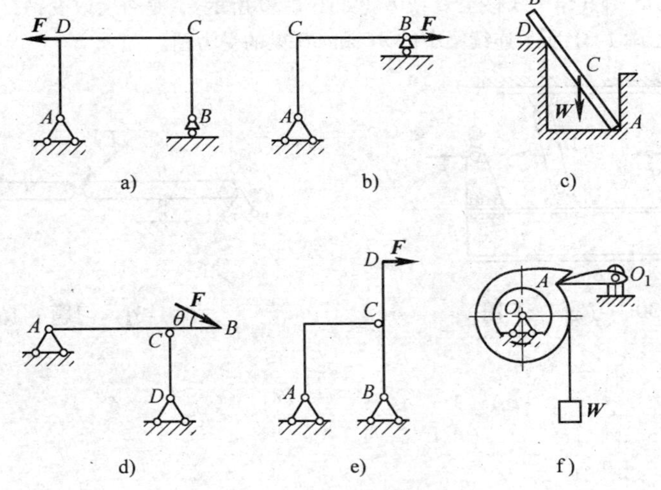

图 1-27　习题 1-12 图

1-13　图 1-28a 所示为三角架结构。载荷 $\boldsymbol{F}_1$ 作用在铰 B 上。杆 AB 不计自重，杆 BC 自重为 $\boldsymbol{W}$。试画出图 1-28b、c、d 所示的隔离体的受力图，并加以讨论。

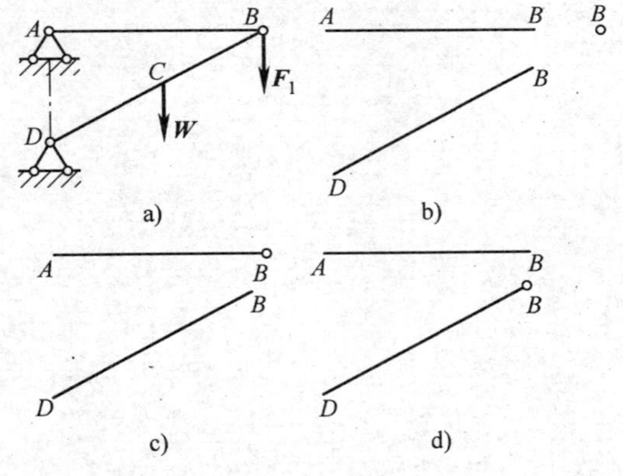

图 1-28　习题 1-13 图

1-14　试画出图 1-29 所示结构中各杆的受力图。

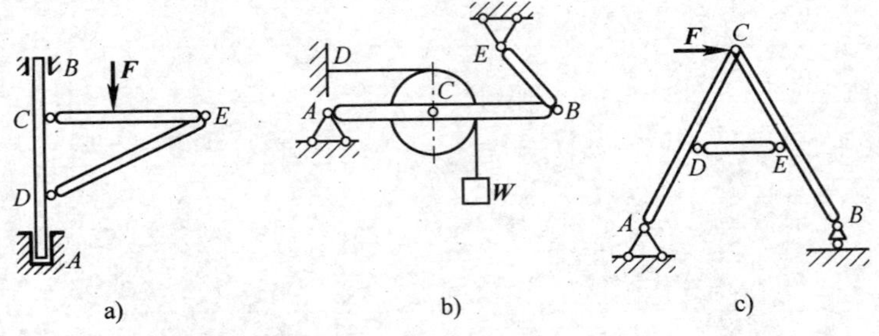

图 1-29　习题 1-14 图

1-15　图 1-30 所示刚性构件 ABC 由销钉 A 和拉杆 D 支撑，在构件的 C 点作用有一水平力 $\boldsymbol{F}$。试问如果将力 $\boldsymbol{F}$ 沿其作用线移至 D 或 E（如图 1-30 所示），是否会改变销钉 A 的受力状况？

1-16　试画出图 1-31 所示连续梁中的 AC 和 CD 梁的受力图。

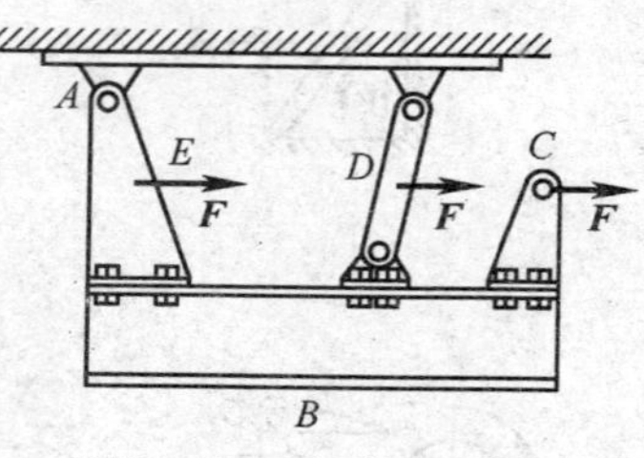

图 1-30　习题 1-15 图

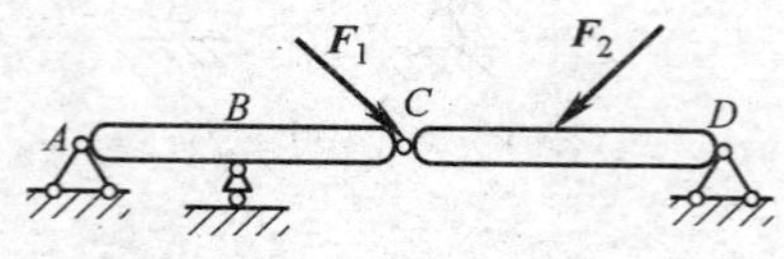

图 1-31　习题 1-16 图

第 2 章 力系的等效与简化

某些力系，从形式上（如组成力系的力的个数、大小和方向）看不完全相同，但其所产生的运动效应却可能是相同的，这些力系称为等效力系。

为了判断力系是否等效，必须首先确定表示力系基本特征的最简单、最本质的量——力系基本特征量。这需要通过力系的简化方能实现。

本章首先在物理学的基础上，对力矩的概念加以扩展和延伸，同样在物理学的基础上引出力系基本特征量，然后应用力向一点平移定理和方法对力系加以简化，进而导出力系等效定理，并将其应用于简单力系。

2.1 力矩的概念和计算

人们用工具拧紧螺母时，实际上应用了力矩的概念；人们在推门或拉门时，也应用了力矩的概念。这两种情形下，力矩的概念虽然有联系，但却并不完全相同。

2.1.1 力对点之矩

读者大都知道，力矩是力使物体绕某一点转动效应的量度。因为是对一点而言，故又称为力对点之矩（moment of a force about a point），这一点称为力矩中心（center of moment）。

考察空间任意力 $\boldsymbol{F}$ 对点 O 之矩，如图 2-1 所示。设力 $\boldsymbol{F}=(F_x, F_y, F_z)$；$O$ 点到力 $\boldsymbol{F}$ 作用点的矢量称为位矢（position vector），在三维坐标系中，位矢 $\boldsymbol{r}=(x, y, z)$。

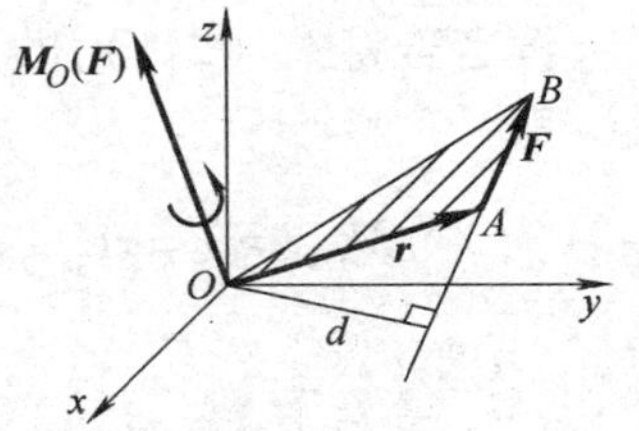

图 2-1 力对点之矩

定义 力对 O 点之矩等于位矢 $\boldsymbol{r}$ 与力 $\boldsymbol{F}$ 的叉积（矢量积），即

$$\boldsymbol{M}_O(\boldsymbol{F})=\boldsymbol{r}\times\boldsymbol{F}=\begin{vmatrix}\boldsymbol{i} & \boldsymbol{j} & \boldsymbol{k}\\ x & y & z\\ F_x & F_y & F_z\end{vmatrix}$$

$$=(yF_z-zF_y)\boldsymbol{i}+(zF_x-xF_z)\boldsymbol{j}+(xF_y-yF_x)\boldsymbol{k} \qquad (2\text{-}1)$$

上述定义表明，力对点之矩为一矢量，其中：

（1）矢量的模即为力对点之矩的大小，即

$$|\boldsymbol{M}_O(\boldsymbol{F})|=Fd=2A_{\triangle AOB} \qquad (2\text{-}2)$$

式中，d 为力臂；$A_{\triangle AOB}$ 为 $\boldsymbol{r}$ 和 $\boldsymbol{F}$ 组成的三角形面积。

（2）矢量的方向由叉积 $\boldsymbol{r}\times\boldsymbol{F}$ 确定，即按右手螺旋法则：四指与矢径方向一致，握拳方向与力绕力矩中心的转向一致，拇指指向即为力矩矢量的正方向。

（3）力矩矢量作用在力矩中心。这表明，力矩矢量为定位矢量。

2.1.2 力对轴之矩

设力对点之矩矢量 $\boldsymbol{M}_O(\boldsymbol{F})$ 在 $Oxyz$ 坐标系中的投影分别为 $M_{Ox}(\boldsymbol{F})$、$M_{Oy}(\boldsymbol{F})$、$M_{Oz}(\boldsymbol{F})$，则

$$\boldsymbol{M}_O(\boldsymbol{F})=(M_{Ox}(\boldsymbol{F}),M_{Oy}(\boldsymbol{F}),M_{Oz}(\boldsymbol{F}))\qquad(2\text{-}3)$$

式中，$M_{Ox}(\boldsymbol{F})$、$M_{Oy}(\boldsymbol{F})$、$M_{Oz}(\boldsymbol{F})$称为力对轴之矩（moment of a force about an axis）。

力对轴之矩是力使物体绕某一轴转动效应的量度（图2-2）。

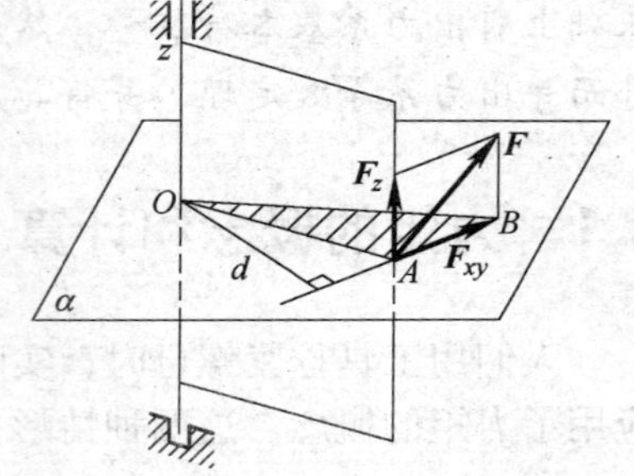

图2-2 力使物体绕轴的转动效应

力对轴之矩为代数量（标量），其正、负号由右手螺旋法则确定：四指握拳方向与力使物体绕轴转动的方向一致，若拇指指向坐标轴正方向，则力对轴之矩为正；反之为负。图2-3中所示之 $M_{Ox}(\boldsymbol{F})$、$M_{Oy}(\boldsymbol{F})$、$M_{Oz}(\boldsymbol{F})$均为正。

根据上述定义，当力的作用线与轴相交或平行时，力对该轴之矩为零。

需要注意的是，力对轴之矩可以通过力对点之矩在坐标轴上的投影求得（图2-3），也可以先将空间力向直角坐标系的各坐标轴投影，将这些投影视为分力，分别确定这些分力对同一坐标轴之矩，然后取其代数和，如图2-4所示。

读者若将式（2-1）的展开式与式（2-3）比较，不难发现上述结论的正确性，即

$$M_{Ox}(\boldsymbol{F})=yF_z-zF_y,M_{Oy}(\boldsymbol{F})=zF_x-xF_z,M_{Oz}(\boldsymbol{F})=xF_y-yF_x\qquad(2\text{-}4)$$

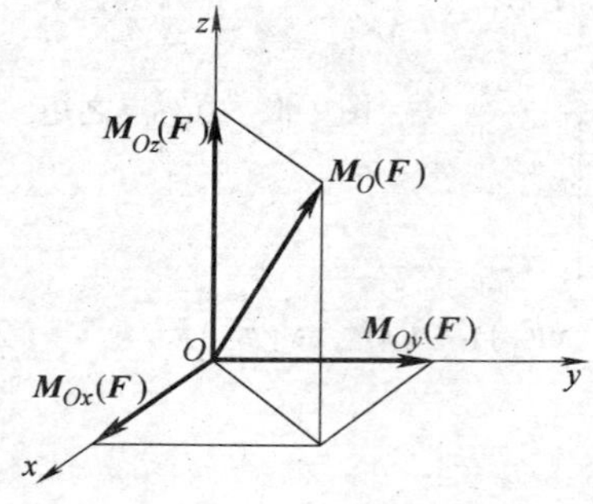

图2-3 力对轴之矩

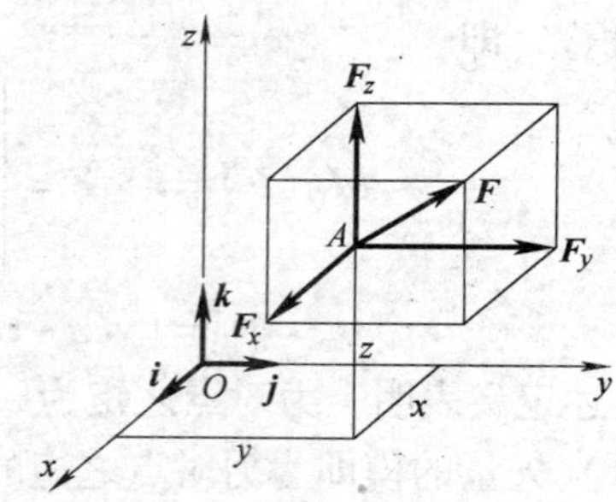

图2-4 确定力对轴之矩的方法之一

2.1.3　合力矩定理

如果力系存在合力，则合力对于某一点之矩，等于力系中所有力对同一点之矩的矢量和。此即合力矩定理（theorem of the moment of a resultant）：

$$\boldsymbol{M}_O(\boldsymbol{F}_\mathrm{R}) = \sum_{i=1}^{n}\boldsymbol{M}_O(\boldsymbol{F}_i) = \sum\boldsymbol{M}_O(\boldsymbol{F}_i)^{㊀} \tag{2-5}$$

式中，$\boldsymbol{F}_\mathrm{R} = \sum\boldsymbol{F}_i$ 为力系的合力。对于汇交力系，上述定理不难证明。建议读者自行证明。对于非汇交力系，读者也可以应用将要介绍的力系简化理论加以证明。此处不再赘述。

需要指出的是，对于力对轴之矩，合力矩定理则为：合力对某一轴之矩，等于力系中所有力对同一轴之矩的代数和，即

$$\left.\begin{aligned} M_{Ox}(\boldsymbol{F}_\mathrm{R}) &= \sum M_{Ox}(\boldsymbol{F}_i) \\ M_{Oy}(\boldsymbol{F}_\mathrm{R}) &= \sum M_{Oy}(\boldsymbol{F}_i) \\ M_{Oz}(\boldsymbol{F}_\mathrm{R}) &= \sum M_{Oz}(\boldsymbol{F}_i) \end{aligned}\right\} \tag{2-6}$$

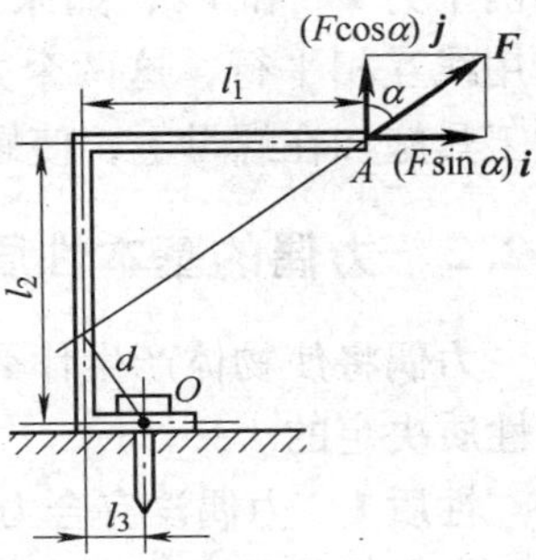

图 2-5　例题 2-1 图

【例题 2-1】　图 2-5 所示支架受力 $\boldsymbol{F}$ 作用，图中 l_1、l_2、l_3 与 α 角均为已知。求$\boldsymbol{M}_O(\boldsymbol{F})$。

解：本例可直接由力 $\boldsymbol{F}$ 对 O 点取矩，即 $|\boldsymbol{M}_O(\boldsymbol{F})| = Fd$，其中 d 为力臂，如图中所示。显然，在图示情形下，确定 d 的过程比较麻烦。

若先将力 $\boldsymbol{F}$ 分解为两个分力 $\boldsymbol{F}_x = (F\sin\alpha)\boldsymbol{i}$ 和 $\boldsymbol{F}_y = (F\cos\alpha)\boldsymbol{j}$，再应用合力矩定理，则较为方便。于是，有

$$\begin{aligned} \boldsymbol{M}_O(\boldsymbol{F}) &= \boldsymbol{M}_O(\boldsymbol{F}_x) + \boldsymbol{M}_O(\boldsymbol{F}_y) \\ &= -(F\sin\alpha)l_2\boldsymbol{k} + (F\cos\alpha)(l_1 - l_3)\boldsymbol{k} \\ &= F[(l_1 - l_3)\cos\alpha - l_2\sin\alpha]\boldsymbol{k} \end{aligned}$$

$$|\boldsymbol{M}_O(\boldsymbol{F})| = M_O(\boldsymbol{F}) = F[(l_1 - l_3)\cos\alpha - l_2\sin\alpha]$$

显然，根据这一结果，还可算得力 $\boldsymbol{F}$ 对 O 点的力臂为

$$d = (l_1 - l_3)\cos\alpha - l_2\sin\alpha$$

上述分析与计算结果表明，应用合力矩定理，在某些情形下将使计算过程简化。

2.2　力偶及其性质

2.2.1　力偶的定义

大小相等、方向相反、作用线互相平行但不重合的两个力所组成的力系，称为

㊀　本书今后在不致混淆时，均省略求和的上、下标。——作者注

力偶（couple）。力偶中两个力所组成的平面称为力偶作用面（acting plane of a couple）。

力偶中两个力作用线之间的垂直距离称为力偶臂（arm of couple）。

工程中力偶的实例是很多的。例如，人们驾驶汽车时，双手施加在转向盘上的两个力，若大小相等、方向相反、作用线互相平行，则二者组成一力偶，转动转向盘，通过传动机构，使前轮转向。又如，图 2-6 所示为专用拧紧汽车车轮上螺母的工具。加在其上的两个力 $\boldsymbol{F}_1$ 和 $\boldsymbol{F}_2$，如果二者大小相等、方向相反、作用线互相平行，这两个力组成一力偶。这一力偶通过工具施加在螺母上，使螺母拧紧。

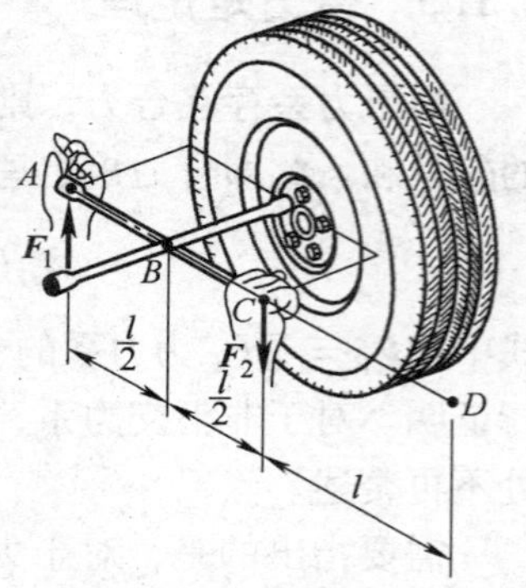

图 2-6　力偶实例

2.2.2　力偶的基本性质

力偶将使物体产生什么样的运动效应？这种效应又如何量度？这些都是由力偶的性质决定的。

性质 1　力偶没有合力。

力偶虽然是由两个力所组成的力系，但这种力系没有合力。

由反向平行力的合成可知，力偶的合力不存在。

力偶的这一性质表明，力偶不能与单个力平衡，力偶只能与力偶平衡。

性质 2　力偶对刚体的运动效应，是使刚体转动。力偶矩矢量是力偶使刚体产生转动效应的量度。

考察图 2-7 所示的由 $\boldsymbol{F}$ 和 $\boldsymbol{F}'$ 组成的力偶（$\boldsymbol{F}$，$\boldsymbol{F}'$），其中 $\boldsymbol{F}=-\boldsymbol{F}'$。$O$ 点为空间的任意点。应用合力之矩定理，力偶($\boldsymbol{F}$，$\boldsymbol{F}'$)对 O 点之矩为

$$\boldsymbol{M}_O(\boldsymbol{F})=\boldsymbol{r}_A\times\boldsymbol{F}+\boldsymbol{r}_B\times\boldsymbol{F}'=(\boldsymbol{r}_A-\boldsymbol{r}_B)\times\boldsymbol{F}=\boldsymbol{r}_{BA}\times\boldsymbol{F} \tag{2-7}$$

式中，$\boldsymbol{r}_{BA}$ 为自 B 至 A 的矢径。读者可以任取其他各点，也可以得到同样结果。这表明：力偶对点之矩与点的位置无关。于是，不失一般性，式（2-7）写成

$$\boldsymbol{M}=\boldsymbol{r}_{BA}\times\boldsymbol{F} \tag{2-8}$$

式中，$\boldsymbol{M}$ 称为力偶矩矢量（moment vector of couple）。

上述分析过程表明，力偶矩矢量只有大小和方向，没有作用点，故为自由矢量。

此外，表示力偶可以用组成力偶的两个力（$\boldsymbol{F}$，$\boldsymbol{F}'$），也可以用力偶矩矢量（图 2-7 中矢量 $\boldsymbol{M}$），还可以用力偶作用面内的旋转箭头（图 2-8 中的 M）。

根据力偶的性质，可以得到下列推论。

推论 1　只要保持力偶矩矢量不变，力偶（图 2-9a）可以在其作用平面内任意移动或转动（图 2-9b、c），也可以连同其作用平面一起平行移动（图 2-9d），而不改变力偶对刚体的运动效应。

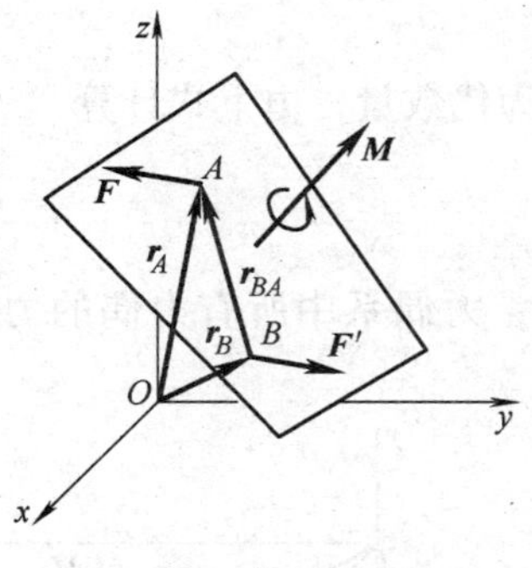

图 2-7　力偶矩矢量

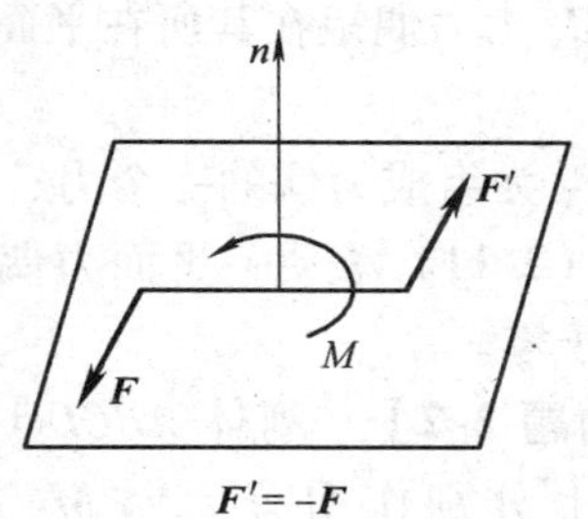

图 2-8　力偶在平面内的记号

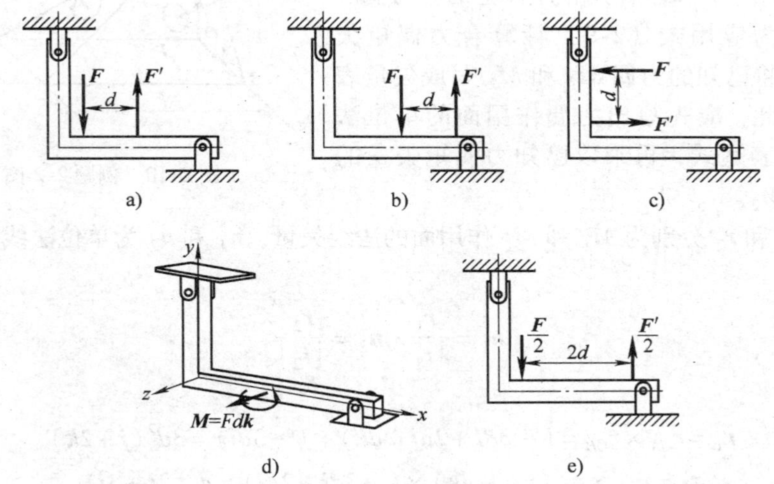

图 2-9　关于力偶的推论

推论 2　只要保持力偶矩矢量不变，可以同时改变组成力偶的力和力偶臂的大小，而不改变力偶对刚体的运动效应（图 2-9e）。

2.2.3　力偶系及其合成

两个或两个以上力偶组成的力系，称为力偶系（system of couples）。应用矢量加法，可以将力偶系中的各个力偶合成一个合力偶，其力偶矩矢量为

$$\boldsymbol{M} = \sum \boldsymbol{M}_i \tag{2-9}$$

根据力偶只能与力偶平衡以及力偶系合成的结果只能是一个合力偶。力偶系平衡的条件是：合力偶矢量等于零，即

$$\boldsymbol{M} = \sum \boldsymbol{M}_i = \boldsymbol{0} \tag{2-10}$$

若力偶系中所有力偶的作用面都处于同一平面内，即为平面力偶系。这时所有力偶以及合力偶的力偶矩矢量互相平行，且垂直于各力偶的共同作用面。于是，式（2-10）可以写成

$$\sum M_i = 0 \tag{2-11}$$

式中，M_i 为力偶矩在其所在平面法线上的投影，为代数量，由下式计算：

$$M_i = F_i d_i \tag{2-12}$$

式中，F_i 为组成力偶的一个力；d_i 为力偶臂。

式（2-11）表明：平面力偶系的平衡条件是，力偶系中所有力偶的力偶矩代数和等于零。

【例题 2-2】 刚体 *ABCDO* 的 *ABC* 面和 *ACD* 面上分别作用有力偶 $\boldsymbol{M}_1$ 和 $\boldsymbol{M}_2$，如图 2-10所示。若已知 $M_1 = M_2 = M_0$，刚体各部分尺寸示于图中，试求作用在刚体上的合力偶。

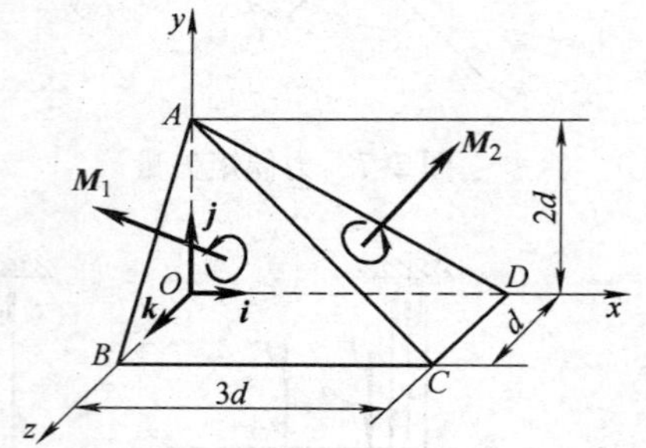

图 2-10　例题 2-2 图

解：为应用式（2-9）计算合力偶矩矢量，必须将已知的力偶 $\boldsymbol{M}_1$ 和 $\boldsymbol{M}_2$ 写成矢量表达式。为此，应先写出力偶作用面的单位法线的矢量表达式，再乘以已知力偶矩矢量的模 M_1 和 M_2。

设 $\boldsymbol{r}_1$ 和 $\boldsymbol{r}_2$ 分别为 $\boldsymbol{M}_1$ 和 $\boldsymbol{M}_2$ 作用面的法线矢量，$\boldsymbol{n}_1$ 和 $\boldsymbol{n}_2$ 为单位法线矢量。二者关系为

$$\boldsymbol{n}_1 = \frac{\boldsymbol{r}_1}{|\boldsymbol{r}_1|}, \boldsymbol{n}_2 = \frac{\boldsymbol{r}_2}{|\boldsymbol{r}_2|} \tag{a}$$

式中

$$\boldsymbol{r}_1 = \boldsymbol{r}_{CA} \times \boldsymbol{r}_{CB} = (-3d\boldsymbol{i} + 2d\boldsymbol{j} - d\boldsymbol{k}) \times (-3d\boldsymbol{i}) = 3d^2(\boldsymbol{j} + 2\boldsymbol{k}) \tag{b}$$

$$\boldsymbol{r}_2 = \boldsymbol{r}_{CD} \times \boldsymbol{r}_{DA} = (-d\boldsymbol{k}) \times (-3d\boldsymbol{i} + 2d\boldsymbol{j}) = d^2(2\boldsymbol{i} + 3\boldsymbol{j}) \tag{c}$$

将式（b）、式（c）代入式（a），求得

$$\begin{cases} \boldsymbol{n}_1 = \dfrac{1}{\sqrt{5}}(\boldsymbol{j} + 2\boldsymbol{k}) \\ \boldsymbol{n}_2 = \dfrac{1}{\sqrt{13}}(2\boldsymbol{i} + 3\boldsymbol{j}) \end{cases} \tag{d}$$

由此得

$$\boldsymbol{M}_1 = M_1 \boldsymbol{n}_1 = \frac{M_0}{\sqrt{5}}(\boldsymbol{j} + 2\boldsymbol{k})$$

$$\boldsymbol{M}_2 = M_2 \boldsymbol{n}_2 = \frac{M_0}{\sqrt{13}}(2\boldsymbol{i} + 3\boldsymbol{j})$$

进而求得合力偶的力偶矩矢量为

$$\boldsymbol{M} = \boldsymbol{M}_1 + \boldsymbol{M}_2 = M_0(0.555\boldsymbol{i} + 1.279\boldsymbol{j} + 0.899\boldsymbol{k})$$

【例题 2-3】 圆弧杆 *AB* 与折杆 *BDC* 在 *B* 处铰接，*A*、*C* 两处均为固定铰支座，结构受力如图 2-11a 所示，图中 $l = 2r$。若 r、M 为已知，试求 *A*、*C* 两处的约束力。

解：1. 受力分析

圆弧杆两端 A、B 均为铰链，中间无外力作用，因此圆弧杆为二力杆。A、B 两处的约束力 $\boldsymbol{F}_A$ 和 $\boldsymbol{F}_B$ 大小相等、方向相反并且作用线与 AB 连线重合。其受力图如图 2-11b 所示。

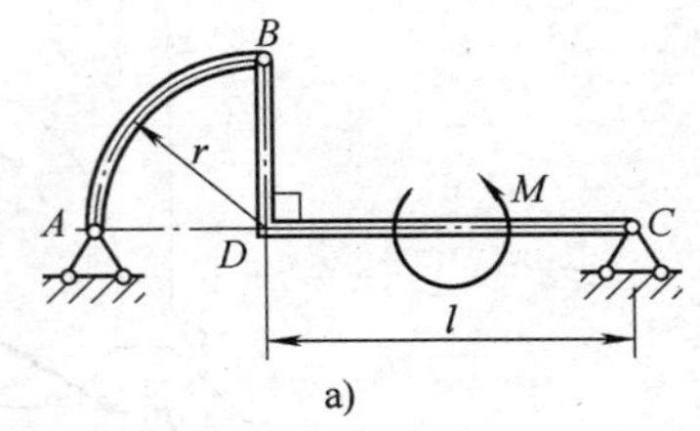

折杆 BDC 在 B 处的约束力 $\boldsymbol{F}'_B$ 只与圆弧杆上 B 处的约束力 $\boldsymbol{F}_B$ 互为作用与反作用力，故二者方向相反；C 处为固定铰支座，本有一个方向待定的约束力，但由于作用在折杆上的只有一个外加力偶，因此，为保持折杆平衡，约束力 $\boldsymbol{F}_C$ 和 $\boldsymbol{F}'_B$ 必须组成一力偶，与外加力偶平衡。于是折杆的受力图如图 2-11c 所示。

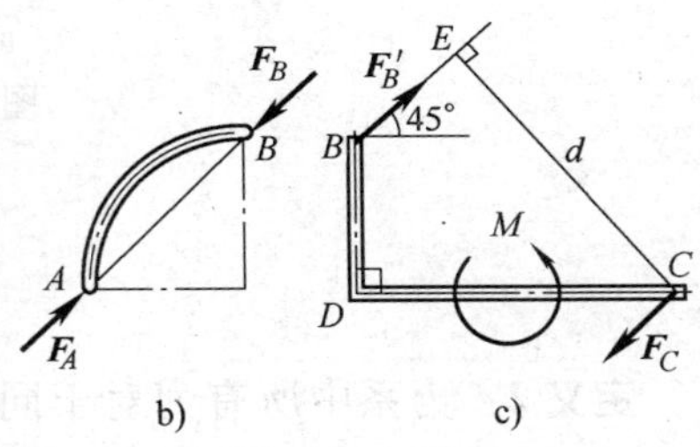

图 2-11　例题 2-3 图

2. 建立平衡方程求解未知力

根据平面力偶系平衡条件式（2-11），对于折杆有

$$M + M_{BC} = 0 \tag{a}$$

式中，M_{BC} 为力偶（$\boldsymbol{F}'_B$，$\boldsymbol{F}_C$）的力偶矩代数值：

$$M_{BC} = -F_C d = -F_C CE \tag{b}$$

根据图 2-11c 所示的几何关系，有

$$CE = \frac{\sqrt{2}}{2}r + \frac{\sqrt{2}}{2}l = \frac{3\sqrt{2}}{2}r \tag{c}$$

将式（c）代入式（b），再代入式（a），求得

$$F_C = F_B = F_A = \frac{\sqrt{2}M}{3r}$$

2.3　力系的简化

2.3.1　力系的基本特征量——力系的主矢与主矩

定义 1　一般力系（$\boldsymbol{F}_1$，$\boldsymbol{F}_2$，…，$\boldsymbol{F}_n$）中所有力的矢量和，称为力系的主矢量，简称为主矢（principal vector）[㊀]（图 2-12），即

$$\boldsymbol{F}_{\mathrm{R}} = \sum \boldsymbol{F}_i \tag{2-13}$$

式中，$\boldsymbol{F}_{\mathrm{R}}$ 为力系主矢；$\boldsymbol{F}_i$ 为力系中的第 i 个力。式（2-13）的分量表达式为

㊀ 本书中的主矢量与主矩在物理学中称为合外力和合外力矩。实际上如果有合外力，也只有大小和方向，并未涉及作用点（或作用线）。——作者注

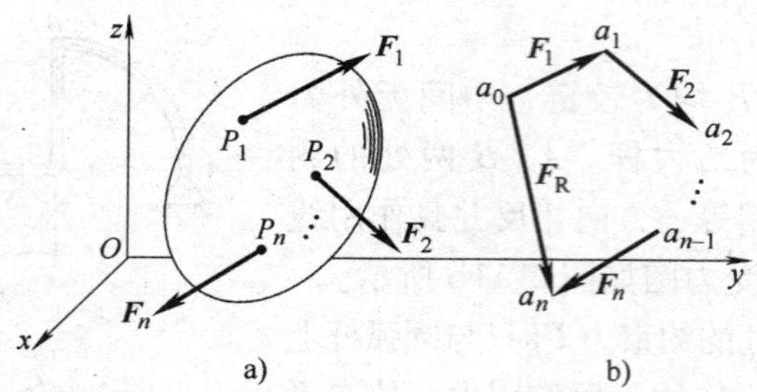

图 2-12 力系的主矢

$$
\begin{cases}
F_{Rx} = \sum F_{ix} \\
F_{Ry} = \sum F_{iy} \\
F_{Rz} = \sum F_{iz}
\end{cases}
\tag{2-14}
$$

定义 2 力系中所有力对于同一点之矩的矢量和，称为力系对这一点的主矩（principal moment）（图 2-13），即

$$
\boldsymbol{M}_O(\boldsymbol{F}) = \sum \boldsymbol{M}_O(\boldsymbol{F}_i) = \sum \boldsymbol{r}_i \times \boldsymbol{F}_i \tag{2-15}
$$

其分量式为

$$
\begin{cases}
M_{Ox}(\boldsymbol{F}) = \sum M_{Ox}(\boldsymbol{F}_i) \\
M_{Oy}(\boldsymbol{F}) = \sum M_{Oy}(\boldsymbol{F}_i) \\
M_{Oz}(\boldsymbol{F}) = \sum M_{Oz}(\boldsymbol{F}_i)
\end{cases}
\tag{2-16}
$$

因为同一个力对于不同矩心的力矩各不相同，因此力系的主矩与所选的矩心有关。

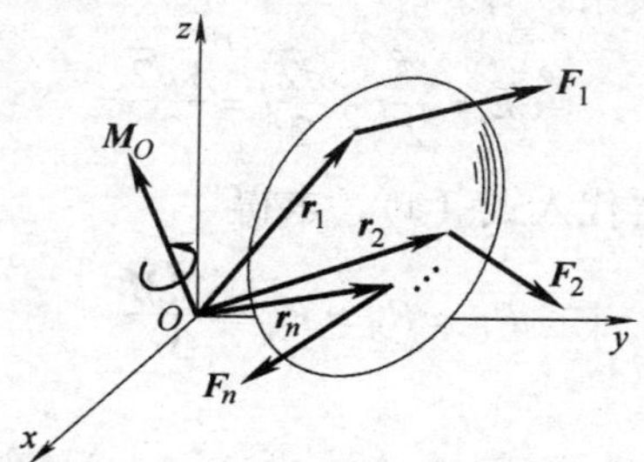

图 2-13 力系的主矩

【例题 2-4】 图 2-14 所示为 $\boldsymbol{F}_1$、$\boldsymbol{F}_2$ 组成的任意空间力系，试求力系的主矢 $\boldsymbol{F}_R$ 以及力系对 O、A、E 三点的主矩。

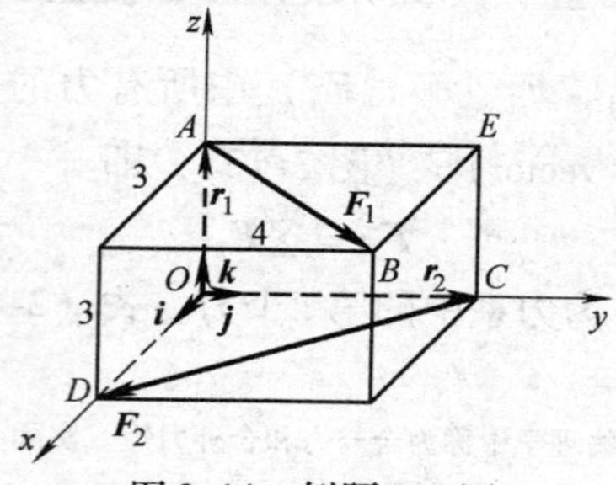

图 2-14 例题 2-4 图

解：设 $\boldsymbol{i}$、$\boldsymbol{j}$、$\boldsymbol{k}$ 为 x、y、z 方向的单位矢量，则力系中的两个力可写成

$$\boldsymbol{F}_1 = 3\boldsymbol{i} + 4\boldsymbol{j}$$

$$\boldsymbol{F}_2 = 3\boldsymbol{i} - 4\boldsymbol{j}$$

于是，由式（2-13），得力系的主矢

$$\boldsymbol{F}_\mathrm{R} = \sum \boldsymbol{F}_i = \boldsymbol{F}_1 + \boldsymbol{F}_2 = 6\boldsymbol{i}$$

这是沿 x 轴正方向，数值为 6 的矢量。

应用式（2-15）以及矢量叉乘方法，有

$$\begin{aligned}\boldsymbol{M}_O(\boldsymbol{F}) &= \sum \boldsymbol{M}_O(\boldsymbol{F}_i) = \sum \boldsymbol{r}_i \times \boldsymbol{F}_i \\ &= \boldsymbol{r}_1 \times \boldsymbol{F}_1 + \boldsymbol{r}_2 \times \boldsymbol{F}_2 \\ &= -12\boldsymbol{i} + 9\boldsymbol{j} - 12\boldsymbol{k}\end{aligned}$$

$$\begin{aligned}\boldsymbol{M}_A(\boldsymbol{F}) &= \sum \boldsymbol{M}_A(\boldsymbol{F}_i) = \boldsymbol{0} + \boldsymbol{r}_{AC} \times \boldsymbol{F}_2 \\ &= -12\boldsymbol{i} - 9\boldsymbol{j} - 12\boldsymbol{k}\end{aligned}$$

$$\begin{aligned}\boldsymbol{M}_E(\boldsymbol{F}) &= \sum \boldsymbol{M}_E(\boldsymbol{F}_i) = \boldsymbol{r}_{EA} \times \boldsymbol{F}_1 + \boldsymbol{r}_{EC} \times \boldsymbol{F}_2 \\ &= -12\boldsymbol{i} - 9\boldsymbol{j} + 12\boldsymbol{k}\end{aligned}$$

2.3.2　力向一点平移定理

所谓力系的简化，就是将由若干力和力偶所组成的力系，变为一个力，或一个力偶，或一个力与一个力偶的简单的、但是等效的情形，这一过程称为力系的简化（reduction of a force system）。力系简化的基础是力向一点平移定理（theorem of translation of a force）。

作用在刚体上的力若沿其作用线平移，并不会影响其对刚体的运动效应。但是，若将作用在刚体上的力从一点平行移动至另一点，其对刚体的运动效应将发生变化。

怎样才能使作用在刚体上的力从一点平移至另一点，而其对刚体的运动效应相同呢？

考察图 2-15a 所示之作用在刚体上 A 点的力 $\boldsymbol{F}_A$，为使这一力等效地从 A 点平移至 B 点，应用加减平衡力系原理，先在 B 点施加平行于作用在 A 点力 $\boldsymbol{F}_A$ 的一对大小相等、方向相反、沿同一直线作用的力 $\boldsymbol{F}_A$ 和 $\boldsymbol{F}'_A$，如图 2-15b 所示。这时，由三个力组成的力系与原来作用在 A 点的一个力等效。

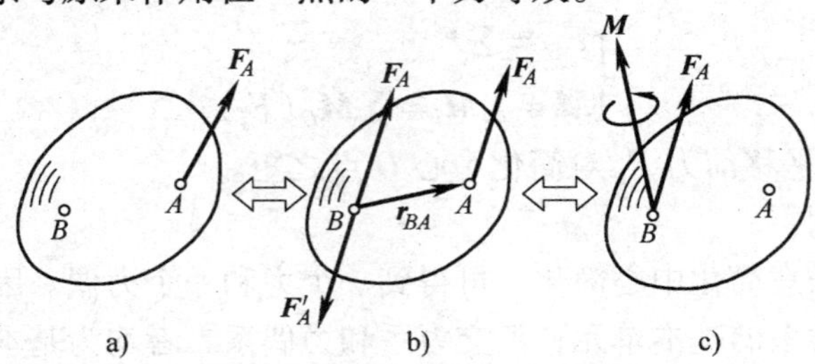

图 2-15　力向一点平移定理

图 2-15b 所示之作用在 A 点的力 $\boldsymbol{F}_A$ 与作用在 B 点的力 $\boldsymbol{F}'_A$ 组成一力偶，其力偶矩矢量为 $\boldsymbol{M}=\boldsymbol{r}_{BA}\times\boldsymbol{F}_A$，如图 2-15c 所示。这时作用在 B 点的力 $\boldsymbol{F}_A$ 和力偶 M 与原来作用在 A 点的一个力 $\boldsymbol{F}_A$ 是等效的。读者不难发现，这一力偶的力偶矩等于原来作用在 A 点的力 $\boldsymbol{F}_A$ 对 B 点之矩。

上述分析结果表明：**作用在刚体上的力可以向刚体内任一点平移，平移后需附加一力偶，这一力偶的力偶矩等于原来的力对平移点之矩**。这一结论称为力向一点平移定理。

实际工程与实际生活中，与力向一点平移有关的例子是很多的。例如，驾船划桨，若双桨同时以相等的力气划，船在水面只前进不转动（图 2-16a）；若单桨划，船不仅有向前的运动，而且有绕船质心的转动（图 2-16b）。此外，乒乓球运动中的各种旋转球也都与力向一点平移有关。

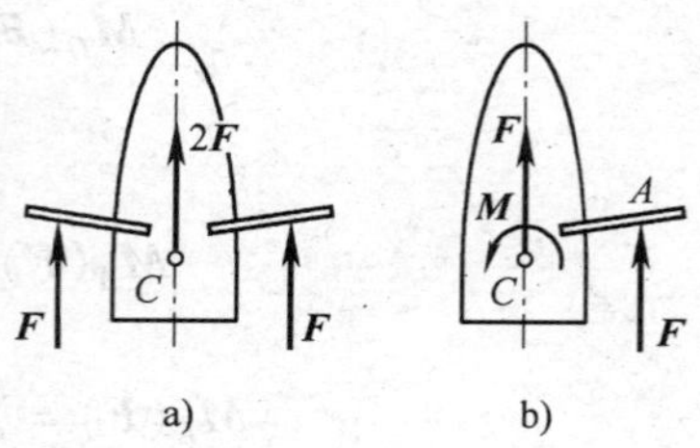

图 2-16　力向一点平移实例

2.3.3　一般力系的简化

考察作用在刚体上的一般力系（$\boldsymbol{F}_1$，$\boldsymbol{F}_2$，…，$\boldsymbol{F}_n$），如图 2-17a 所示。在刚体上任取一点，例如 O 点，称为简化中心。

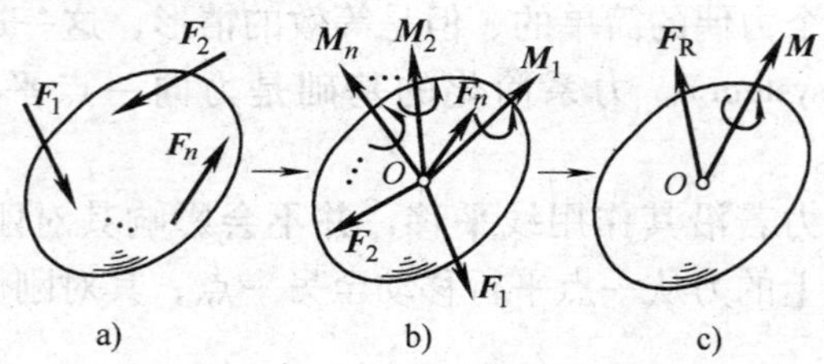

图 2-17　一般力系的简化

应用力向一点平移定理，将力系中所有的力 $\boldsymbol{F}_1$，$\boldsymbol{F}_2$，…，$\boldsymbol{F}_n$ 逐个向简化中心平移，最后得到汇交于 O 点的，由 $\boldsymbol{F}_1$，$\boldsymbol{F}_2$，…，$\boldsymbol{F}_n$ 组成的汇交力系，以及由 $\boldsymbol{M}_1$，$\boldsymbol{M}_2$，…，$\boldsymbol{M}_n$ 组成的力偶系，如图 2-17b 所示。

平移后所得到的汇交力系和力偶系，可以分别合成一个作用于 O 点的合力 $\boldsymbol{F}_{\mathrm{R}}$，以及合力偶 $\boldsymbol{M}$，如图 2-17c 所示。其中

$$\begin{cases}\boldsymbol{F}_{\mathrm{R}}=\sum\boldsymbol{F}_i\\ \boldsymbol{M}=\sum\boldsymbol{M}_i=\sum\boldsymbol{M}_O(\boldsymbol{F}_i)\end{cases}\tag{2-17}$$

式中，$\boldsymbol{M}_O(\boldsymbol{F}_i)$ 为平移前力 $\boldsymbol{F}_i$ 对简化中心 O 点之矩。

上述结果表明：

一般力系向任意简化中心简化，可得到一个力和一个力偶。因此可以说，力和力偶是组成一般力系的基本单元；汇交力系和力偶系二者均为基本力系，是一般力系的特殊情形。

力系向简化中心简化所得之力的大小和方向与这一力系的主矢方向相同（请注意合力与主矢的区别）。

力系向简化中心简化所得之力偶的力偶矩矢量，其大小和方向与这一力系对简化中心的主矩相同（请注意主矩与合力偶矢量的区别）。

力系的主矢不随简化中心的改变而改变，故称为力系的不变量。主矩则随简化中心的改变而改变。有兴趣的读者可以证明，力系对于不同点（例如 O 点和 A 点）的主矩存在下列关系：

$$\boldsymbol{M}_O = \boldsymbol{M}_A + \boldsymbol{r}_{OA} \times \boldsymbol{F}_{\mathrm{R}} \tag{2-18}$$

据此，得到如下的重要定理：

等效力系定理（theorem of equivalent force systems）：不同力系对刚体作用效应相等的条件是，不同力系的主矢以及对于同一点的主矩对应相等。

2.3.4　力系简化在固定端约束力分析中的应用

如果约束物体既限制了被约束物体的移动（平面问题为两个方向；空间问题为三个方向），又限制了被约束物体的转动。这种约束称之为固定端或插入端（fixed end support）约束。

工程中的固定端约束是很常见的，例如：机床上装卡加工工件的卡盘对工件的约束（图2-18a），大型机器中立柱对横梁的约束（图2-18b），房屋建筑中墙壁对雨篷的约束（图2-18c），飞机机身对机翼的约束（图2-18d）等。

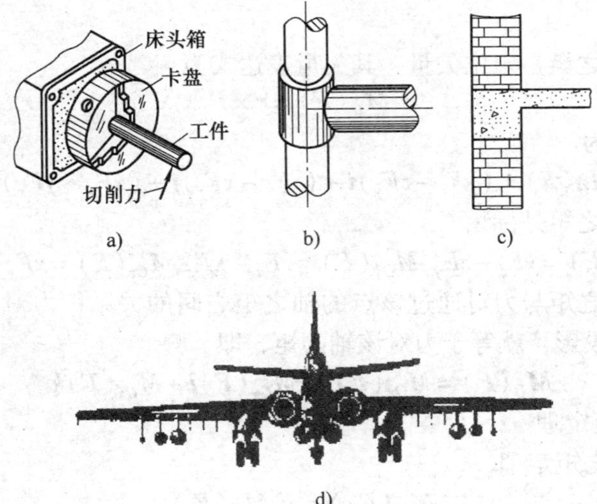

图2-18　工程中的固定端约束

固定端约束与铰链约束不同的是约束物与被约束物之间是线接触（平面问题）和面接触（空间问题），因而约束力是沿接触线或接触面方向分布的分布力系，而且在很多情形下为复杂的分布力系。

大多数工程问题中，为了分析计算简便，需对固定端约束的复杂分布力系加以简化。

应用力系简化理论，固定端的约束力都可以简化为作用在约束处的一个约束力和一个约束力偶。在平面问题中，可用约束力的两个分量和一个约束力偶表示（图 2-19a）；在空间问题中，用约束力的三个分量和约束力偶矩的三个分量表示（图 2-19b）。

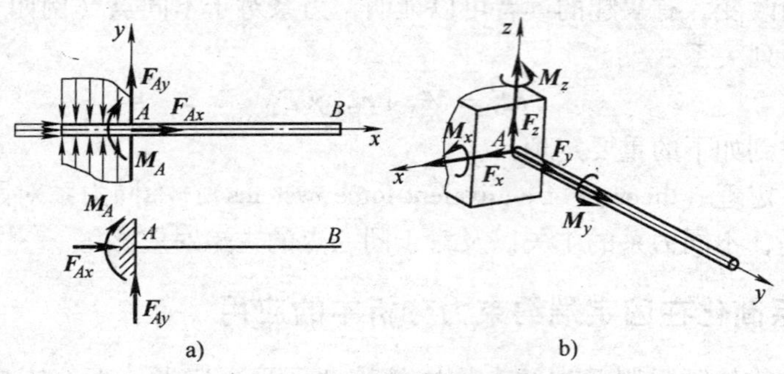

图 2-19　固定端约束力

2.4　本章小结与讨论

2.4.1　本章小结

1. 力矩

（1）力对点之矩是定位矢量，其矢量表达式为

$$\boldsymbol{M}_O(\boldsymbol{F})=\boldsymbol{r}\times\boldsymbol{F}$$

解析表达式为

$$\boldsymbol{M}_O(\boldsymbol{F})=(yF_z-zF_y)\boldsymbol{i}+(zF_x-xF_z)\boldsymbol{j}+(xF_y-yF_x)\boldsymbol{k}$$

（2）力对轴之矩是标量

$$M_{Ox}(\boldsymbol{F})=yF_z-zF_y,M_{Oy}(\boldsymbol{F})=zF_x-xF_z,M_{Oz}(\boldsymbol{F})=xF_y-yF_x$$

（3）力对点之矩与力对通过该点的轴之矩之间的关系：力对 O 点的矩在过 O 点的任一轴上的投影，就等于力对该轴的矩，即

$$\boldsymbol{M}_O(\boldsymbol{F})=M_{Ox}(\boldsymbol{F})\boldsymbol{i}+M_{Oy}(\boldsymbol{F})\boldsymbol{j}+M_{Oz}(\boldsymbol{F})\boldsymbol{k}$$

（4）合力之矩定理

对点的合力之矩定理

$$\boldsymbol{M}_O(\boldsymbol{F}_{\mathrm{R}})=\sum\boldsymbol{M}_O(\boldsymbol{F}_i)$$

对轴的合力之矩定理

$$\begin{cases}M_{Ox}(\boldsymbol{F}_{\mathrm{R}})=\sum M_{Ox}(\boldsymbol{F}_i)\\M_{Oy}(\boldsymbol{F}_{\mathrm{R}})=\sum M_{Oy}(\boldsymbol{F}_i)\\M_{Oz}(\boldsymbol{F}_{\mathrm{R}})=\sum M_{Oz}(\boldsymbol{F}_i)\end{cases}$$

2. 力偶及其性质

力偶是由大小相等、方向相反、不共线的两个力组成的特殊力系。

力偶矩矢量

$$\boldsymbol{M}=\boldsymbol{r}_{BA}\times\boldsymbol{F}$$

力偶没有合力，力偶不能与一个力相平衡，力偶只能与力偶相平衡。

力偶矩矢量是力偶对刚体的作用效应的唯一度量。

3. 力偶系的合成与平衡

力偶系可以合成为一个合力偶，合力偶矩矢量为各分力偶矩矢量的矢量和，即

$$\boldsymbol{M}=\sum\boldsymbol{M}_i$$

作用于刚体上的力偶系平衡的充分必要条件为合力偶矩矢量为零，即

$$\boldsymbol{M}=\boldsymbol{0}$$

4. 力系的主矢和主矩

主矢　　$\boldsymbol{F}_{\mathrm{R}}=\sum\boldsymbol{F}_i$

对 O 点的主矩　　$\boldsymbol{M}_O=\sum\boldsymbol{M}_O(\boldsymbol{F}_i)$

5. 力系的简化

（1）力向一点平移定理：作用在刚体上的力可以向刚体内任一点平移，平移后需附加一力偶，这一力偶的力偶矩等于原来的力对平移点之矩。

（2）一般力系向任意简化中心简化，可得到一个力和一个力偶，该力的大小和方向与力系的主矢相同，作用线通过简化中心，该力偶的力偶矩矢量的大小和方向与力系对简化中心的主矩相同。

6. 固定端的约束力

对于平面问题，固定端有一个方向未知的约束力（可以分解为两个互相垂直的分量）和力偶；对于空间问题，固定端的约束力和力偶都可以分解为三个互相垂直的分量。

2.4.2　关于力系简化的最后结果

本章介绍了力系简化的理论以及一般力系向某一确定点的简化结果。但在很多情形下，这并不是力系简化的最后结果。

所谓力系简化的最后结果，是指力系在向某一确定点简化所得到的主矢和对这一点的主矩，还可以进一步简化（确定点以外的点）。

空间一般力系的最后的可能简化结果有以下四种情形：

（1）平衡。这时 $\boldsymbol{F}_{\mathrm{R}}=\boldsymbol{0}$，$\boldsymbol{M}_O=\boldsymbol{0}$。这表明原力系为平衡力系。这一结果将在第三章中详细讨论。

（2）合力偶。这时 $\boldsymbol{F}_{\mathrm{R}}=\boldsymbol{0}$，$\boldsymbol{M}_O\neq\boldsymbol{0}$。力偶矩等于力系对 O 点的主矩。

（3）合力。这时可能有两种情形，一种情形是：$\boldsymbol{F}_{\mathrm{R}}\neq\boldsymbol{0}$，$\boldsymbol{M}_O=\boldsymbol{0}$，合力的作用线通过 O 点，大小、方向决定于力系的主矢；另一种情形是：$\boldsymbol{F}_{\mathrm{R}}\neq\boldsymbol{0}$，$\boldsymbol{M}_O\neq\boldsymbol{0}$，但

是 $\boldsymbol{F}_{\mathrm{R}} \cdot \boldsymbol{M}_O = \mathbf{0}$，即 $\boldsymbol{F}_{\mathrm{R}}$ 与 $\boldsymbol{M}_O$ 互相垂直，根据力向一点平移定理的逆定理，$\boldsymbol{F}_{\mathrm{R}}$ 和 $\boldsymbol{M}_O$ 最终可简化为一个合力，如图 2-20a 所示。合力的作用线通过另一简化中心 O'。O'相对 O 的矢径 $\boldsymbol{r}_{OO'}$ 由下式确定：

$$\boldsymbol{r}_{OO'} = \frac{\boldsymbol{F}_{\mathrm{R}} \times \boldsymbol{M}_O}{|\boldsymbol{F}'_{\mathrm{R}}|^2}$$

（4）力螺旋。这时 $\boldsymbol{F}_{\mathrm{R}} \neq \mathbf{0}$，$\boldsymbol{M}_O \neq \mathbf{0}$，而且 $\boldsymbol{F}_{\mathrm{R}} \cdot \boldsymbol{M}_O \neq \mathbf{0}$。此时可将主矩 $\boldsymbol{M}_O$ 分解为沿力作用线方向的 $\boldsymbol{M}$ 和垂直于力作用线方向的 $\boldsymbol{M}_1$。

这时，可以进一步将 $\boldsymbol{M}_1$ 和 $\boldsymbol{F}_{\mathrm{R}}$ 简化为作用线通过 O'的力 $\boldsymbol{F}'_{\mathrm{R}}$。

最终，将原力系简化为一个力 $\boldsymbol{F}'_{\mathrm{R}}$ 和与这一力共线的力偶 $\boldsymbol{M}$，如图 2-20b 所示。

这种由共线的力 $\boldsymbol{F}'_{\mathrm{R}}$ 和力偶 $\boldsymbol{M}$ 组成的特殊力系称为力螺旋（wrench of force system）。

螺钉旋具拧紧螺钉（图 2-21），以及钻头钻孔时，作用在螺钉旋具及钻头上的力系都是力螺旋。

平面力系与空间力系简化的最后结果的差别在于平面力系不可能产生力螺旋。这一结论读者自己是可以证明的。

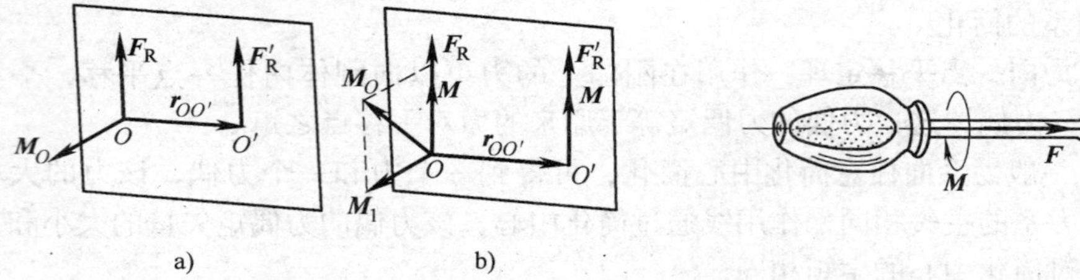

图 2-20　力系简化的最后结果　　　　图 2-21　力螺旋实例

2.4.3　关于力偶性质推论的适用性

本章中关于力偶性质及其推论，在力系简化与平衡中是非常重要的，但这仅适用于刚体。对于变形体则有一定的限制。

请读者结合图 2-22a、b 所示的实例，分析力偶性质的推论在弹性体中应用时将会受到什么限制。

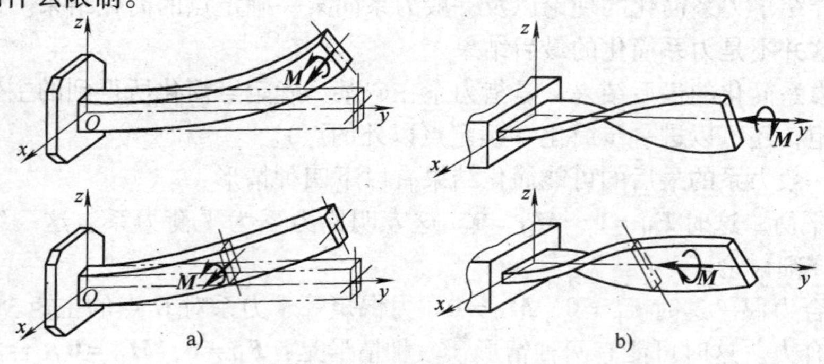

图 2-22　力偶性质推论的限制性

习　题

选择填空题

2-1　如图 2-23 所示，将大小为 100N 的力 $\boldsymbol{F}$ 沿 x、y 方向分解，若 $\boldsymbol{F}$ 在 x 轴上的投影为 86.6N，而沿 x 方向的分力的大小为 115.47N，则 $\boldsymbol{F}$ 在 y 轴上的投影为（　　）。

① 0　　② 50N　　③ 70.7N　　④ 86.6N

2-2　已知长方体的棱长分别为 a、b、c，顶点 A 的坐标为（1，1，1），如图 2-24 所示。则力 $\boldsymbol{F}$ 对 z 轴的矩 $M_z(\boldsymbol{F})$ 为（　　）。

① $\dfrac{a(b+1)}{\sqrt{a^2+c^2}}F$　　② $-\dfrac{a(b+1)}{\sqrt{a^2+c^2}}F$　　③ $\dfrac{ab}{\sqrt{a^2+c^2}}F$　　④ $-\dfrac{ab}{\sqrt{a^2+c^2}}F$

2-3　如图 2-25 所示，正方体的前侧面沿对角线 AB 方向作用一力 $\boldsymbol{F}$，则该力（　　）。

① 对 x、y、z 轴之矩全相等　　② 对 x、y、z 轴之矩全不相等

③ 对 x、y 轴之矩相等　　④ 对 y、z 轴之矩相等

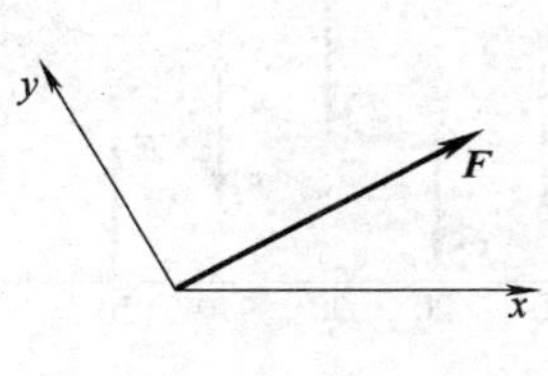

图 2-23　习题 2-1 图

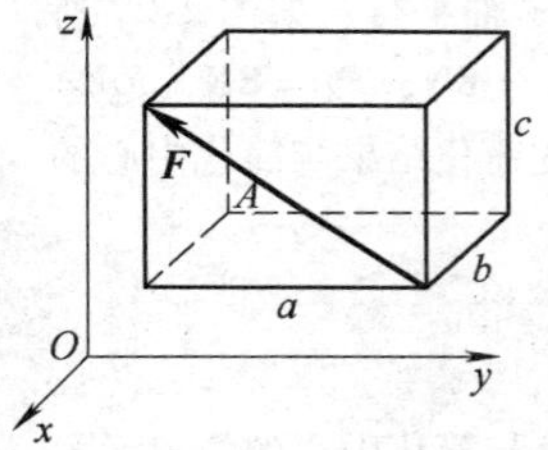

图 2-24　习题 2-2 图

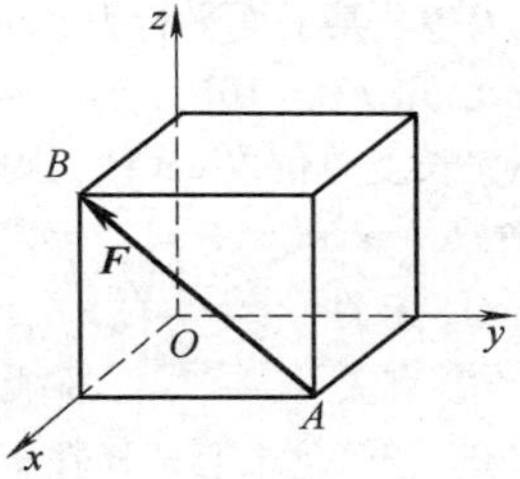

图 2-25　习题 2-3 图

2-4　如图 2-26 所示，OA 构件上作用一矩为 M_1 的力偶，BC 上作用一矩为 M_2 的力偶，若不计各处摩擦，则当系统平衡时，两力偶矩应满足的关系为（　　）。

① $M_1=4M_2$　　② $M_1=2M_2$　　③ $M_1=M_2$　　④ $M_1=M_2/2$

2-5　图 2-27 所示的机构中，在构件 OA 和 BD 上分别作用力偶矩为 M_1 和 M_2 的力偶使机构在图示位置平衡，当把 M_1 移到 AB 构件上使系统仍能在图示位置保持平衡，则应该（　　）。

① 增大 M_1　　② 减小 M_1

③ M_1 保持不变　　④ 不可能在图示位置上平衡

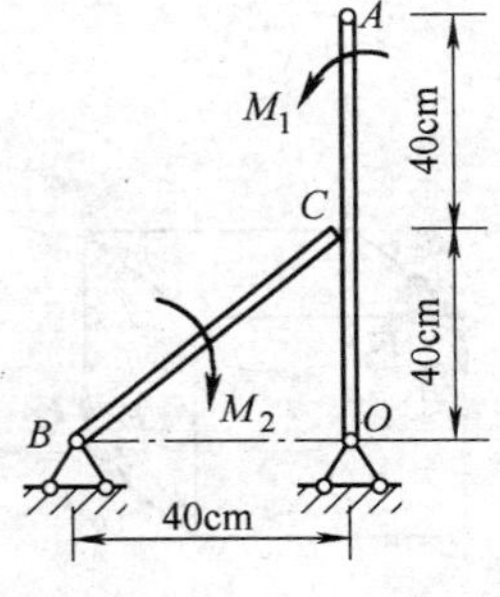

图 2-26　习题 2-4 图

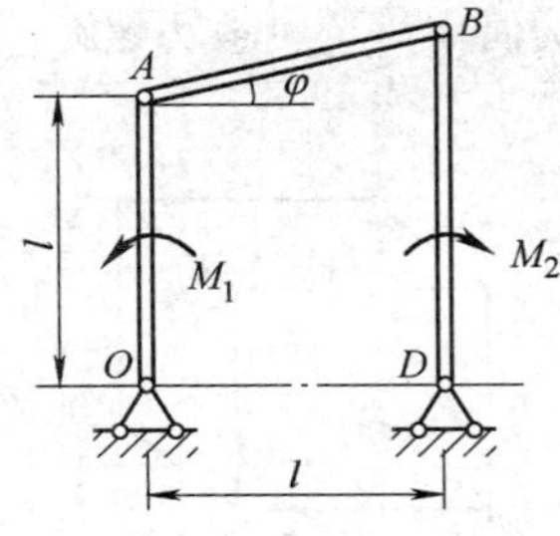

图 2-27　习题 2-5 图

2-6 已知 $\boldsymbol{F}_1$、$\boldsymbol{F}_2$、$\boldsymbol{F}_3$、$\boldsymbol{F}_4$ 为作用于刚体上的平面共点力系，其力矢关系如图 2-28 所示为平行四边形，因此可知（ ）。

① 力系可合成为一个力偶

② 力系可合成为一个力

③ 力系简化为一个力和一个力偶

④ 力系平衡

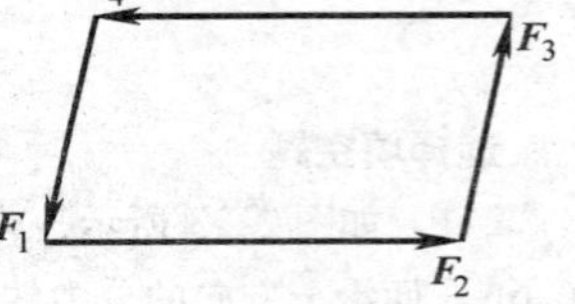

图 2-28 习题 2-6 图

2-7 平面内一非平衡共点力系和一非平衡力偶系最后可能合成的情况是（ ）。

① 一合力偶　　② 一合力

③ 相平衡　　④ 无法进一步合成

2-8 将两个等效力系中的一个向 A 点简化，另一个向 B 点简化，得到的主矢和主矩分别记为 $\boldsymbol{F}'_{R1}$、$\boldsymbol{M}_1$ 和 $\boldsymbol{F}'_{R2}$、$\boldsymbol{M}_2$（主矢与 AB 不平行），则有（ ）。

① $\boldsymbol{F}'_{R1}=\boldsymbol{F}'_{R2}$　$\boldsymbol{M}_1=\boldsymbol{M}_2$　　② $\boldsymbol{F}'_{R1}=\boldsymbol{F}'_{R2}$　$\boldsymbol{M}_1\neq\boldsymbol{M}_2$

③ $\boldsymbol{F}'_{R1}\neq\boldsymbol{F}'_{R2}$　$\boldsymbol{M}_1=\boldsymbol{M}_2$　　④ $\boldsymbol{F}'_{R1}\neq\boldsymbol{F}'_{R2}$　$\boldsymbol{M}_1\neq\boldsymbol{M}_2$

2-9 某平面平行力系诸力与 y 轴平行，如图 2-29 所示。已知 $F_1=10\text{N}$，$F_2=4\text{N}$，$F_3=8\text{N}$，$F_4=8\text{N}$，$F_5=10\text{N}$，长度单位以 cm 计，则力系的简化结果与简化中心的位置（ ）。

① 无关

② 有关

③ 若简化中心选择在 x 轴上，与简化中心的位置无关

④ 若简化中心选择在 y 轴上，与简化中心的位置无关

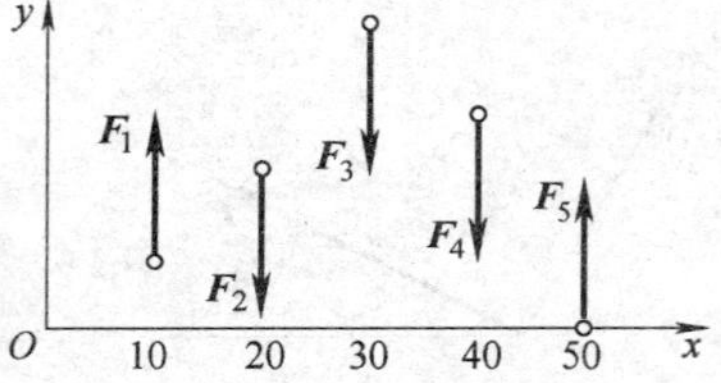

图 2-29 习题 2-9 图

2-10 图 2-30 所示正方体的顶角上作用着六个大小相等的力，此力系向任一点简化的结果为（ ）。

① 主矢等于零，主矩不等于零

② 主矢不等于零，主矩也不等于零

③ 主矢不等于零，主矩等于零

④ 主矢等于零，主矩也等于零

2-11 在一个正方体上沿棱边作用六个力，各力的大小都为 F，如图 2-31 所示。则此力系简化的最后结果为（ ）。

① 合力　　② 平衡

③ 合力偶　　④ 力螺旋

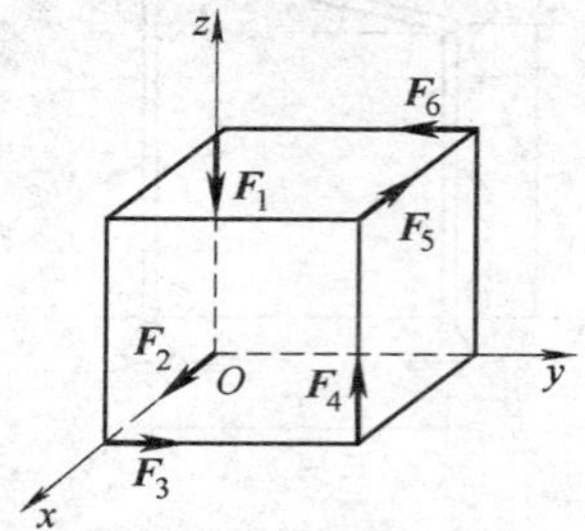

图 2-30 习题 2-10 图

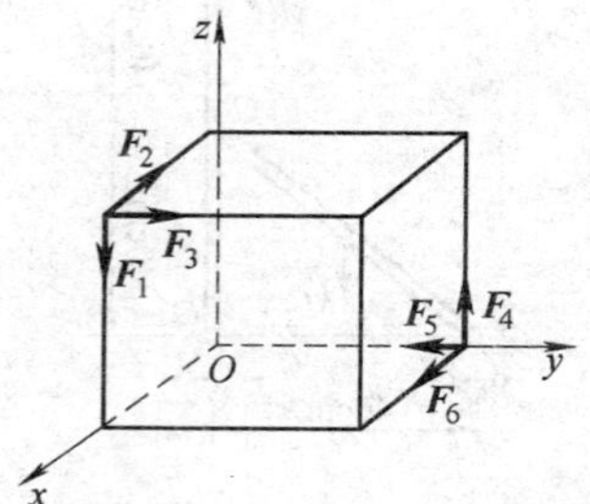

图 2-31 习题 2-11 图

2-12　一空间力系向某点 O 简化后的主矢和主矩分别为 $\boldsymbol{F}'_R = 0\boldsymbol{i} + 8\boldsymbol{j} + 8\boldsymbol{k}$，$\boldsymbol{M}_O = 0\boldsymbol{i} + 0\boldsymbol{j} + 24\boldsymbol{k}$，则该力系可进一步简化的最后结果为（　　）。

① 合力　　② 合力偶　　③ 力螺旋　　④ 平衡力系

2-13　图 2-32 所示力系中，$F_1 = F_2 = F_3 = F_4 = F$，此力系向 A 点简化的结果是（　　），此力系向 B 点简化的结果是（　　）。

2-14　沿长方体的不相交且不平行的棱边作用三个大小相等的力，如图 2-33 所示。要使这个力系简化为一个力，则边长 a、b、c 应满足的条件为（　　　　　　）。

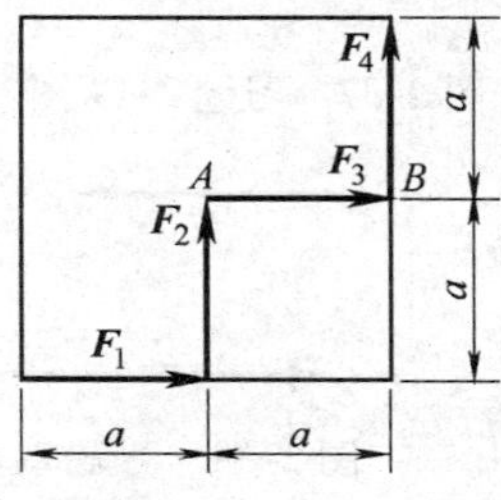

图 2-32　习题 2-13 图

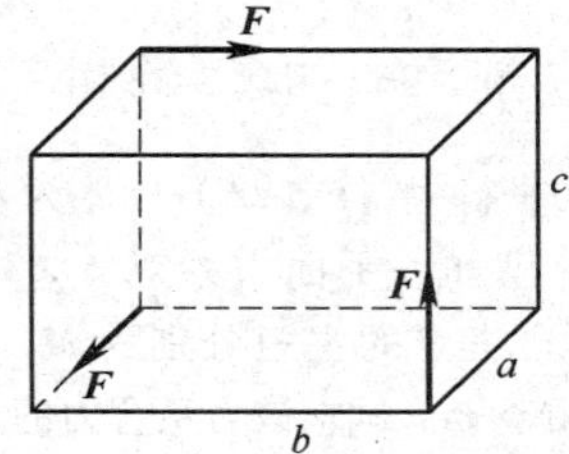

图 2-33　习题 2-14 图

2-15　通过 A（3，0，0）、B（0，1，2）两点（长度单位为 m），由 A 指向 B 的力 $\boldsymbol{F}$，在 z 轴上的投影为（　　　　），对 z 轴的矩为（　　　　）。

分析计算题

2-16　如图 2-34 所示，脊柱上低于腰部的部位 A 是脊椎骨受损最敏感的部位。因为它可以抵抗由力 $\boldsymbol{F}$ 对 A 之矩引起的过大弯曲效应。已知力 F、d_1 和 d_2，试求产生最大弯曲变形的角度 θ。

2-17　作用于铣刀上的力系可以简化为一个力和一个力偶。已知力的大小为 1200N，力偶矩的大小为 240N · m，方向如图 2-35 所示。试求此力系对刀架固定端 O 点之矩。

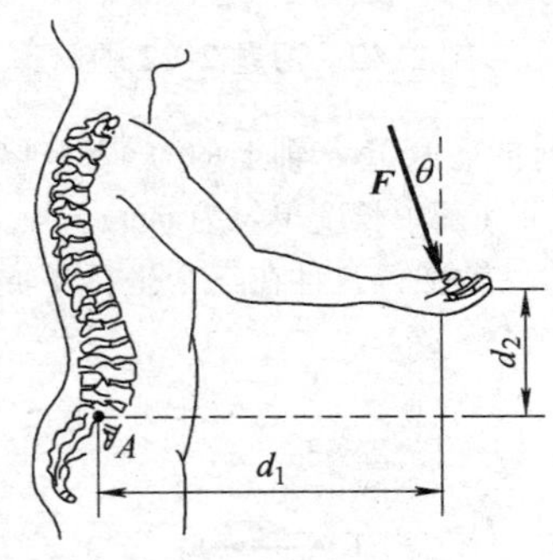

图 2-34　习题 2-16 图

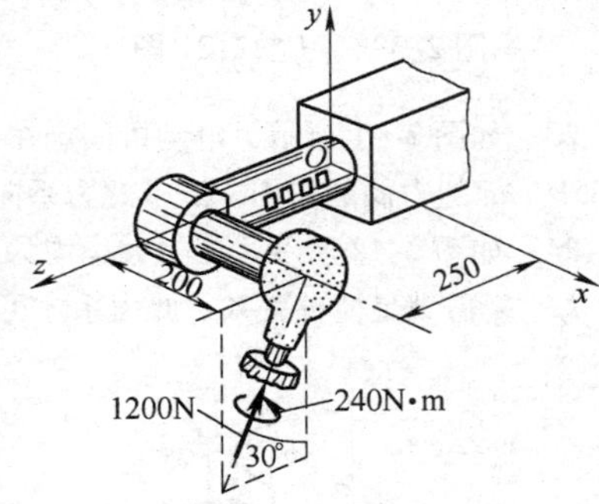

图 2-35　习题 2-17 图

2-18　如图 2-36 所示，作用于管扳子手柄上的两个力构成一力偶，试求其力偶矩矢量（图中长度单位为 mm）。

2-19　齿轮箱有三个轴，其中 A 轴水平，B 和 C 轴位于 yx 铅垂平面内，轴上作用的力偶如图 2-37 所示。试求合力偶。

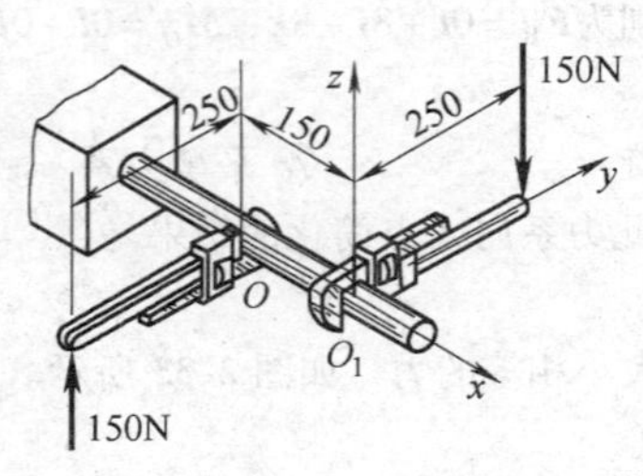

图 2-36 习题 2-18 图

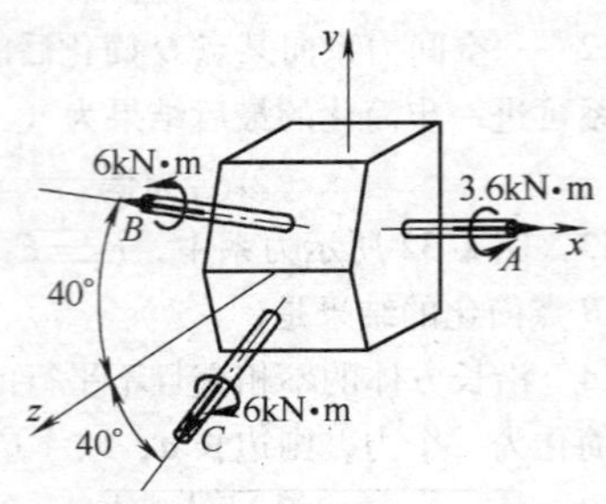

图 2-37 习题 2-19 图

2-20 平行力（$\boldsymbol{F}$，$2\boldsymbol{F}$）间距为 d，试求其合力。

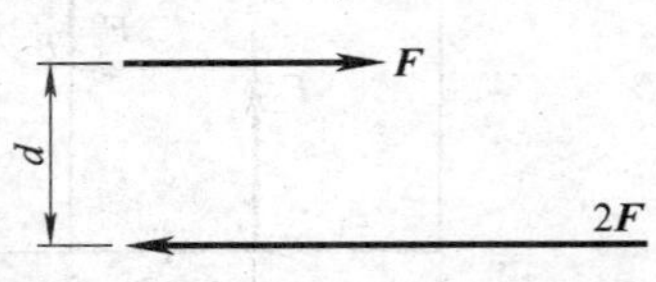

图 2-38 习题 2-20 图

2-21 已知一平面力系对 A（3，0）、B（0，4）和 C（-4.5，2）三点的主矩分别为 $M_A=20\text{kN}\cdot\text{m}$、$M_B=0$ 和 $M_C=-10\text{kN}\cdot\text{m}$。试求该力系合力的大小、方向和作用线。

2-22 空间力系如图 2-40 所示，其中力偶作用在 xOy 平面内，力偶矩 $M=24\text{N}\cdot\text{m}$。试求此力系向点 O 简化的结果。

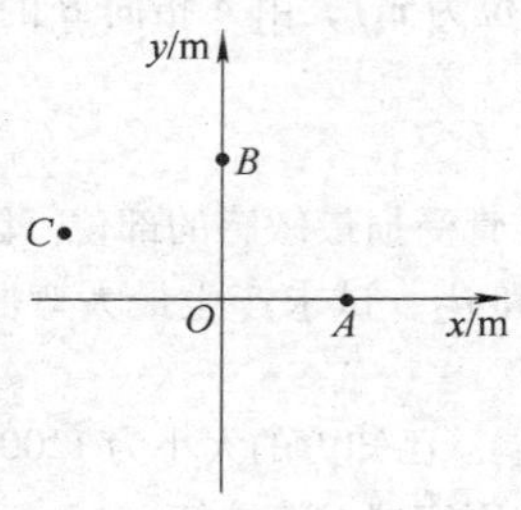

图 2-39 习题 2-21 图

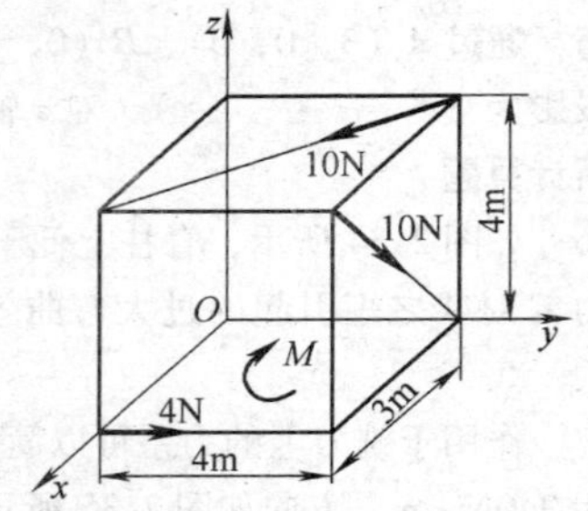

图 2-40 习题 2-22 图

2-23 如图 2-41 所示，电动机固定在支架上，它受到自重 160N、轴上的力 120N 以及力偶矩为 $25\text{N}\cdot\text{m}$ 的力偶的作用。试求此力系向点 A 简化的结果（图中长度单位为 mm）。

2-24 如图 2-42 所示，三个大小均为 F_O 的力分别与三轴平行，且在三个坐标平面内。试问 l_1、l_2、l_3 需满足何种关系，此力系才可简化为一合力？

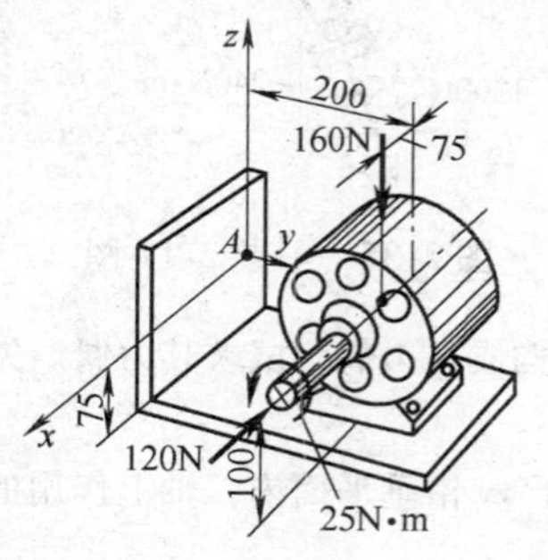

图 2-41 习题 2-23 图

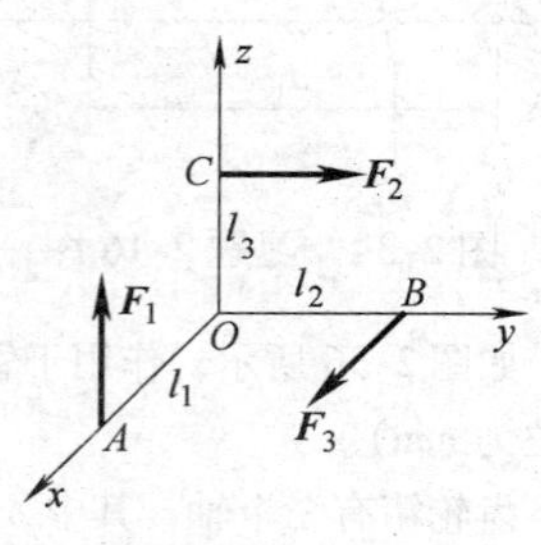

图 2-42 习题 2-24 图

2-25　折杆 AB 的三种支承方式如图 2-43 所示，设有一力偶矩数值为 M 的力偶作用在曲杆 AB 上。试求支承处的约束力。

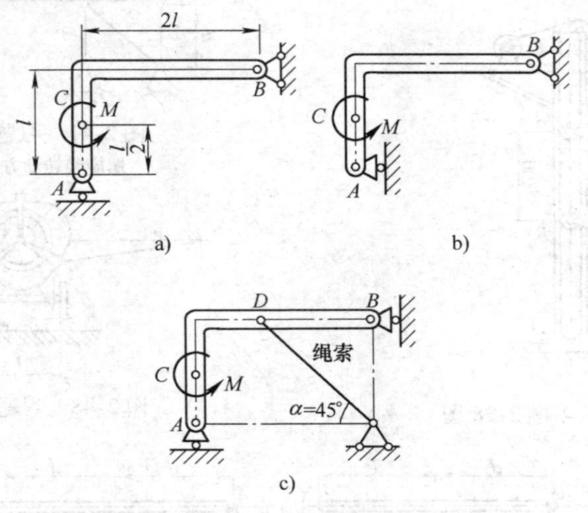

图 2-43　习题 2-25 图

2-26　图 2-44 所示的结构中，各构件的自重略去不计。在构件 AB 上作用一力偶，其力偶矩数值 $M=800\text{N}\cdot\text{m}$。试求支承 A 和 C 处的约束力。

2-27　齿轮箱两个外伸轴上作用的力偶如图 2-45 所示。为保持齿轮箱平衡，试求螺栓 A、B 处所提供的约束力的铅垂分力。

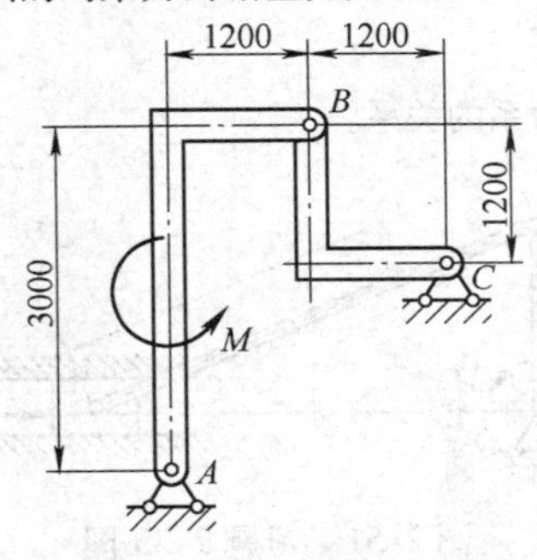

图 2-44　习题 2-26 图

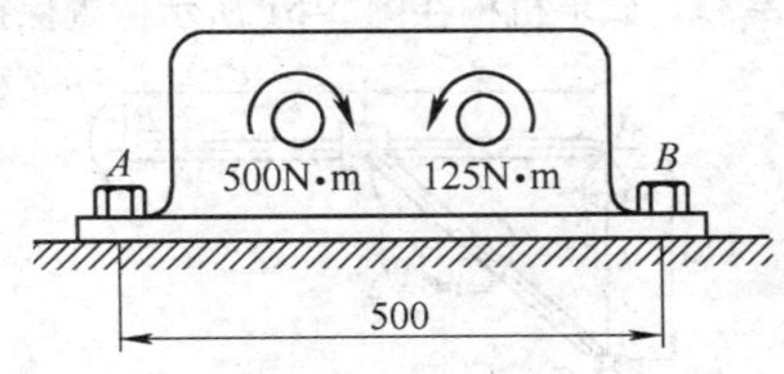

图 2-45　习题 2-27 图

2-28　卷扬机结构如图 2-46 所示。物体放在小台车 C 上，小台车上装有 A、B 两轮，可沿铅垂导轨 ED 上下运动。已知物体重 2kN。试求导轨对 A、B 两轮的约束力。

2-29　试求图 2-47 所示结构中杆 1、2、3 所受的力。

2-30　如图 2-48 所示，为了测定飞机螺旋桨所受的空气阻力偶，可将飞机水平放置，其一轮搁置在地秤上。当螺旋桨未转动时，测得地秤所受的压力为 4.6kN；当螺旋桨转动时，测得地秤所受的压力为 64kN。已知两轮间距离 $l=2.5\text{m}$。试求螺旋桨所受的空气阻力偶的力偶矩大小 M。

2-31　试求图 2-49 所示两种结构的约束力 F_{RA}、F_{RC}。

2-32　试求机构在图 2-50 所示位置保持平衡时两主动力偶的关系。

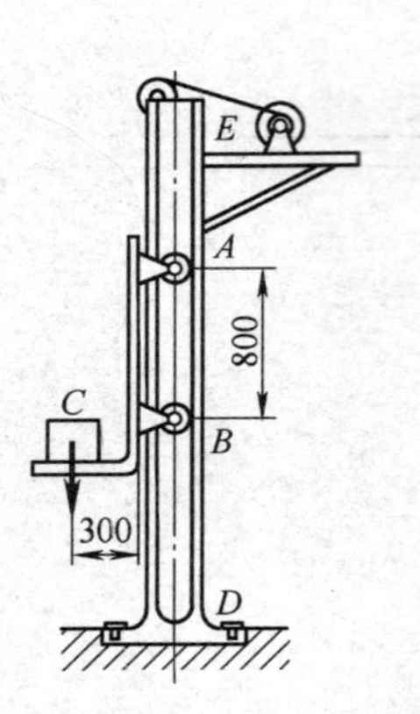

图 2-46　习题 2-28 图

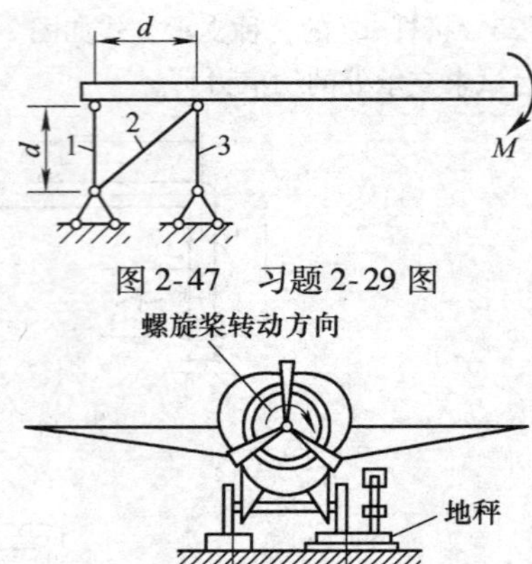

图 2-47　习题 2-29 图

图 2-48　习题 2-30 图

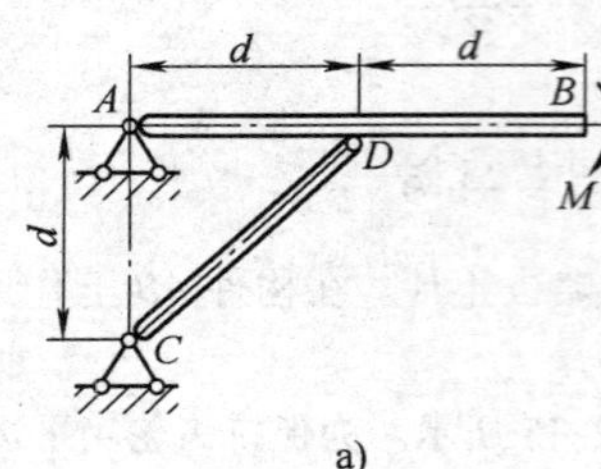

b)

图 2-49　习题 2-31 图

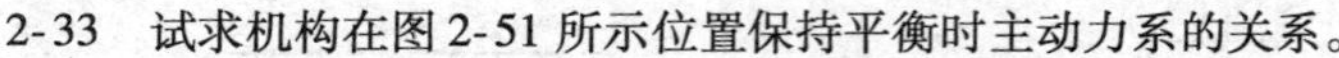

2-33　试求机构在图 2-51 所示位置保持平衡时主动力系的关系。

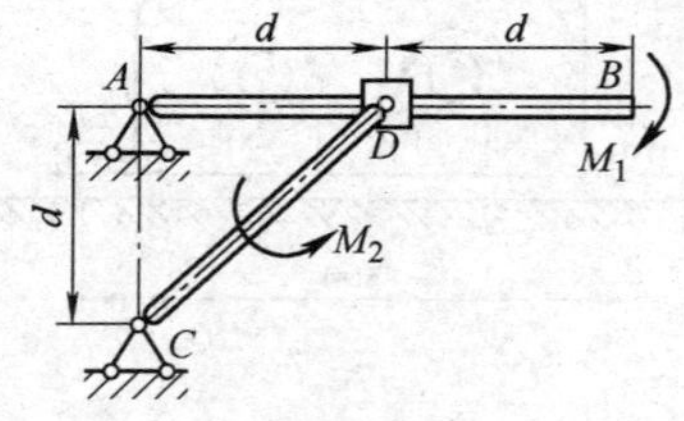

图 2-50　习题 2-32 图

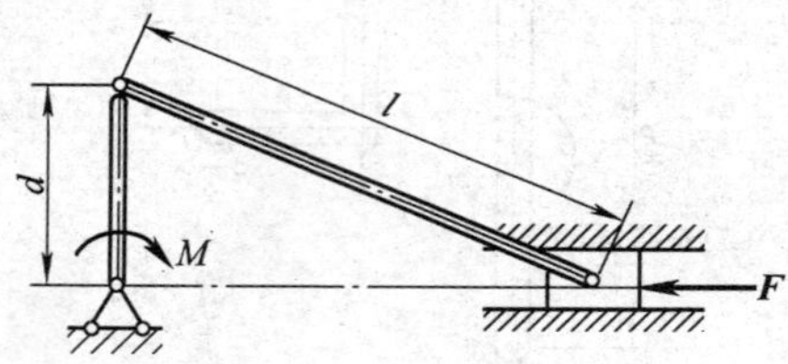

图 2-51　习题 2-33 图

2-34　如图 2-52 所示，在三铰拱结构的两半拱上，各作用等值反向的两力偶 M。试求约束力 F_{RA}、F_{RB}。

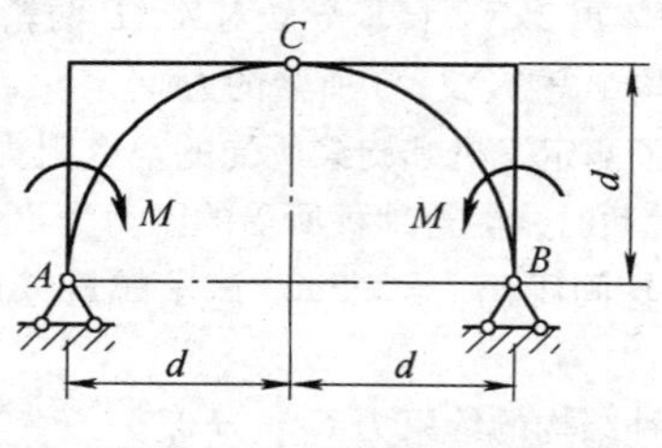

图 2-52　习题 2-34 图

第3章 力系的平衡

受力分析的最终目的是确定作用在构件上的所有未知力，作为对工程构件进行强度、刚度、稳定性设计以及动力学分析的基础。

本章基于平衡概念，应用力系等效与力系简化理论，建立力系的平衡条件和平衡方程，并应用平衡条件和平衡方程求解单个构件以及由几个构件所组成系统的平衡问题，确定作用在构件上的全部未知力。此外本章的最后还将简单介绍考虑摩擦时的平衡问题。

“平衡”不仅是本章的重要概念，也是工程力学课程的重要概念。对于一个系统，如果整体是平衡的，则组成这一系统的每一个构件也是平衡的。对于单个构件，如果它是平衡的，则构件的每一个局部也是平衡的。这就是整体平衡与局部平衡的概念。

分析和解决刚体或刚体系统的平衡问题，是所有机械和结构静力学设计的基础。为了打好这一基础，必须综合应用第1、2、3章的基本概念与基本方法，包括：约束、等效、简化、平衡以及受力分析等。

3.1 力系的平衡条件

应用力系等效定理，可得到力系平衡的充要条件（conditions both of necessary and sufficient for equilibrium）：

$$\left.\begin{aligned}\boldsymbol{F}_{\mathrm{R}}&=\mathbf{0}\\\boldsymbol{M}_{O}&=\mathbf{0}\end{aligned}\right\}\tag{3-1}$$

这表明：**力系平衡的充要条件是，力系的主矢（$\boldsymbol{F}_{\mathrm{R}}$）和力系对任一点（$O$）的主矩（$\boldsymbol{M}_O$）同时等于零。**

上述分析表明，平衡的概念在动力学和静力学的意义上都是相同的。静力学只是动力学的特例。

3.2 一般力系的平衡方程

3.2.1 平衡方程的一般形式

考察由$\boldsymbol{F}_1$，$\boldsymbol{F}_2$，…，$\boldsymbol{F}_n$组成的任意力系，根据第2章中所得到的力系主矢与主矩的表达式（2-17）：

$$\begin{cases} \boldsymbol{F}_{\mathrm{R}} = \sum \boldsymbol{F}_i \\ \boldsymbol{M} = \sum \boldsymbol{M}_i = \sum \boldsymbol{M}_O(\boldsymbol{F}_i) \end{cases}$$

将其写成投影式，则有

$$F_{\mathrm{R}x} = \sum F_{ix}, \quad M_{Ox} = \sum M_{Ox}(\boldsymbol{F}_i)$$

$$F_{\mathrm{R}y} = \sum F_{iy}, \quad M_{Oy} = \sum M_{Oy}(\boldsymbol{F}_i)$$

$$F_{\mathrm{R}z} = \sum F_{iz}, \quad M_{Oz} = \sum M_{Oz}(\boldsymbol{F}_i)$$

应用平衡条件式（3-1），由上式得到一般力系的平衡方程

$$\begin{cases} \sum F_{ix} = 0, \quad \sum M_{Ox}(\boldsymbol{F}_i) = 0 \\ \sum F_{iy} = 0, \quad \sum M_{Oy}(\boldsymbol{F}_i) = 0 \\ \sum F_{iz} = 0, \quad \sum M_{Oz}(\boldsymbol{F}_i) = 0 \end{cases} \tag{3-2}$$

为简单起见，上式已将力 $\boldsymbol{F}$ 中的下标省略，但求和仍为自 $i=1$ 至 $i=n$。

式（3-2）表明，**力系中所有力在直角坐标系中各轴上投影的代数和分别等于零；力系中所有力对各轴之矩的代数和分别等于零。**

3.2.2 平面一般力系的平衡方程

当力系中所有力的作用线都处于同一平面，且力系的主矢和主矩均不为零时，这样的力系称为平面一般力系（arbitrary force system in aplane）。这时，若将 xOy 坐标平面取为力系的作用面，则力系中所有的力在 z 轴（垂直 xOy 坐标平面）上的投影，以及所有的力对 x 轴和 y 轴之矩均为零。而且所有的力对于 z 轴之矩便退化为对坐标原点 O 之矩的代数量（图 3-1）。于是，方程（3-2），退化为

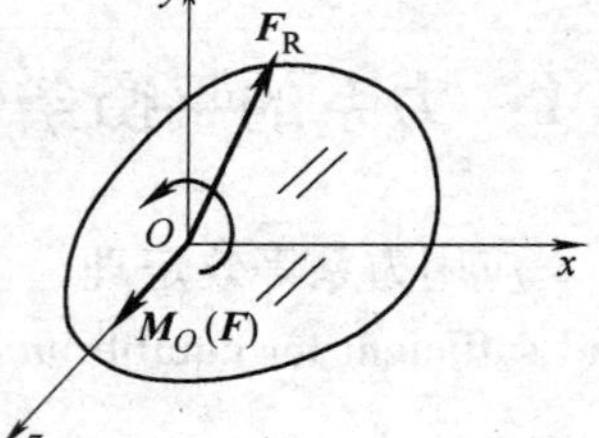

图 3-1 平面力系平衡方程的推演

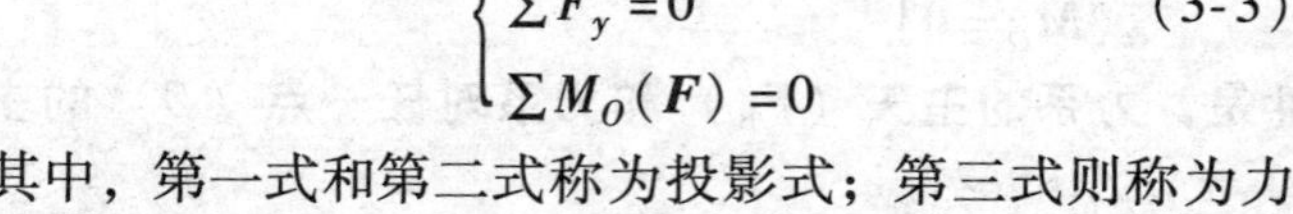

$$\begin{cases} \sum F_x = 0 \\ \sum F_y = 0 \\ \sum M_O(\boldsymbol{F}) = 0 \end{cases} \tag{3-3}$$

其中，第一式和第二式称为投影式；第三式则称为力矩式。

3.2.3 平面力系平衡方程的其他形式

上述平面力系平衡方程（3-3）中的 $\sum F_x = 0$ 和 $\sum F_y = 0$，还可以部分或全部用力矩式代替，但所选的投影轴与取矩点之间应满足一定的条件：

$$\begin{cases} \sum F_x = 0 \\ \sum M_A(\boldsymbol{F}) = 0 \quad (AB\text{ 连线与 } x \text{ 轴不垂直}) \\ \sum M_B(\boldsymbol{F}) = 0 \end{cases} \tag{3-4}$$

或

$$\begin{cases}\sum M_A(\boldsymbol{F})=0\\ \sum M_B(\boldsymbol{F})=0 \quad (A、B、C\text{ 三点不共线})\\ \sum M_C(\boldsymbol{F})=0\end{cases} \tag{3-5}$$

式（3-4）和式（3-5）中的方程只有满足所限定的条件才是相互独立的。否则，就是不独立的。式（3-4）和式（3-5）分别称为平面力系平衡方程的二矩式和三矩式。

为什么力系平衡时方程（3-4）或方程（3-5）一定满足（必要性）? 反之，方程（3-4）和方程（3-5）得以满足，对于刚体，力系必然是平衡的吗（充分性）? 应用等效力系定理和力系平衡条件式（3-1）不难回答这些问题。

以式（3-4）为例，当力系平衡时，必有 $\boldsymbol{F}_{\mathrm{R}}=\boldsymbol{0}$ 和 $\boldsymbol{M}_O=\boldsymbol{0}$，则此力系与零力系等效。于是，力系在任意轴上投影的代数和等于零。所谓任意轴，当然包括 x 轴；同时零力系对任意两点（例如 A、B 两点）之矩都等于零。必要性得证。

反之，如果方程（3-4）中的第二式和第三式得以满足，$\boldsymbol{F}_{\mathrm{R}}$ 过 AB 连线，如图 3-2 所示，则该力系简化所得之主矢可能有两种情形：$\boldsymbol{F}_{\mathrm{R}}=\boldsymbol{0}$ 或 $\boldsymbol{F}_{\mathrm{R}}\neq\boldsymbol{0}$。因为 AB 连线与 x 轴不垂直，且 $\sum F_x=0$，故不可能有 $\boldsymbol{F}_{\mathrm{R}}\neq\boldsymbol{0}$。此外，应用力系对于不同点的主矩之间的关系式（2-18），即 $\boldsymbol{M}_O=\boldsymbol{M}_A+\boldsymbol{r}_{OA}\times\boldsymbol{F}_{\mathrm{R}}$，因为$\boldsymbol{F}_{\mathrm{R}}\equiv0$，故 $\boldsymbol{M}_O=\boldsymbol{M}_A$，而 $M_A=\sum M_A(\boldsymbol{F})=0$，故 $\boldsymbol{M}_O=\boldsymbol{0}$。$\boldsymbol{F}_{\mathrm{R}}=\boldsymbol{0}$、$\boldsymbol{M}_O=\boldsymbol{0}$ 的力系必为平衡力系。充分性得证。

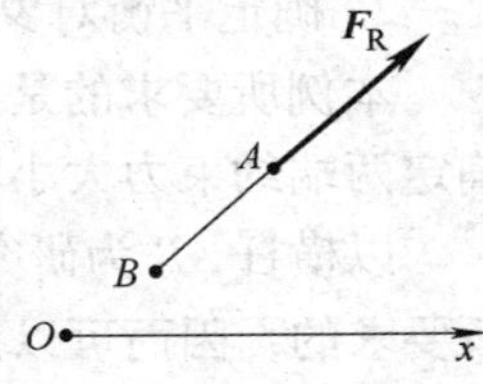

图 3-2　投影轴与取矩点的关系

采用类似的方法还可以证明式（3-5）的必要性与充分性，但过程较为烦琐，有兴趣且有余力的读者可以体验一下这一过程。

3.3　单个刚体的平衡问题

应用第 1 章中关于受力分析的基本方法以及平衡方程，不难确定大多数情形下作用在单个刚体上的已知力与未知力之间的关系，从而确定未知力。此即单个刚体的平衡问题。本章以平面问题为例，说明处理这类平衡问题的过程。

【例题 3-1】　图 3-3a 所示结构中，A、C、D 三处均为铰链约束。横杆 AB 在 B 处承受集中载荷 $\boldsymbol{F}_{\mathrm{P}}$。结构各部分尺寸均示于图中，若已知 F_{P} 和 l，试求撑杆 CD 的受力以及 A 处的约束力。

解： 1. 受力分析

撑杆 CD 的两端均为铰链约束，中间无其他力作用，故为二力杆。

因为 CD 为二力杆，横杆 AB 在 C 处的约束力与撑杆在 C 处的受力互为作用力与反作用力，其方向已确定。此外，横杆在 A 处为固定铰支座，可提供一个大小和方向均未知的约束力。于是横杆 AB 承受 3 个力作用。根据三力平衡条件，不难确定 A、C 两处的约束力。

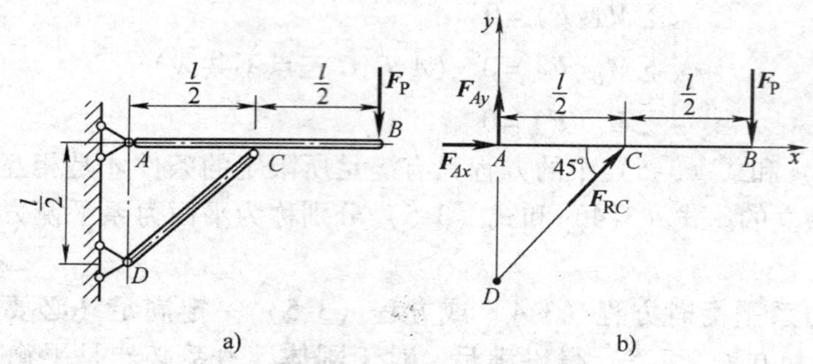

图 3-3 例题 3-1 图

为了应用平面力系的平衡方程，现将 A 处的约束力分解为相互垂直的两个分力 $\boldsymbol{F}_{Ax}$ 和 $\boldsymbol{F}_{Ay}$。C 处的约束力 $\boldsymbol{F}_{RC}$ 沿着 CD 杆的方向。于是，横杆的受力图如图 3-3b 所示。

2. 确定平衡对象，求解未知力

本例所要求的是 CD 杆的受力和 A 处的约束力。若以 CD 杆为平衡对象，只能确定两端约束力大小相等、方向相反，不能得到所需结果。

以横杆 AB 为研究对象，其上作用有 $\boldsymbol{F}_P$、$\boldsymbol{F}_{Ax}$、$\boldsymbol{F}_{Ay}$、$\boldsymbol{F}_{RC}$，四个力中有 3 个是所要求的，因而可以由平面力系的 3 个独立平衡方程求得。

对于 AB 杆，应用三矩式平衡方程，有

$$\sum M_A(\boldsymbol{F})=0,\quad -F_P l+F_{RC}\times\frac{l}{2}\sin 45^\circ=0$$

$$\sum M_C(\boldsymbol{F})=0,\quad -F_{Ay}\times\frac{l}{2}-F_P\times\frac{l}{2}=0$$

$$\sum M_D(\boldsymbol{F})=0,\quad -F_{Ax}\times\frac{l}{2}-F_P\times l=0$$

上述三个方程中分别包含一个未知力，故可独立求得

$$F_{RC}=2\sqrt{2}F_P$$

$F_{Ay}=-F_P$（负号表示实际方向与图设方向相反）

$F_{Ax}=-2F_P$（负号表示实际方向与图设方向相反）

3. 本例讨论

前已分析，横杆 AB 承受汇交于一点的三个力作用，因而既可以用汇交力系平衡方程（$\sum F_x=0$，$\sum F_y=0$），也可以用力多边形方法求解未知力。

将 A 处的约束力分解为 $\boldsymbol{F}_{Ax}$ 和 $\boldsymbol{F}_{Ay}$ 后，原来的汇交力系变为平面力系。平面力系平衡方程还有其余两种形式可供选用。

建议读者通过本例自行练习，对上述各种方法加以比较。

【例题 3-2】 平面刚架的受力及各部分尺寸如图 3-4a 所示，A 端为固定端约束。若图中 q、F_P、M、l 等均为已知，试求 A 端的约束力。

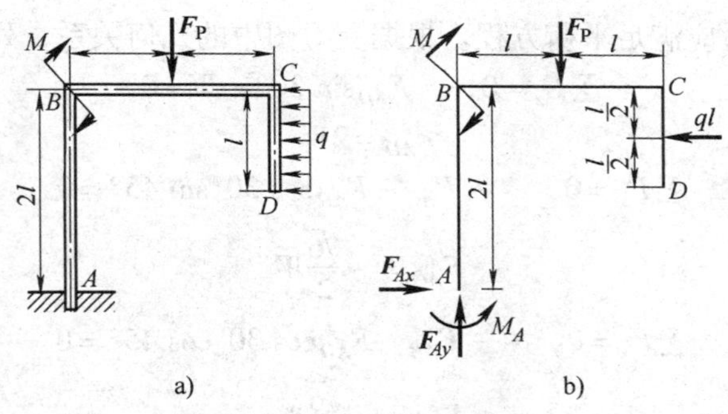

图3-4 例题3-2图

解：1. 受力分析

A 端为固定端约束，因为是平面问题，故有3个约束力，分别用 $\boldsymbol{F}_{Ax}$、$\boldsymbol{F}_{Ay}$ 和 M_A 表示。刚架为唯一的研究对象，其受力图如图3-4b所示。其中作用在 CD 部分的均布载荷已简化为一集中力 ql，作用在 CD 杆的中点处。

2. 建立平衡方程求解未知力

应用平衡方程

$$\sum F_x = 0, \quad F_{Ax} - ql = 0$$

$$\sum F_y = 0, \quad F_{Ay} - F_P = 0$$

$$\sum M_A(\boldsymbol{F}) = 0, \quad M_A - M - F_P l + ql \times \frac{3l}{2} = 0$$

求得

$$F_{Ax} = ql, \; F_{Ay} = F_P, \; M_A = M + F_P l - \frac{3}{2}ql^2$$

为了验证上述结果的正确性，可以将作用在刚架上的所有的力（包括已经求得的约束力），对任意点（包括刚架上的点和刚架外的点）取矩。若这些力矩的代数和为零，则表示所得结果是正确的；否则就是不正确的。

【例题3-3】 图3-5所示结构中，AB、AC、AD 三杆由球铰连接于 A 处；B、C、D 三处均为固定球铰支座。若在 A 处悬挂重物的重量 W 为已知，试求：三杆的受力。

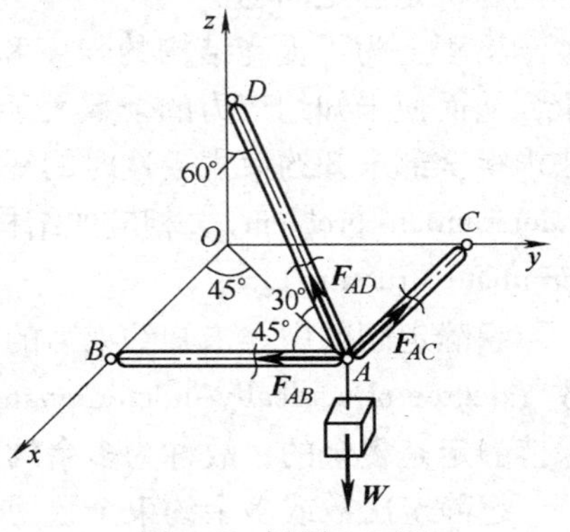

图3-5 例题3-3图

解：以 A 处的球铰为研究对象。由于 AB、AC、AD 三杆都是两端铰接，杆上无其他外力作用，故都是二力杆。因此，三杆作用在 A 处球铰上的力 $\boldsymbol{F}_{AB}$、$\boldsymbol{F}_{AC}$、$\boldsymbol{F}_{AD}$ 的作用线分别沿着各杆的轴线方向，假设三者的指向都是背离 A 点的。

由于 A 铰所受的三个力不共面，因此 A 铰平衡时，$\boldsymbol{F}_{AB}$、$\boldsymbol{F}_{AC}$、$\boldsymbol{F}_{AD}$ 和主动力 $\boldsymbol{W}$

所组成的汇交力系应满足平衡方程。根据受力图中的几何关系，列出平衡方程。

由 $$\sum F_z = 0,\quad F_{AD}\sin 30^\circ - W = 0$$

可得 $$F_{AD} = 2W$$

由 $$\sum F_x = 0,\quad -F_{AC} - F_{AD}\cos 30^\circ \sin 45^\circ = 0$$

可得 $$F_{AC} = -\frac{\sqrt{6}}{2}W$$

由 $$\sum F_y = 0,\quad -F_{AB} - F_{AD}\cos 30^\circ \cos 45^\circ = 0$$

可得 $$F_{AB} = -\frac{\sqrt{6}}{2}W$$

在以上分析中，计算 $\boldsymbol{F}_{AD}$在 x、y 方向的投影时，是先将其投影到 xOy 坐标面上，然后再分别向 x、y 坐标轴投影。

3.4 简单多刚体系统的平衡问题

3.4.1 静定和超静定的概念

由两个或两个以上的刚体所组成的系统，称为多刚体系统（rigid multibody system）。工程中的各类机构或结构，当研究其运动效应时，其中的各个构件或部件均被视为刚体，这时的结构或机构即属于多刚体系统。

多刚体系统平衡问题的特点是：仅仅考察系统的整体或某个局部（单个刚体或局部刚体系统），不能确定全部未知力。

当系统中的未知力的个数正好等于独立平衡方程的数目时，因而能由平衡方程解出全部未知数。这类问题，称为**静定问题**（statically determinate problem），相关的结构称为**静定结构**（statically determinate structure）。显然，前面几节所讨论的平衡问题都是静定问题。

工程上为了提高结构的强度和刚度，常常在静定结构上再附加一个或多个约束，从而使未知约束力的个数大于独立平衡方程的数目。因而，仅仅由平衡方程无法求得全部未知约束力。这时的平衡问题称为**超静定问题或静不定问题**（statically indeterminate problem），相应的结构称为**超静定结构或静不定结构**（statically indeterminate structure）。

超静定问题中，未知约束力的个数与独立的平衡方程数目之差，称为**超静定次数**（degree of statically indeterminate problem）。与超静定次数对应的约束对于结构保持静定是多余的，故称为多余约束。

超静定次数或多余约束个数用 i 表示，由下式确定：

$$i = N_{\mathrm{r}} - N_{\mathrm{e}} \tag{3-6}$$

式中，N_{r}为未知约束力的个数；N_{e}为独立平衡方程的数目。

本节主要介绍与超静定问题有关的若干概念，至于超静定问题的求解已超出刚体静力学范围，将在材料力学课程中详细介绍。

3.4.2　刚体系统平衡问题的求解

为了解决多刚体系统的平衡问题，需将平衡的概念加以扩展，即：**系统若整体是平衡的，则组成系统的每一个刚体以及每一个局部也必然是平衡的。**

应用这一重要理论以及平衡方程即可求解多刚体系统的平衡问题。下面举例说明。

【例题3-4】 图3-6a所示的组合梁由杆 AB 与 BC 在 B 处铰接而成。组合梁 A 处为固定端，C 处为辊轴支座。DE 段结构上承受集度为 q 的均布载荷作用；E 处作用有外加力偶，其力偶矩为 M。若 q、M、l 等均为已知，试求 A、C 两处的约束力。

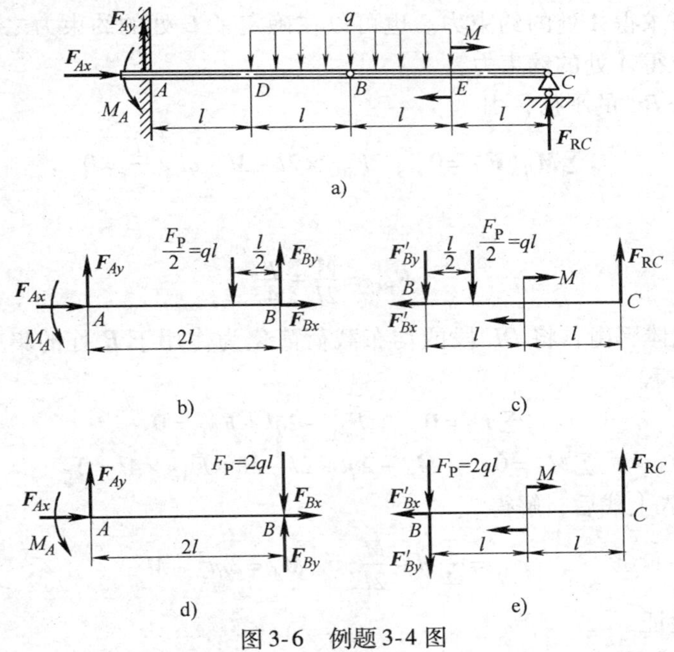

图3-6　例题3-4图

解： 1. 受力分析

对于组合梁整体，在固定端 A 处有3个约束力，设为 $\boldsymbol{F}_{Ax}$、$\boldsymbol{F}_{Ay}$ 和 M_A；在辊轴支座 C 处有1个铅垂方向的约束力 $\boldsymbol{F}_{RC}$。这些约束力称为系统的**外约束力**（external constraint force）。

若将组合梁从 B 处拆分成两个刚体，则铰链 B 处的约束力可以用相互垂直的两个分量表示，这种作用在两个刚体上同一处的、互为作用力与反作用力的约束力称为系统的**内约束力**（internal constraint force）。内约束力在考察组合梁整体平衡时并不出现。

于是，整体组合梁的受力如图3-6a所示；AB、BC 两个刚体的受力如图3-6b、

c 所示。其中$\frac{F_{\mathrm{P}}}{2}=ql$为均布载荷简化的结果。

2. 整体平衡

考察整体结构的受力图（图3-6a），其上作用有4个未知约束力，而平面问题独立的平衡方程只有3个，因此，仅仅考察整体平衡不能求得全部未知约束力，但是可以求得某些未知力。例如，由平衡方程$\sum F_x=0$，可以确定$F_{Ax}=0$。

3. 局部平衡

杆AB的A、B两处作用有5个约束力（图3-6b），其中已求得$F_{Ax}=0$，尚有4个是未知的，故杆AB不宜最先选作平衡对象。杆BC的B、C两处共有3个未知约束力（图3-6c），可由3个独立平衡方程确定。因此，先以杆BC为平衡对象，求得其上的约束力后，再应用B处两部分约束力互为作用与反作用关系，考察杆AB的平衡，即可求得A处的约束力。也可以在确定了C处的约束力之后，再考察整体平衡从而求得A处的约束力。

先考察杆BC的平衡，由

$$\sum M_B(\boldsymbol{F})=0,\qquad F_{\mathrm{RC}}\times 2l-M-ql\times\frac{l}{2}=0$$

求得

$$F_{\mathrm{RC}}=\frac{M}{2l}+\frac{ql}{4}\tag{a}$$

再考察整体平衡，将DE段的均布载荷简化为作用于B处的集中力，其值为$2ql$，由平衡方程

$$\sum F_y=0,\qquad F_{Ay}-2ql+F_{\mathrm{RC}}=0$$

$$\sum M_A=0,\qquad M_A-2ql\times 2l-M+F_{\mathrm{RC}}\times 4l=0$$

将式（a）代入上式后，解得

$$F_{Ay}=\frac{7}{4}ql-\frac{M}{2l},\qquad M_A=3ql^2-M\tag{b}$$

4. 结果验证

为了验证上述结果的正确性，建议读者再以杆AB为平衡对象，利用已经求得的F_{Ay}和M_A，确定B处的约束力，与考察杆BC平衡求得的B处约束力互相印证。

对于学习者，上述验证过程显得过于烦琐，但对于工程设计，为了确实安全可靠，这种验证过程却是非常必要的。

5. 本例讨论

本例中关于均布载荷的简化，有两种方法：考察整体平衡时，将其简化为作用在B处的集中力，其值为$2ql$；考察局部平衡时，是先拆分，再将作用在各个局部上的均布载荷分别简化为集中力。

在将系统拆开之前，能不能先将均布载荷简化？这样简化得到的集中力应该作

用在哪一个局部上？图 3-6d、e 中所示的将集中力 $\boldsymbol{F}_{\mathrm{P}}$ 同时作用在两个局部的 B 处，这样的处理是否正确？请读者应用等效力系定理自行分析研究。

【例题 3-5】 图 3-7a 所示为房屋和桥梁结构中常见的**三铰拱**（three - pin arch，three hinged arch）模型。这种结构由两个构件通过铰接而成：A、B 两处为固定铰支座；C 处为中间铰。各部分尺寸均示于图中。拱的顶面承受集度为 q 的均布载荷。若已知 q、l、h，且不计拱结构的自重，试求 A、B 两处的约束力。

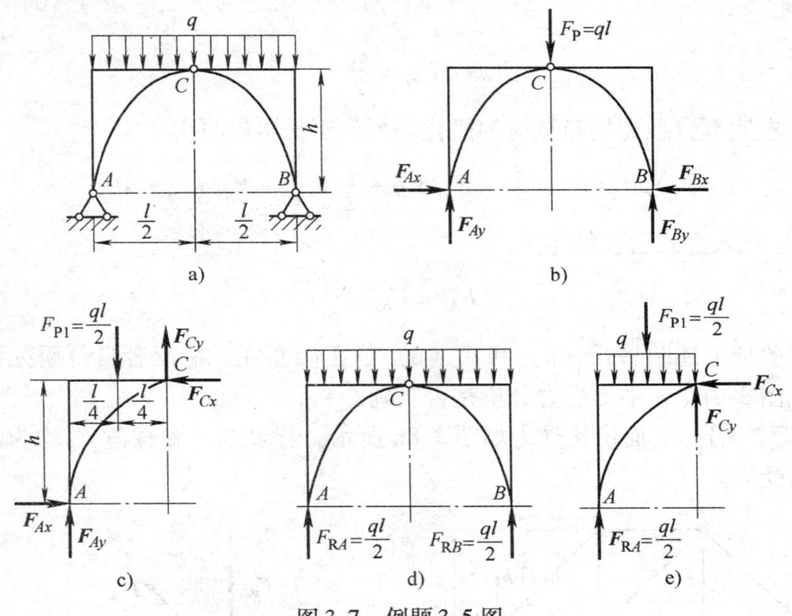

图 3-7　例题 3-5 图

解：1. 受力分析

固定铰支座 A、B 两处的约束力均用两个相互垂直的分量表示。中间铰 C 处亦用两个分量表示其约束力。但前者为外约束力；后者为内约束力。内约束力仅在系统拆分时才会出现。

2. 整体平衡

将作用在拱顶面的均布载荷简化为过点 C 的集中力，其值为 $F_{\mathrm{P}}=ql$，考虑到 A、B 两处的约束力，整体结构的受力如图 3-7b 所示。

从图中可以看出，4 个未知约束力中，分别有 3 个约束力的作用线通过 A、B 两点。这表明，应用对 A、B 两处的力矩式平衡方程，可以各求得一个未知力。于是，由

$$\sum M_A(\boldsymbol{F})=0,\quad F_{By}\times l-F_{\mathrm{P}}\times\frac{l}{2}=0$$

$$\sum M_B(\boldsymbol{F})=0,\quad F_{Ay}\times l+F_{\mathrm{P}}\times\frac{l}{2}=0$$

$$\sum F_x=0,\quad F_{Ax}-F_{Bx}=0$$

求得

$$F_{Ay}=F_{By}=\frac{ql}{2},\quad F_{Ax}=F_{Bx} \tag{a}$$

结果均为正，表明约束力的实际方向与图 3-7b 中所假设的方向相同。

3. 局部平衡

将系统从 C 处拆开，考察左边或右边部分的平衡，由图 3-7c 所示的受力图，其中

$$F_{P1}=\frac{ql}{2}$$

为作用在左边部分顶面均布载荷的简化结果。于是可以写出

$$\sum M_C(F)=0\quad, F_{Ax}\times h+\frac{ql}{2}\times\frac{l}{4}-F_{Ay}\times\frac{l}{2}=0$$

将式（a）代入上式后，解得

$$F_{Ax}=F_{Bx}=\frac{ql^2}{8h} \tag{b}$$

怎样验证上述结果式（a）和式（b）的正确性呢？请读者自行研究。同时请读者研究图 3-7d、e 中的受力分析是否正确？

【例题 3-6】 平面桁架受力如图 3-8a 所示。若尺寸 d 和载荷 $\boldsymbol{F}_P$ 均为已知，试求各杆的受力。

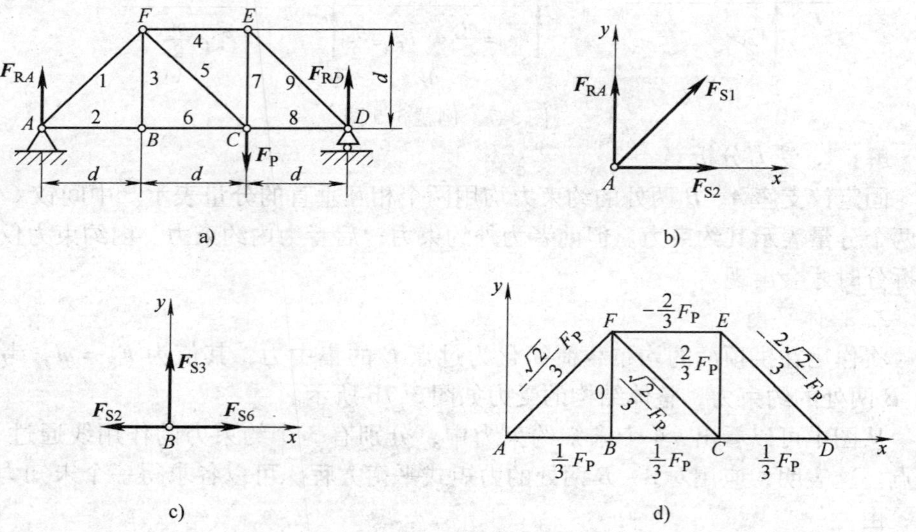

图 3-8　例题 3-6 图

解： 首先考察整体平衡，求出支座 A、D 两处的约束力。桁架整体受力示于图 3-8a 中。根据整体平衡，由平衡方程

$$\sum M_D = 0,\ \sum F_y = 0$$

求得

$$F_{RA} = \frac{1}{3}F_P,\ F_{RD} = \frac{2}{3}F_P$$

再以节点 A 为研究对象，其受力如图 3-8b 所示。由平衡方程

$$\sum F_y = 0,\ \sum F_x = 0$$

解得

$$F_{S1} = \frac{\sqrt{2}}{3}F_P\ (压),\quad F_{S2} = \frac{1}{3}F_P\quad (拉)$$

考察节点 B 的平衡，其受力图如图 3-8c 所示。由平衡方程 $\sum F_y = 0$，得到

$$F_{S3} = 0$$

这表明，杆 3 的内力为零。工程上将**桁架中不受力的杆**称为**零力杆或零杆**（zero - force member）。

以下可继续从左向右，也可从右向左，或者二者同时进行，考察有关节点的平衡，求出各杆内力。现将最后计算结果标注于图 3-8d 中。其中，“+”表示受拉（拉杆）；“-”表示受压（压杆）；“0”表示零杆。

本例讨论：这种以节点为研究对象，逐个考察其受力与平衡，从而求得全部杆件的受力的方法称为**节点法**（method of joints or pins）。读者可以注意到，本例所考察的节点是从 A 或 B 开始的，那么能否从考察节点 C 开始呢？这个问题留给读者去思考，并从中归纳出“节点法”的要点。

【例题 3-7】 试用截面法求例题 3-6 中杆 4、5、6 的内力。

解：首先用图 3-9 所示的假想截面将桁架截为两部分，假设截开的所有杆件均受拉力。考察左边部分的受力与平衡。写出平面力系的三个平衡方程，有

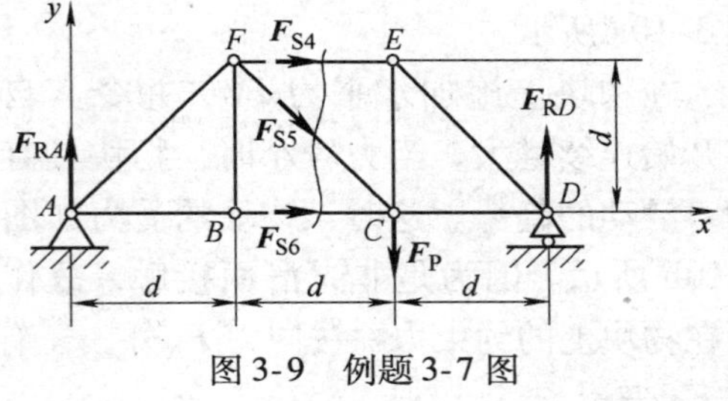

图 3-9　例题 3-7 图

$$\sum M_F(\boldsymbol{F}) = 0,\quad F_{RA} \times d - F_{S6} \times d = 0$$

$$\sum M_C(\boldsymbol{F}) = 0,\quad F_{RA} \times 2d + F_{S4} \times d = 0$$

$$\sum F_y = 0,\quad F_{RA} - F_{S5} \times \frac{\sqrt{2}}{2} = 0$$

由此解得

$$F_{S6} = F_{RA} = \frac{1}{3}F_P\ (拉),\ F_{S4} = -2F_{RA} = -\frac{2}{3}F_P\ (压),\ F_{S5} = \frac{\sqrt{2}}{3}F_P\ (拉)$$

本例讨论：这种用假想截面将桁架截开，考察其中任一部分的平衡，应用平衡方程，可以求出被截杆件的内力，这种方法称为**截面法**（method of sections）。截面

法对于只需要确定部分杆件内力的情形，显得更加简便。

3.5 考虑摩擦的平衡问题

摩擦（friction）是一种普遍存在于机械运动中的自然现象。实际机械与结构中，完全光滑的表面并不存在。两物体接触面之间一般都存在摩擦。在自动控制、精密测量等工程中即使摩擦很小，也会影响到仪器的灵敏度和精确度，因而必须考虑摩擦的影响。

研究摩擦的目的就是要充分利用其有利的一面，克服其不利的一面。

按照接触物体之间可能会相对滑动或相对滚动两种运动形式，将摩擦分为滑动摩擦和滚动摩擦。根据接触物体之间是否存在润滑剂，滑动摩擦又可分为干摩擦和湿摩擦。

本节介绍最常见的滑动摩擦平衡问题，涉及摩擦角、自锁等重要概念。

3.5.1 滑动摩擦力 库仑定律

1. 静滑动摩擦力

当两接触面之间仅有相对运动趋势，尚未发生相对运动时的摩擦称为静滑动摩擦，这时的摩擦力称为**静滑动摩擦力**，简称**静摩擦力**（static friction force）。

考察质量为 m 的物块，静止地置于水平面上，设二者接触面都是非光滑面，如图 3-10a 所示。

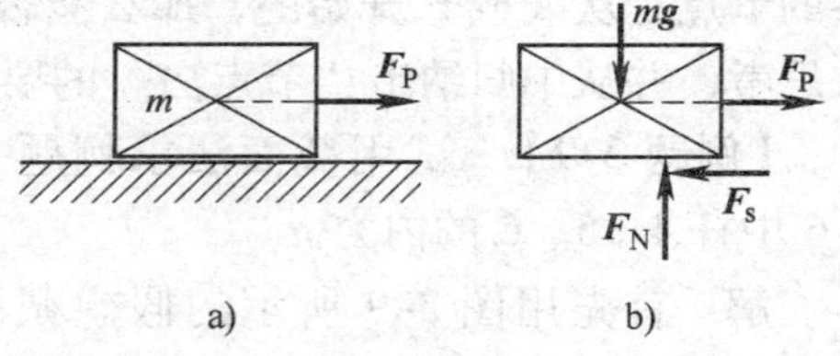

图 3-10 非光滑面约束及其约束力

在物块上施加水平力 $\boldsymbol{F}_P$，并令其自零开始连续增大，当力较小时，物块具有相对滑动的趋势。这时，物块的受力如图 3-10b 所示。因为是非光滑面接触，故作用在物块上的约束力除法向力 $\boldsymbol{F}_N$外，还有一与运动趋势相反的力，此即静摩擦力，用 $\boldsymbol{F}_s$ 表示。

当 $F_P=0$ 时，由于二者无相对滑动趋势，故静摩擦力 $F_s=0$。当 F_P开始增加时，静摩擦力 F_s 随之增加，物块仍然保持静止，这一阶段始终有 $F_s=F_P$。

F_P再继续增加，达到某一临界值 F_{Pmax}时，静摩擦力达到最大值，$F_s=F_{smax}$，物块处于临界状态。其后，物块开始沿力 $\boldsymbol{F}_P$的作用方向滑动。

物块开始运动后，静摩擦力突变至动摩擦力 F_d。此后，主动力 $\boldsymbol{F}_P$的数值若再增加，则摩擦力基本上保持为常值 F_d。

上述过程中，主动力与摩擦力之间的关系曲线如图 3-11 所示。

F_{smax}称为**最大静摩擦力**（maximum static friction force）与法向约束力 $\boldsymbol{F}_N$成正比，其方向与相对滑动趋势的方向相反，而与接触面积的大小无关，即

$$F_{smax}=f_sF_N \tag{3-7}$$

这一关系称为**库仑摩擦定律**（Coulomb law of friction）。式中，f_s 称为**静摩擦因数**（static friction factor）。静摩擦因数f_s主要与材料和接触面的粗糙程度有关，其数值可在机械工程手册中查到。但由于影响摩擦因数的因素比较复杂，所以如果需要较准确的f_s数值，则应由实验测定。

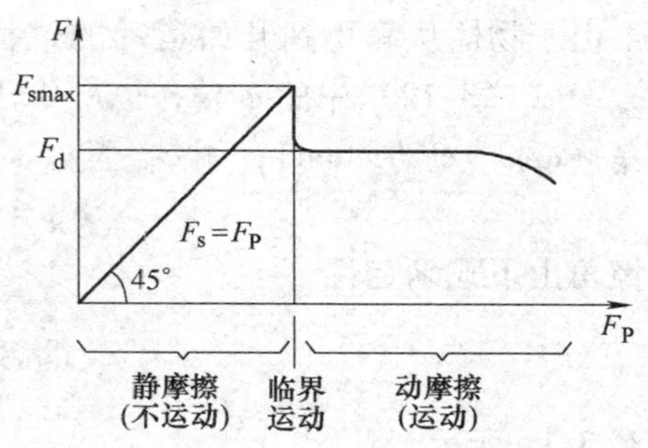

图 3-11　滑动摩擦力随外力增加而变化

上述分析表明，开始运动之前，即物体保持静止时，静摩擦力的数值在零与最大静摩擦力之间，即

$$0\leqslant F_s\leqslant F_{smax} \tag{3-8}$$

从约束的角度来看，静摩擦力也是一种约束力，而且是在一定范围内取值的切向约束力。

2. 动滑动摩擦力

当两接触面之间已经发生相对运动时的摩擦称为动滑动摩擦，这时的摩擦力称为**动滑动摩擦力**，简称**动摩擦力**（dynamic friction force），其方向与两接触面的相对速度方向相反，其大小与正压力成正比，即

$$F_d\geqslant fF_N \tag{3-9}$$

式中，f 称为**动滑动摩擦因数**，简称**动摩擦因数**（dynamic friction factor），经典摩擦理论认为f与f_s 都只与接触物体的材料和表面粗糙程度有关。

3.5.2　摩擦角与自锁现象

1. 摩擦角

当考虑摩擦时，作用在物体接触面上的有法向约束力 $\boldsymbol{F}_N$和切向摩擦力 $\boldsymbol{F}_s$，二者的合力便是接触面处所受的总约束力，又称为全约束力，用 $\boldsymbol{F}_R$ 表示，如图 3-12 所示。图中，

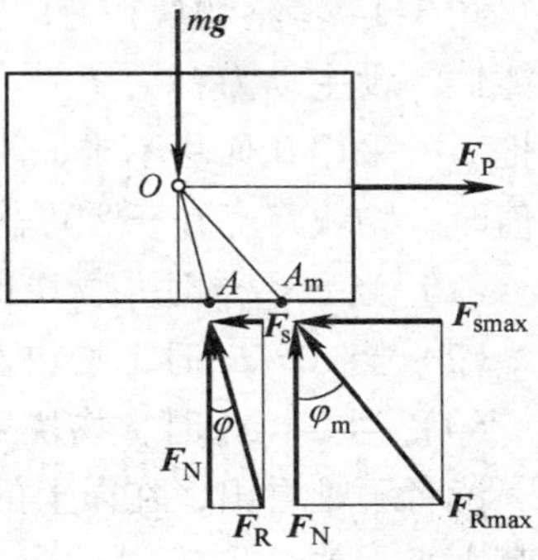

$$\boldsymbol{F}_R=\boldsymbol{F}_N+\boldsymbol{F}_s \tag{3-10}$$

全约束力的大小为

$$F_R=\sqrt{F_N^2+F_s^2} \tag{3-11}$$

图 3-12　摩擦角

全约束力作用线与接触面法线的夹角为 φ，由下式确定：

$$\tan\varphi=\frac{F_s}{F_N} \tag{3-12}$$

由于物体从静止到开始运动的过程中，摩擦力 $\boldsymbol{F}_s$ 从 0 开始增加直到最大值 F_{smax}。式（3-12）中的 φ 角，也从 0 开始增加直到最大值，φ 角的最大值称为**摩擦角**（angle of friction），用 φ_m 表示。在刚刚开始运动的临界状态下，全约束力为

$$\boldsymbol{F}_R=\boldsymbol{F}_N+\boldsymbol{F}_{smax} \tag{3-13}$$

摩擦角由下式确定：

$$\tan\varphi_m=\frac{F_{smax}}{F_N} \tag{3-14}$$

如图 3-12 所示。

应用库仑摩擦定律，式（3-14）可以改写成

$$\tan\varphi_m=\frac{F_{smax}}{F_N}=\frac{f_sF_N}{F_N}=f_s \tag{3-15}$$

上述分析结果表明：摩擦角是全约束力 $\boldsymbol{F}_R$ 偏离接触面法线的最大角度；摩擦角的正切值等于静摩擦因数。

在图 3-12 中，若将作用线过点 O 的力 $\boldsymbol{F}_P$ 连续改变它在水平面内的方向，则全约束力 $\boldsymbol{F}_R$ 的方向也随之改变。假设两物体接触面沿任意方向的静摩擦因数均相同，这样，在两物体处于临界平衡状态时，全约束力 $\boldsymbol{F}_R$ 的作用线将在空间组成一个顶角为 $2\varphi_m$ 的正圆锥面，称之为**摩擦锥**（cone of static friction）（图 3-13）。**摩擦锥是全约束力 $\boldsymbol{F}_R$ 在三维空间内的作用范围。**

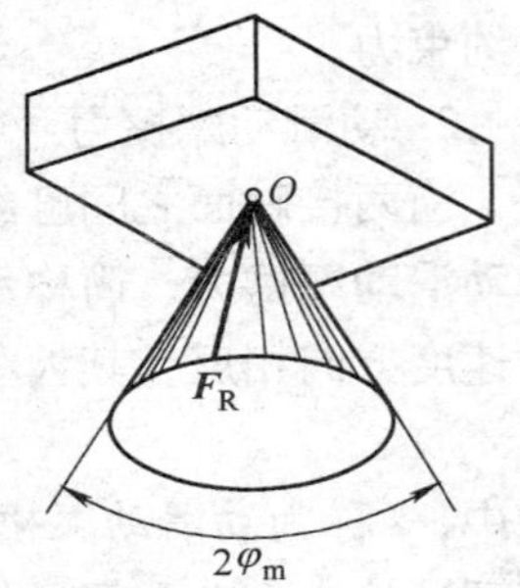

图 3-13 摩擦锥的形成

2. 自锁现象

图 3-14 考察物块在有摩擦力存在时的运动与平衡的可能性。设主动力合力 $\boldsymbol{F}_Q=m\boldsymbol{g}+\boldsymbol{F}_P$，其中 $\boldsymbol{F}_P$ 为对物块的推力，采用几何法不难证明，当 $\boldsymbol{F}_Q$ 的作用线与接触面法线矢量 $\boldsymbol{n}$ 的夹角 α 取不同值时，物块将存在三种可能状态：

（1）当 $\alpha<\varphi_m$ 时，物块保持静止（图 3-14a）。

（2）当 $\alpha>\varphi_m$ 时，物块发生运动（图 3-14b）。

（3）当 $\alpha=\varphi_m$ 时，物块处于平衡与运动的临界状态（图 3-14c）。

读者不难看出，在以上的分析中，只涉及了主动力合力 $\boldsymbol{F}_Q$ 的作用线方向，而与其大小无关。

当主动力合力的作用线处于摩擦角（或锥）的范围内时，无论主动力有多大，物体必定保持平衡。这种力学现象称为**自锁**。

注意，在滑动摩擦力达到最大值的所有问题中，都存在自锁或不自锁问题。

对于图 3-15 中所示存在摩擦力的物块 - 斜面系统，在斜面坡度小到一定程度后，物块总能在主动力 $\boldsymbol{F}_Q$ 与全约束力 $\boldsymbol{F}_R$ 二力作用下保持平衡；而在坡度增大到一定程度后，则得到相反结果。读者应用几何法不难得出自锁时，斜面倾角 α 必

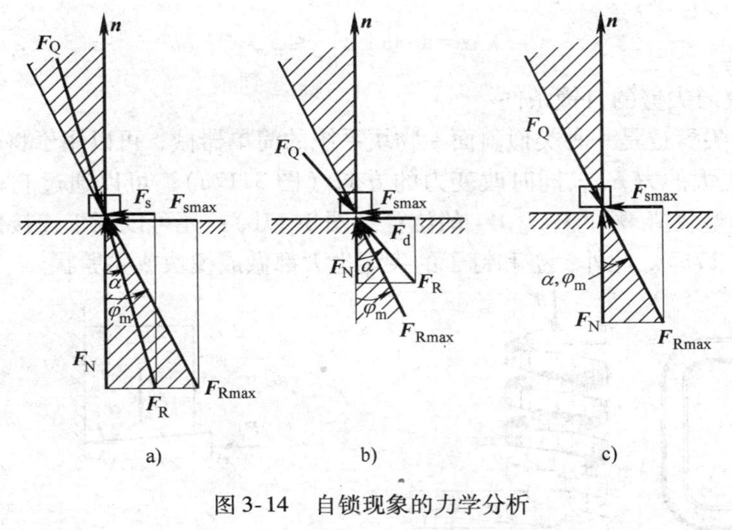

图 3-14　自锁现象的力学分析

a) $\alpha<\varphi_m$　b) $\alpha>\varphi_m$　c) $\alpha=\varphi_m$

须满足：

$$\alpha \leqslant \varphi_m \tag{3-16}$$

这称为斜面 - 物块系统的自锁条件。

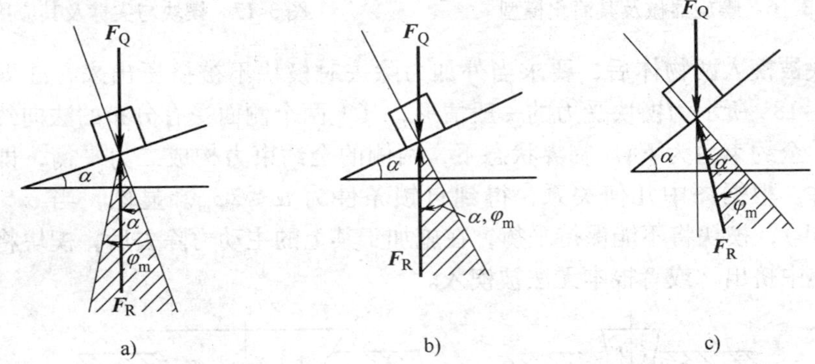

图 3-15　变化的斜面倾角 α 与摩擦角 φ_m 的关系

a) $\alpha<\varphi_m$　b) $\alpha=\varphi_m$　c) $\alpha>\varphi_m$

3. 螺旋器械的自锁条件

螺旋器械实际上由斜面 - 物块系统演变而成。以图 3-16a 所示的螺旋夹紧器为例，其支架上的内螺纹在平面上展开后，即为一斜面。具有外螺纹的螺杆即可视为物块，如图 3-16b 所示。工程上对这种器械的要求是：当作用在螺杆上使其上升的主动力矩撤去时，螺杆必然保持静止，使所举重物能够停留在此时的高度上，而不致反向转动使重物下降，这就是自锁要求。

为此，要求螺纹的螺旋角 α 必须满足自锁条件式（3-16）。于是有

$$\alpha = \arctan \frac{l}{2\pi r} \leqslant \varphi_{\mathrm{m}} \tag{3-17}$$

4. 楔块与尖劈的自锁条件

楔块与尖劈也是一种类似斜面－物块系统的简单器械，可以用于将较小的主动力 $\boldsymbol{F}_{\mathrm{P}}$变为更大的力 $\boldsymbol{F}_{\mathrm{Q}}$，同时改变力的方向（图 3-17a）；可以通过它输出较小的位移，以调整载荷 $\boldsymbol{W}_1$、$\boldsymbol{W}_2$、$\boldsymbol{W}_3$ 的位置（图 3-17b）；还可以用于连接两个有孔的零件（图 3-17c）。此外，桩和钉子的尖端也大都做成楔块或尖劈状。

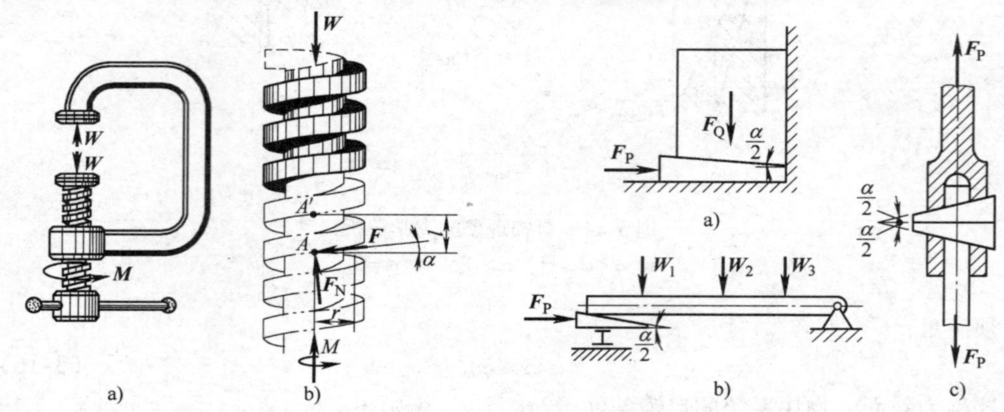

图 3-16 螺旋器械及其简化模型

图 3-17 楔块与尖劈及其应用

楔块被楔入两物体后，要求当外加力除去时楔块不被挤压出来，亦即要求自锁。图 3-18a 所示为楔块受力的一般情形，其上两个侧面受有分布的法向约束力和摩擦力，全约束力为 $\boldsymbol{F}_{\mathrm{R}}$。临界状态下，两侧的全约束力构成二力平衡，即楔块为二力构件。根据图中几何关系，得到自锁条件为 $\alpha \leqslant 2\varphi_{\mathrm{m}}$。显然，当 $\alpha > 2\varphi_{\mathrm{m}}$ 时（图 3-18b），楔块将不能保持平衡，在施加于其上的主动力除去后，楔块将从被楔入的物体中挤出，或者根本无法被楔入。

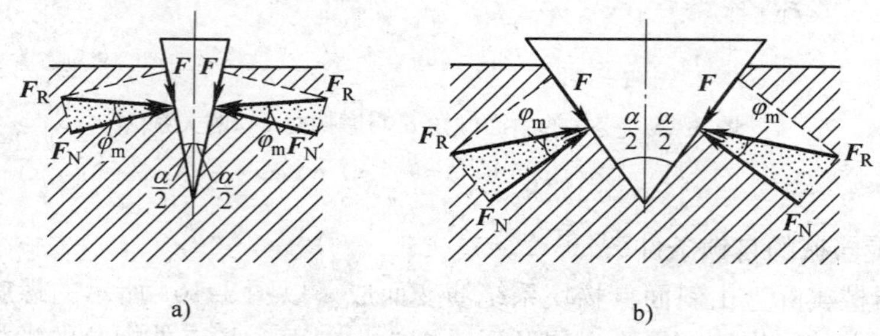

图 3-18 楔块与尖劈的自锁

3.5.3 摩擦平衡条件与平衡方程

求解摩擦平衡问题的基本方法与无摩擦平衡问题相似，依然是从受力分析入手，画出研究对象的受力图，然后根据力系的特点建立平衡方程，并应用物理条件，即库仑摩擦定律（式（3-7））和静摩擦力的取值范围（式（3-8）），求解所要求的未知量。

【例题3-8】 如图3-19a所示，梯子AB一端靠在铅垂的墙壁上，另一端搁置在水平地面上。假设梯子与墙壁间为光滑约束，而与地面之间存在摩擦。已知静摩擦因数为f_s；梯子重为W。

（1）若梯子在倾角α_1的位置保持平衡，求约束力F_{NA}、F_{NB}和摩擦力F_A；

（2）若使梯子不致滑倒，求其倾角的范围。

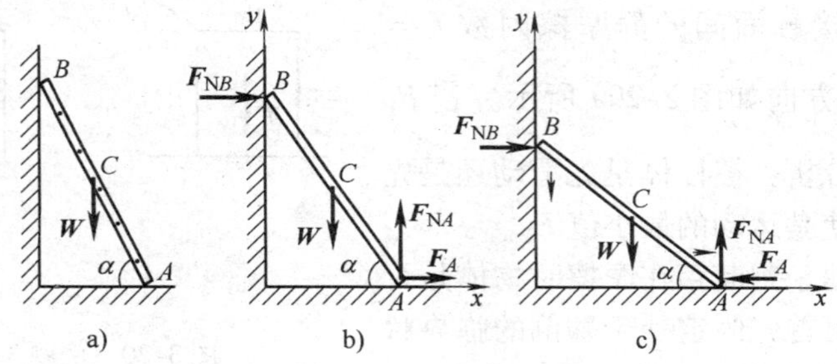

图3-19　例题3-8图

解：为简化计算，将梯子看成均质杆，设$AB=l$。

（1）梯子在倾角α_1的位置保持平衡时的摩擦力和约束力

梯子的受力图如图3-19b所示，其中将摩擦力$\boldsymbol{F}_A$作为一般的约束力，设其方向如图所示。于是有

$$\sum M_A(\boldsymbol{F})=0,\quad W\times\frac{l}{2}\cos\alpha_1-F_{NB}\times l\sin\alpha_1=0$$

$$F_{NB}=\frac{W\cos\alpha_1}{2\sin\alpha_1}=\frac{W}{2}\cot\alpha_1 \tag{a}$$

$$\sum F_y=0,\quad F_{NA}=W \tag{b}$$

$$\sum F_x=0,\quad F_A+F_{NB}=0,\quad F_A=-\frac{W}{2}\cot\alpha_1 \tag{c}$$

与前面求约束力相类似，$F_A<0$的结果表明图3-19b中所设的$\boldsymbol{F}_A$方向与实际方向相反。

（2）梯子不滑倒，倾角α的取值范围

摩擦力$\boldsymbol{F}_A$的方向必须根据梯子在地上的滑动趋势预先确定。

这种情形下，梯子的受力图如图3-19c所示，于是平衡方程和物理条件分别为

$$\sum M_A(\boldsymbol{F})=0,\quad W\times\frac{l}{2}\cos\alpha-F_{NB}\cdot l\sin\alpha=0 \tag{d}$$

$$\sum F_y=0,\quad F_{NA}-W=0 \tag{e}$$

$$\sum F_x=0,\quad F_A-F_{NB}=0 \tag{f}$$

而

$$F_A = f_s F_{NA} \tag{g}$$

据此不仅可以解出 A、B 两处的约束力，而且可以确定保持平衡时梯子的临界倾角

$$\alpha = \text{arccot}\ (2f_s) \tag{h}$$

由常识可知，α越大，梯子越易保持平衡，故平衡时梯子对地面的倾角范围为

$$\alpha \geqslant \text{arccot}\ (2f_s) \tag{i}$$

【例题 3-9】 一棱柱体重 $W = 480\text{N}$，置于水平面上，接触面间的静摩擦因数 $f_s = \dfrac{1}{3}$，载荷 $\boldsymbol{F}_P$的方向如图 3-20a 所示。若 F_P 逐渐增加，试分析：棱柱体是先滑动还是先翻倒？并求出使其运动的最小值 $F_{P\min}$。

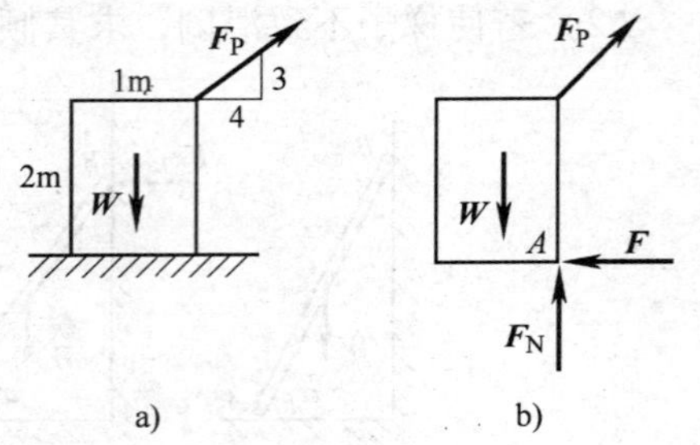

图 3-20 例题 3-9 图

解：本例属于判断存在摩擦时物体是否翻倒的问题，可首先假定处于翻倒的临界状态，然后根据结果进行分析。

取棱柱体为研究对象，当棱柱体处于刚要翻倒的临界状态时，其受力如图 3-20b 所示。根据平衡方程，有

$$\sum M_A\ (\boldsymbol{F})\ = 0,\quad \frac{1}{2}W - 2 \times \frac{4}{5}F_P = 0$$

$$\sum F_y = 0,\quad -W + F_N + \frac{3}{5}F_P = 0$$

$$\sum F_x = 0,\quad \frac{4}{5}F_P - F = 0$$

所以

$$F_P = \frac{5}{16}W = 150\text{N}$$

$$F = \frac{4}{5}F_P = 120\text{N}$$

$$F_N = W - \frac{3}{5}F_P = 390\text{N}$$

而

$$F_{s\max} = F_N\ f_s = \frac{1}{3} \times 390 = 130\text{N}$$

因为 $F_s < F_{s\max}$，所以棱柱体不会滑动，而是先翻倒，翻倒的载荷最小值 $F_{P\min} = 150\text{N}$。

【例题 3-10】 图 3-21a 所示为攀登电线杆时所采用的脚套钩。已知套钩的尺

寸 l、电线杆直径 D、静摩擦因数 f_s。试求套钩不致下滑时脚踏力 $\boldsymbol{F}_P$ 的作用线与电线杆中心线的距离 d。

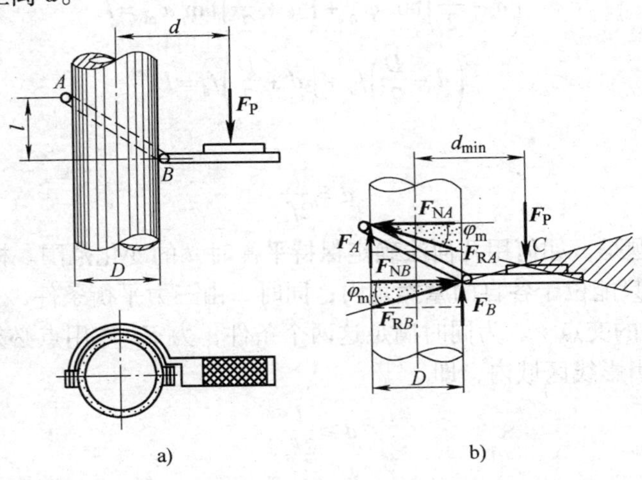

图3-21 例题3-10图

解：本例已知静摩擦因数以及外加力方向，求保持静止和临界状态的条件，因此需用平衡方程与物理条件联合求解，现用解析法与几何法分别求解。

1. 解析法

以套钩为研究对象，其受力图如图3-21b所示。注意到，套钩在 A、B 两处都有摩擦，两处将同时达到最大摩擦力。应用平面力系平衡方程和 A、B 两处摩擦力的物理方程，有

$$\sum F_x=0, \quad F_{NA}=F_{NB} \tag{a}$$

$$\sum F_y=0, \quad F_{sA}+F_{sB}=F_P \tag{b}$$

$$\sum M_A(\boldsymbol{F})=0, \quad F_{NB}\cdot l+F_{sB}\cdot D=F_P\left(d+\frac{D}{2}\right) \tag{c}$$

$$F_{sA\max}=f_sF_{NA}, \quad F_{sB\max}=f_sF_{NB} \tag{d}$$

联立求解得出套钩不致下滑的临界距离 d

$$d=\frac{l}{2f_s} \tag{e}$$

经判断，套钩不致下滑的范围为

$$d\geqslant\frac{l}{2f_s}$$

2. 几何法

分别作出 A、B 两处的摩擦角，相应得到两处的全约束力 $\boldsymbol{F}_{RA}$ 和 $\boldsymbol{F}_{RB}$ 的方向（图3-21b）。其中 $\boldsymbol{F}_{RA}=\boldsymbol{F}_A+\boldsymbol{F}_{NA}$，$\boldsymbol{F}_{RB}=\boldsymbol{F}_B+\boldsymbol{F}_{NB}$。于是，套钩应在 $\boldsymbol{F}_{RA}$，$\boldsymbol{F}_{RB}$，$\boldsymbol{F}_P$ 三个力作用下处于临界平衡状态，故三力必相交于一点 C。根据图3-21b的几

何关系，有

$$\left(d-\frac{D}{2}\right)\tan\varphi_{\mathrm{m}}+\left(d+\frac{D}{2}\right)\tan\varphi_{\mathrm{m}}=l$$

即

$$\left(d-\frac{D}{2}\right)f_{\mathrm{s}}+\left(d+\frac{D}{2}\right)f_{\mathrm{s}}=l$$

由此解出

$$d=\frac{l}{2f_{\mathrm{s}}}$$

现在的问题是，如何用几何法确定保持平衡时 d 的变化范围。根据库仑摩擦定律，$\boldsymbol{F}_{\mathrm{R}A}$、$\boldsymbol{F}_{\mathrm{R}B}$只能位于各自的摩擦角内；同时，由三力平衡条件，力 $\boldsymbol{F}_{\mathrm{P}}$ 必须通过 $\boldsymbol{F}_{\mathrm{R}A}$和 $\boldsymbol{F}_{\mathrm{R}B}$两力的交点 C。为同时满足这两个条件，力 $\boldsymbol{F}_{\mathrm{P}}$ 作用点必须位于图 3-21b 所示的三角形阴影线区域内，即

$$d\geqslant\frac{l}{2f_{\mathrm{s}}}$$

3.6 本章小结与讨论

3.6.1 本章小结

（1）作用于刚体上的力系平衡的充分必要条件为：力系的主矢和力系对任一点的主矩同时为零。

（2）平衡方程的一般形式

$$\begin{cases}\sum F_x=0, & \sum M_x(\boldsymbol{F})=0\\ \sum F_y=0, & \sum M_y(\boldsymbol{F})=0\\ \sum F_z=0, & \sum M_z(\boldsymbol{F})=0\end{cases}$$

（3）平面一般力系的平衡方程

1）基本形式 $\sum F_x=0$，$\sum F_y=0$，$\sum M_O(\boldsymbol{F})=0$

2）二矩式 $\sum F_x=0$，$\sum M_A(\boldsymbol{F})=0$，$\sum M_B(\boldsymbol{F})=0$

（AB 连线不与 x 轴垂直）

3）三矩式 $\sum M_A(\boldsymbol{F})=0$，$\sum M_B(\boldsymbol{F})=0$，$\sum M_C(\boldsymbol{F})=0$

（A、B、C 三点不共线）

（4）静定问题：系统中的未知量个数等于独立平衡方程的个数，可由静力学平衡方程求出全部未知量的问题。

超静定问题：系统中的未知量个数大于独立平衡方程的个数，无法仅由静力学平衡方程求出全部未知量的问题。

3.6.2 受力分析的重要性

读者从本章关于单个刚体与简单刚体系统平衡问题的分析中可以看出，受力分析是决定分析平衡问题成败的重要部分，只有当受力分析正确无误时，其后的分析才能取得正确的结果。初学者常常不习惯根据约束的性质分析约束力。而是根据不正确的直观判断确定约束力。例如，“根据主动力的方向确定约束力及其方向”就是初学者最容易采用的错误方法。对于图3-22a中所示的承受水平载荷 $\boldsymbol{F}_{\mathrm{P}}$ 的平面刚架 ABC，应用上述错误方法，得到图3-22b所示的受力图。请读者分析这一受力图错在哪里？

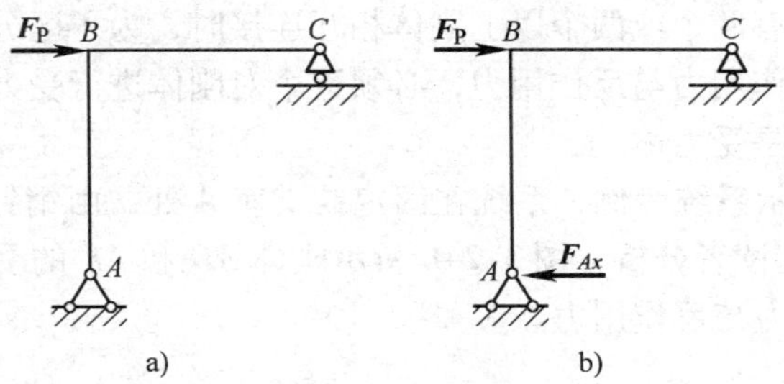

图3-22　不正确的受力分析之一

又如，对于图3-23a中所示三铰拱，当考察其总体平衡时，得到图3-23b所示受力图。这一受力图又错在哪里呢？这不是也能平衡吗？

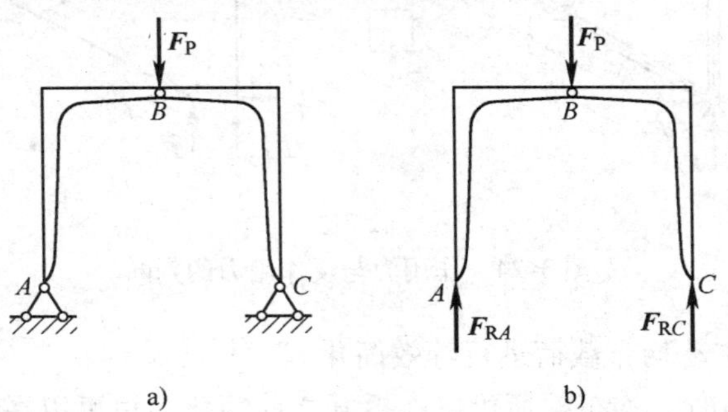

图3-23　不正确的受力分析之二

3.6.3 关于简单刚体系统平衡问题的讨论

根据刚体系统的特点，分析和处理刚体系统平衡问题时，注意以下几方面是很重要的。

（1）认真理解、掌握并能灵活运用“系统整体平衡时，组成系统的每个局部必然平衡”的重要概念。

某些受力分析，从整体上看，可以使整体平衡似乎是正确的，但从局部看却是不平衡的，因而是不正确的，图 3-23b 中所示受力图即属此例。

（2）要灵活选择平衡对象。

所谓平衡对象包括系统整体、单个刚体以及由两个或两个以上刚体组成的子系统。灵活选择其中之一或之二作为平衡对象，一般应遵循：尽量使一个平衡方程中只包含一个未知约束力，不解或少解联立方程。

（3）注意区分内约束力与外约束力、作用力与反作用力。

内约束力只有在系统拆开时才会出现，故而在考察整体平衡时，无须考虑内约束力。

当同一约束处有两个或两个以上刚体相互连接时，为了区分作用在不同刚体上的约束力是否互为作用力与反作用力，必须逐个对刚体进行受力分析，分清哪一个是施力体，哪一个是受力体。

以图 3-24a 所示系统为例，系统在固定铰支座 *A* 处，由销钉将刚体 *AF* 和刚体 *AD* 联接在一起。请读者分析，图 3-24b 所示刚体 *AD* 和 *AF* 的受力图中，*A* 处的约束力是否互为作用力与反作用力。

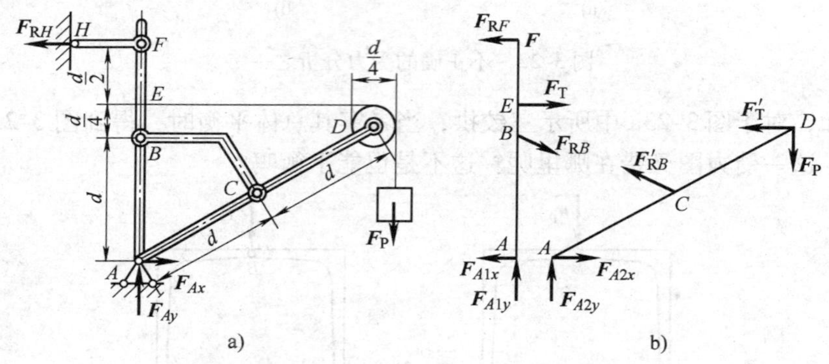

图 3-24　作用力与反作用力的判断

（4）注意对主动均布载荷进行等效简化。

考察局部平衡时，均布载荷可以在拆开之前简化，也可以在拆开之后简化。要注意的是，先简化、后拆开时，简化后合力加在何处才能满足力系等效的要求。这一问题请读者结合例题 3-4 中图 3-6d、e 所示的受力图加以分析。

3.6.4 正确的直观判断

正确地进行直观判断，可以通过不建立平衡方程，而直接确定某些未知力，甚至全部约束力。这在工程中，特别是现场工程分析中，是很重要的。同时，正确的直观判断，有利于保证理论分析与计算结果的正确性。

正确的直观判断，必须以平衡概念为基础，同时正确应用对称性和反对称性。

所谓对称性和反对称性，是指如果结构存在对称轴（平面问题）或对称面（空间问题），则称为对称结构。对称结构若承受对称载荷，则其约束力必然对称于对称轴；对称结构若承受反对称载荷，则其约束力必然是反对称的。

以图 3-25 中的三种结构为例。图 3-25a 所示为静力平面刚架，固定支座 A 处有铅垂和水平方向两个约束力 $\boldsymbol{F}_{Ay}$ 和 $\boldsymbol{F}_{Ax}$；D 处为辊轴支座，只有铅垂方向的约束力 $\boldsymbol{F}_{RD}$。根据 x 方向的平衡条件 $F_{Ax}=0$，于是由对称性得到 $F_{Ay}=F_{RD}=F_P$。

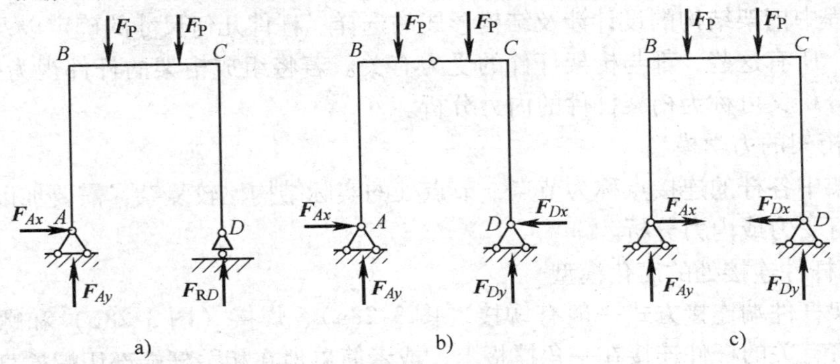

图 3-25　对称性分析

对于图 3-25b、c 所示三铰拱和超静定刚架，也都可以作出类似的分析：A、D 两处的水平约束力也是对称的，但二者都不等于零。

有兴趣的读者，可以将图 3-25a、b 所示静定结构上的对称载荷改为反对称载荷，再分析其约束力是否具有反对称性。

3.6.5　关于桁架分析的讨论

桁架是一种常见的工程结构，特别是大跨度建筑物或大型机械中，诸如房屋、铁路桥梁、油田井架、起重设备、飞机结构、雷达天线、导弹发射架、输电线路铁塔以及某些电视发射塔等均属于桁架结构。图 3-26 与图 3-27 所示分别为钢结构的屋顶桁架和桥梁桁架。

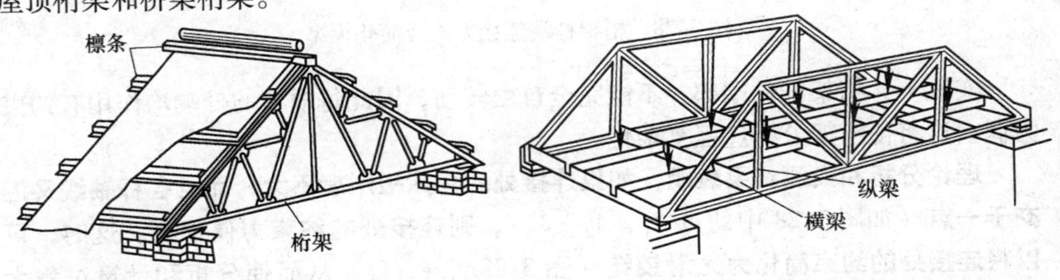

图 3-26　钢结构的屋顶桁架　　图 3-27　钢结构的桥梁桁架

桁架是由若干直杆在两端按一定的方式连接所组成的工程结构。若组成桁架的所有杆件均处在同一平面内，且载荷作用在相同的平面内，则称为**平面桁架**（planar truss）；如果这些杆件不在同一平面内，或者载荷不作用在桁架所在的平面内，则称为**空间桁架**（space truss）。某些具有对称平面的空间结构，当载荷均作用在对称面内时，对称面两侧的结构也可以视为平面桁架加以分析。图 3-26 所示为房屋结构中的平面桁架；图 3-27 所示则为桥梁结构中的空间桁架，当载荷作用在对称面内时，可视为平面桁架。

工程中桁架结构的设计涉及结构形式的选择、杆件几何尺寸的确定以及材料的选用等。所有这些，都与桁架杆件的受力有关。若将组成桁架的杆件视为弹性体，则这种分析又可称为桁架杆件的内力分析。

1. 桁架的力学模型

桁架中各杆的连接点称为节点，节点处的实际结构比较复杂，需要加以简化才便于进行受力或内力分析。

1）杆件连接处的简化模型

桁架杆件端连接方式一般有铆接（图 3-28a）、焊接（图 3-28b）和螺栓联接等，即将有关的杆件连接在一角撑板上，或者简单地在相关杆端部用螺栓直接联接（图 3-28c）。

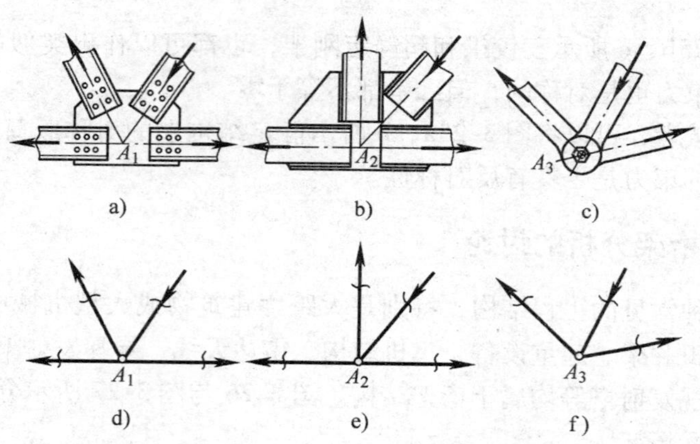

图 3-28　桁架杆端连接方式及简化模型

实际上，桁架杆件端部并不能完全自由转动，因此每根杆的杆端均作用有约束力偶。这将使桁架分析过程复杂化。

理论分析和实测结果表明，如果连接处的角撑板刚度不大，而且各杆轴线又汇交于一点（如图 3-28 中的点 A_1、A_2、A_3），**则连接处的约束力偶很小。这时，可以将连接处的约束简化为光滑铰链**（图 3-28d、e、f），**从而使分析和计算过程大大简化**。当要求更加精确地分析桁架杆件的内力时，才需要考虑杆端约束力偶的影响。这时，桁架将不再是静定的，而变为超静定的。但是，如果采用计算机分析，这类问题也不难解决。

2）节点与非节点载荷的简化模型

理想桁架模型要求载荷都必须作用在节点上，这一要求对于某些屋顶和桥梁结构是能够满足的。图 3-26 所示屋顶桁架中，屋顶的载荷通过檩条（梁）作用在桁架节点上；图 3-27 所示桥板上的载荷先施加于纵梁上，然后再通过纵梁对横梁的作用，由后者施加在两侧桁架上。这两种桁架简化模型分别如图 3-29、3-30 所示。

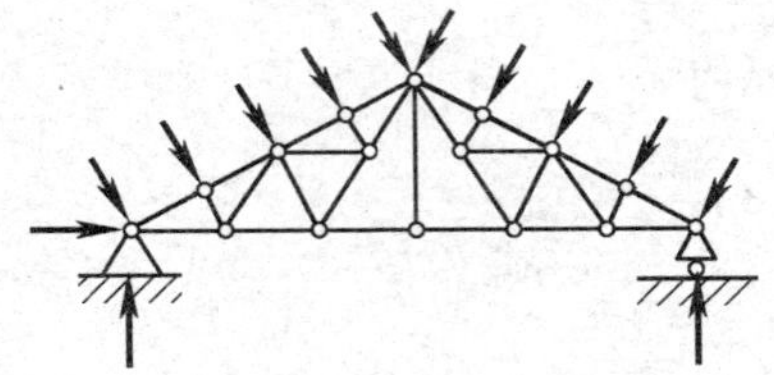

图 3-29　屋顶桁架模型

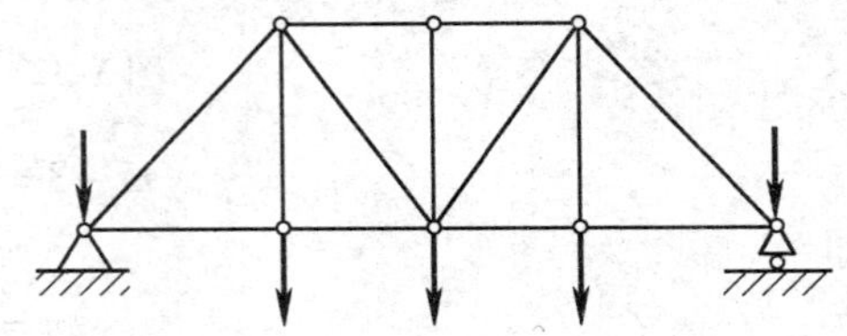

图 3-30　桥梁桁架模型

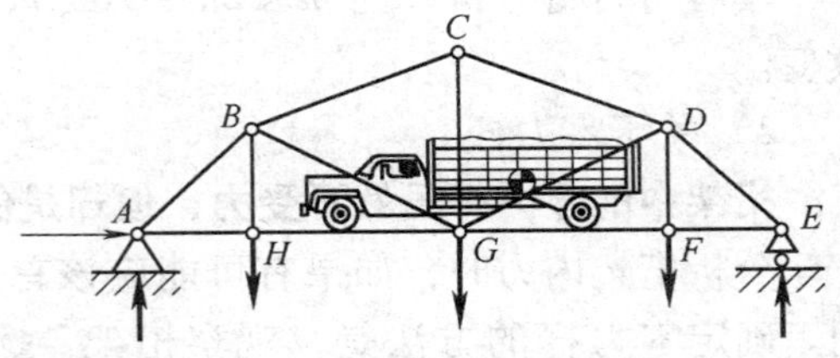

图 3-31　载荷不直接作用在节点上的桁架

对于载荷不直接作用在节点上的情形（图 3-31），可以对承载杆作受力分析、确定杆端受力，再将其作为等效节点载荷施加于节点上。

此外，对于桁架杆件自重，一般情形下由于其引起的杆件受力要比载荷引起的小得多，因而可以忽略不计。在特殊情形下，亦可采用非节点载荷的简化方法。

根据上述方面的简化模型，桁架所有杆件都是二力构件，或者二力杆，即桁架杆件内力或为拉力（tensile force），或为压力（compressive force）。

2. 桁架静力分析的基本方法

若桁架处于平衡，则它的任何一局部，包括节点、杆，以及用假想截面截出的任意局部都必须是平衡的。据此，产生分析桁架内力的“节点法”和“截面法”。前者用于求解各杆力，后者适于只需确定某几根杆的内力的情形。

3. 关于桁架的讨论

1）桁架的坚固性条件和静定性条件

桁架在确定载荷作用下，保持初始几何形状不变的特性，称为坚固性。这不仅仅是因为组成桁架的每根杆件均被视为刚体，而且还因为结构的几何组成，在载荷作用下不能发生变化（坍塌是这种变化的特殊情形）。图 3-32a、b 所示分别为几何可变的**机构**（mechanism）和几何不可变的**结构**（structure）。前者不具有坚固性，后者则是坚固的。

设桁架杆件总数为 m，铰节点数为 n。平面桁架基本单元由 3 根杆和 3 个铰节点组成，每增加 2 根杆和 1 个铰节点，即增加一个单元。这表明，所有新增单元中，杆数均为铰节点数的 2 倍。于是桁架静定性条件可写成

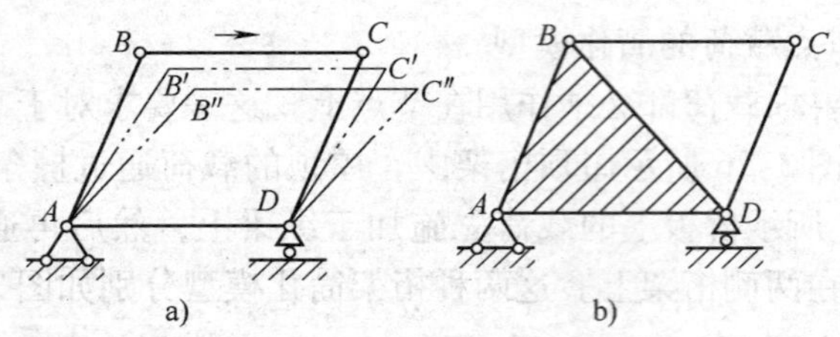

图 3-32　机构与结构

$$m-3=2(n-3)$$

即

$$m=2n-3$$

这种情形下，桁架不仅是坚固的，而且是静定的。

读者可自行分析，当 $m<2n-3$ 或 $m>2n-3$ 时，问题的性质将会发生怎样改变。

2）关于零力杆

桁架中的零力杆虽然不受力，但却是保持结构坚固性所必需的。

分析桁架内力时，如果有可能应该首先确定其中的零力杆，这对后续分析有利。确定零力杆的方法是，观察桁架中的每个节点。若在一个节点上有两根杆件，且无载荷或约束力作用，则此二杆均为零力杆（图 3-33a）；若一个节点上有三根杆件，且其中有两杆共线，在节点上同样无载荷或约束力作用，则不共线的杆必为零力杆（图 3-33b）。

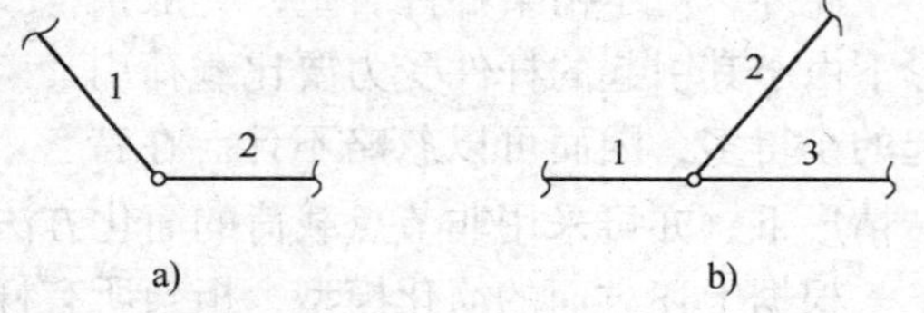

图 3-33　存在零力杆的两种节点

a）$F_{S1}=F_{S2}=0$　b）$F_{S2}=0$

3）关于桁架内力的计算机分析

读者不难发现，在桁架结构比较复杂、杆件总数和节点总数都比较大的情形下，若采用本书所介绍的节点法或截面法，计算都特别繁杂。而采用计算机分析方法，则要简单得多。目前一些工程力学应用软件中，都包含有分析静定和超静定桁架内力的程序。

3.6.6　考虑摩擦时平衡问题的几个重要概念

1. 静摩擦力性质

静摩擦力是在一定范围内取值（$0\leqslant F_s\leqslant F_{smax}=f_sF_N$）的约束力。它既是约束力，又不同于一般的约束力。

2. 摩擦角（锥）与自锁概念

摩擦角（锥）$\varphi=<\boldsymbol{F}_R,\boldsymbol{F}_N>$，摩擦角的取值范围（$0\leqslant\varphi\leqslant\varphi_m$）是静摩擦力

取值范围（$0 \leqslant F_s \leqslant F_{smax}$）的几何表示。$\varphi_m = \arctan f_s$，$\varphi_m$ 与 f_s 二者等价地表示两接触面的摩擦性质。

当主动力合力的作用线处于摩擦角（或锥）的范围内（或外）时，无论主动力有多大（或多小），物体必定（或一定不）保持平衡。这种力学现象称为自锁（或不自锁）。不自锁是与自锁概念紧密相关的一个方面。

3. 为什么静摩擦力的方向不能任意假设

静摩擦力不仅要与作用在物体上的其他力共同满足平衡方程，而且还要满足与摩擦有关的物理方程。

注意到，在物理方程（$F_{smax} = f_s F_N$）中，由于正压力 $\boldsymbol{F}_N$ 一般都沿真实方向，故 $F_N > 0$，而摩擦因数 $f_s > 0$，所以必有 $F_{smax} > 0$。而在平衡方程中，若将力 $\boldsymbol{F}_s$ 假设任意方向且没有错时，即出现 $F_s < 0$ 的情形。这样，包含同一静摩擦力的平衡方程和物理方程便不相容，从而导致最后计算结果错误，而不仅仅是正、负号的差异。这一问题请读者结合例题3-8中的第二个问题，分析：如果梯子与地面之间的静摩擦力方向假设反了，将会产生怎样的结果？

习　题

选择填空题

3-1　如果平面力系平衡，则关于它的平衡方程，下列表述正确的是（　　）。

① 任何平面力系都具有三个独立的平衡方程

② 任何平面力系只能列出三个平衡方程

③ 在平面力系的平衡方程的基本形式中，两个投影轴必须互相垂直

④ 该平衡力系在任意选取的投影轴上投影的代数和必为零

3-2　图3-34所示空间平行力系中，设各力作用线都平行于 Oz 轴，则此力系独立的平衡方程为（　　）。

① $\sum M_x(\boldsymbol{F}) = 0$，$\sum M_y(\boldsymbol{F}) = 0$，$\sum M_z(\boldsymbol{F}) = 0$

② $\sum F_x = 0$，$\sum F_y = 0$，$\sum M_x(\boldsymbol{F}) = 0$

③ $\sum F_z = 0$，$\sum M_x(\boldsymbol{F}) = 0$，$\sum M_y(\boldsymbol{F}) = 0$

④ $\sum F_x = 0$，$\sum F_y = 0$，$\sum F_z = 0$

3-3　水平梁 AB 由三根直杆支承，载荷和尺寸如图3-35所示。为了求出三根直杆的约束力，可采用以下（　　）所示的平衡方程。

① $\sum M_A(\boldsymbol{F}) = 0, \sum F_x = 0, \sum F_y = 0$

② $\sum M_A(\boldsymbol{F}) = 0, \sum M_C(\boldsymbol{F}) = 0, \sum F_y = 0$

③ $\sum M_A(\boldsymbol{F}) = 0, \sum M_C(\boldsymbol{F}) = 0, \sum M_D(\boldsymbol{F}) = 0$

④ $\sum M_A(\boldsymbol{F}) = 0, \sum M_C(\boldsymbol{F}) = 0, \sum M_B(\boldsymbol{F}) = 0$

3-4　图3-36所示机构受力 $\boldsymbol{F}$ 作用，各杆重量不计，则 A 处支座约束力的大小为（　　）。

① $\dfrac{F}{2}$　　② $\dfrac{\sqrt{3}}{2}F$　　③ F　　④ $\dfrac{\sqrt{3}}{3}F$

3-5　图3-37所示杆系结构由相同的细直杆铰接而成，各杆重量不计。若 $F_A = F_C = F$，且

垂直 BD，则杆 BD 的内力为（　　）。

① $-F$　　② $-\sqrt{3}F$　　③ $-\frac{\sqrt{3}}{3}F$　　④ $-\frac{\sqrt{3}}{2}F$

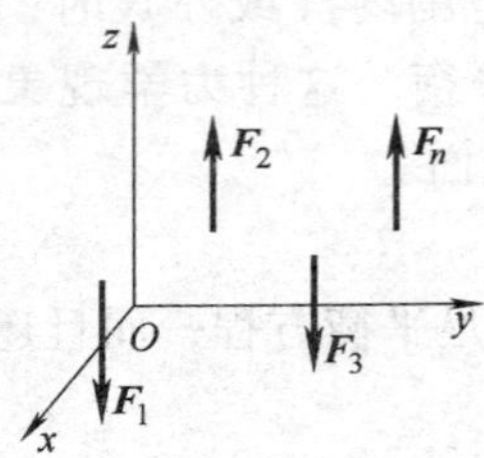

图 3-34　习题 3-2 图

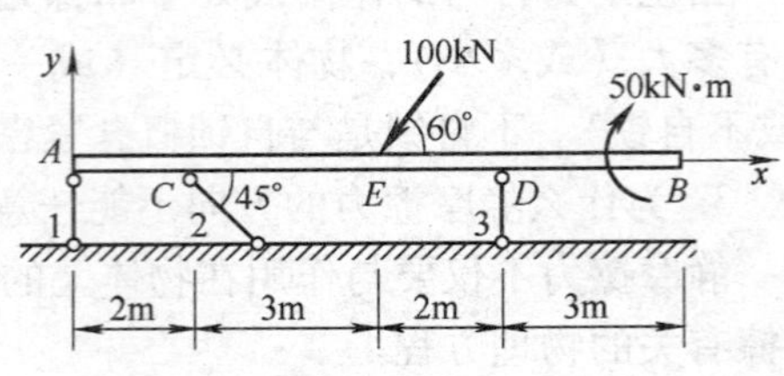

图 3-35　习题 3-3 图

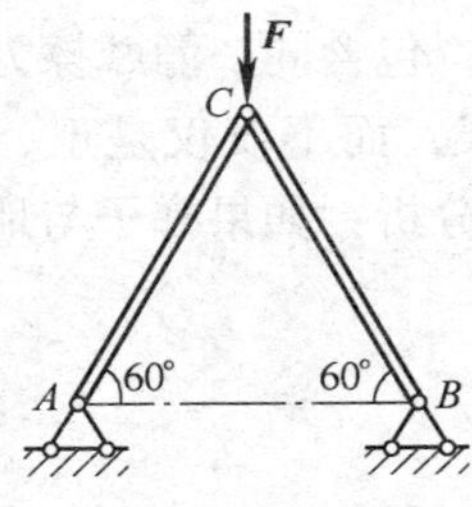

图 3-36　习题 3-4 图

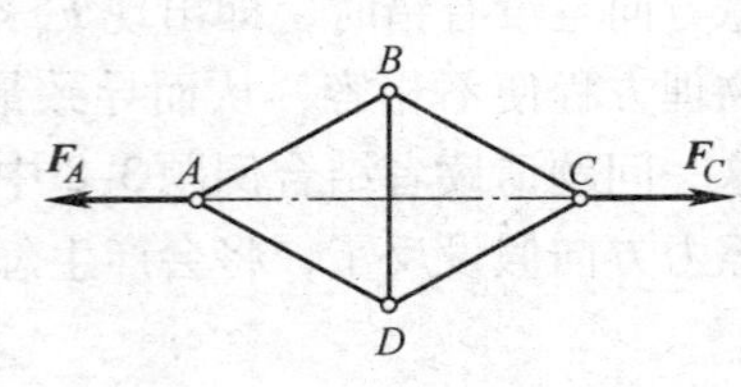

图 3-37　习题 3-5 图

3-6　杆 AF、BE、CD、EF 相互铰接并支承，如图 3-38 所示。今在杆 AF 上作用一力偶（$\boldsymbol{F}$，$\boldsymbol{F}'$），若不计各杆自重，则支座 A 处约束力的作用线（　　）。

① 过 A 点平行于力 $\boldsymbol{F}$

② 过 A 点平行于 BG 连线

③ 沿 AG 直线

④ 沿 AH 直线

3-7　图 3-39 所示长方形刚体，仅受两力偶作用，已知其力偶矩矢量满足 $\boldsymbol{M}_1 = -\boldsymbol{M}_2$。则该长方体（　　）。

① 不平衡　　② 平衡　　③ 平衡与否无法确定

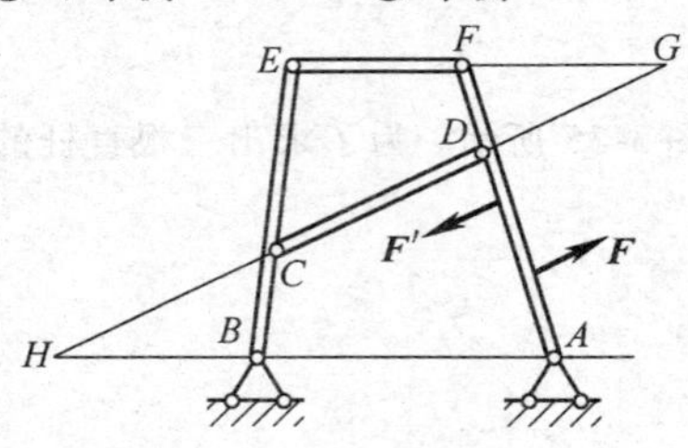

图 3-38　习题 3-6 图

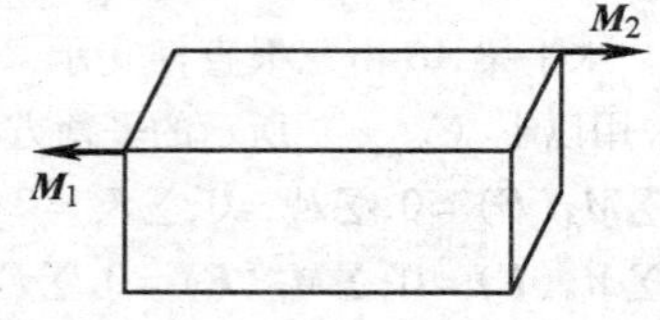

图 3-39　习题 3-7 图

3-8　图 3-40 所示结构中，静定结构是（　　　），超静定结构是（　　　）。

① 图 3-40a　　② 图 3-40b　　③ 图 3-40c　　④ 图 3-40d

3-9　在刚体的两个点上各作用一个空间共点力系（即汇交力系），刚体处于平衡。利用刚

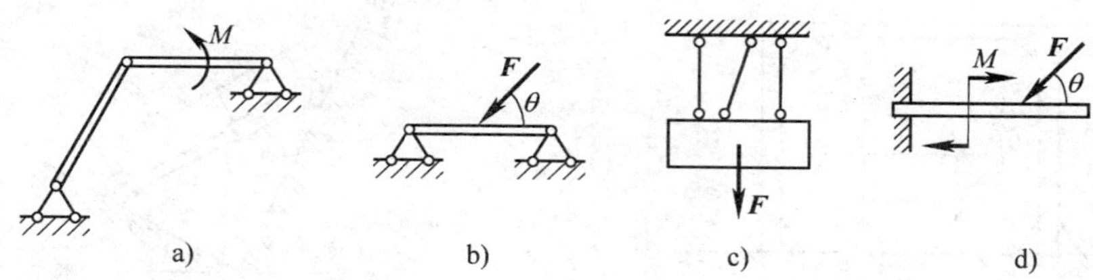

图3-40 习题3-8图

体的平衡条件可以求出的未知量（即独立的平衡方程）个数最多为（ ）。

①3个 ②4个 ③5个 ④6个

3-10 平面力系平衡方程的二矩式应满足的附加条件是（ ）。平面力系平衡方程的三矩式应满足的附加条件是（ ）。

3-11 若空间力系各力作用线都平行于某一固定平面，则其最多的独立平衡方程有（ ）个；

若空间力系各力作用线都垂直于某一固定平面，则其最多的独立平衡方程有（ ）个；

若空间力系各力作用线分别在两个平行的固定平面内，则其最多的独立平衡方程有（ ）个。

3-12 试写出各类力系所具有的最多的独立平衡方程数目。

（1）平面汇交力系（ ） （2）平面力偶系（ ）

（3）平面平行力系（ ） （4）平面任意力系（ ）

（5）空间汇交力系（ ） （6）空间力偶系（ ）

（7）空间平行力系（ ） （8）空间任意力系（ ）

3-13 不计重量的直角杆 *CAD* 和T字形杆 *DBE* 在 *D* 处铰接，如图3-41所示。若系统受力 ***F*** 作用，则支座 *B* 处约束力的大小为（ ），方向为（ ）。

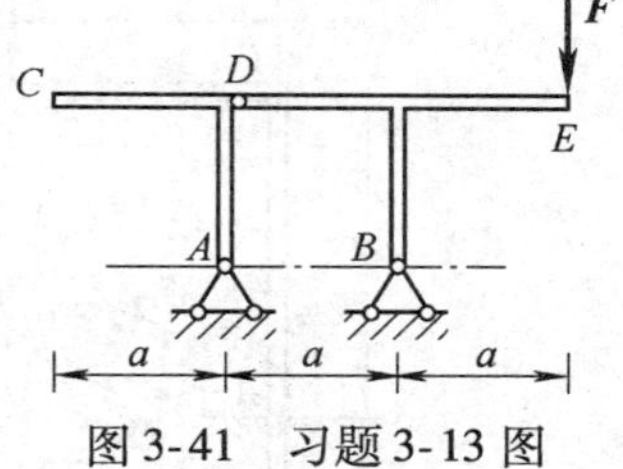

图3-41 习题3-13图

3-14 由 n 个刚体组成的平衡系统，其中有 n_1 个刚体受到平面力偶系作用，n_2 个刚体受平面共点力系作用，n_3 个刚体受到平面平行力系作用，其余的刚体受平面任意力系作用，则该系统所能列出的独立平衡方程的最大总数是（ ）。

分析计算题

3-15 图3-42所示两种正方形结构所受载荷 ***F*** 均已知。试求其中1、2、3杆受力。

3-16 图3-43所示为一绳索拔桩装置。绳索的 *E*、*C* 两点拴在架子上，点 *B* 与拴在桩 *A* 上的绳索 *AB* 连接，在点 *D* 加一铅垂向下的力 ***F***，*AB* 可视为铅垂，*DB* 可视为水平。已知 $\alpha=0.1\text{rad}$，力 $F=800\text{N}$。试求绳 *AB* 中产生的拔桩力（当 α 很小时，$\tan\alpha\approx\alpha$）。

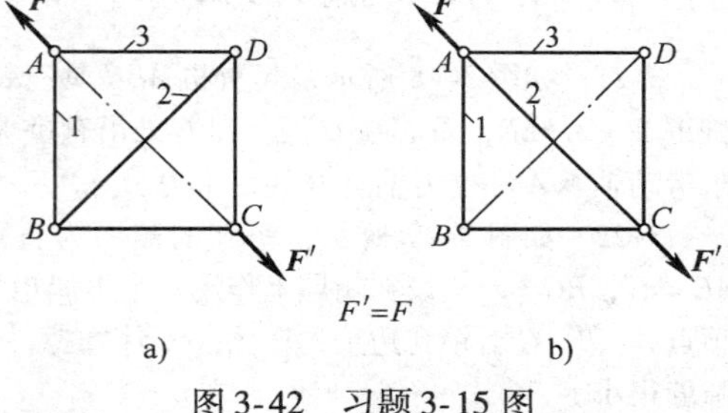

图3-42 习题3-15图

3-17 杆 *AB* 及其两端滚子的整体重心在 *G* 点，滚子搁置在倾斜的光滑刚性平面上，如图3-44所示。对于给定的 θ 角，试求平衡时的 β 角。

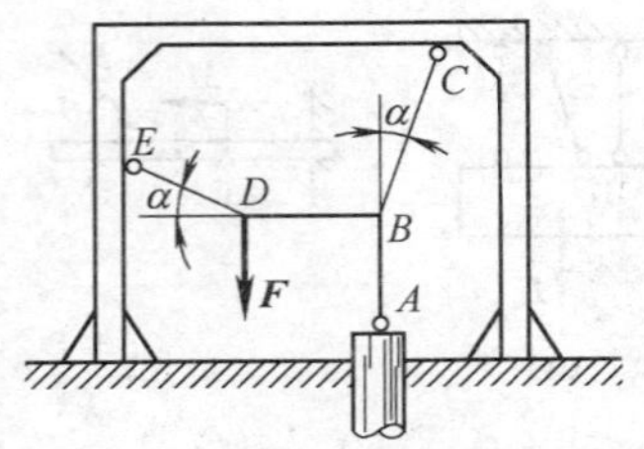

图 3-43　习题 3-16 图

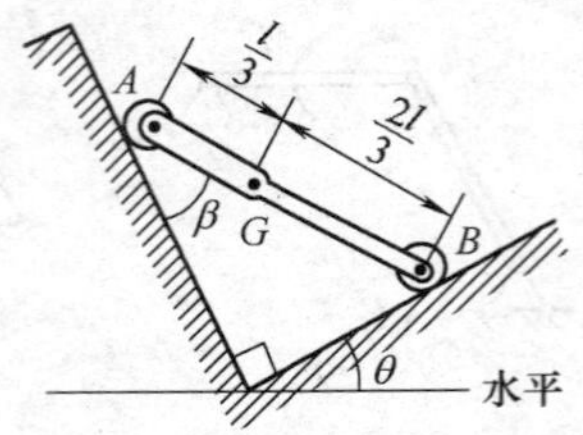

图 3-44　习题 3-17 图

3-18　试求图 3-45 所示两外伸梁的约束力，其中：(a) $M=60\text{kN}\cdot\text{m}$，$F_P=20\text{kN}$；(b) $F_P=10\text{kN}$，$F_{P1}=20\text{kN}$，$q=20\text{kN/m}$，$d=0.8\text{m}$。

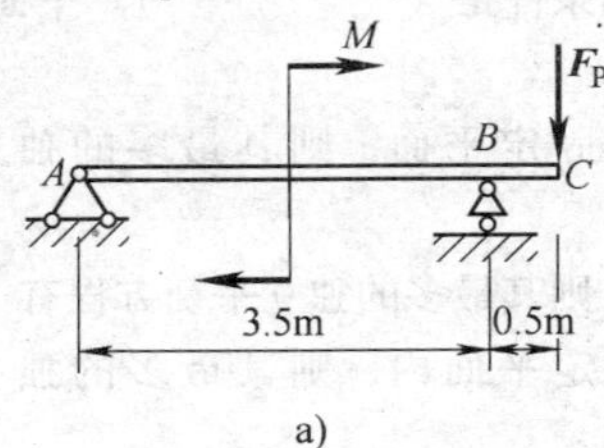

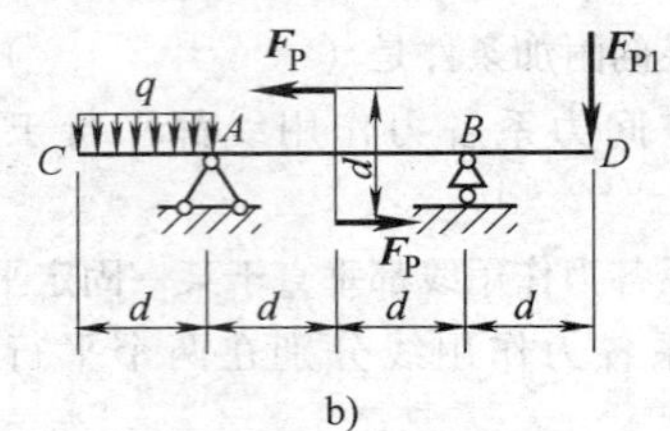

图 3-45　习题 3-18 图

3-19　直角折杆所受载荷、约束及尺寸均如图 3-46 所示。试求 A 处全部约束力。

3-20　如图 3-47 所示，拖车重 $W=20\text{kN}$，汽车对它的牵引力 $F_S=10\text{kN}$。试求拖车匀速直线行驶时，车轮 A、B 对地面的正压力。

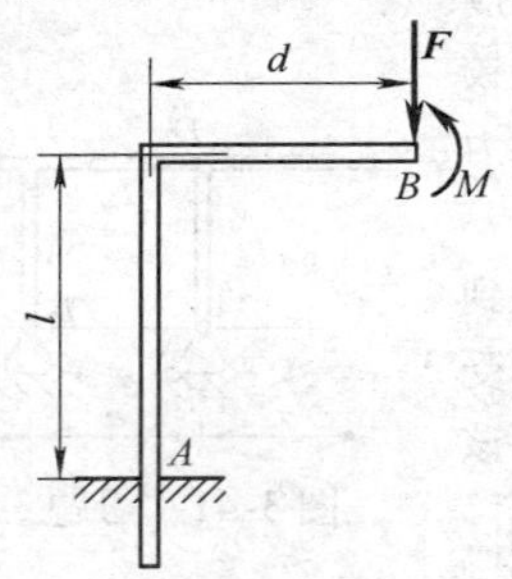

图 3-46　习题 3-19 图

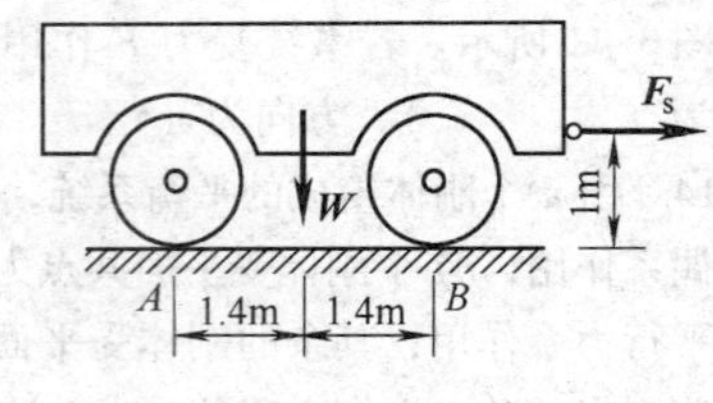

图 3-47　习题 3-20 图

3-21　如图 3-48 所示，起重机 ABC 具有铅垂转动轴 AB，起重机重 $W=3.5\text{kN}$，重心在 D 处。在 C 处吊有重 $W_1=10\text{kN}$ 的物体。试求滑动轴承 A 和推力轴承 B 的约束力。

3-22　如图 3-49 所示，钥匙的截面为直角三角形，其直角边 $AB=d_1$，$BC=d_2$。设在钥匙上作用一个力偶矩为 M 的力偶。试求其顶点 A、B、C 对锁孔边上的压力。不计摩擦，且钥匙与锁孔之间的隙缝很小。

3-23　如图 3-50 所示，一便桥自由地放置在支座 C 和 D 上，支座间的距离 $CD=2d=6\text{m}$。桥面重 $\frac{5}{3}\text{kN/m}$。试求当汽车从桥上面驶

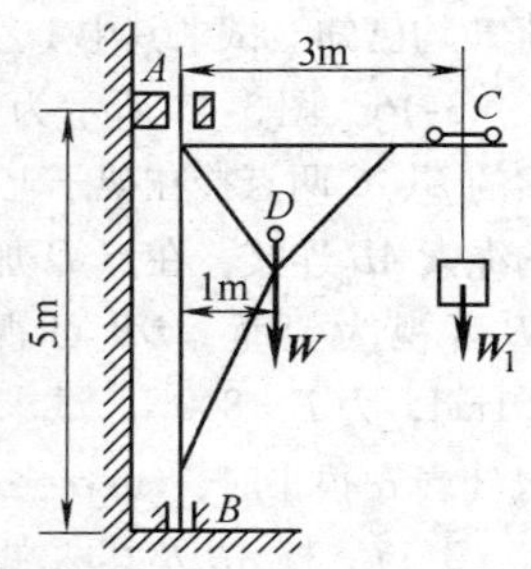

图 3-48　习题 3-21 图

过而不致使桥面翻转时桥的悬臂部分的最大长度 l。设汽车的前、后轮的负重分别为 20kN 和 40kN，两轮间的距离为 3m。

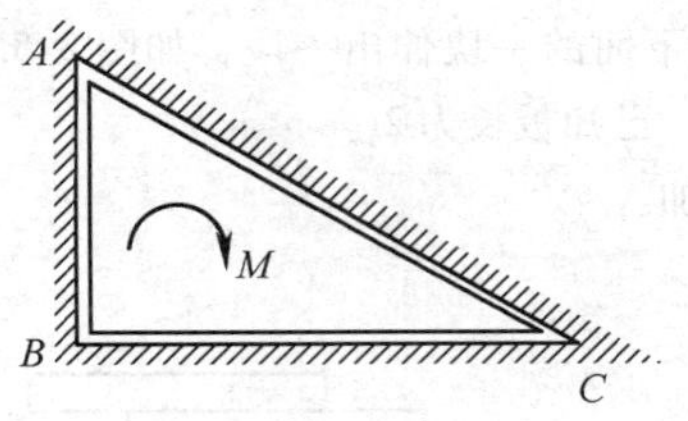

图 3-49　习题 3-22 图

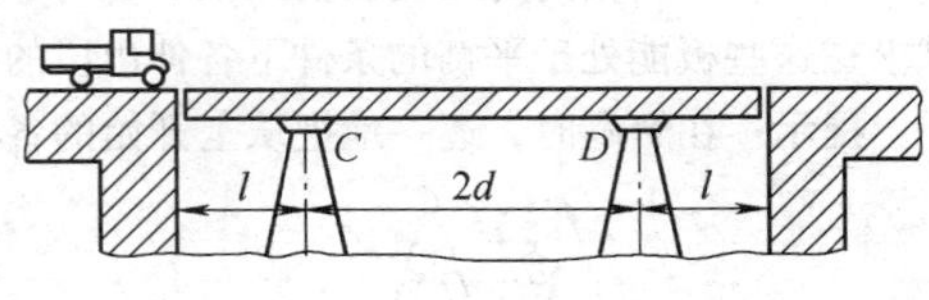

图 3-50　习题 3-23 图

3-24　如图 3-51 所示，起重机装有轮子，可沿轨道 A、B 移动。起重机桁架下弦 DE 的中点 C 上挂有滑轮（图未画出），用来提起挂在索链 CG 上的重物。从材料架上提起的物料重 $W=50\text{kN}$。当此重物离开材料架时，索链与铅垂线呈 $\alpha=20°$ 角。为了避免重物摆动，又用水平绳索 GH 拉住重物。设索链张力的水平分力仅由右轨道 B 承受，试求当重物离开材料架时轨道 A、B 的受力。

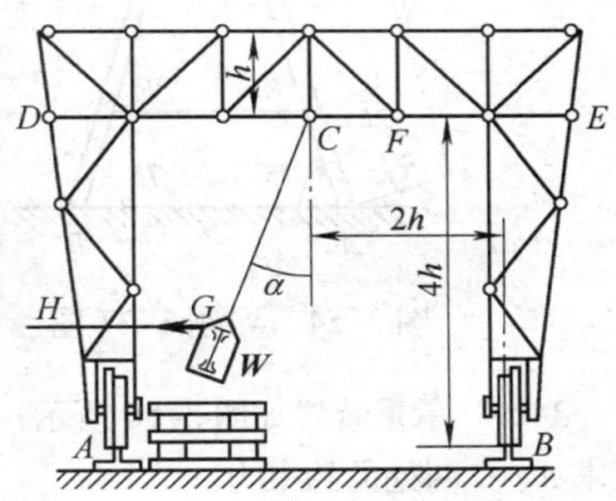

图 3-51　习题 3-24 图

3-25　试求图 3-52 所示静定梁在 A、B、C 三处的全部约束力。已知 d、q 和 M。注意比较和讨论图 3-52a、b、c 三梁的约束力以及图 3-52d、e 两梁的约束力。

3-26　木支架结构的尺寸如图 3-53 所示，各杆在 A、D、E、F 处均以螺栓联接，C、G 处用铰链与地面联接。在水平杆 AB 的 B 端挂一重物，其重 $W=5\text{kN}$。若不计各杆的重，试求 C、G、A、E 各处的约束力。

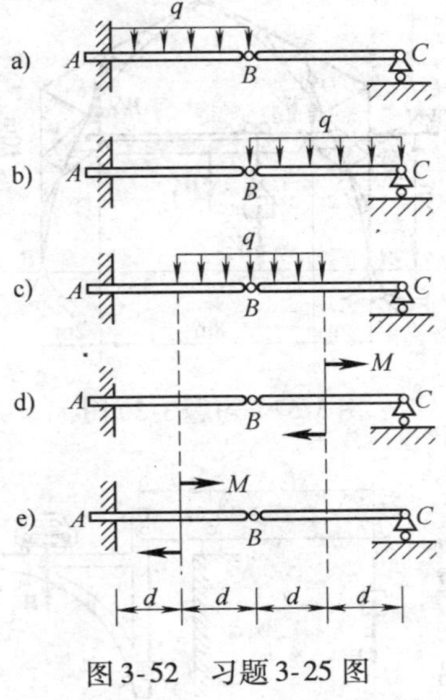

图 3-52　习题 3-25 图

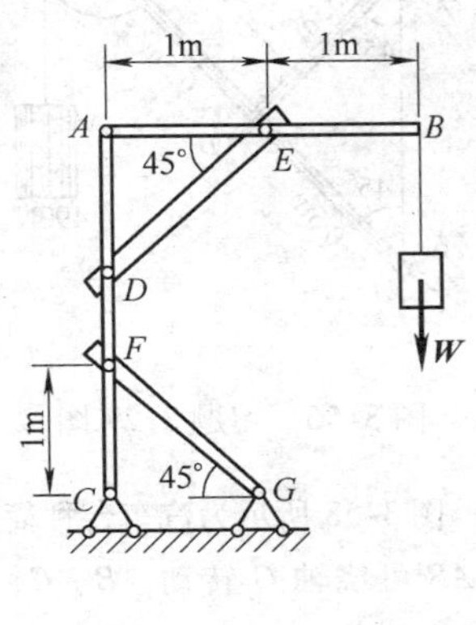

图 3-53　习题 3-26 图

3-27　如图 3-54 所示，一活动梯子放在光滑水平的地面上，梯子由 AC 与 BC 两部分组成，每部分的重均为150N，重心在杆子的中点，彼此用铰链 C 与绳子 EF 连接。今有一重为600N的人，站在 D 处，试求绳子 EF 的拉力和 A、B 两处的约束力。

3-28　一些相同的均质板彼此堆叠，每一块板都比下面的一块伸出一段，如图3-55所示。试求在这些板能处于平衡的条件下各伸出段的极限长度。已知板长为 $2l$。

提示：在解题时，逐一地把从上开始的各板重量相加。

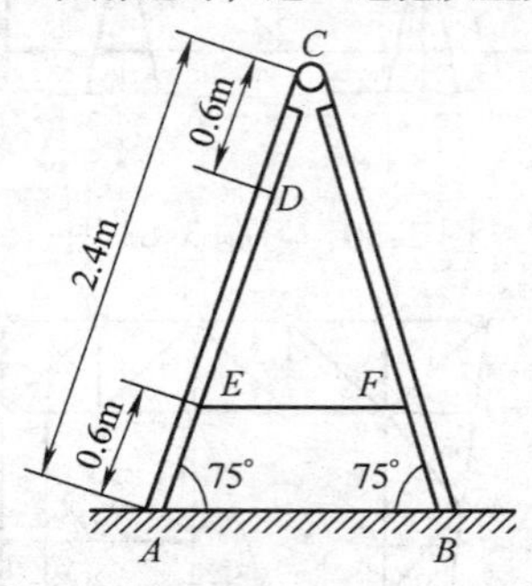

图3-54　习题3-27图

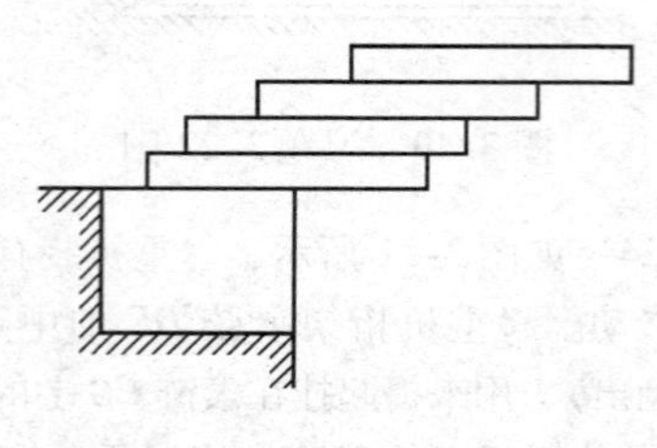

图3-55　习题3-28图

3-29　承重装置如图3-56所示，A、B、C 三处均为铰链联接，各杆和滑车的重略去不计。试求 A、C 两处的约束力。

3-30　如图3-57所示，厂房构架为三铰拱架。桥式起重机顺着厂房（垂直于纸面方向）沿轨道行驶，吊车梁的重 $W_1=20\text{kN}$，其重心在梁的中点。跑车和起吊重物的重 $W_2=60\text{kN}$。每个拱架重 $W_3=60\text{kN}$，其重心在点 D、E，正好与吊车梁的轨道在同一铅垂线上。风压的合力为10kN，方向水平。试求当跑车位于离左边轨道的距离等于2m时，铰支座 A、B 两处的约束力。

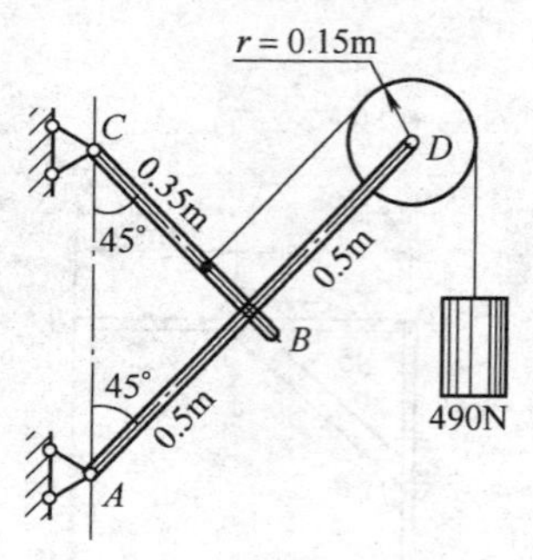

图3-56　习题3-29图

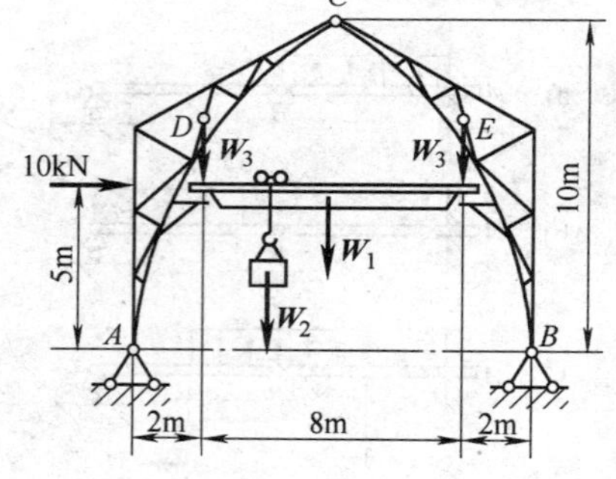

图3-57　习题3-30图

3-31　图3-58所示为汽车台秤简图，BCF 为整体台面，杠杆 AB 可绕轴 O 转动，B、C、D 三处均为铰链，杆 DC 处于水平位置。试求平衡时砝码重 W_1 与汽车重 W_2 的关系。

3-32　如图3-59所示，体重为 W 的体操运动员在吊环上作十字支撑。已知 l、θ、d（两肩关节间离）、W_1（两臂总重）。假设手臂为均质杆，试求肩关节受力。

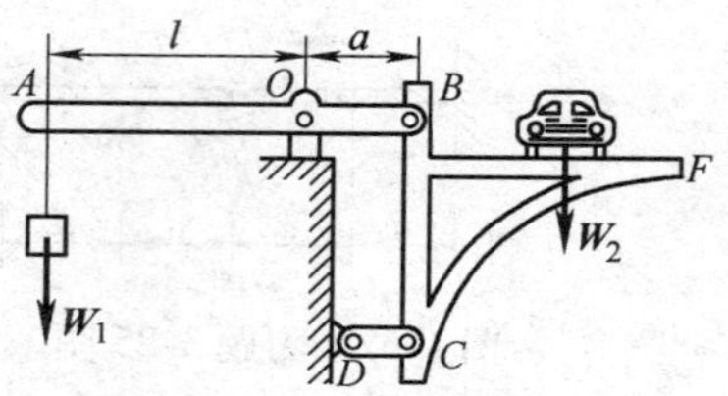

图3-58　习题3-31图

3-33　如图3-60所示，圆柱形的杯子倒扣着两个重球，每个球重为W，半径为r，杯子半径为R，$r<R<2r$。若不计各接触面间的摩擦，试求杯子不致翻倒的最小杯重P_{min}。

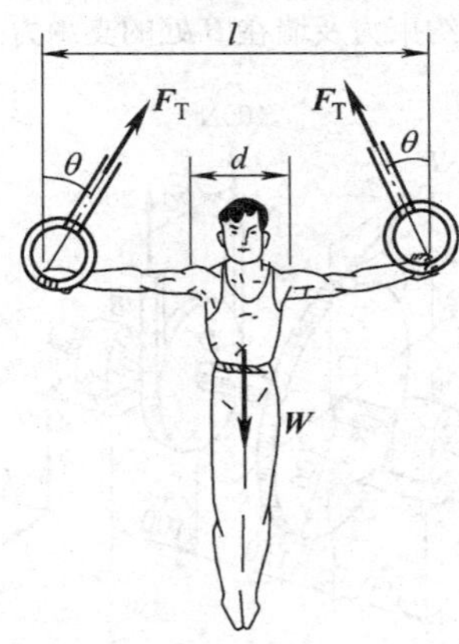

图3-59　习题3-32图

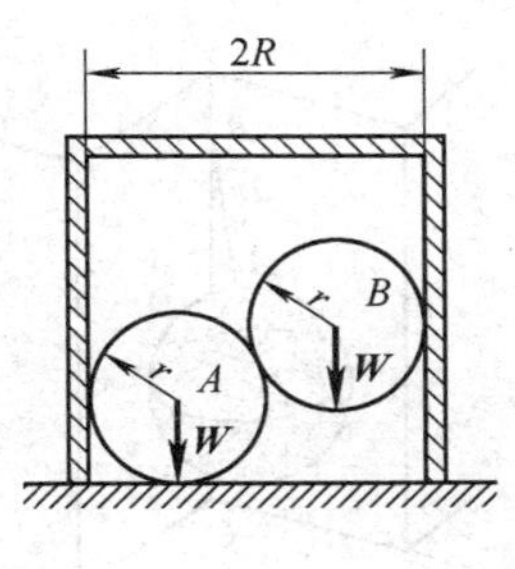

图3-60　习题3-33图

3-34　厂房屋架如图3-61所示，其上承受铅垂均布载荷。若不计各构件重，试求杆1、2、3的受力。

3-35　结构由AB、BC和CD三部分组成，所受载荷及尺寸如图3-62所示。试求A、B、C和D处的约束力。

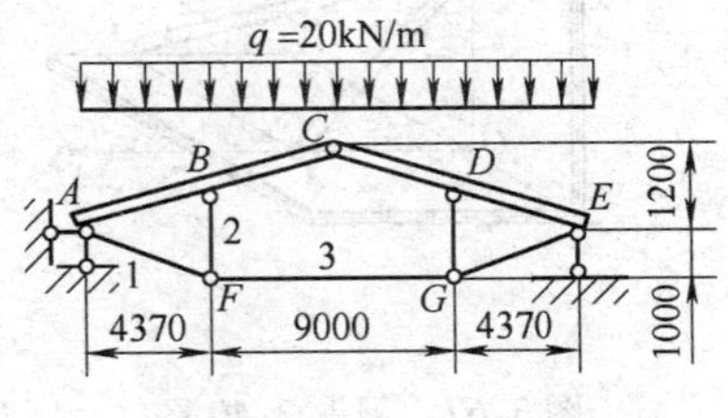

图3-61　习题3-34图

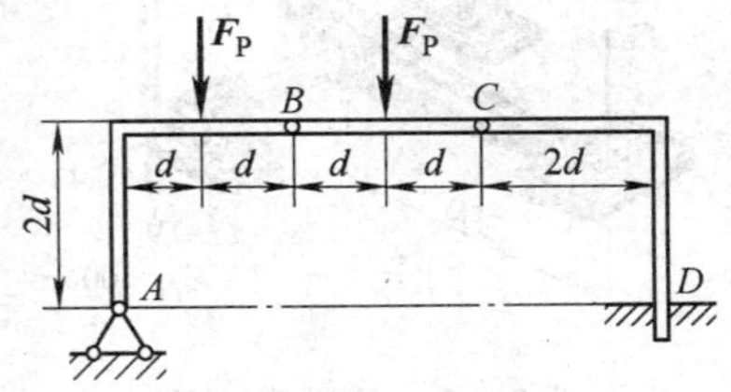

图3-62　习题3-35图

3-36　图3-63所示圆柱体的质量为100kg，由三根绳子支承，其中一根与弹簧相连接，弹簧的刚度系数为$k=1.5$kN/m。试求各绳中的拉力与弹簧的伸长量。

3-37　图3-64所示均质光滑圆球的重量为W，半径为r，绳子AB的长度为$2r$，绳子的B端固定在相互垂直的两铅垂墙壁的交线上。试求绳子AB的拉力F_T和墙壁对球的约束力F_R。

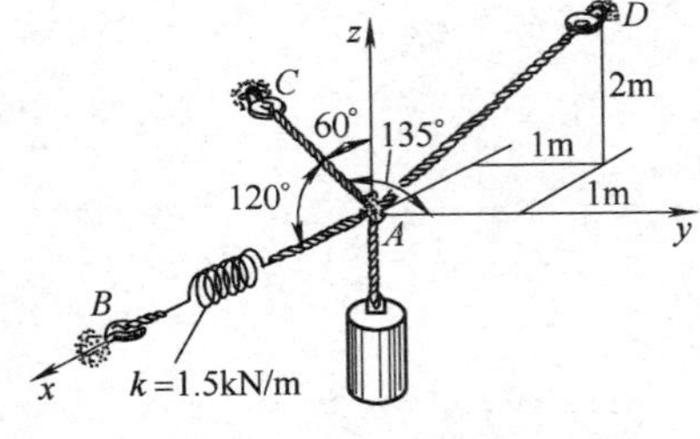

图3-63　习题3-36图

3-38　作用在齿轮上的啮合力F推动皮带绕水平轴AB作匀速转动。已知带紧边的拉力为200N，松边的拉力为100N，尺寸如图3-65所示。试求力F的大小和轴承A、B的约束力。

3-39　如图3-66所示，作用在踏板上的铅垂力F_P使得位于铅垂位置的连杆上产生拉力$F_T=400$N，图中尺寸均已知。试求轴承A、B的约束力。

3-40 如图3-67所示，两均质杆AB和BC分别重为W_1和W_2，其端点A和C处用固定球铰支撑在水平面上，另一端B用活动球铰相联接，并靠在光滑的铅垂墙上，墙面与AC平行。如果杆AB与水平线成45°角，$\angle BAC=90°$，试求支座A和C的约束力及墙在B处的支承力。

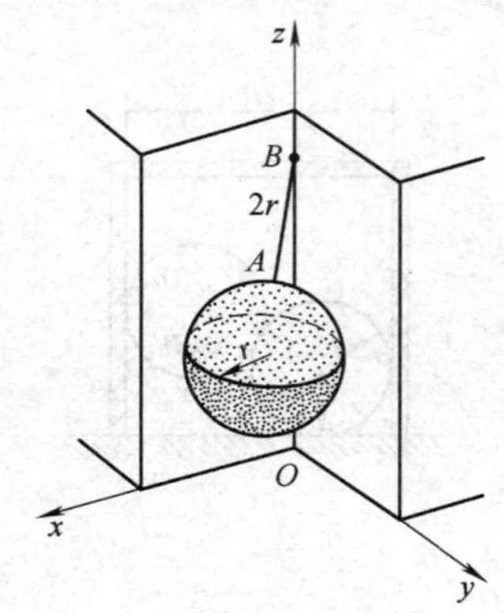

图3-64 习题3-37图

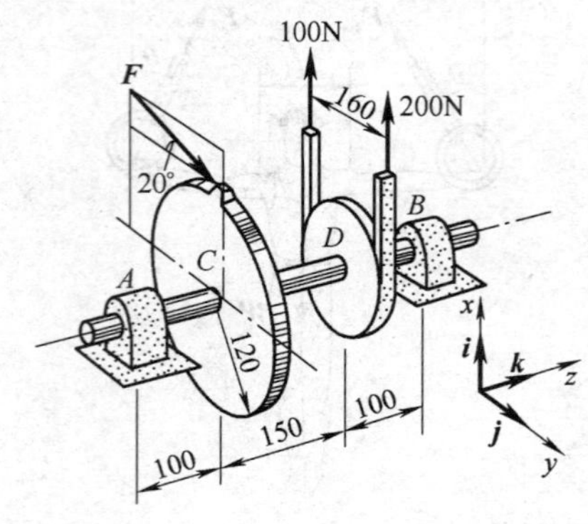

图3-65 习题3-38图

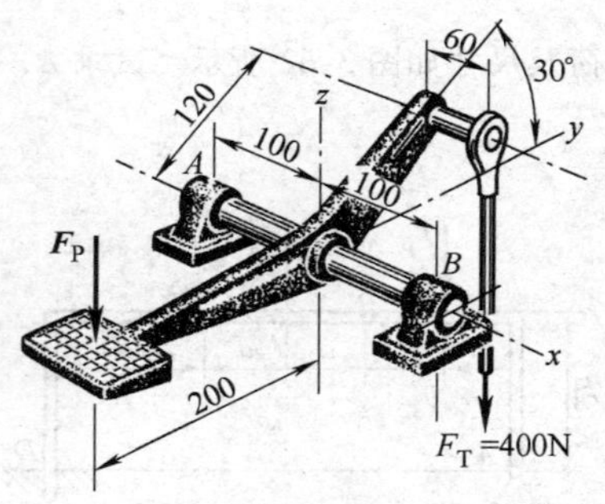

图3-66 习题3-39图

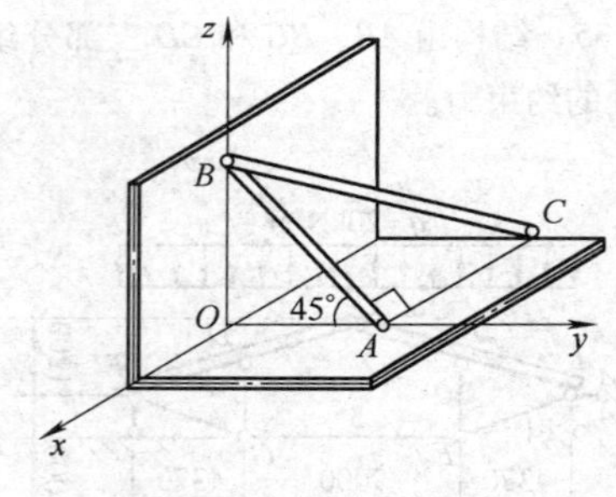

图3-67 习题3-40图

第 4 章　点的一般运动与刚体的基本运动

本章首先研究刚体上的某个点（或质点）的一般运动，即研究点相对于某一参考系的几何位置随时间变化的规律，包括点的运动方程、运动轨迹、速度和加速度等，介绍描述点的运动的三种方法：矢量法、直角坐标法和弧坐标法。然后在点的运动学基础上研究刚体的两种基本运动：平移和定轴转动。

4.1　点的一般运动

根据运动的相对性，描述物体的运动，必须选取另一个物体作为参考，这一物体称为参考体（reference body），与参考体固连的坐标系称为参考系（reference system）。在同一参考体上，可以选取不同的坐标系（如直角坐标系、自然轴系等）来描述点的运动规律，但在进行理论分析及推导时，总希望所得的结果对于不同的坐标系都能适用。由于物体运动的位移、速度和加速度都是矢量，因此选用矢量表示各种量之间的关系。在求解具体问题时，再选用合适的投影坐标系。选用矢量研究点的运动称为矢量法，选用其他坐标系研究点的运动的方法有直角坐标法和弧坐标法等。

4.1.1　描述点运动的矢量法

1. 运动方程

在图 4-1 所示的定参考系 $Oxyz$ 中，点 P 沿某一空间曲线运动。自坐标原点 O 向点 P 作位矢 $\boldsymbol{r}$。当点 P 运动时，位矢 $\boldsymbol{r}$ 的大小及方向均随时间而改变，因而可表示为时间 t 的单值连续函数，即

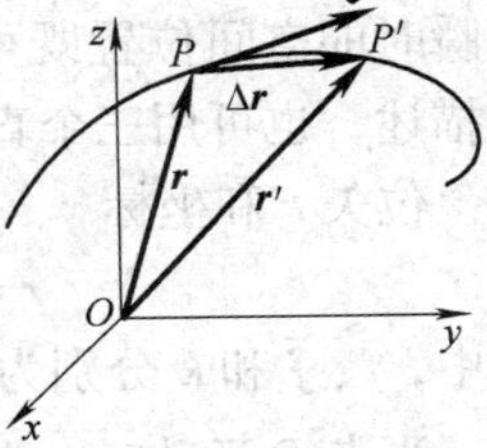

$$\boldsymbol{r}=\boldsymbol{r}(t) \tag{4-1}$$

图 4-1　点的运动

这就是用变矢量表示的点的运动方程。

点 P 在运动过程中，其位矢 $\boldsymbol{r}$ 的端点描绘出一条空间连续曲线，称为位矢端图（hodograph of position vector）。显然，位矢端图就是点 P 的运动轨迹（trajectory）。

2. 速度

经过时间间隔 Δt 后，点由位置 P 运动到 P'，其位矢的改变量称为点的位移（displacement），即

$$\Delta\boldsymbol{r}=\boldsymbol{r}'(t+\Delta t)-\boldsymbol{r}(t) \tag{4-2}$$

点 P 的速度（velocity）等于点的位矢对时间的一阶导数，即

$$\boldsymbol{v}=\lim_{\Delta t\to 0}\frac{\Delta \boldsymbol{r}}{\Delta t}=\frac{\mathrm{d}\boldsymbol{r}}{\mathrm{d}t}=\dot{\boldsymbol{r}} \tag{4-3}$$

$\boldsymbol{v}$是描述点在该瞬时运动快慢和方向的矢量，其方向沿运动轨迹的切线方向并指向点的运动方向，数值等于矢量式（4-3）的模，即

$$v=\left|\frac{\mathrm{d}\boldsymbol{r}}{\mathrm{d}t}\right|=|\dot{\boldsymbol{r}}| \tag{4-4}$$

3. 加速度

由式（4-3）可得，点 P 的加速度（acceleration）等于速度$\boldsymbol{v}$对时间的一阶导数，或位矢 $\boldsymbol{r}$ 对时间的二阶导数（图 4-2），即

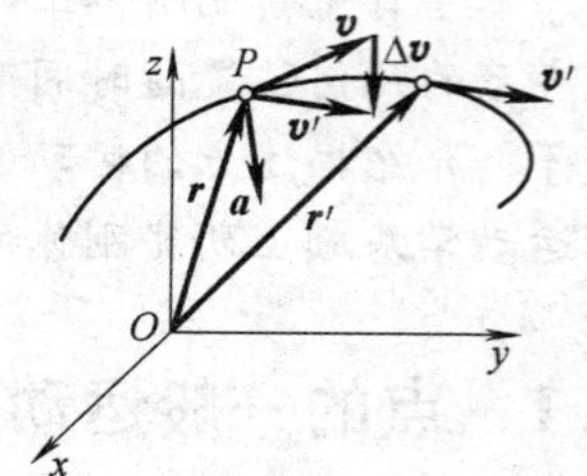

图 4-2 点的速度改变量与加速度

$$\boldsymbol{a}=\lim_{\Delta t\to 0}\frac{\Delta \boldsymbol{v}}{\Delta t}=\frac{\mathrm{d}\boldsymbol{v}}{\mathrm{d}t}=\frac{\mathrm{d}^2\boldsymbol{r}}{\mathrm{d}t^2}=\dot{\boldsymbol{v}}=\ddot{\boldsymbol{r}} \tag{4-5}$$

$\boldsymbol{a}$ 是描述点在该瞬时速度$\boldsymbol{v}$ 大小和方向变化率的矢量，其方向为速度的改变量 $\Delta\boldsymbol{v}$ 的极限方向，数值为矢量式（4-5）的模，即

$$a=\left|\frac{\mathrm{d}\boldsymbol{v}}{\mathrm{d}t}\right|=\left|\frac{\mathrm{d}^2\boldsymbol{r}}{\mathrm{d}t^2}\right|=|\dot{\boldsymbol{v}}|=|\ddot{\boldsymbol{r}}| \tag{4-6}$$

4.1.2 描述点运动的直角坐标法

1. 运动方程

在图 4-3 所示的定直角坐标系 $Oxyz$ 中，点 P 在每一瞬时的空间位置既可用相对于坐标原点 O 的位矢 $\boldsymbol{r}$ 来描述，也可用三个直角坐标 x、y、z 唯一确定。

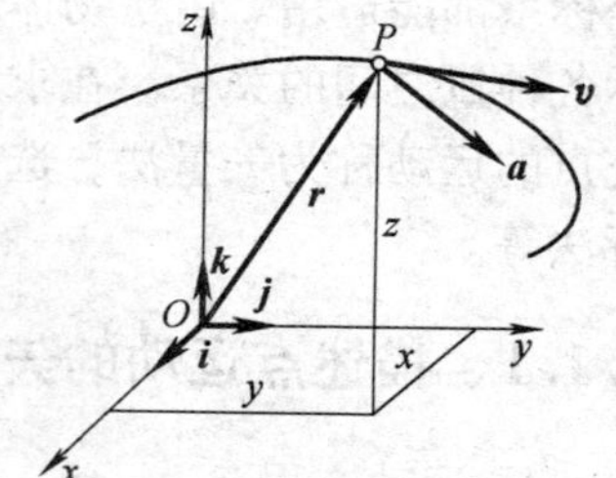

图 4-3 用直角坐标法描述点的运动

位矢 $\boldsymbol{r}$ 和坐标 x、y、z 之间的关系为

$$\boldsymbol{r}=x\boldsymbol{i}+y\boldsymbol{j}+z\boldsymbol{k} \tag{4-7}$$

式中，$\boldsymbol{i}$、$\boldsymbol{j}$ 和 $\boldsymbol{k}$ 分别为沿三个坐标轴的单位矢量。

当点 P 运动时，坐标 x、y、z 与位矢 $\boldsymbol{r}$ 一样，也是时间 t 的单值连续函数，即

$$\begin{cases}x=x(t)\\ y=y(t)\\ z=z(t)\end{cases} \tag{4-8}$$

这就是用直角坐标表示的点的运动方程。消去式（4-8）中的时间 t，得到关于 x、y、z 的函数方程就是点的轨迹方程。

2. 速度

由于 $\boldsymbol{i}$、$\boldsymbol{j}$ 和 $\boldsymbol{k}$ 为常矢量，将式（4-7）代入式（4-3），有

$$\boldsymbol{v}=\dot{\boldsymbol{r}}=\dot{x}\boldsymbol{i}+\dot{y}\boldsymbol{j}+\dot{z}\boldsymbol{k} \tag{4-9}$$

该式表明，点的速度在直角坐标轴上的投影（v_x，v_y，v_z）等于点的各位置坐标对

时间的一阶导数（$\dot{x}$，$\dot{y}$，$\dot{z}$）。

3. 加速度

同理，将式（4-9）代入式（4-5），得到加速度为

$$\boldsymbol{a}=\dot{\boldsymbol{v}}=\ddot{\boldsymbol{r}}=\ddot{x}\boldsymbol{i}+\ddot{y}\boldsymbol{j}+\ddot{z}\boldsymbol{k} \tag{4-10}$$

该式表明，点的加速度在直角坐标轴上的投影（a_x，a_y，a_z）等于点的各位置坐标对时间的二阶导数（$\ddot{x}$，$\ddot{y}$，$\ddot{z}$）。

根据式（4-9）和式（4-10），可以分别写出$\boldsymbol{v}$和$\boldsymbol{a}$的模及方向余弦的表达式。

【例题 4-1】 图 4-4 所示椭圆规机构中，曲柄 OB 以等角速度ω绕轴 O 转动，通过连杆 AC 带动滑块 A 在水平滑槽内运动。已知 $AB=OB=200\text{mm}$；$BC=400\text{mm}$，曲柄 OB 与铅垂线的夹角 $\varphi=\omega t$（t 以 s 计）。试求：

（1）连杆 AC 上点 C 的运动方程及运动轨迹；

（2）当 $\varphi=\dfrac{\pi}{2}$时，点 C 的速度和加速度。

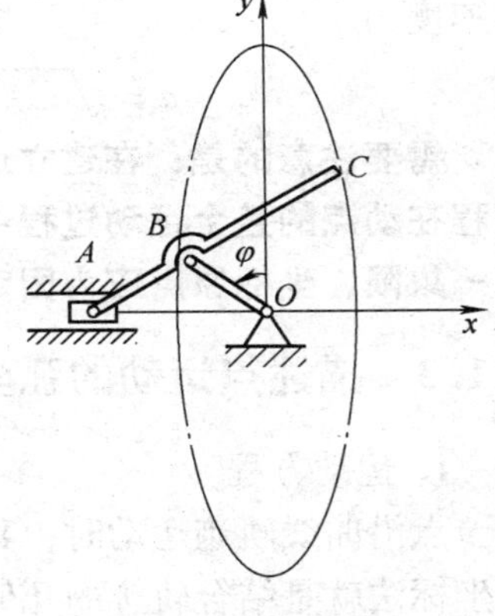

图 4-4　例题 4-1 图

解：（1）确定点 C 的运动方程及运动轨迹

由于点 C 的运动轨迹未知，故宜采用直角坐标法。建立直角坐标系 Oxy 如图 4-4 所示。

依题意可知：在任意瞬时 t，曲柄 OB 与 y 轴间的夹角 $\varphi=\omega t$，且 $\triangle OBA$ 是等腰三角形，$\angle BAO=\angle BOA=\dfrac{\pi}{2}-\varphi$。于是，由几何关系可得点 C 的运动方程为

$$\begin{cases} x=AC\cos\left(\dfrac{\pi}{2}-\varphi\right)-(AB+OB)\cos\left(\dfrac{\pi}{2}-\varphi\right)=200\sin\omega t \\ y=AC\sin\left(\dfrac{\pi}{2}-\varphi\right)=600\cos\omega t \end{cases}$$

消去时间 t，得到其轨迹方程

$$\frac{x^2}{(200)^2}+\frac{y^2}{(600)^2}=1$$

这是标准的椭圆方程，可见点 C 的轨迹为椭圆（图 4-4 中点画线所示）。

（2）确定点 C 的速度和加速度

将运动方程对时间求导，可得点 C 的速度

$$\begin{cases} v_x=\dot{x}=200\omega\cos\omega t \\ v_y=\dot{y}=-600\omega\sin\omega t \end{cases}$$

将速度对时间求导，可得点 C 的加速度

$$\begin{cases} a_x = \ddot{x} = -200\omega^2 \sin\omega t \\ a_y = \ddot{y} = -600\omega^2 \cos\omega t \end{cases}$$

当 $\varphi = \omega t = \dfrac{\pi}{2}$ 时

$$v_x = 0, \quad v_y = -600\omega \text{ mm/s}$$

$$a_x = -200\omega^2 \text{ mm/s}^2, \quad a_y = 0$$

即当 $\varphi = \dfrac{\pi}{2}$ 时，点 C 的速度为

$$v = \sqrt{v_x^2 + v_y^2} = 600\omega \text{ mm/s} \text{（沿 } y \text{ 轴负向）}$$

加速度为

$$a = \sqrt{a_x^2 + a_y^2} = 200\omega^2 \text{ mm/s}^2 \quad \text{（沿 } x \text{ 轴负向）}$$

需要注意的是：在建立运动方程时，应将动点放在任意位置，使所建立的运动方程在动点的整个运动过程中都适用。对于线坐标应放在坐标正向，角坐标应置于第一象限，坐标原点应为固定不动的点。

4.1.3 描述点运动的弧坐标法

1. 运动方程

点沿曲线轨迹运动时，其运动特征量速度、加速度均与轨迹的几何形状有关。弧坐标法就是结合轨迹的几何形状建立坐标系来研究点的运动的方法。

若点 P 的运动轨迹已知，例如火车在铁轨上的运动，则可用空间曲线轨迹上随时间 t 变化的一段有向弧长 s 来描述点的运动。s 便称为点 P 的弧坐标（arc coordinate of a directed curve），如图 4-5 所示。

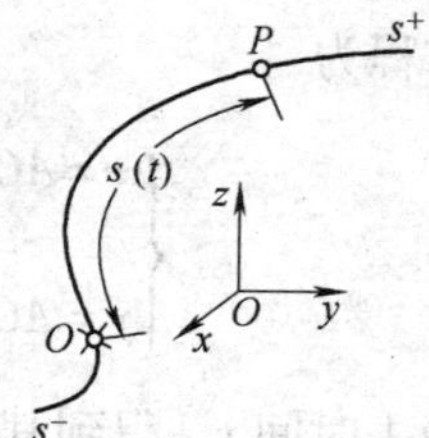

图 4-5 用弧坐标描述点的运动

弧坐标 s 同样具有一般坐标系的特征，即：（1）具有坐标原点，可在运动轨迹上任选一参考点 O 作为坐标原点；（2）具有正、负方向，设原点 O 的某一侧为正向，则另一侧为负向，分别用 s^+、s^- 表示；（3）弧坐标 s 也具有坐标轴和单位矢量，这在下面加以讨论。

当点 P 沿空间曲线轨迹运动时，弧坐标 s 是时间 t 的单值连续函数，可表示为

$$s = s(t) \tag{4-11}$$

这就是用弧坐标表示的点的运动方程。

2. 自然轴系

设有任意空间曲线，如图 4-6 所示。它在点 P 的切线为 PT，在其邻近一点 P' 的切线为 $P'T_1'$。一般情形下，这两条切线不在同一平面内。若过点 P 作直线 PT_2' 平行于 $P'T_1'$，则 PT 与 PT_2' 决定一平面 α_1。当 P' 无限趋近于 P 时，则平面 α_1 趋近

于某一极限平面 α，即

$$\lim_{P'\to P}\alpha_1=\alpha \tag{4-12}$$

平面 α 称为曲线在点 P 的**密切面**（osculating plane）。

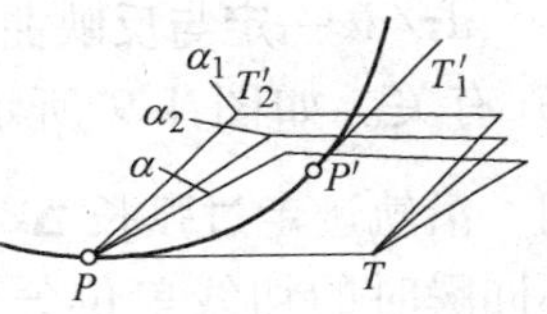

图 4-6　曲线在点 P 的密切面形成图像

通过点 P 可以作出相互垂直的三条直线（如图 4-7 所示）：轨迹的**切线**（tangential）与**主法线**（normal）（二者均位于密切面内）以及**副法线**（binormal）（垂直于密切面）。沿切线、主法线和副法线三个方向的单位矢量分别记为 $\boldsymbol{\tau}$、$\boldsymbol{n}$ 和 $\boldsymbol{b}$。$\boldsymbol{\tau}$ 指向弧坐标增加的方向；$\boldsymbol{n}$ 指向曲率中心；$\boldsymbol{b}$ 的方向由 $\boldsymbol{b}=\boldsymbol{\tau}\times\boldsymbol{n}$ 确定。上述三个相互正交的轴线构成了随时间变化的直角坐标系，称为**自然轴系**（trihedral axes of a space curve）。自然轴系就是弧坐标的坐标轴，其单位矢量 $\boldsymbol{\tau}$、$\boldsymbol{n}$ 和 $\boldsymbol{b}$ 称为自然轴系的基矢量（单位矢量）。

3. 速度

由式（4-3）得

$$\boldsymbol{v}=\frac{\mathrm{d}\boldsymbol{r}}{\mathrm{d}t}=\frac{\mathrm{d}\boldsymbol{r}}{\mathrm{d}s}\cdot\frac{\mathrm{d}s}{\mathrm{d}t}=\dot{s}\,\frac{\mathrm{d}\boldsymbol{r}}{\mathrm{d}s} \tag{4-13}$$

又由图 4-8 可知

$$\left|\frac{\mathrm{d}\boldsymbol{r}}{\mathrm{d}s}\right|=\lim_{\Delta t\to 0}\left|\frac{\Delta\boldsymbol{r}}{\Delta s}\right|=1 \tag{4-14}$$

且 $\Delta\boldsymbol{r}$ 的极限方向与 $\boldsymbol{\tau}$ 一致，故 $\boldsymbol{v}$ 又可写成

$$\boldsymbol{v}=\dot{s}\boldsymbol{\tau}=v_{\mathrm{t}}\boldsymbol{\tau} \tag{4-15}$$

该式表明，点的速度在切线轴上的投影 v_{t} 等于弧坐标对时间的一阶导数 $\dot{s}$。

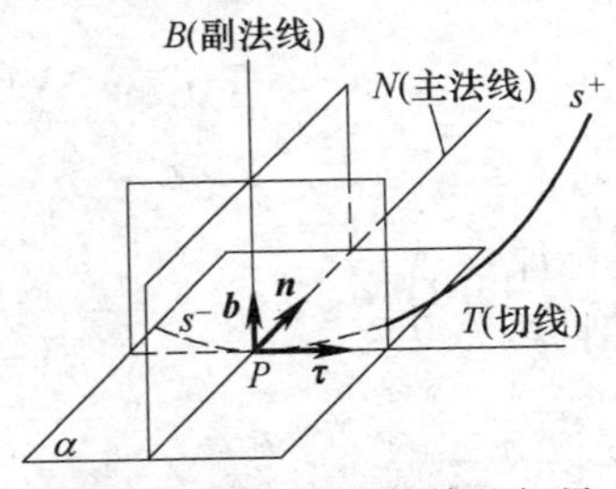

图 4-7　自然轴系及其基矢量

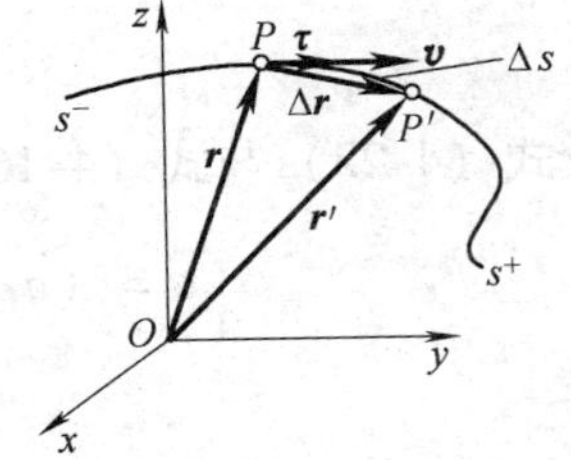

图 4-8　用弧坐标法分析速度

4. 加速度

将点的加速度分别投影到三个自然轴上，有

$$\boldsymbol{a}=(a_{\mathrm{t}},\ a_{\mathrm{n}},\ a_{\mathrm{b}})=a_{\mathrm{t}}\boldsymbol{\tau}+a_{\mathrm{n}}\boldsymbol{n}+a_{\mathrm{b}}\boldsymbol{b} \tag{4-16}$$

再将式（4-15）对时间 t 求一阶导数，注意到 v_{t}、$\boldsymbol{\tau}$ 都是变量，有

$$\boldsymbol{a}=\dot{\boldsymbol{v}}=\dot{v}_{\mathrm{t}}\boldsymbol{\tau}+v_{\mathrm{t}}\dot{\boldsymbol{\tau}} \tag{4-17}$$

式中，等号右边第一项为速度矢量大小的变化率，第二项为速度矢量方向的变

化率。

$d\boldsymbol{\tau}/dt$ 一定与反映曲线弯曲程度的量（曲率 $1/\rho$）有关。如图 4-9 所示，动点 P 在时间间隔 Δt 内，沿轨迹走过弧长 $\Delta s=\overset{\frown}{PP'}$，为了比较点在两个不同瞬时的切线单位矢量的方向变化，过点 P 作 $\boldsymbol{\tau}'$，使之平行于点 P' 上的 $\boldsymbol{\tau}'$，并令 $\boldsymbol{\tau}'$ 与 $\boldsymbol{\tau}$ 的夹角为 $\Delta\varphi$。点 P 的曲率为

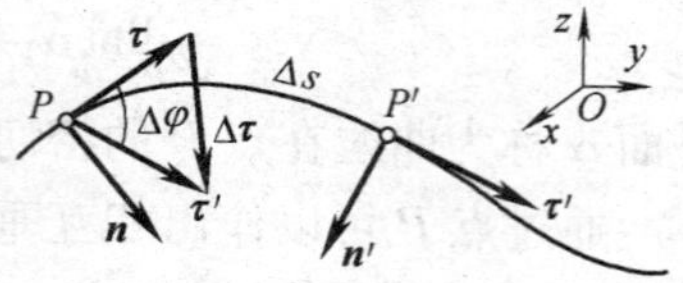

图 4-9　切线单位矢量 $\boldsymbol{\tau}$ 的改变量

$$\frac{1}{\rho}=\frac{d\varphi}{ds} \tag{4-18}$$

将 $d\boldsymbol{\tau}/dt$ 分离变量，并将式（4-18）代入，有

$$\frac{d\boldsymbol{\tau}}{dt}=\frac{d\boldsymbol{\tau}}{d\varphi}\cdot\frac{d\varphi}{ds}\cdot\frac{ds}{dt}=\frac{d\boldsymbol{\tau}}{d\varphi}\cdot\frac{1}{\rho}\cdot\dot{s} \tag{4-19}$$

现在问题转化为求 $d\boldsymbol{\tau}/d\varphi$。由矢量导数和极限的关系，$d\boldsymbol{\tau}/d\varphi$ 的大小为

$$\left|\frac{d\boldsymbol{\tau}}{d\varphi}\right|=\lim_{\Delta\varphi\to 0}\left|\frac{\Delta\boldsymbol{\tau}}{\Delta\varphi}\right|=\lim_{\Delta\varphi\to 0}\frac{2\,|\boldsymbol{\tau}|\sin\dfrac{\Delta\varphi}{2}}{\Delta\varphi}=\lim_{\Delta\varphi\to 0}\frac{\sin\dfrac{\Delta\varphi}{2}}{\dfrac{\Delta\varphi}{2}}=1 \tag{4-20}$$

又因 $\boldsymbol{\tau}$ 与 $\boldsymbol{\tau}'$（包括 $\Delta\boldsymbol{\tau}$）构成的平面在 $\Delta\varphi\to 0$ 时，便是曲线在点 P 的密切面，且 $\Delta\boldsymbol{\tau}$ 的极限方向垂直于 $\boldsymbol{\tau}$，指向曲线的曲率中心，即沿着曲线在该点处的主法线方向，于是有

$$\frac{d\boldsymbol{\tau}}{d\varphi}=\boldsymbol{n} \tag{4-21}$$

将式（4-21）代入式（4-19），再代入式（4-17），并因 $\dot{s}=v_t$，可得

$$\boldsymbol{a}=\dot{v}_t\boldsymbol{\tau}+\frac{v_t^2}{\rho}\boldsymbol{n} \tag{4-22}$$

比较式（4-22）与式（4-16），有

$$\boldsymbol{a}=(a_t,\ a_n,\ a_b)=\left(\dot{v}_t,\ \frac{v_t^2}{\rho},\ 0\right)$$

或

$$\boldsymbol{a}=\boldsymbol{a}_t+\boldsymbol{a}_n=\ddot{s}\boldsymbol{\tau}+\frac{v_t^2}{\rho}\boldsymbol{n} \tag{4-23}$$

第一项 $\boldsymbol{a}_t$ 反映速度大小的变化率，称为切向加速度（tangential acceleration）。$a_t=\ddot{s}$ 是代数量，若 $a_t>0$，则 $\boldsymbol{a}_t$ 沿 $\boldsymbol{\tau}$ 正向；否则沿其负向。

第二项 $\boldsymbol{a}_n$ 反映速度方向的变化率，称为法向加速度（normal acceleration）。$\boldsymbol{a}_n$ 沿主法线方向，始终指向曲率中心。

第三项 $a_b=0$，说明加速度在副法线上没有投影。因此，加速度也位于密切面内。

【例题 4-2】　半径为 R 的圆盘沿直线轨道无滑动地滚动（纯滚动）（图 4-10a），设圆盘在铅垂面内运动，且轮心 A 的速度为 $v_0(t)$。

试分析圆盘边缘一点 M 的运动，并求当 M 点与地面接触时的速度和加速度以及 M 点运动到最高处时，轨迹的曲率半径；

讨论：当轮心的速度为常数时，轮边缘上各点的速度和加速度分布。

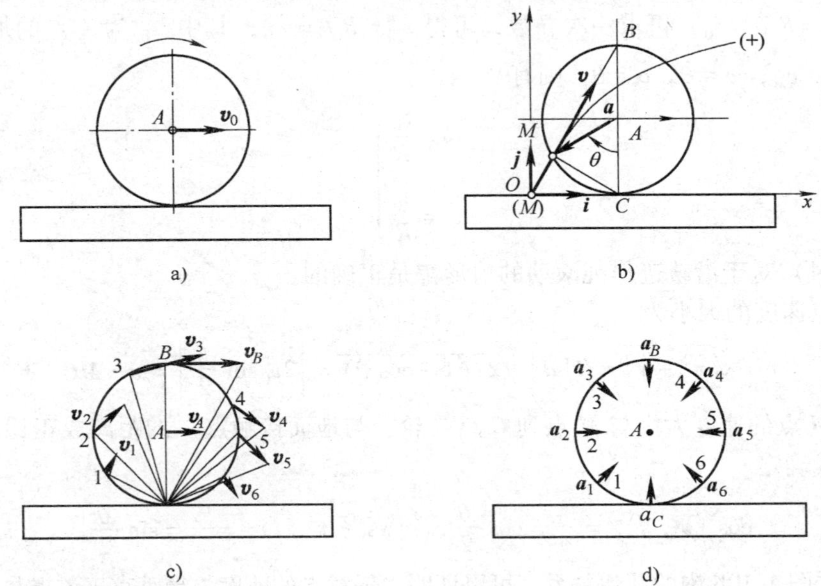

图 4-10　例题 4-2 图

解：1. 分析圆盘边缘一点 M 的运动

建立坐标系 Oxy 如图 4-10b 所示，取点 M 所在的一个最低位置为原点 O，设在任意时刻 t 圆盘转过的角度为 $\angle CAM=\theta$，θ 为时间 t 的函数，C 是圆盘与轨道的接触点，由于圆盘作纯滚动，所以 $x_A=OC=CM=R\theta$，于是 M 点的运动方程为

$$\begin{cases}x=OC-AM\sin\theta\\y=AC-AM\cos\theta\end{cases}$$

即

$$\begin{cases}x=R(\theta-\sin\theta)\\y=R(1-\cos\theta)\end{cases}$$

2. 确定 M 点的速度和加速度

根据上面所得到的结果，M 点的速度分量为

$$\begin{cases}\dot{x}=R\dot{\theta}(1-\cos\theta)\\\dot{y}=R\dot{\theta}\sin\theta\end{cases}\tag{a}$$

加速度分量为

$$\begin{cases}\ddot{x}=R\,\ddot{\theta}\ (1-\cos\theta)\ \ +R\,\dot{\theta}^2\sin\theta\\ \ddot{y}=R\,\ddot{\theta}\sin\theta+R\,\dot{\theta}^2\cos\theta\end{cases}\tag{b}$$

3. 建立 $\dot{\theta}$ 和$\ddot{\theta}$与圆盘中心 A 点的速度 v_0（t）的关系

因为 A 点作水平直线运动，所以有 $x_A=OC=R\theta$，将其对时间 t 求一次导数，可得 $\dot{x}_A=R\,\dot{\theta}=v_0$；再求一次导数，可得 $\ddot{x}_A=R\,\ddot{\theta}=\dot{v}_0$，其中 $\dot{v}_0$ 为 A 点的加速度。若记 $a_0=\dot{v}_0$，$\omega=\dot{\theta}$，$\alpha=\ddot{\theta}$，则有

$$\left.\begin{aligned}\omega=\frac{v_0}{R}\\ \alpha=\frac{a_0}{R}\end{aligned}\right\}\tag{4-24}$$

式（4-24）对于沿轨迹作纯滚动的情形都是正确的。

M 点速度的大小为

$$v=\sqrt{\dot{x}^2+\dot{y}^2}=R\,|\,\dot{\theta}\,|\,\sqrt{2\ (1-\cos\theta)}=\left|2v_0\sin\frac{\theta}{2}\right|=\omega\cdot MC$$

即轮上 M 点的速度大小与 M 点到 C 点（轮上与地面接触点）的距离成正比。其方向由下式确定

$$\cos\langle\boldsymbol{v},\ \boldsymbol{j}\rangle\ =\frac{v_y}{v}=\cos\frac{\theta}{2},\qquad \mathrm{ws}\ \langle\ \boldsymbol{v}\ ,\ \boldsymbol{i}\rangle\ \ =\frac{v_x}{v}=\sin\frac{\theta}{2}$$

根据图 4-10b 中的几何关系，可以证明：任意点的速度矢量垂直于该点与轮和地面接触点的连线，即 $v\perp MC$。于是，纯滚动时轮上各点的速度方向如图 4-10c 所示。

当 $\theta=0$ 和 2π 时，M 点与地面接触，此时 M 点的速度为零；加速度可由式（b）求得

$$\boldsymbol{a}=R\,\dot{\theta}^2\boldsymbol{j}$$

由此可见，当 M 点与地面接触时，其加速度的大小不等于零，方向垂直于地面向上。该加速度是点 M 在此瞬时的切向加速度。因为此时速度为零，故其法向加速度为零。

4. 确定 M 点的轨迹在最高点处的曲率半径

由于当 $\theta=\pi$ 时，M 点的速度和加速度分别为

$$\boldsymbol{v}\ =2v_0\boldsymbol{i},\ \boldsymbol{a}=2R\,\ddot{\theta}\boldsymbol{i}-R\,\dot{\theta}^2\boldsymbol{j}$$

M 点轨迹在最高点处的切线方向与 $\boldsymbol{i}$ 同向；曲线向下弯曲，所以主法线方向与 $-\boldsymbol{j}$ 同向。于是，法向加速度的大小为

$$a_{\mathrm{n}}=R\,\dot{\theta}^2=\frac{v_0^2}{R}$$

这时 M 点的速度为 $v=2v_0$，于是，轨迹在最高处的曲率半径为

$$\rho = \frac{v^2}{a_n} = \frac{(2v_0)^2}{\frac{v_0^2}{R}} = 4R$$

5. 讨论

根据式（4-24），若 v_0 为常矢量，则 ω 为常量，故 $\alpha = \dot{\omega} = \ddot{\theta} = 0$，此时由式（b），得 M 点加速度大小恒为

$$a = \sqrt{\ddot{x}^2 + \ddot{y}^2} = R\omega^2$$

M 点加速度的方向由下式确定

$$\cos < \boldsymbol{a}, \boldsymbol{i} > = \frac{a_x}{a} = \sin\theta, \ \text{ws} < \boldsymbol{a}, \boldsymbol{j} > = \frac{a_y}{a} = \cos\theta$$

所以，此时轮缘上 M 点的加速度方向均指向轮心 A，如图 4-10d 所示。此时的加速度既非切向加速度，也非法向加速度，而是这两种加速度的矢量和。不过请注意，若$\boldsymbol{v}_0$不是常矢量，则加速度方向并不指向轮心。

4.2 刚体的基本运动

平移和定轴转动是刚体的两种基本运动。

4.2.1 平移

刚体运动时，如果其上任意一条直线始终平行于其初始位置，这种运动称为刚体的**平行移动**（translation），简称**平移**或**平动**。如油压操纵的摆动式运输机上货物的运动（图 4-11）。

若在作平移的刚体内任选两点 A、B（图 4-12），点 A、B 的位矢分别记为 $\boldsymbol{r}_A$ 和 $\boldsymbol{r}_B$，则位矢端图 AA_n、BB_n 就分别是点 A、B 的轨迹。根据图中的几何关系，有

$$\boldsymbol{r}_A = \boldsymbol{r}_B + \boldsymbol{r}_{BA} \tag{a}$$

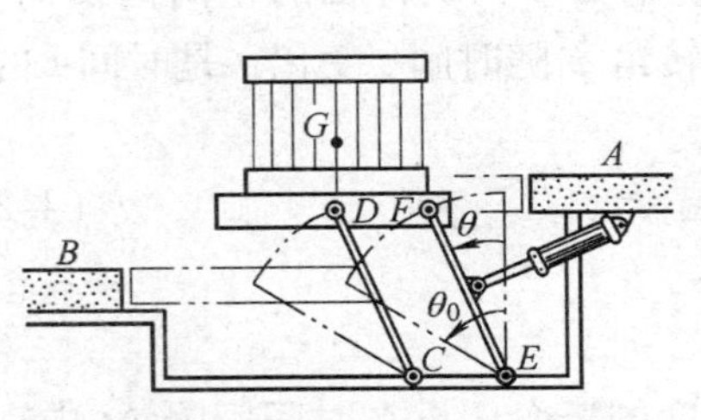

图 4-11 油压操纵的摆动式运输机

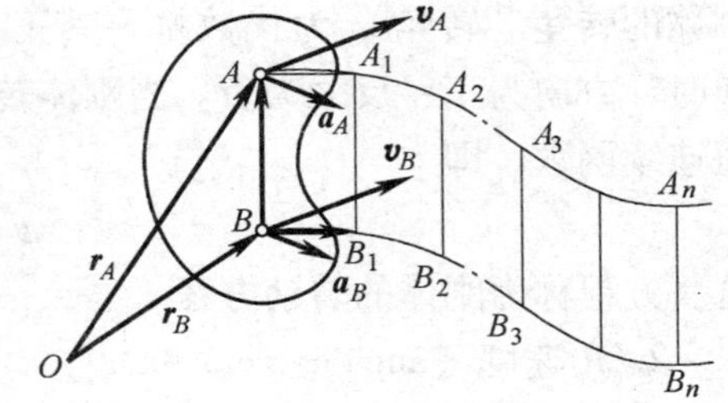

图 4-12 刚体平移

根据平移的定义，线段 BA 的长度和方向均不随时间而变化，即 $\boldsymbol{r}_{BA}$ 为常矢量，从而得

$$\frac{\mathrm{d}\boldsymbol{r}_{BA}}{\mathrm{d}t}=\boldsymbol{0} \tag{b}$$

可见，点 A 和点 B 的轨迹形状完全相同。若其上各点轨迹为直线，则称为**直线平移**（rectilinear translation）；若为曲线，则称为**曲线平移**（curvilinear translation）。

将式（a）对时间 t 分别求一阶和二阶导数，并结合式（b）得到

$$\boldsymbol{v}_A=\boldsymbol{v}_B\text{，}\ \boldsymbol{a}_A=\boldsymbol{a}_B \tag{4-25}$$

该式表明，在任一瞬时，点 A 和点 B 的速度相同，加速度也相同。

因为点 A、B 是任意选取的，因此可得如下结论：当刚体作平移时，其上各点的轨迹形状完全相同；在同一瞬时，刚体上各点的速度相同，各点的加速度也相同。

综上所述，研究刚体平移，可以归结为研究刚体上任一点（通常是质心）的运动。

4.2.2 定轴转动

刚体运动时，若其上（或其扩展部分）有一条直线始终保持不动，则称这种运动为**定轴转动**（fixed - axis rotation）。这条固定的直线称为**转轴**（图 4-13）。轴线上各点的速度和加速度均恒为零，其他各点均围绕轴线上相应点作圆周运动。电动机转子、机床主轴、传动轴等的运动都是定轴转动的例子。

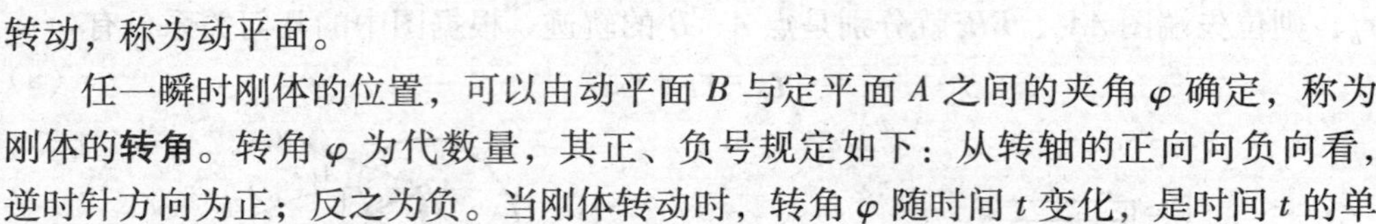

图 4-13 刚体定轴转动

1. 转动方程

设有一刚体绕定轴 z 轴动，如图 4-13 所示，为确定刚体在任一瞬时的位置，可通过转轴 z 作两个平面：平面 A 固定不动，称为定平面；平面 B 与刚体固连、随刚体一起转动，称为动平面。

任一瞬时刚体的位置，可以由动平面 B 与定平面 A 之间的夹角 φ 确定，称为刚体的**转角**。转角 φ 为代数量，其正、负号规定如下：从转轴的正向向负向看，逆时针方向为正；反之为负。当刚体转动时，转角 φ 随时间 t 变化，是时间 t 的单值连续函数，即

$$\varphi=\varphi\ (t) \tag{4-26}$$

这一方程称为刚体的**转动方程**。

2. 角速度（angular velocity）

为度量刚体转动的快慢和转向，引入角速度的概念。设在时间间隔 Δt 内，刚体转角的改变量为 $\Delta\varphi$，则刚体的瞬时角速度定义为

$$\omega=\lim_{\Delta t\to 0}\frac{\Delta\varphi}{\Delta t}=\frac{\mathrm{d}\varphi}{\mathrm{d}t}=\dot{\varphi} \tag{4-27}$$

即**刚体的角速度等于转角对时间的一阶导数**。角速度的单位是弧度/秒（rad/s）。

工程中常用转速 n（转/分即 r/min）来表示刚体转动的速度，ω 与 n 之间的换算关系为

$$\omega = \frac{2n\pi}{60} = \frac{n\pi}{30} \tag{4-28}$$

3. 角加速度（angular acceleration）

为度量角速度变化的快慢和转向，引入角加速度的概念。设在时间间隔 Δt 内，转动刚体角速度的变化量是 $\Delta\omega$，则刚体的瞬时角加速度定义为

$$\alpha = \lim_{\Delta t \to 0} \frac{\Delta\omega}{\Delta t} = \frac{\mathrm{d}\omega}{\mathrm{d}t} = \dot{\omega} = \ddot{\varphi} \tag{4-29}$$

即刚体的角加速度等于角速度对时间的一阶导数，也等于转角对时间的二阶导数。角加速度 α 的单位为 $\mathrm{rad/s^2}$。

角速度 ω 与角加速度 α 均为代数量。ω 与 α 各应以 φ 与 ω 增加的转向为正，反之则为负。当 α 与 ω 同号时，表示角速度绝对值增大，刚体作加速转动；反之，当 α 与 ω 异号时，刚体作减速转动。

角速度和角加速度都是描述刚体整体运动的物理量。

4. 定轴转动刚体上各点的速度和加速度

刚体绕定轴转动时，除转轴上各点固定不动外，其他各点都在通过该点并垂直于转轴的平面内作圆周运动。因此，宜采用弧坐标法。

设刚体由定平面 A 绕定轴 O 转过一角度 φ，到达平面 B，其上任一点 P_0 运动到了 P，刚体的角速度为 ω，角加速度为 α，如图 4-14 所示。以固定点 P_0 为弧坐标原点，弧坐标的正向与 φ 角正向一致，则点 P 的弧坐标为

$$s = r\varphi \tag{4-30}$$

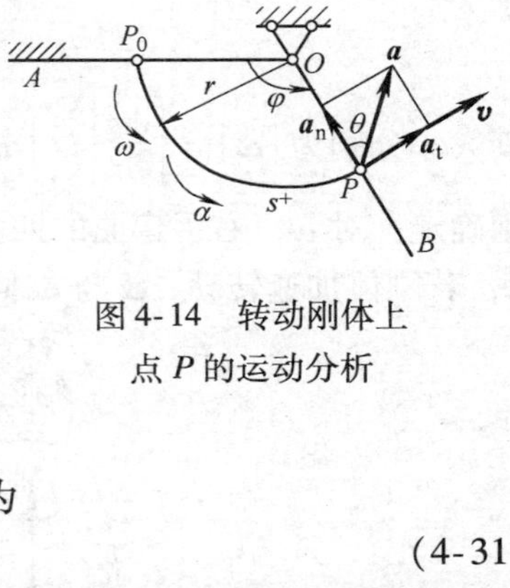

图 4-14　转动刚体上点 P 的运动分析

式中，r 为点 P 到转轴 O 的垂直距离，即转动半径。

将式（4-30）对 t 求一阶导数，得点 P 的速度为

$$v = \dot{s} = r\dot{\varphi} = r\omega \tag{4-31}$$

即，转动刚体上任一点的速度，其大小等于该点的转动半径与刚体角速度的乘积，方向沿圆周切线并指向转动一方。

由此，进一步可得点 P 的切向加速度和法向加速度分别为

$$a_{\mathrm{t}} = \dot{v} = r\dot{\omega} = r\alpha \tag{4-32}$$

$$a_{\mathrm{n}} = \frac{v^2}{\rho} = \frac{(r\omega)^2}{r} = r\omega^2 \tag{4-33}$$

即，转动刚体上任一点切向加速度的大小，等于该点的转动半径与刚体角加速度的乘积，方向垂直转动半径，指向与角加速度的转向一致；法向加速度的大小等于该

点的转动半径与刚体角速度平方的乘积，方向沿转动半径并指向转轴。

于是，点 P 的加速度为

$$a=\sqrt{a_{\mathrm{t}}^{2}+a_{\mathrm{n}}^{2}}=r\sqrt{\alpha^{2}+\omega^{4}} \tag{4-34}$$

$$\tan\theta=\left|\frac{a_{\mathrm{t}}}{a_{\mathrm{n}}}\right|=\left|\frac{\alpha}{\omega^{2}}\right| \tag{4-35}$$

式中，θ 为加速度 $\boldsymbol{a}$ 与半径 OP 之间的夹角，如图 4-14 所示。

据此可得以下结论：

- **在任意瞬时，转动刚体内各点的速度、切向加速度、法向加速度和全加速度的大小与各点的转动半径成正比。**
- **在任意瞬时，转动刚体内各点的速度方向与各点的转动半径垂直；各点的全加速度的方向与各点转动半径的夹角全部相同。所以，刚体内任一条通过且垂直于轴的直线上各点的速度和加速度呈线性分布，**如图 4-15 所示。

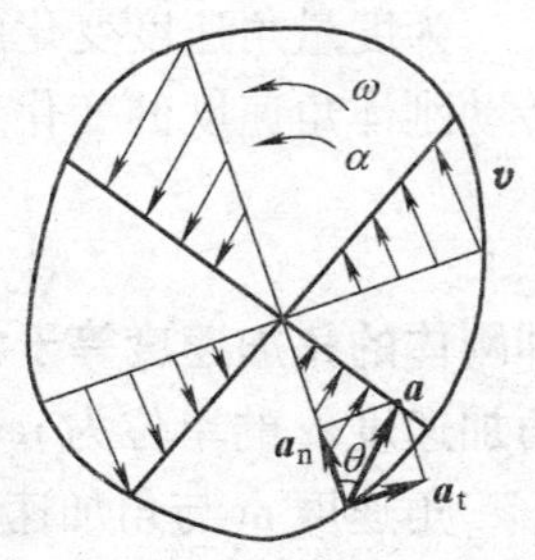

图 4-15　转动刚体上各点速度和加速度分布

5. 用矢量表示角速度与角加速度

研究图 4-16 所示绕定轴转动的刚体。图中，$Oxyz$ 为定参考系，轴 Oz 为刚体的转轴。设沿转轴 Oz 的单位矢量为 $\boldsymbol{k}$，则刚体角速度和角加速度可以用矢量分别表示为

$$\boldsymbol{\omega}=\omega\boldsymbol{k},\quad \boldsymbol{\alpha}=\alpha\boldsymbol{k} \tag{4-36}$$

其大小分别为 $|\boldsymbol{\omega}|=\left|\frac{\mathrm{d}\varphi}{\mathrm{d}t}\right|$，$|\boldsymbol{\alpha}|=\left|\frac{\mathrm{d}\omega}{\mathrm{d}t}\right|=\left|\frac{\mathrm{d}^{2}\varphi}{\mathrm{d}t^{2}}\right|$，方向沿轴 Oz，指向按右手螺旋法则确定：对 $\boldsymbol{\omega}$，右手弯曲的四指表示刚体的转向，拇指指向则表示 $\boldsymbol{\omega}$ 的方向；对 $\boldsymbol{\alpha}$，若刚体加速转动，$\boldsymbol{\alpha}$ 与 $\boldsymbol{\omega}$ 同向（图 4-16a）；减速转动则反向（图 4-16b）。

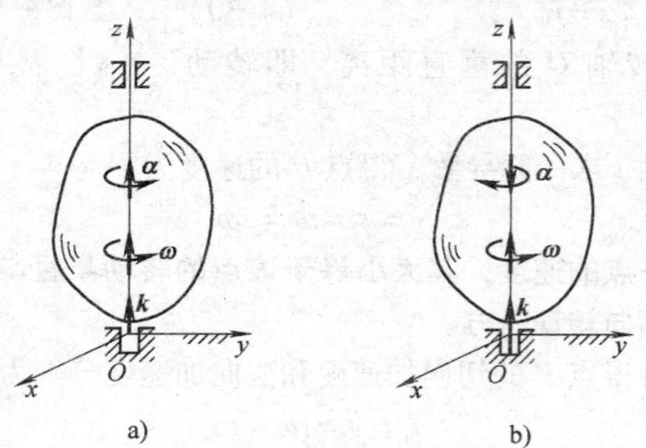

图 4-16　用矢量表示角速度与角加速度

6. 用矢量积表示点的速度与加速度

如图 4-17 所示，刚体上点 P 的速度可表示为

$$\boldsymbol{v}_{P}=\boldsymbol{\omega}\times\boldsymbol{r}_{P} \tag{4-37}$$

式中，$\boldsymbol{r}_P$ 为点 P 对于点 O 的位矢。可以验证，该式中 $\boldsymbol{v}_P$ 的模与式（4-31）中的相同。

将式（4-37）对时间求一阶导数，得到点 P 的加速度

$$
\begin{aligned}
\boldsymbol{\alpha}_P = \dot{\boldsymbol{v}}_P &= \dot{\boldsymbol{\omega}} \times \boldsymbol{r}_P + \boldsymbol{\omega} \times \dot{\boldsymbol{r}}_P \\
&= \boldsymbol{\alpha} \times \boldsymbol{r}_P + \boldsymbol{\omega} \times \boldsymbol{v}_P \\
&= \boldsymbol{\alpha} \times \boldsymbol{r}_P + \boldsymbol{\omega} \times (\boldsymbol{\omega} \times \boldsymbol{r}_P) \\
&= \boldsymbol{a}_P^{\mathrm{t}} + \boldsymbol{a}_P^{\mathrm{n}}
\end{aligned} \tag{4-38}
$$

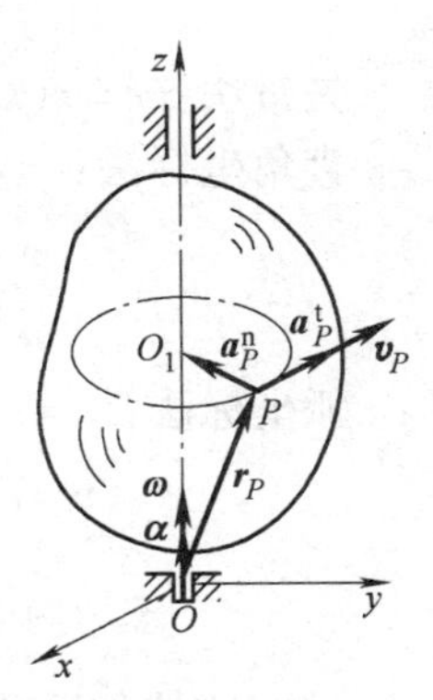

图4-17　用矢量积表示点的速度与加速度

上式表明，定轴转动刚体上点 P 的加速度由两部分组成，即切向加速度 $\boldsymbol{a}_P^{\mathrm{t}}$ 和法向加速度 $\boldsymbol{a}_P^{\mathrm{n}}$。$\boldsymbol{a}_P^{\mathrm{t}}$ 和 $\boldsymbol{a}_P^{\mathrm{n}}$ 的模分别对应式（4-32）、式（4-33）中加速度的大小。

数学上，刚体定轴转动的角速度矢量 $\boldsymbol{\omega}$、角加速度矢量 $\boldsymbol{\alpha}$ 与作用在刚体上的力矢 $\boldsymbol{F}$ 相类似，也是滑动矢量。

【例题 4-3】　长为 b、宽为 a 的矩形平板 $ABDE$ 悬挂在两根长度均为 l，且相互平行的直杆上，如图4-18所示。板与杆之间用铰链 A、B 连接，两杆又分别用铰链 O_1、O_2 与固定的水平面连接。已知杆 O_1A 的角速度与角加速度分别为 ω 与 α。试求板中心点 C 的运动轨迹、速度和加速度。

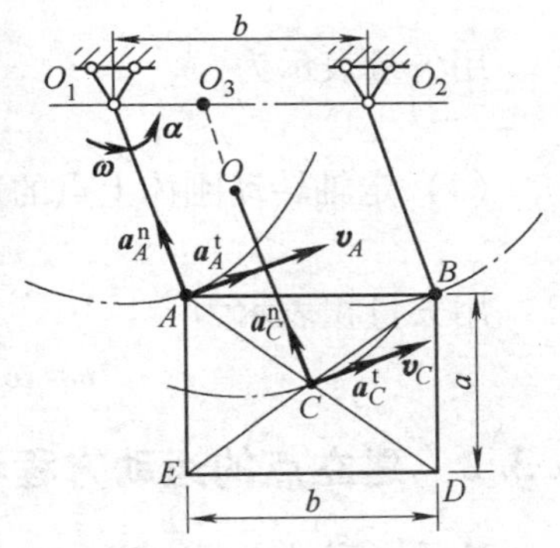

图4-18　例题4-3图

解：分析杆与板的运动形式：两杆作定轴转动，板作二维曲线平移。因此，板中心点 C 与点 A 的轨迹形状、图示瞬时的速度与加速度均相同。

点 A 的运动轨迹为以点 O_1 为圆心、l 为半径的圆。为此，过点 C 作线段 $CO/\!/AO_1$，并使 $CO = AO_1 = l$，点 C 的轨迹为以点 O 为圆心、l 为半径的圆。而不是以点 O_1 为圆心或以点 O_2、O_3 为圆心的圆。

点 C 的速度与加速度大小分别为

$$v_C = v_A = \omega l$$

$$a_C = a_A = \sqrt{(a_A^{\mathrm{t}})^2 + (a_A^{\mathrm{n}})^2} = \sqrt{(\alpha l)^2 + (\omega^2 l)^2} = l\sqrt{\alpha^2 + \omega^4}$$

二者的方向分别示于图4-18上。

值得注意的是，虽然平板上各点的运动轨迹为圆，但平板并不作转动，而是作曲线平移。因此，分析时要特别注意刚体运动与刚体上点的运动的区别。

4.3　本章小结与讨论

4.3.1　本章小结

（1）描述点运动的三种方法

矢量法：$\boldsymbol{r}=\boldsymbol{r}(t)$，$\boldsymbol{v}=\dot{\boldsymbol{r}}$，$\boldsymbol{a}=\dot{\boldsymbol{v}}=\ddot{\boldsymbol{r}}$

直角坐标法：$x=x(t)$，$y=y(t)$，$z=z(t)$

$$\boldsymbol{v}=v_x\boldsymbol{i}+v_y\boldsymbol{j}+v_z\boldsymbol{k}，v_x=\dot{x}，v_y=\dot{y}，v_z=\dot{z}$$

$$\boldsymbol{a}=a_x\boldsymbol{i}+a_y\boldsymbol{j}+a_z\boldsymbol{k}，a_x=\dot{v}_x=\ddot{x}，a_y=\dot{v}_y=\ddot{y}，a_z=\dot{v}_z=\ddot{z}$$

弧坐标法：$s=s(t)$

$$\boldsymbol{v}=v_t\boldsymbol{\tau}，v_t=\dot{s}$$

$$\boldsymbol{a}=a_t\boldsymbol{\tau}+a_n\boldsymbol{n}，a_t=\dot{v}_t=\ddot{s}，a_n=\frac{v_t^2}{\rho}$$

（2）刚体作平移时，其上各点的轨迹形状完全相同；在同一瞬时，各点的速度相同，各点的加速度也相同。

（3）定轴转动刚体的角速度和角加速度分别为

$$\omega=\dot{\varphi}，\alpha=\dot{\omega}=\ddot{\varphi}$$

用矢量表示为

$$\boldsymbol{\omega}=\omega\boldsymbol{k}，\boldsymbol{\alpha}=\alpha\boldsymbol{k}$$

（4）定轴转动刚体上点的速度、切向加速度和法向加速度分别为

$$v=r\omega，a_t=r\alpha，a_n=r\omega^2$$

用矢量积表示为

$$\boldsymbol{v}=\boldsymbol{\omega}\times\boldsymbol{r}，\boldsymbol{a}_t=\boldsymbol{\alpha}\times\boldsymbol{r}，\boldsymbol{a}_n=\boldsymbol{\omega}\times\boldsymbol{v}$$

4.3.2 建立点的运动方程与研究点的运动几何性质

这是本章的主要内容。二者之间既有密切联系，又有一定区别。

点的运动方程完全包括了点的运动几何性质。但是如果有了运动方程，不作物理上的分析，那还只是停留在数学公式上，仍然不能真正了解点的运动形象。因此，所谓“点的运动分析”，包含了这两方面内容。此外，研究点的运动形象，也可以采用其他方法而不必建立运动方程。

研究点的运动几何性质的方法：在点的运动轨迹上，画出并分析几个特定瞬时位置的$\boldsymbol{v}$、$\boldsymbol{a}$关系。用离散的二者关系，表达连续的运动过程。

4.3.3 点的运动学的两类应用问题

第一类是已知点的运动方程，确定其速度和加速度，或者给出约束条件，确定运动方程，进而确定速度和加速度。第二类是已知点的加速度和运动初始条件，通过积分求得速度和运动方程及运动轨迹。

4.3.4 描述点的运动的极坐标形式

工程中，对于某些问题，采用极坐标形式描述点的运动更方便些。例如，图4-19中，（ρ，φ）为极坐标，（$\boldsymbol{e}_\rho$，$\boldsymbol{e}_\varphi$）为极坐标的单位矢量（基矢量）。其运动

方程为

$$\rho=\rho\ (t),\ \varphi=\varphi\ (t) \tag{4-39}$$

速度为

$$\boldsymbol{v}_P=\dot{\rho}\ \boldsymbol{e}_\rho+\rho\dot{\varphi}\boldsymbol{e}_\varphi \tag{4-40}$$

加速度为

$$\boldsymbol{a}_P=\ (\ddot{\rho}-\rho\ \dot{\varphi}^2)\ \boldsymbol{e}_\rho+\ (\rho\ddot{\varphi}+2\dot{\rho}\dot{\varphi})\ \boldsymbol{e}_\varphi \tag{4-41}$$

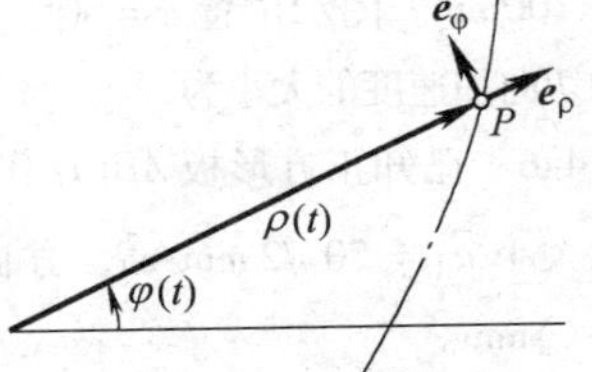

图 4-19　用极坐标描述点的运动

有兴趣的读者可以用矢量导数的方法推导上述公式。

习　题

选择填空题

4-1　点以匀速率沿阿基米德螺线由外向内运动，如图 4-20 所示，则点的加速度（　　）。

① 不能确定

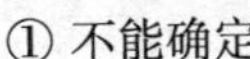

② 越来越小

③ 越来越大

④ 等于零

图 4-20　习题 4-1 图

4-2　绳子的一端绕在滑轮上，另一端与置于水平面上的物块 B 相连，若物块 B 的运动方程为 $x=kt^2$，其中 k 为常数，轮子半径为 R，则轮缘上点 A 的加速度大小为（　　）。

① $2k$

② $\left(\dfrac{4k^2t^2}{R^2}\right)^{\frac{1}{2}}$

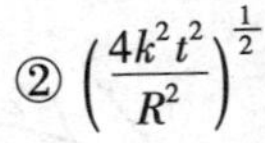

③ $\left(4k^2+\dfrac{16k^4t^4}{R^2}\right)^{\frac{1}{2}}$

④ $2k+\dfrac{4k^2t^2}{R}$

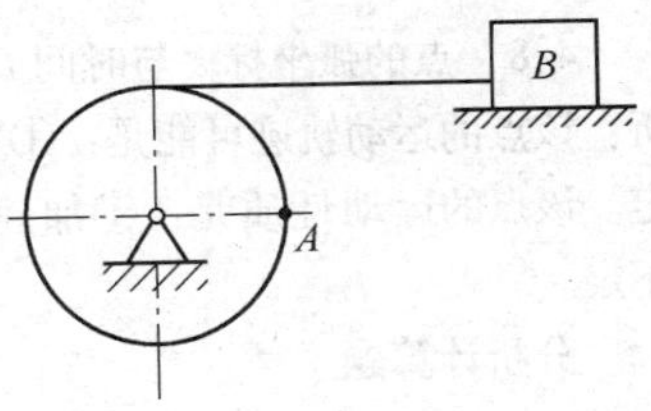

图 4-21　习题 4-2 图

4-3　动点 M 在空间作螺旋运动，其运动方程 $x=2\cos t$，$y=2\sin t$，$z=2t$，其中 x、y、z 以 m 计，t 以 s 计。则点 M 的切向加速度大小 $a_t=$（　　），法向加速度大小 $a_n=$（　　），轨迹的曲率半径 $\rho=$（　　）。

4-4　图 4-22 所示的平面机构中，三角板 ABC 与杆 O_1A、O_2B 铰接，若 $O_1A=O_2B=r$，$O_1O_2=AB$，则顶点 C 的运动轨迹为（　　）。

① 以 CO_1 长为半径、以 O_1 点为圆心的圆

② 以 CH 长为半径、以 H 点为圆心的圆

③ 以 CD 长（$CD\ //\ AO_1$）为半径、以 D 点为圆心的圆

④ 以 $CO=r$ 长（$CO\ //\ AO_1$）为半径、以 O 点为圆心的圆

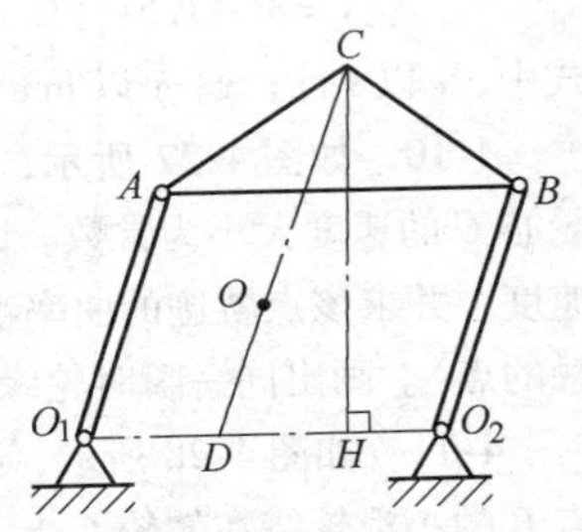

图 4-22　习题 4-4 图

4-5　直角曲杆 OBC 可绕 O 轴转动，如图 4-23 所示。已知：

$OB=100\text{mm}$。图示位置 $\varphi=60°$，曲杆的角速度 $\omega=0.2\text{rad/s}$，角加速度 $\alpha=0.2\text{rad/s}^2$，则曲杆上 M 点的切向加速度的大小为（　　），方向为（　　）；法向加速度的大小为（　　），方向为（　　）。

4-6 已知正方形板 $ABCD$ 作定轴转动，转轴垂直于板面，点 A 的速度大小 $v_A=50\text{mm/s}$，加速度大小 $a_A=50\sqrt{2}\,\text{mm/s}^2$，方向如图 4-24 所示。则该正方形板转轴到点 A 的距离 OA 为（　　）mm。

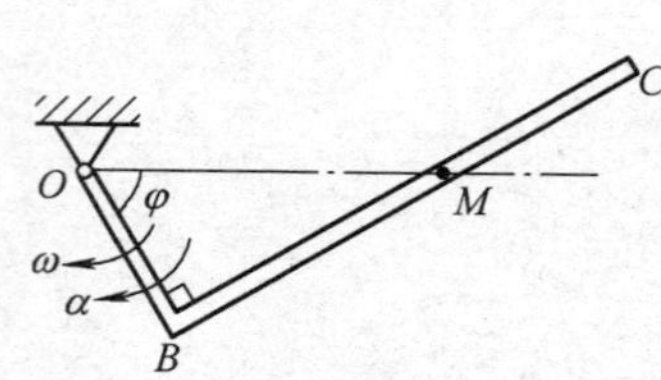

图 4-23　习题 4-5 图

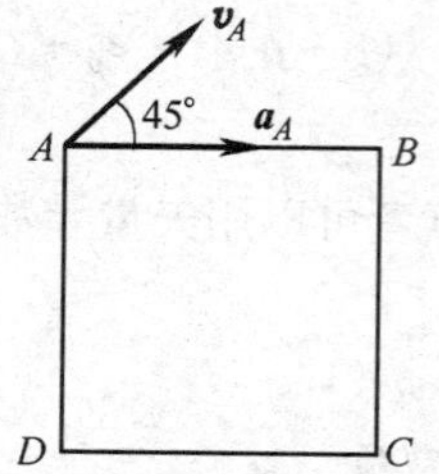

图 4-24　习题 4-6 图

4-7 试对图 4-25 所示五个瞬时点的运动进行分析。若运动可能，判断运动性质；若运动不可能，说明原因。

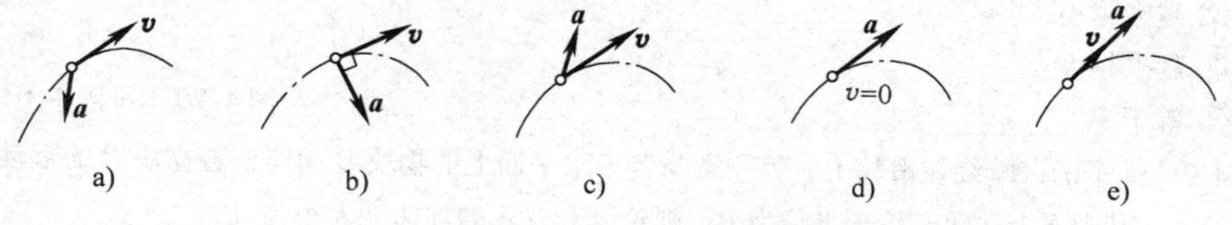

图 4-25　习题 4-7 图

4-8 点的弧坐标 s 与时间 t 的关系有图 4-26 所示三种情形。试分析：该点的运动轨迹可能是：①直线；②二维曲线；③三维曲线；④不定。该点的运动性质是：①加速运动；②减速运动；③等速运动；④不定。

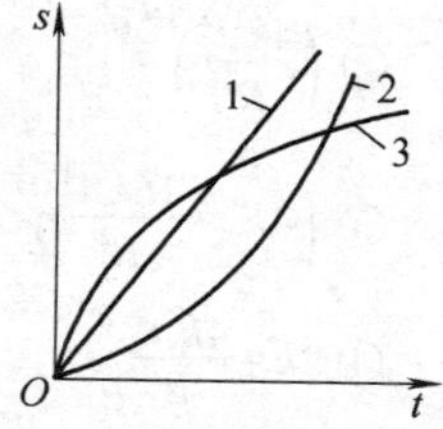

图 4-26　习题 4-8 图

分析计算题

4-9 已知运动方程如下，试画出轨迹曲线、不同瞬时点的 $\boldsymbol{v}$ 和 $\boldsymbol{a}$ 的图像，说明运动性质。

（1）$\begin{cases} x=4t-2t^2 \\ y=3t-1.5t^2 \end{cases}$　　（2）$\begin{cases} x=3\sin t \\ y=2\cos 2t \end{cases}$

式中，t 以 s 计；x、y 以 mm 计。

4-10 如图 4-27 所示，半径为 R 的圆轮沿水平轨道作纯滚动。轮心 C 的速度大小为常数。试求轮缘上任一点 P 在 t 瞬时的速度和加速度，并求该点轨迹的曲率半径 ρ（图中 C^* 为轮上该瞬时与地面相接触的点）。画出同一瞬时轮缘上各点的 $\boldsymbol{v}$、$\boldsymbol{a}$ 分布图像。

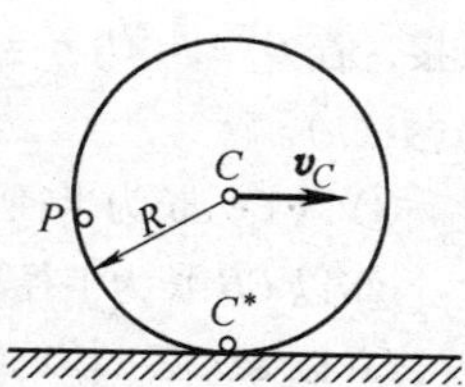

图 4-27　习题 4-10 图

4-11 如图 4-28 所示，绳的一端连在小车的点 A 上，另一端跨过点 B 的小滑轮绕在鼓轮 C 上，滑轮离地面的高度为 h。若小车以匀速度 $\boldsymbol{v}$ 沿水平方向向右运动，试求当 $\theta=45°$ 时 B、C 之间绳上一点 P 的速度、加速度和绳 AB 与铅垂线夹角对时间的二阶导数 $\ddot{\theta}$ 各为多少。

4-12　如图 4-29 所示，绕在半径为 R 的固定圆轮上的不可伸长的绳子，在始终保持拉紧状态下展开。由圆心 O 至绳的脱离点 A 引半径 OA，OA 与水平线夹角为 φ，$\varphi>0$。试求绳上在初瞬时与轮上点 P_0 相重合之点的运动方程（分别用直角坐标和弧坐标表示）。

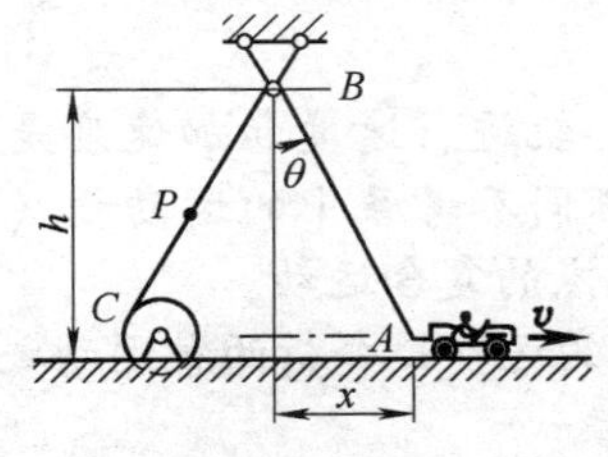

图 4-28　习题 4-11 图

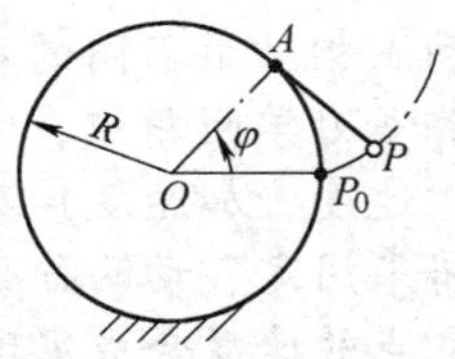

图 4-29　习题 4-12 图

4-13　长方体以等角速度 $\omega=3.44\text{rad/s}$ 绕轴 AC 转动，转向如图 4-30 所示。试求点 B 的速度与加速度。图上所注尺寸单位为 mm。

4-14　如图 4-31 所示，凸轮顶板机构中，偏心凸轮的半径为 R，偏心距 $OC=e$，绕轴 O 以等角速 ω 转动，从而带动顶板 A 作平移。试列写顶板的运动方程，求其速度和加速度，并作三者的曲线图像。

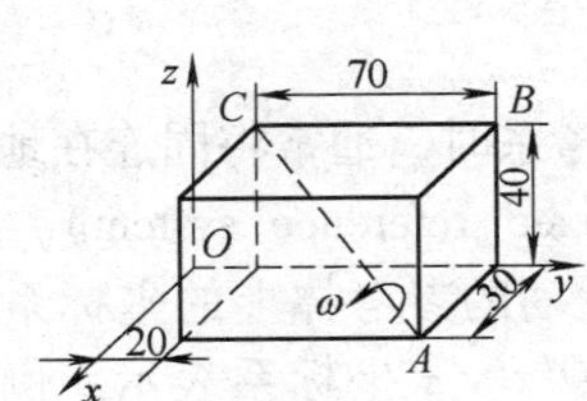

图 4-30　习题 4-13 图

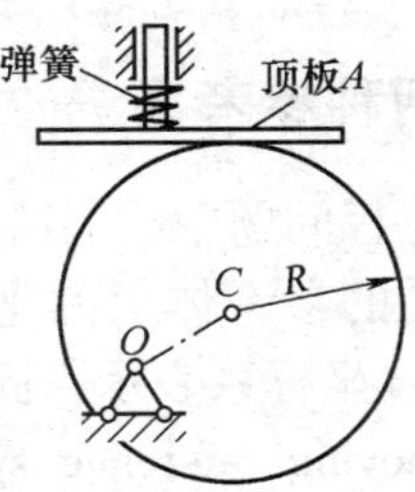

图 4-31　习题 4-14 图

4-15　图 4-32 所示机构中齿轮 1 紧固在杆 AC 上，$AB=O_1O_2$，齿轮 1 和半径为 r_2 的齿轮 2 啮合，齿轮 2 可绕 O_2 轴转动且和曲柄 O_2B 没有联系。设 $O_1A=O_2B=l$，$\varphi=b\sin\omega t$，试确定 $t=(\pi/2\omega)$ s 时，齿轮 2 的角速度和角加速度。

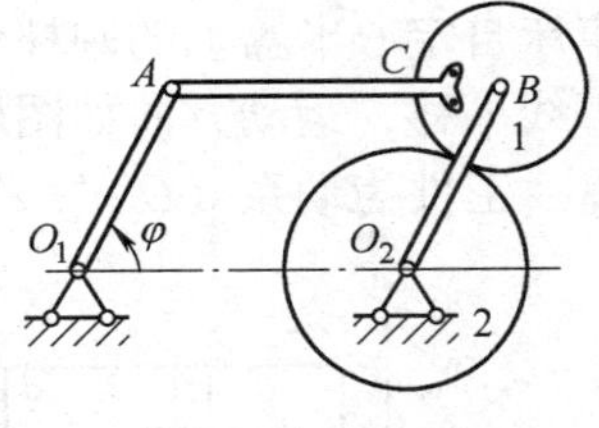

图 4-32　习题 4-15 图

4-16　为设置滑雪比赛用的路障，先用小汽车进行试验。如图 4-33 所示，假设汽车的轨迹为正弦曲线，其最大侧向加速度（即 a_n）为 $0.7g$，g 为重力加速度。试验希望设置的路障能通过的最大速度为 80km/h。试求锥形路障的间距 d 为多大。

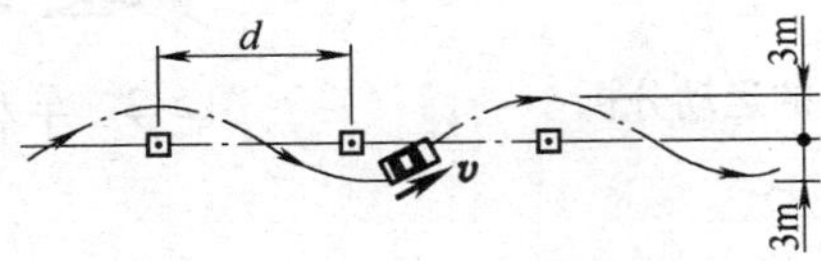

图 4-33　习题 4-16 图

第 5 章　点的复合运动

同一动点相对于不同的参考系，其运动方程、轨迹、速度和加速度是不相同的。而在许多力学问题中，常常需要研究一点在不同参考系中的运动量（运动方程、轨迹、速度、加速度）及其相互关系，即研究点的复合运动。

本章将采用定、动两种参考系，描述同一动点的运动；分析两种运动之间的关系，并建立点的速度合成定理与加速度合成定理。

点的复合运动是运动分析方法的重要内容，在工程运动分析中有着广泛的应用；同时可为相对运动动力学提供运动分析的理论基础；点的复合运动的分析方法还可推广应用于分析刚体的复合运动。

本章是运动学的重点内容。

5.1　绝对运动、相对运动与牵连运动

5.1.1　两种参考系

一般工程问题中，当所研究的问题涉及两个参考系时，通常将固连在地球或相对地球不动的参考体上的坐标系称为**定参考系**（fixed reference system），简称**定系**，用 $Oxyz$ 坐标系表示；固连在其他相对于地球运动的参考体上的坐标系称为**动参考系**（moving reference system），简称**动系**，用 $O'x'y'z'$ 坐标系表示。例如，图 5-1 所示为沿直线轨道作纯滚动的车轮与车身。可以地球为定系（Oxy），车身为动系（$O'x'y'$），分析轮缘上点 P（称为**动点**）的运动。又如，图 5-2 所示为夹持在车床自定心卡盘上的圆柱体工件与切削车刀。卡盘－工件绕轴 y' 转动，车刀向左作直线平移，运动方向如图所示。可以车床床身（固连于地球）为定系（$Oxyz$），卡盘－工件为动系（$O'x'y'z'$），分析刀尖上动点 P 的运动。

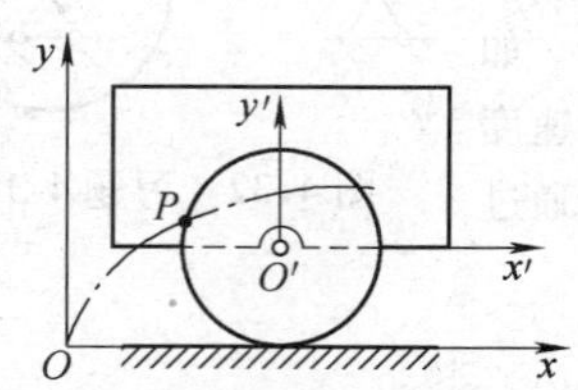

图 5-1　车辆轮缘上点 P 的运动分析

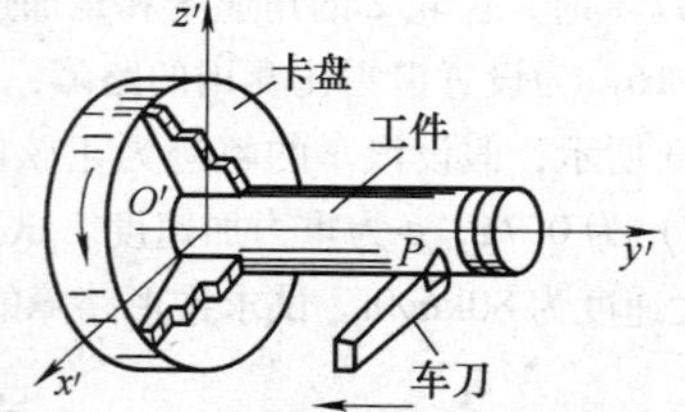

图 5-2　车刀刀尖点 P 的运动分析

5.1.2　三种运动

绝对运动（absolute motion）：动点相对于定系的运动；

相对运动（relative motion）：动点相对于动系的运动；

牵连运动（convected motion）：动系相对于定系的运动。

图5-1中轮缘上动点 P 的绝对运动是沿旋轮线（也称摆线）（绝对轨迹）的曲线运动，相对运动是以 O' 为圆心、轮半径为半径的圆周（相对轨迹）运动，牵连运动是直线平移。图5-2中刀尖上动点 P 的绝对运动为直线（绝对轨迹）运动，相对运动是圆柱面上的螺旋线（相对轨迹）运动，牵连运动是定轴转动。

需要注意的是：动点的绝对运动和相对运动均指点的运动（直线运动或曲线运动）；而牵连运动则指刚体的运动（平移、定轴转动或其他较复杂的刚体运动）。

5.1.3　三种速度和三种加速度

1. 三种速度

绝对速度（absolute velocity）：动点相对于定系运动的速度，用符号 $\boldsymbol{v}_a$ 来表示；

相对速度（relative velocity）：动点相对于动系运动的速度，用符号 $\boldsymbol{v}_r$ 来表示；

牵连速度（convected velocity）：动系上与动点相重合之点（称为**牵连点**）相对于定系运动的速度，用符号 $\boldsymbol{v}_e$ ㊀来表示。

2. 三种加速度

绝对加速度（absolute acceleration）：动点相对于定系运动的加速度，用符号 $\boldsymbol{a}_a$ 来表示；

相对加速度（relative acceleration）：动点相对于动系运动的加速度，用符号 $\boldsymbol{a}_r$ 来表示；

牵连加速度（convected acceleration）：牵连点相对于定系运动的加速度，用符号 $\boldsymbol{a}_e$ 来表示。

需要注意的是：**由于动点相对于动系是运动的，因此，在不同的瞬时，牵连点是动系上的不同点。**

点的复合运动的问题分为两大类：一是已知点的相对运动及动系的牵连运动，求点的绝对运动，这是运动合成的问题；二是已知点的绝对运动求相对运动或牵连运动，这是运动分解的问题。运动合成与分解的概念在理论和实践上都有重要的意义，可以通过一些简单运动的合成，得到比较复杂的运动，也可将复杂的运动分解为比较简单的运动。

5.2　速度合成定理

本节将用几何法研究点的绝对速度、相对速度和牵连速度三者之间的关系。

如图5-3所示，在定系 $Oxyz$ 中，设想有刚性金属丝（其形状为一确定的空间任意曲线）由 t 瞬时的位置Ⅰ，经时间间隔 Δt 后运动至位置Ⅱ。金属丝上套一小

㊀ $\boldsymbol{v}_e$ 的下角标 e 为法文 entraînement 的第一个字母。——作者注

环 P，在金属丝运动的过程中，小环 P 亦沿金属丝运动，因而小环也在同一时间间隔 Δt 内由 P 运动至 P'。小环 P 即为考察的动点，金属丝为动系。点 P 的绝对运动轨迹为 PP'，绝对运动位移为 $\Delta\boldsymbol{r}$；在 t 瞬时，点 P 与动系上的点 P_1 相重合，在 $t+\Delta t$ 瞬时，点 P_1 运动至位置 P_1'。显然，点 P 在同一时间间隔内的相对运动轨迹为 $P_1'P'$，相对运动位移为 $\Delta\boldsymbol{r}'$；而在 t 瞬时，动系上与动点 P 相重合之点（即牵连点）P_1 的绝对运动轨迹为 P_1P_1'，牵连点的绝对位移为 $\Delta\boldsymbol{r}_1$。

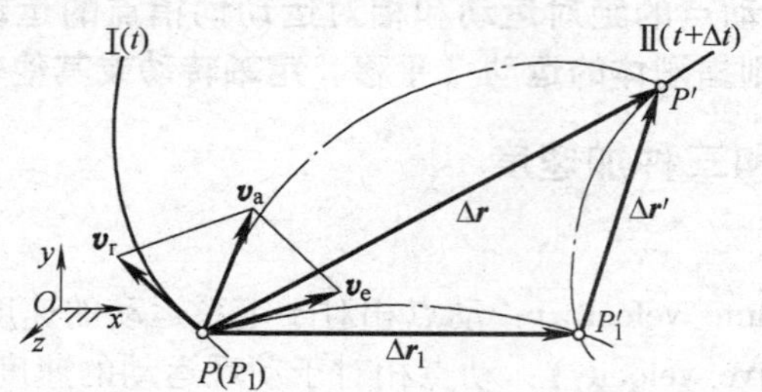

图 5-3　速度合成定理的几何法证明

从几何关系上不难看出，上述三个位移有如下关系：

$$\Delta\boldsymbol{r}=\Delta\boldsymbol{r}_1+\Delta\boldsymbol{r}' \tag{5-1}$$

将式（5-1）中各项除以同一时间间隔 Δt，并令 $\Delta t\to 0$，取极限，有

$$\lim_{\Delta t\to 0}\frac{\Delta\boldsymbol{r}}{\Delta t}=\lim_{\Delta t\to 0}\frac{\Delta\boldsymbol{r}_1}{\Delta t}+\lim_{\Delta t\to 0}\frac{\Delta\boldsymbol{r}'}{\Delta t} \tag{5-2}$$

该式等号左侧项为点 P 的绝对速度 $\boldsymbol{v}_{\mathrm{a}}$；等号右侧第二项为点 P 的相对速度 $\boldsymbol{v}_{\mathrm{r}}$；而右侧第一项为在 t 瞬时，动系上与动点相重合之点（牵连点）的绝对速度，即牵连速度 $\boldsymbol{v}_{\mathrm{e}}$。

由式（5-2）即有

$$\boldsymbol{v}_{\mathrm{a}}=\boldsymbol{v}_{\mathrm{e}}+\boldsymbol{v}_{\mathrm{r}} \tag{5-3}$$

上式称为**速度合成定理**（theorem for composition of velocities），即动点的绝对速度等于其牵连速度与相对速度的矢量和。

式（5-3）为平面矢量式，由此可以写出两个分量式，求解两个未知量。

需要说明的是，在推导速度合成定理时，并未限制动系作何种运动，因此本定理适用于牵连运动为任何运动的情况。

【例题 5-1】 图 5-4 所示为直管以等角速度 ω 绕轴 O 转动。管内质点 P 以常速率 u 沿管运动。试求点 P 离圆心 O 为 $R/3$ 和 R 时，相对于地面的速度。

解：动点由 P（1）到达 P'（2）位置的过程中，既沿管运动，又被管携带一起运动。因此，可用速度合成定理求解。

动点：P；动系：直管。

绝对运动：平面曲线运动。

相对运动：沿管的等速直线运动。

牵连运动：绕轴 O 的定轴转动。

分析位置 P（1）：建立动系 $Ox'_1y'_1$ 如图所示。由式（5-3），有

$$\boldsymbol{v}_{\mathrm{a}}=\boldsymbol{v}_{\mathrm{r}}+\boldsymbol{v}_{\mathrm{e}}=\boldsymbol{u}+\boldsymbol{v}_{\mathrm{e}}=u\boldsymbol{i}'_1+\frac{1}{3}R\omega\boldsymbol{j}'_1$$

式中，$\boldsymbol{i}'_1$、$\boldsymbol{j}'_1$ 为动系 $Ox'_1y'_1$ 沿两坐标轴的单位矢量。

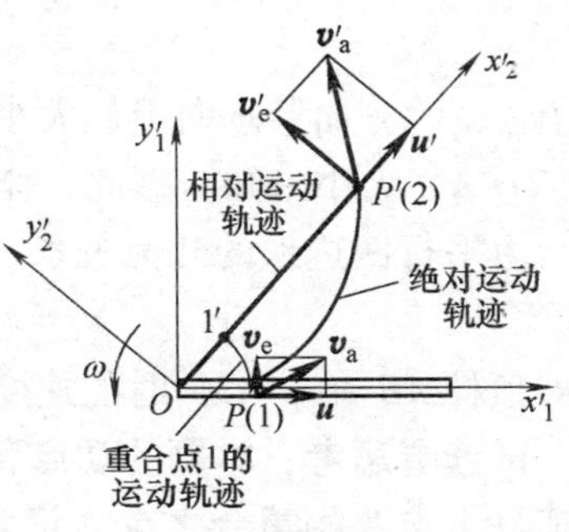

图 5-4　例题 5-1 图

分析位置 P'（2）：建立动系 $Ox'_2y'_2$ 如图所示。同理，有

$$\boldsymbol{v}'_{\mathrm{a}}=\boldsymbol{v}'_{\mathrm{r}}+\boldsymbol{v}'_{\mathrm{e}}=\boldsymbol{u}'+\boldsymbol{v}'_{\mathrm{e}}=u\boldsymbol{i}'_2+R\omega\boldsymbol{j}'_2$$

式中，$\boldsymbol{i}'_2$、$\boldsymbol{j}'_2$ 为动系 $Ox'_2y'_2$ 沿两坐标轴的单位矢量。

点 P 运动至 P（1）位置时，与管上点 1 相重合，此瞬时的牵连速度为点 1 的绝对速度，$\boldsymbol{v}_{\mathrm{e}}=\boldsymbol{v}_{1\mathrm{a}}$；而运动至 P'（2）位置时，点 P 与管上点 2 相重合，$\boldsymbol{v}'_{\mathrm{e}}=\boldsymbol{v}'_{2\mathrm{a}}$。在此运动过程中，点 P 不断变化着与管上的重合点，牵连速度也在不断变化，其绝对运动和相对运动轨迹，以及重合点 1 的运动轨迹均示于图 5-4 中。

【例题 5-2】　如图 5-5a 所示，仿形机床中半径为 R 的半圆形靠模凸轮以等速度 $\boldsymbol{v}_0$ 沿水平轨道向右运动，带动顶杆 AB 沿铅垂方向运动。试求 $\varphi=30^\circ$ 时顶杆 AB 的速度。

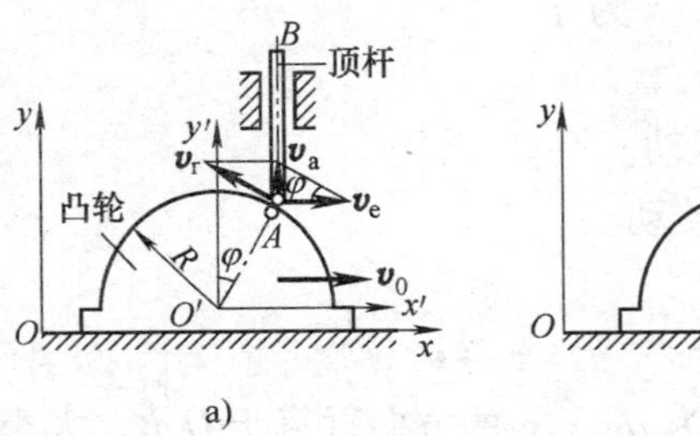

图 5-5　例题 5-2 图

解：由于顶杆 AB 作平移，所以要求顶杆 AB 的速度，只要求其上任一点的速度即可。

原动件（凸轮）的运动是通过它和顶杆的连接点 A 传递到从动件（顶杆）的，且顶杆上的点 A 始终被约束在凸轮的轮廓上运动。故选顶杆 AB 上的点 A 为动点，动系固结于凸轮。

绝对运动：沿铅垂方向的直线运动。

相对运动：沿凸轮轮廓的圆周运动。

牵连运动：水平直线平移。

根据速度合成定理

$$\boldsymbol{v}_a = \boldsymbol{v}_e + \boldsymbol{v}_r$$

式中，$\boldsymbol{v}_a$的方向铅垂向上，大小未知；$\boldsymbol{v}_e$的方向水平向右，大小为v_0；$\boldsymbol{v}_r$的方向垂直于$O'A$，大小未知。据此，作速度平行四边形，如图5-5a所示。

由平行四边形的几何关系，求得

$$v_a = v_e \tan\varphi = v_0 \tan 30^\circ = 0.577 v_0$$

此即顶杆AB在$\varphi = 30^\circ$时的速度，方向铅垂向上。

请读者思考：本题的动点和动系有无其他选择？例如图5-5b所示，将凸轮上与顶杆上点A相重合之点（记为A_1）选为动点，顶杆AB选为动系，是否可行？此时，赖以决定$\boldsymbol{v}_r$方向的相对运动轨迹是什么？

【例题5-3】 图5-6a所示为曲柄-摇杆机构，曲柄OA以等角速度ω_0绕轴O转动，通过滑块A带动摇杆O_1B绕轴O_1转动。已知$OA = r$，$\angle AO_1O = 30°$。试求该瞬时摇杆O_1B的角速度。

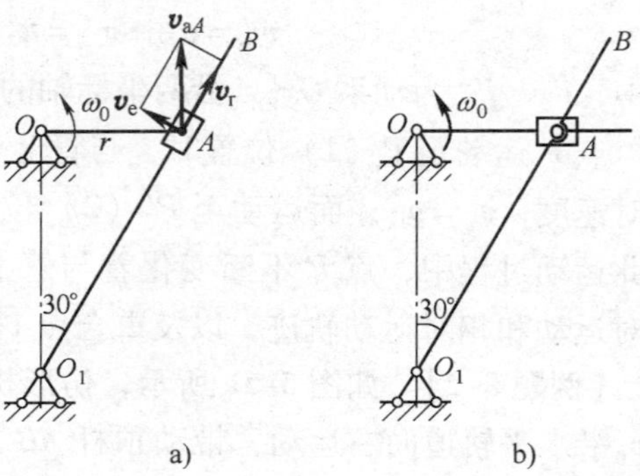

图5-6 例题5-3图

解：与曲柄OA铰接的滑块被约束在摇杆O_1B上滑动，所以，选滑块A为动点、摇杆O_1B为动系，则相对运动轨迹就是直线O_1B，既简单又直观。

绝对运动：以点O为圆心、r为半径的等速圆周运动。

相对运动：沿O_1B的直线运动。

牵连运动：绕轴O_1的定轴转动。

根据速度合成定理

$$\boldsymbol{v}_a = \boldsymbol{v}_e + \boldsymbol{v}_r$$

其中，$\boldsymbol{v}_a$的方向铅垂向上，大小为$r\omega_0$；$\boldsymbol{v}_e$的方向垂直于O_1B，大小未知；$\boldsymbol{v}_r$的方向平行于O_1B，大小未知。据此，作速度平行四边形如图5-6a所示。

由平行四边形的几何关系，求得

$$v_e = v_a \sin30° = \frac{1}{2} r\omega_0, \quad v_r = v_a \cos30° = \frac{\sqrt{3}}{2} r\omega_0$$

则摇杆O_1B的角速度为

$$\omega = \frac{v_e}{O_1A} = \frac{1}{4}\omega_0 \quad （逆时针）$$

本例讨论：若将图5-6a所示的曲柄-摇杆机构改为图5-6b所示的形式，即摇杆上点A铰接滑块，而滑块被约束在曲柄OA上滑动。则选滑块A为动点、曲柄OA为动系，这样相对运动轨迹即是直线OA，既简单又直观。请读者自己对其进行运动分析和速度分析。

综合以上例题，请读者总结动点、动系的选择原则。

5.3　牵连运动为平移时点的加速度合成定理

点的合成运动中，加速度之间的关系比较复杂，因此，先分析动系作平移的情形。

设 $O'x'y'z'$ 为平移参考系，由于 x'、y'、z' 各轴方向不变，可使其与定坐标轴 x、y、z 分别平行，如图5-7所示。如动点 M 相对于动系的相对坐标为 x'、y'、z'，而由于 $\boldsymbol{i}'$、$\boldsymbol{j}'$、$\boldsymbol{k}'$ 为平移动坐标轴的单位常矢量，则点 M 的相对速度和相对加速度分别为

$$\boldsymbol{v}_r = \dot{x}'\boldsymbol{i}' + \dot{y}'\boldsymbol{j}' + \dot{z}'\boldsymbol{k}' \tag{5-4}$$

$$\boldsymbol{a}_r = \ddot{x}'\boldsymbol{i}' + \ddot{y}'\boldsymbol{j}' + \ddot{z}'\boldsymbol{k}' \tag{5-5}$$

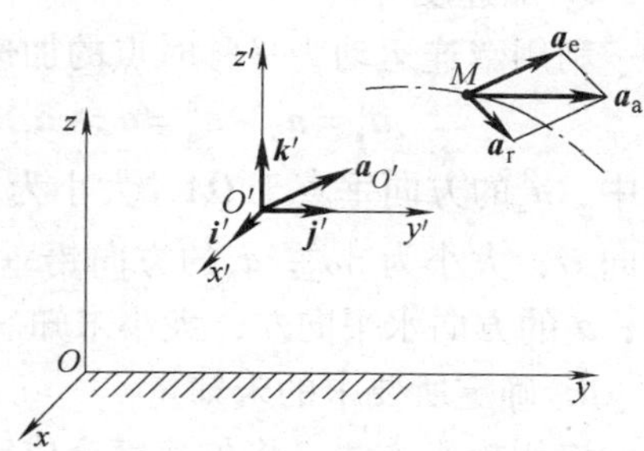

图5-7　牵连运动为平移时的加速度合成定理证明

利用点的速度合成定理

$$\boldsymbol{v}_a = \boldsymbol{v}_e + \boldsymbol{v}_r$$

因为牵连运动为平移，所以

$$\boldsymbol{v}_{O'} = \boldsymbol{v}_e \tag{5-6}$$

将式（5-4）和式（5-6）代入式（5-3），得

$$\boldsymbol{v}_a = \boldsymbol{v}_{O'} + \dot{x}'\boldsymbol{i}' + \dot{y}'\boldsymbol{j}' + \dot{z}'\boldsymbol{k}' \tag{5-7}$$

将式（5-7）两边对时间求导，并注意到因动系平移，故 $\boldsymbol{i}'$、$\boldsymbol{j}'$、$\boldsymbol{k}'$ 为常矢量，于是得

$$\boldsymbol{a}_a = \dot{\boldsymbol{v}}_{O'} + \ddot{x}'\boldsymbol{i}' + \ddot{y}'\boldsymbol{j}' + \ddot{z}'\boldsymbol{k}' \tag{5-8}$$

由于 $\dot{\boldsymbol{v}}_{O'} = \boldsymbol{a}_{O'}$，又由于动系平移，故

$$\boldsymbol{a}_{O'} = \boldsymbol{a}_e \tag{5-9}$$

将式（5-5）和式（5-9）代入式（5-8），得

$$\boldsymbol{a}_a = \boldsymbol{a}_e + \boldsymbol{a}_r \tag{5-10}$$

上式称为**牵连运动为平移时点的加速度合成定理，即当牵连运动为平移时，动点在某瞬时的绝对加速度等于该瞬时它的牵连加速度与相对加速度的矢量和。**

【例题5-4】 图5-8所示为曲柄导杆机构。滑块在水平滑槽中运动；与滑槽固结在一起的导杆在固定的铅垂滑道中运动。已知曲柄 OA 转动的角速度为 ω_0，角加速度为 α_0（转向如图），设曲柄长为 r，试求当曲柄与铅垂线的夹角 $\theta < \dfrac{\pi}{2}$ 时导杆的加速度。

解： 1. 选择动点和动系

选择滑块 A 为动点，它是曲柄和导杆之间的联系点。由于滑块和曲柄相连，是曲柄上的一个点，所以只能选取导杆为动坐标系。定坐标系 Oxy 的原点建立在 O

轴上，如图 5-8 所示。

2. 运动分析

绝对运动：以 O 为圆心的圆周运动。

相对运动：沿导杆的水平运动。

牵连运动：铅垂方向的平移。

3. 加速度分析

利用牵连运动为平移时点的加速度合成定理

$$\boldsymbol{a}_a = \boldsymbol{a}_a^t + \boldsymbol{a}_a^n = \boldsymbol{a}_e + \boldsymbol{a}_r$$

式中，$\boldsymbol{a}_a^t$的方向垂直于 OA，大小为 $r\alpha_0$；$\boldsymbol{a}_a^n$的方向指向 O，大小为 $r\omega_0^2$；$\boldsymbol{a}_e$的方向铅垂向下，大小未知；$\boldsymbol{a}_r$的方向水平向左，大小未知。

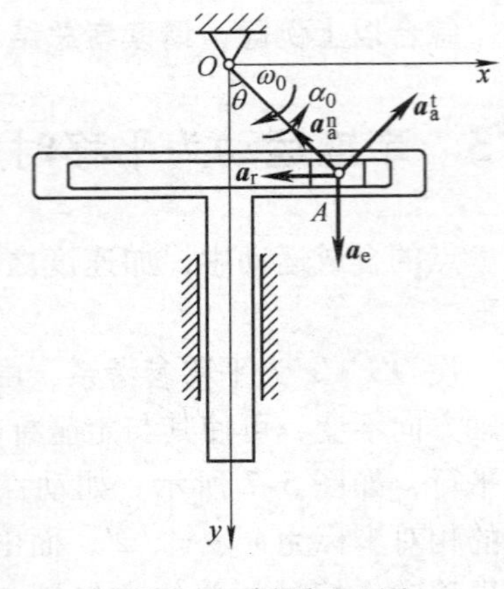

图 5-8　例题 5-4 图

4. 确定所要求的未知量

应用投影方法，将加速度合成定理的矢量方程沿 y 方向投影，有

$$-a_a^t\sin\theta - a_a^n\cos\theta = a_e$$

$$-r\alpha_0\sin\theta - r\omega_0^2\cos\theta = a_e$$

因此解得 A 点的牵连加速度

$$a_e = -r\ (\alpha_0\sin\theta + \omega_0^2\cos\theta)$$

这是动系中与动点重合点的加速度，也就是导杆与水平滑槽所组成的系统中水平滑槽上与动点 A 重合点的加速度。因为导杆与水平滑槽所组成的系统作平移，所以 $\boldsymbol{a}_e$ 即为导杆的加速度。式中的负号说明 $\boldsymbol{a}_e$ 的实际指向与假设方向相反。

5.4　牵连运动为转动时点的加速度合成定理　科氏加速度

当牵连运动为定轴转动时，动点的加速度合成定理是否具有与式（5-10）相同的形式？答案是否定的。

以图 5-9 所示的以等角速度 ω 绕垂直于盘面的固定轴 O 转动的圆盘为例。设动点 M 沿半径为 R 的盘上圆槽以匀速$\boldsymbol{v}_r$相对圆盘运动，若将动系 $O'x'y'$建立在圆盘上，则图示瞬时，动点的相对运动为匀速圆周运动，其相对加速度指向圆盘中心，大小为

$$a_r = \frac{v_r^2}{R}$$

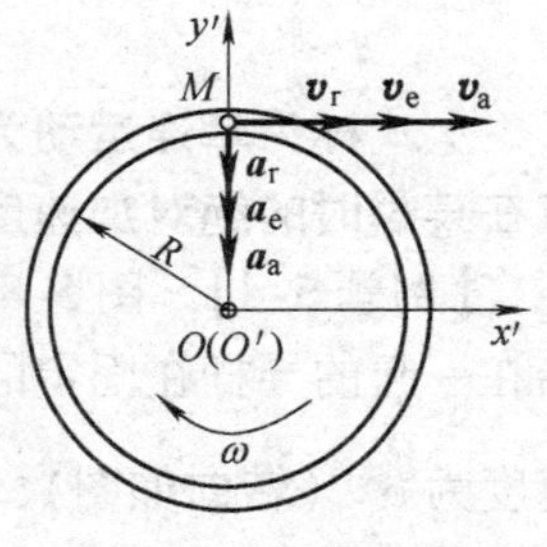

图 5-9　验证加速度关系一例

牵连运动为圆盘绕定轴 O 的匀角速转动，则牵连点的速度、加速度方向示于图中，大小分别为

$$v_e = R\omega,\qquad a_e = R\omega^2$$

由式（5-3）知 M 点的绝对速度的大小为

$$v_{a}=v_{e}+v_{r}=R\omega+v_{r}=\text{常量}$$

可见，动点 M 的绝对运动也是半径为 R 的圆周运动，故其绝对加速度的大小为

$$a_{a}=\frac{v_{a}^{2}}{R}=\frac{(R\omega+v_{r})^{2}}{R}=R\omega^{2}+\frac{v_{r}^{2}}{R}+2\omega v_{r}=a_{e}+a_{r}+2\omega v_{r}$$

显然

$$a_{a}\neq a_{e}+a_{r}$$

这表明牵连运动为平移时的加速度合成定理式（5-10）在牵连运动为定轴转动时不再适用。

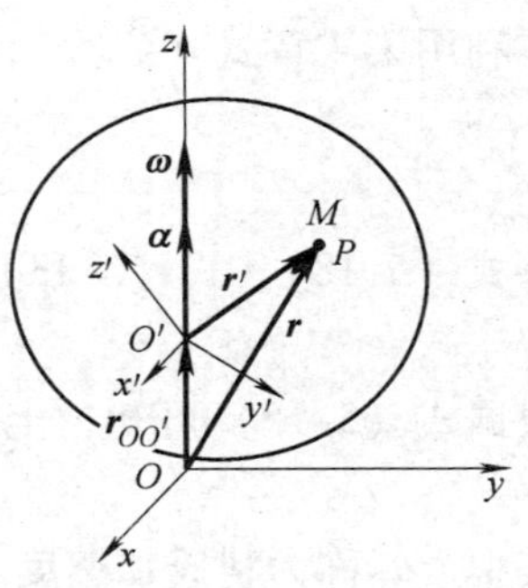

图5-10　牵连运动为定轴转动时的加速度合成定理证明

5.4.1　牵连运动为转动时点的加速度合成定理

设动系 $O'x'y'z'$以角速度矢量 $\boldsymbol{\omega}$ 绕定轴 Oz（$Oxyz$ 为定系）转动，角加速度矢量为 $\boldsymbol{\alpha}$，如图5-10所示。动点 M 的相对矢径、相对速度和相对加速度可分别表示为

$$\boldsymbol{r}'=x'\boldsymbol{i}'+y'\boldsymbol{j}'+z'\boldsymbol{k}' \tag{5-11}$$

$$\boldsymbol{v}_{r}=\dot{x}'\boldsymbol{i}'+\dot{y}'\boldsymbol{j}'+\dot{z}'\boldsymbol{k}' \tag{5-12}$$

$$\boldsymbol{a}_{r}=\ddot{x}'\boldsymbol{i}'+\ddot{y}'\boldsymbol{j}'+\ddot{z}'\boldsymbol{k}' \tag{5-13}$$

设瞬时重合点为 P，利用第4章中的式（4-37），则动点 M 的牵连速度即瞬时重合点 P 的速度为

$$\boldsymbol{v}_{e}=\boldsymbol{v}_{P}=\boldsymbol{\omega}\times\boldsymbol{r} \tag{5-14}$$

动点 M 的牵连加速度即重合点的加速度，可利用第4章中的式（4-38）表示为

$$\boldsymbol{a}_{e}=\boldsymbol{a}_{P}=\boldsymbol{\alpha}\times\boldsymbol{r}+\boldsymbol{\omega}\times\boldsymbol{v}_{e} \tag{5-15}$$

另外，动点的绝对矢径 $\boldsymbol{r}$ 和相对矢径 $\boldsymbol{r}'$存在关系 $\boldsymbol{r}=\boldsymbol{r}_{OO'}+\boldsymbol{r}'$，将该式对时间求一次导数，得

$$\dot{\boldsymbol{r}}=\dot{\boldsymbol{r}}_{OO'}+\dot{\boldsymbol{r}}'$$

因为 $\dot{\boldsymbol{r}}=\boldsymbol{v}_{a}=\boldsymbol{v}_{e}+\boldsymbol{v}_{r}$，注意到 $\boldsymbol{r}_{OO'}$为常矢量，则 $\dot{\boldsymbol{r}}_{OO'}=\boldsymbol{0}$，因此由上式，可得

$$\dot{\boldsymbol{r}}'=\boldsymbol{v}_{e}+\boldsymbol{v}_{r} \tag{5-16}$$

根据速度合成定理和式（5-12）、式（5-14），可得

$$\boldsymbol{v}_{a}=\boldsymbol{v}_{e}+\boldsymbol{v}_{r}=\boldsymbol{\omega}\times\boldsymbol{r}+\dot{x}'\boldsymbol{i}'+\dot{y}'\boldsymbol{j}'+\dot{z}'\boldsymbol{k}'$$

将上式对时间求导，可得

$$\boldsymbol{a}_{a}=\dot{\boldsymbol{v}}_{a}=\dot{\boldsymbol{\omega}}\times\boldsymbol{r}+\boldsymbol{\omega}\times\dot{\boldsymbol{r}}+\ddot{x}\boldsymbol{i}'+\ddot{y}'\boldsymbol{j}'+\ddot{z}'\boldsymbol{k}'+(\dot{x}'\dot{\boldsymbol{i}}'+\dot{y}'\dot{\boldsymbol{j}}'+\dot{z}'\dot{\boldsymbol{k}}') \tag{5-17}$$

其中，$\dot{\boldsymbol{\omega}}=\boldsymbol{\alpha}$，利用式（5-16），上式等号右端前两项可表示为

$$\dot{\boldsymbol{\omega}}\times\boldsymbol{r}+\boldsymbol{\omega}\times\dot{\boldsymbol{r}}=\boldsymbol{\alpha}\times\boldsymbol{r}+\boldsymbol{\omega}\times\boldsymbol{v}_{e}+\boldsymbol{\omega}\times\boldsymbol{v}_{r} \tag{5-18}$$

由式（5-13），有

$$\ddot{x}'\boldsymbol{i}'+\ddot{y}'\boldsymbol{j}'+\ddot{z}'\boldsymbol{k}'=\boldsymbol{a}_{r}$$

再利用第4章式（4-37），有

$$\dot{x}'\boldsymbol{i}'+\dot{y}'\boldsymbol{j}'+\dot{z}'\boldsymbol{k}'=\dot{x}'\boldsymbol{\omega}\times\boldsymbol{i}'+\dot{y}'\boldsymbol{\omega}\times\boldsymbol{j}'+\dot{z}'\boldsymbol{\omega}\times\boldsymbol{k}'$$
$$=\boldsymbol{\omega}\times(\dot{x}'\boldsymbol{i}'+\dot{y}'\boldsymbol{j}'+\dot{z}'\boldsymbol{k}')=\boldsymbol{\omega}\times\boldsymbol{v}_r \tag{5-19}$$

将式（5-18）、式（5-13）和式（5-19）代入式（5-17），得

$$\boldsymbol{a}_a=\boldsymbol{\alpha}\times\boldsymbol{r}+\boldsymbol{\omega}\times\boldsymbol{v}_e+\boldsymbol{a}_r+2\boldsymbol{\omega}\times\boldsymbol{v}_r \tag{5-20}$$

根据式（5-15）可知，上式等号右端的前两项为牵连加速度 $\boldsymbol{a}_e$；令

$$\boldsymbol{a}_C=2\boldsymbol{\omega}\times\boldsymbol{v}_r \tag{5-21}$$

其中，$\boldsymbol{a}_C$称为**科氏加速度**（Coriolis acceleration）。于是式（5-20）最后表示为

$$\boldsymbol{a}_a=\boldsymbol{a}_e+\boldsymbol{a}_r+\boldsymbol{a}_C \tag{5-22}$$

上式即**牵连运动为转动时点的加速度合成定理：当动系为定轴转动时，动点在某瞬时的绝对加速度等于该瞬时它的牵连加速度、相对加速度与科氏加速度的矢量和。**

可以证明，当牵连运动为任意运动时式（5-22）都成立，它是点的加速度合成定理的一般形式。

5.4.2 科氏加速度

由式（5-21）知，科氏加速度的表达式为

$$\boldsymbol{a}_C=2\boldsymbol{\omega}\times\boldsymbol{v}_r$$

式中，$\boldsymbol{v}_r$为动点的相对速度；而$\boldsymbol{\omega}$为动系相对定系转动的角速度矢量。**即科氏加速度等于牵连运动的角速度与动点相对速度矢量积的两倍**。科氏加速度体现了动坐标系转动时，相对运动与牵连运动的相互影响。

1. 科氏加速度的大小和方向

设动系转动的角速度矢量$\boldsymbol{\omega}$与动点的相对速度矢量$\boldsymbol{v}_r$间的夹角为θ，则由矢量积运算规则，科氏加速度$\boldsymbol{a}_C$的大小为

$$a_C=2\omega v_r\sin\theta$$

$\boldsymbol{a}_C$的方向由右手螺旋法则确定：四指指向$\boldsymbol{\omega}$矢量正向，再转到$\boldsymbol{v}_r$矢量的正向，拇指指向即为矢量的正向，如图5-11所示。

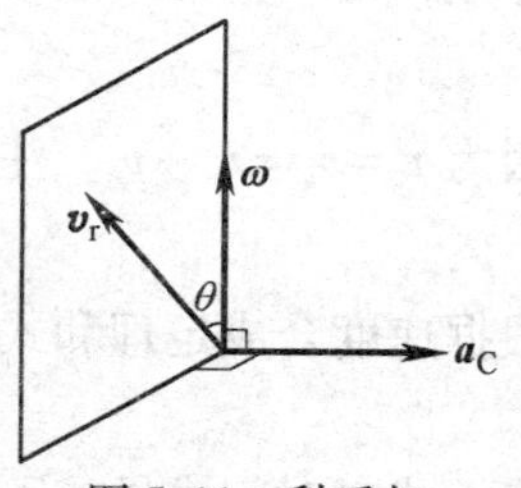

图5-11 科氏加速度的确定

2. 当牵连运动为平移时，$\omega=0$，因此$a_C=0$，一般式（5-22）退化为特殊式（5-10）。

【例题5-5】 已知圆轮半径为r，以匀角速度ω绕O轴转动，如图5-12a所示。试求AB杆在图示位置的角速度ω_{AB}以及角加速度α_{AB}。

解：由于本例中两物体的接触点——圆轮上C点和AB杆上D点都随时间而变，故均不宜选作动点，其原因是对相对运动进行分析非常困难。

在机构运动的过程中，圆轮始终与AB杆相切，且轮心O_1到杆AB的距离保持不变。此时，宜选非接触点O_1为动点，将动系固结在AB杆上，且随AB杆作定轴

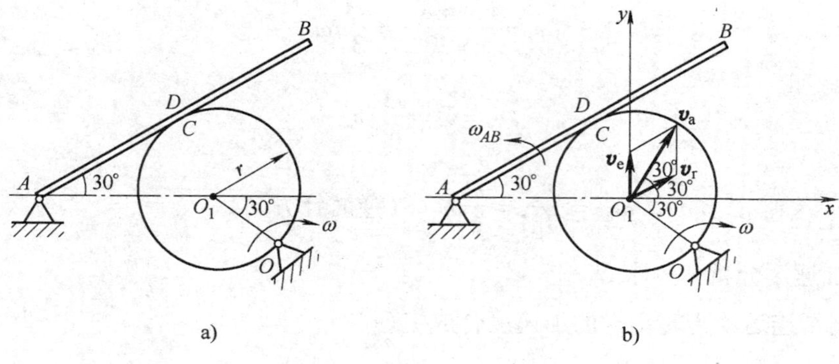

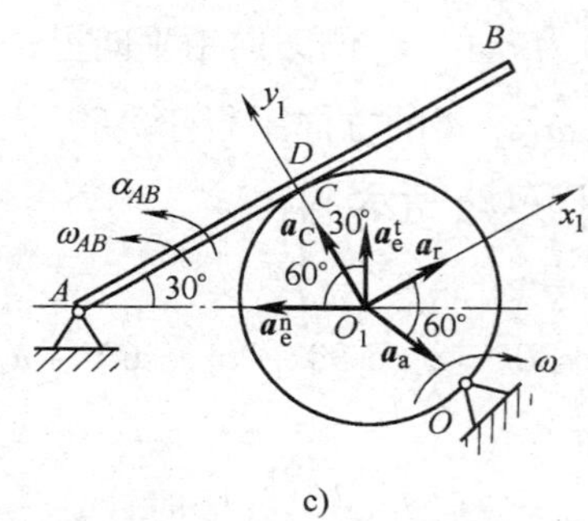

图5-12　例题5-5图

转动。于是，在动系 AB 杆上看动点的运动，就会发现：点 O_1 与 AB 杆距离保持不变，并作与 AB 杆平行的直线运动。这样处理使相对运动简单、明确，因而动点、动系的选择是恰当的。

1. 运动分析

绝对运动——点 O_1 作以 O 为圆心、r 为半径的圆周运动；

相对运动——点 O_1 沿平行于杆 AB 的直线运动；

牵连运动——杆 AB 绕轴 A 的定轴转动。

2. 速度分析——求 ω_{AB}

根据速度合成定理

$$\boldsymbol{v}_a = \boldsymbol{v}_e + \boldsymbol{v}_r \tag{a}$$

式中，$\boldsymbol{v}_a$ 的方向垂直于 OO_1，大小为 $r\omega$；$\boldsymbol{v}_e$ 的方向铅垂向上，大小为 $O_1A \cdot \omega_{AB}$；$\boldsymbol{v}_r$ 的方向平行于 AB，大小未知，如图5-12b所示。

将式（a）分别投影到 x 轴、y 轴上，有

$$v_a\cos60° = v_r\cos30°$$

$$v_a\sin60° = v_e + v_r\sin30°$$

由此解得

$$v_r = \frac{v_a \cos 60°}{\cos 30°} = \frac{\sqrt{3}}{3} r\omega$$

$$v_e = v_r = \frac{\sqrt{3}}{3} r\omega$$

$$\omega_{AB} = \frac{v_e}{O_1A} = \frac{\sqrt{3}}{6}\omega \quad （逆时针方向）$$

3. 加速度分析——求 α_{AB}

根据牵连运动为转动时的加速度合成定理

$$\boldsymbol{a}_a = \boldsymbol{a}_e^t + \boldsymbol{a}_e^n + \boldsymbol{a}_r + \boldsymbol{a}_C \tag{b}$$

其中，$\boldsymbol{a}_a$的方向沿 O_1O，大小为 $r\omega^2$；$\boldsymbol{a}_e^t$ 的方向铅垂向上，大小为 $O_1A \cdot \alpha_{AB}$；$\boldsymbol{a}_e^n$ 的方向水平向左，大小为 $O_1A \cdot \omega_{AB}^2$；$\boldsymbol{a}_r$的方向平行于 AB，大小未知；$\boldsymbol{a}_C$的方向沿 y_1 轴正向，大小为 $2\omega_{AB}v_r$，如图 5-12c 所示。

将式（b）投影至 y_1轴，有

$$-a_a\cos 30° = a_e^t\cos 30° + a_e^n\cos 60° + a_C \tag{c}$$

解得 AB 杆的角加速度为

$$\alpha_{AB} = -0.74\omega^2 \quad （顺时针）$$

4. 本例讨论

（1）**当两物体的接触点均随时间而改变时，为使动点相对动系的运动明确、清晰，应选择非接触点为动点。**

（2）**由于 y_1 轴与 $\boldsymbol{a}_r$ 垂直，向 y_1 轴投影即可避免出现与解题无关的相对加速度，使方程只含 α_{AB} 一个未知数，便于方程求解。**

（3）**因机构中两物体均作定轴转动，出现了两个角速度，所以计算 a_C 时应多加注意，牵连角速度是 ω_{AB} 而非 ω。**

【例题 5-6】 摆杆 AB 与水平杆 DG 以铰链 A 连接如图 5-13a 所示。水平杆作平动，摆杆 AB 穿过可绕轴 O 转动的套筒 EF，并在套筒 EF 内滑动。已知 $l=2$m，在图示位置 $\theta=30°$，DG 杆的速度 $v=2$m/s，加速度 $a=1$m/s^2。试求：

（1）图示瞬时 AB 杆的角速度以及 AB 杆在套筒中滑动的速度；

（2）图示瞬时 AB 杆的角加速度以及 AB 杆在套筒中滑动的加速度。

解：套筒摆杆机构在工作的过程中，摆杆 AB 相对套筒 EF 是沿套筒轴线作平移，因此 AB 杆上各点相对于套筒的相对速度相同，方向沿套筒轴线。由于摆杆 AB 是穿过可绕轴 O 转动的套筒 EF，所以摆杆 AB 与套筒 EF 具有相同的角速度和角加速度。若将动坐标系固连于套筒，对水平杆上的铰链 A 进行点的复合运动分析，各项运动的性质就比较清晰，便于未知量的求解。

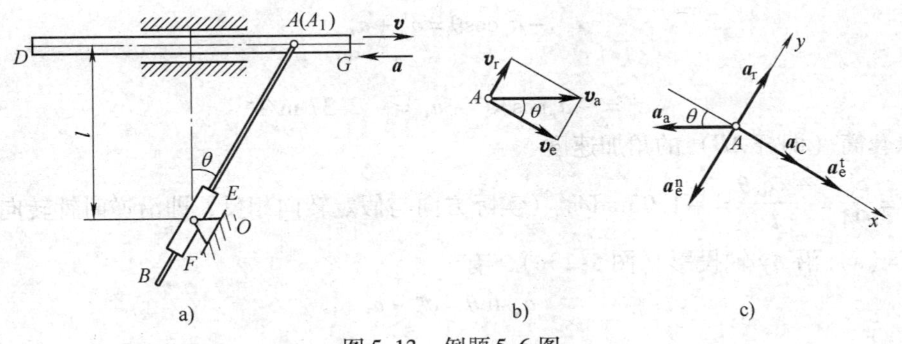

图 5-13　例题 5-6 图

1. 选择动点、动系

动点：铰链 A。

动系：固连于套筒。

定系：固连于地面。

2. 运动分析

动点的绝对运动：水平直线运动。

动点的相对运动：沿套筒轴线的直线运动。

牵连运动：动坐标系随套筒绕 O 轴作定轴转动。

3. 速度分析

根据速度合成定理

$$\boldsymbol{v}_a = \boldsymbol{v}_e + \boldsymbol{v}_r$$

式中，$\boldsymbol{v}_a$的方向水平向右，大小为 v；$\boldsymbol{v}_e$的方向垂直于 OA，大小为 $OA \cdot \omega$；$\boldsymbol{v}_r$的方向和大小均未知。据此，作速度平行四边形，如图 5-13b 所示，有

$$v_e = v_a \cos 30° = 1.73 \mathrm{m/s}$$

所以，套筒（即 AB 杆）的角速度为

$$\omega = \omega_{AB} = \frac{v_e}{OA} = \frac{v_a \cos\theta}{l/\cos\theta} = 0.75 \mathrm{rad/s}\ （顺时针）$$

又

$$v_r = v_a \sin\theta = 1 \mathrm{m/s}$$

此即杆 AB 在套筒中滑动的速度，方向如图 5-13b 所示。

4. 加速度分析

根据牵连运动为转动时的加速度合成定理

$$\boldsymbol{a}_a = \boldsymbol{a}_e^t + \boldsymbol{a}_e^n + \boldsymbol{a}_r + \boldsymbol{a}_C \tag{a}$$

式中，$\boldsymbol{a}_a$的方向水平向左，大小为 a；$\boldsymbol{a}_e^t$的方向垂直于 AB，大小未知；$\boldsymbol{a}_e^n$的方向沿 AB 指向 B，大小为 $OA \cdot \omega^2$；$\boldsymbol{a}_r$的方向沿 AB，大小未知；$\boldsymbol{a}_C$的方向垂直于 AB，大小为 $2\omega v_r$。

将式（a）沿 Ax 轴投影（图 5-13c），有

$$-a_a\cos\theta = a_e^t + a_C$$

即

$$a_e^t = -a_a\cos30° - a_C = -2.37\ \mathrm{m/s^2}$$

所以套筒（即杆 AB）的角加速度

$$\alpha = \frac{a_e^t}{OA} = \frac{a_e^t\cos\theta}{l} = -1.03\mathrm{rad/s^2}$$（实际方向与假定转向相反，即沿逆时针转向）

将式（a）沿 Ay 轴投影（图 5-13c），有

$$a_a\sin\theta = a_e^n - a_r$$

即

$$a_r = a_e^n - a_a\sin\theta = 0.8\ \mathrm{m/s^2}$$

此即杆 AB 在套筒中滑动的加速度，方向如图 5-13c 所示。

5. 本例讨论

（1）本题的摆杆机构中含有“套筒”这样的特殊构件，套筒套在某个杆件上并与该杆件有相对滑动。对含有套筒的机构进行运动分析时，常采用点的复合运动的方法。请注意动点和动系的选择。

（2）从套筒的角速度以及摆杆 AB 相对套筒的速度，可以求出摆杆上任意一点的速度。其中，任意一点的牵连速度与点到转轴 O 的距离成正比，而杆上各点相对于套筒的相对速度是相同的。

5.5 本章小结与讨论

5.5.1 本章小结

（1）点的绝对运动为点的牵连运动和相对运动的合成结果。

绝对运动：动点相对于定系的运动；

相对运动：动点相对于动系的运动；

牵连运动：动系相对于定系的运动。

（2）点的速度合成定理

$$\boldsymbol{v}_a = \boldsymbol{v}_e + \boldsymbol{v}_r$$

绝对速度$\boldsymbol{v}_a$：动点相对于定系运动的速度；

相对速度$\boldsymbol{v}_r$：动点相对于动系运动的速度；

牵连速度$\boldsymbol{v}_e$：动系上与动点相重合之点（牵连点）相对于定系运动的速度。

（3）点的加速度合成定理

$$\boldsymbol{a}_a = \boldsymbol{a}_e + \boldsymbol{a}_r + \boldsymbol{a}_C$$

绝对加速度 $\boldsymbol{a}_a$：动点相对于定系运动的加速度；

相对加速度 $\boldsymbol{a}_r$：动点相对于动系运动的加速度；

牵连加速度 $\boldsymbol{a}_e$：动系上与动点相重合之点（牵连点）相对于定系运动的加

速度；

科氏加速度 $\boldsymbol{a}_C$：牵连运动为转动时，牵连运动和相对运动相互影响而出现的一项附加的加速度。

$$\boldsymbol{a}_C = 2\boldsymbol{\omega} \times \boldsymbol{v}_r$$

当动系作平移，或$\boldsymbol{v}_r = \boldsymbol{0}$，或 $\boldsymbol{\omega} // \boldsymbol{v}_r$时，$\boldsymbol{a}_C = \boldsymbol{0}$。

5.5.2 正确选择动点和动系，是应用点的复合运动理论的重要基础

动点和动系选择的两条基本原则：一是，动点、动系应分别选在两个不同的刚体上；二是，应使相对运动轨迹简单或直观。其中，第二条是选择的关键。这是因为，在一般情形下，加速度合成定理中的绝对、牵连和相对加速度都能分解为切向和法向两个分量，即

$$\boldsymbol{a}_a^t + \boldsymbol{a}_a^n = \boldsymbol{a}_e^n + \boldsymbol{a}_e^n + \boldsymbol{a}_r^t + \boldsymbol{a}_r^n + \boldsymbol{a}_C$$

其中，相对切向加速度 $\boldsymbol{a}_r^t$的大小往往是未知的，若相对运动轨迹的曲率半径 ρ_r 未知，则相对法向加速度的大小（$a_r^n = v_r^2/\rho_r$）也必未知，这样就已经有了两个未知量。例如对平面问题，已无法再求其他未知量。因此，选择动点和动系时，只有使与相对运动轨迹有关的几何性质已知，才能使问题得以求解。

怎样选择动点和动系才能使相对运动轨迹简单或直观？主要是根据主动件与从动件的约束特点加以确定。图 5-14 所示为一些机构中常见的约束形式。这些约束的特点是：构件 AB 上至少有一个点 A 被另一构件 CD 所约束，使之只能在构件上或滑道内运动。若将被约束的点作为动点，约束该点的构件作为动系，则相对运动轨迹就是这一构件的轮廓线或滑道。这样相对运动轨迹必然简单或直观。

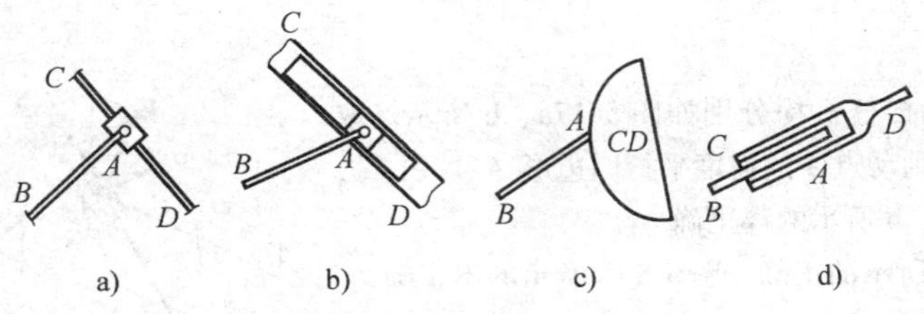

图 5-14　机构中几种有关的约束形式

5.5.3 牵连运动与牵连速度的概念

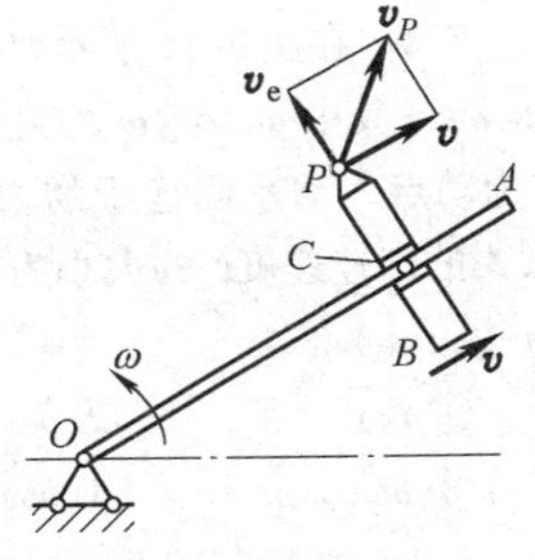

图 5-15　牵连速度概念

牵连运动是动系相对于定系的运动，而牵连速度则是指动系上与动点相重合之点即牵连点相对于定系运动的速度。两者联系是牵连点，它是动系上的瞬时重合点。

如图 5-15 所示，滑块 B 沿杆 OA 滑动的速度为$\boldsymbol{v}$，而杆 OA 又以角速度 ω 绕轴 O 转动。图上几何尺寸均为已知，可根据需要自行假设。现以杆 OA 为动系，计算滑块

上点 P 的绝对速度为

$$\boldsymbol{v}_P=\boldsymbol{v}_e+\boldsymbol{v},\ v_e=OC\cdot\omega$$

其中，点 C 为“杆 OA 与滑块的一个重合点”。

请读者分析上述计算是否正确？另外，如果说“牵连运动是圆周运动”，对吗？

5.5.4 科氏加速度概念与正确应用加速度合成定理的投影式

图5-16所示曲柄－摇杆机构中，曲柄 OA 以角速度 ω_0、角加速度 α_0 绕轴 O 转动，从而带动摇杆 O_1B 绕轴 O_1 作往复转动。若以滑块 A 为动点，摇杆 O_1B 为动系，则各项加速度如图所示。试问：

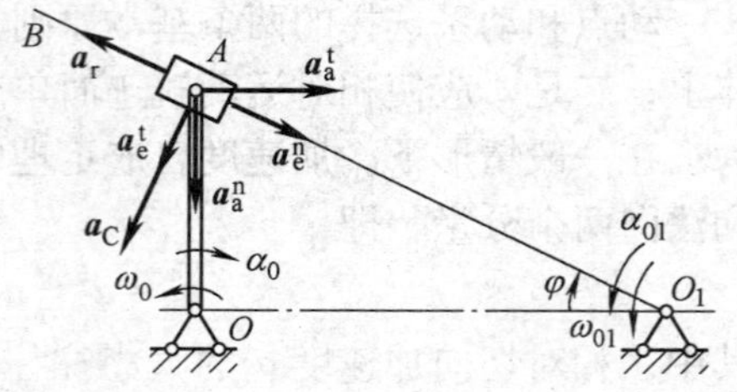

图5-16 曲柄－摇杆机构中的加速度分析

（1）科氏加速度 $\boldsymbol{a}_C=2\boldsymbol{\omega}\times\boldsymbol{v}_r$，此 $\boldsymbol{\omega}$ 的大小应是曲柄 OA 的角速度 ω_0，还是杆 O_1B 的角速度 ω_{01}？

（2）为求摇杆 O_1B 的角加速度 α_{01} 和滑块 A 的相对加速度 $\boldsymbol{a}_r$，写出的以下投影式正确吗？

$$\begin{cases}a_a^n\cos\varphi-a_a^t\sin\varphi+a_e^t+a_C=0\\ a_a^n\sin\varphi+a_a^t\cos\varphi+a_e^n-a_r=0\end{cases}$$

习　　题

选择填空题

5-1 两曲柄摇杆机构分别如图5-17a、b所示。取套筒 A 为动点，则动点 A 的速度平行四边形（　　）。

① 图5-17a、b所示的都正确

② 图5-17a所示的正确，图5-17b所示的不正确

③ 图5-17a所示的不正确，图5-17b所示的正确

④ 图5-17a、b所示的都不正确

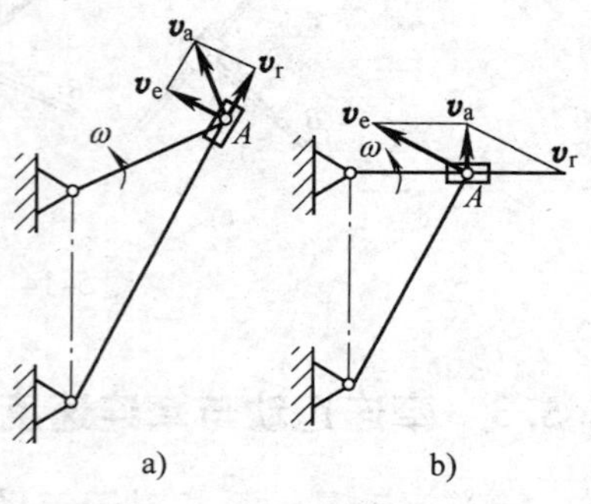

图5-17 习题5-1图

5-2 在图5-18所示机构中，已知 $s=a+b\sin\omega t$，且 $\varphi=\omega t$（其中 a、b、ω 均为常数），杆长为 L，若取小球 A 为动点，动系固连于物块 B，定系固连于地面，则小球 A 的牵连速度 $\boldsymbol{v}_e$ 的大小为（　　）；相对速度 $\boldsymbol{v}_r$ 的大小为（　　）。

① $L\omega$　　② $b\omega\cos\omega t+L\omega\cos\omega t$

③ $b\omega\cos\omega t$　　④ $b\omega\cos\omega t+L\omega$

5-3 如图5-19所示，直角曲杆以匀角速度 ω 绕 O 轴转动，套在其上的小环 M 沿固定直杆滑动。取 M 为动点，直角曲杆为动系，则 M 的（　　）。

① $\boldsymbol{v}_e$垂直于 CD，$\boldsymbol{a}_C$垂直于 CD
② $\boldsymbol{v}_e$垂直于 OM，$\boldsymbol{a}_C$垂直于 CD
③ $\boldsymbol{v}_e$垂直于 OM，$\boldsymbol{a}_C$垂直于 OM
④ $\boldsymbol{v}_e$垂直于 CD，$\boldsymbol{a}_C$垂直于 OM

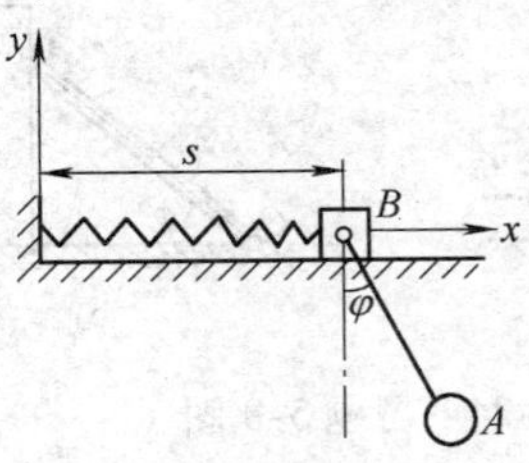

图 5-18　习题 5-2 图

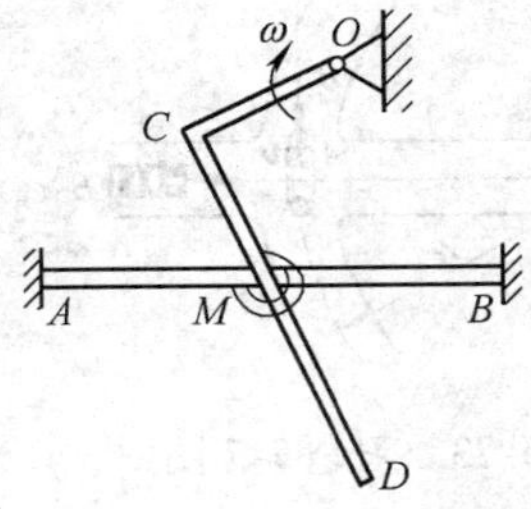

图 5-19　习题 5-3 图

5-4　平行四边形机构如图 5-20 所示。曲柄 O_1A 以匀角速度 ω 绕轴 O_1转动。动点 M 沿 AB 杆运动的相对速度为$\boldsymbol{v}_r$。若将动坐标系固连于 AB 杆，则动点的科氏加速度的大小为(　　)。

① ωv_r　　② $2\omega v_r$
③ 0　　④ $4\omega v_r$

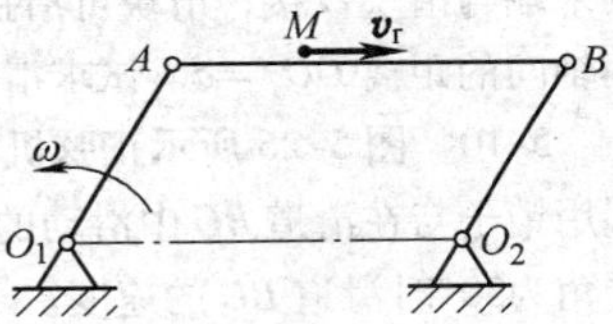

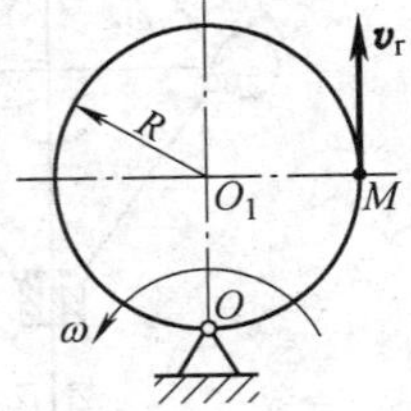

图 5-21　习题 5-5 图

5-5　半径为 R 的圆盘，以匀角速度 ω 绕 O 轴转动，如图 5-21 所示。动点 M 相对圆盘以匀速率 $v_r = R\omega$ 沿圆盘边缘运动。设将动坐标系固连于圆盘，则在图示位置时，动点的牵连加速度大小为（　　），方向为（　　）；动点的相对加速度大小为（　　），方向为（　　）。

5-6　图 5-22 所示曲柄连杆机构中，已知曲柄的长 $OA = r$，连杆长 $AB = l$，曲柄 OA 以匀角速度 ω 绕轴 O 逆时针转动，图示瞬时夹角 φ 与 θ 均已知，若选滑块 B 为动点，动系与曲柄 OA 固连，定系与机座固连，则动点 B 的牵连速度大小为（　　），方向为（　　）；牵连加速度大小为（　　），方向为（　　）。

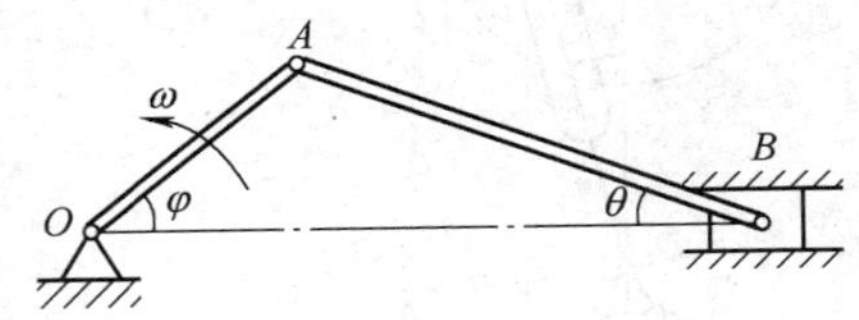

图 5-22　习题 5-6 图

图 5-20　习题 5-4 图

分析计算题

5-7　图 5-23 所示车 A 沿半径为 R 的圆弧轨道运动，其速度为$\boldsymbol{v}_A$。车 B 沿直线轨道行驶，其速度为$\boldsymbol{v}_B$。试问坐在车 A 中的观察者所看到车 B 的相对速度$\boldsymbol{v}_{BA}$，与坐在车 B 中的观察者看到车 A 的相对速度$\boldsymbol{v}_{AB}$，是否有$\boldsymbol{v}_{BA} = \boldsymbol{v}_{AB}$？（试用矢量三角形加以分析）

5-8　图 5-24a、b 所示两种情形下，物块 B 均以速度$\boldsymbol{v}_B$、加速度$\boldsymbol{a}_B$ 沿水平直线向左作平移，

从而推动杆 OA 绕点 O 作定轴转动，$OA=r$，$\varphi=40°$。试问若应用点的复合运动方法求解杆 OA 的角速度与角加速度，其计算方案与步骤应当怎样？将两种情形下的速度与加速度分量标注在图上，并写出计算表达式。

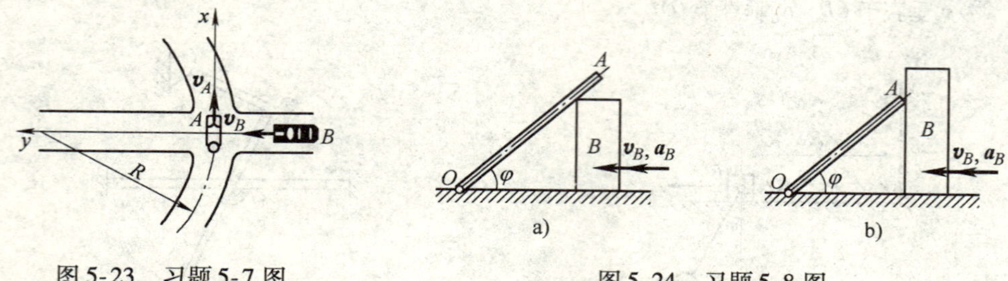

图 5-23　习题 5-7 图

图 5-24　习题 5-8 图

5-9　图 5-25 所示刨床的加速机构由两平行轴 O 和 O_1、曲柄 OA 和滑道摇杆组成。曲柄 OA 的末端与滑块铰接，滑块可沿摇杆 O_1B 上的滑道滑动。已知曲柄 OA 长 r 并以等角速度 ω 转动，两轴间的距离 $OO_1=d$。试求滑块在滑道中的相对运动方程，以及摇杆的转动方程。

5-10　图 5-26 所示正弦机构的曲柄 OA 长 200mm，以转速 $n=90\text{r/min}$ 绕轴 O 转动。曲柄一端用销子与在滑道 BC 中滑动的滑块 A 相连，以带动滑道 BC 作往返运动。试求当曲柄与轴 Ox 的夹角为30°时滑道 BC 的速度。

5-11　图 5-27 所示瓦特离心调速器以角速度 ω 绕铅垂轴转动。由于机器负荷的变化，调速器重球以角速度 ω_1 向外张开。已知 $\omega=10\text{rad/s}$，$\omega_1=1.21\text{rad/s}$；球柄长 $l=0.5\text{m}$；悬挂球柄的支点到铅垂轴的距离 $e=0.05\text{m}$；球柄与铅垂轴夹角 $\alpha=30°$。试求此时重球的绝对速度。

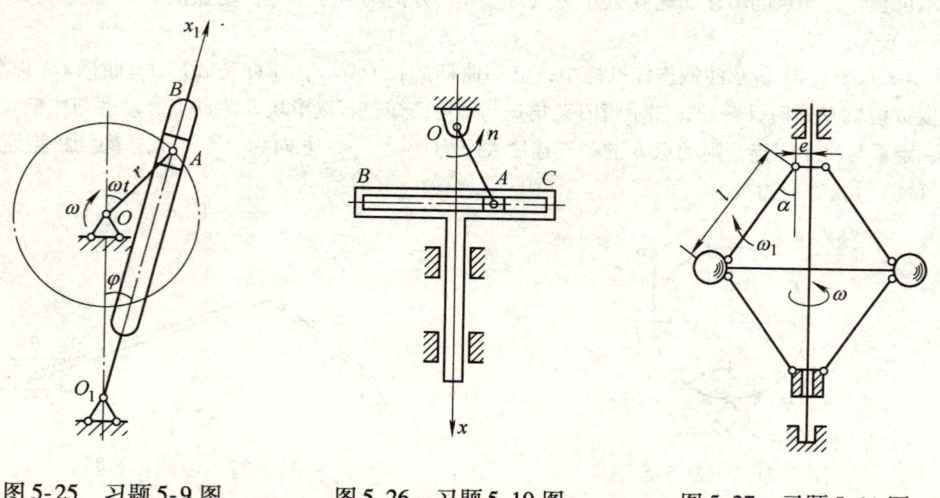

图 5-25　习题 5-9 图

图 5-26　习题 5-10 图

图 5-27　习题 5-11 图

5-12　图 5-28 所示铰接四边形机构中，$O_1A=O_2B=100\text{mm}$，$O_1O_2=AB$，杆 O_1A 以等角速度 $\omega=2\text{rad/s}$ 绕轴 O_1 转动。AB 杆上有一套筒 C，此套筒与杆 CD 相铰接，机构的各部件都在同一铅垂面内。试求当 $\varphi=60°$时，杆 CD 的速度和加速度。

5-13　如图 5-29 所示，曲杆 OBC 绕 O 轴转动，使套在其上的小环 M 沿固定直杆 OA 滑动。

已知 $OB=0.1\text{m}$；OB 与 BC 垂直；曲杆的角速度 $\omega=0.5\text{rad/s}$。试求当 $\varphi=60°$时小环 M 的速度和加速度。

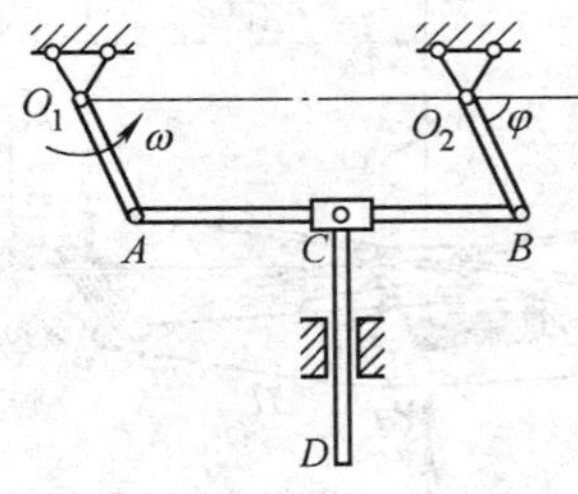

图 5-28　习题 5-12 图

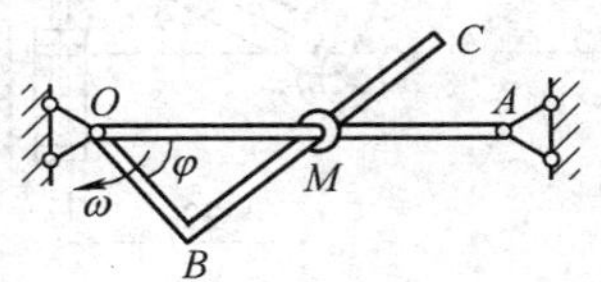

图 5-29　习题 5-13 图

5-14　图 5-30 所示圆环以角速度 $\omega=4\text{rad/s}$、角加速度 $\alpha=2\text{rad/s}^2$ 绕 O 点转动。圆环上的套管 A 在图示瞬时相对圆环有速度 5m/s，速度数值的增长率为 8m/s^2。试求套管 A 的绝对速度和绝对加速度。

5-15　图 5-31 所示偏心凸轮的偏心距 $OC=e$，轮半径 $r=\sqrt{3}e$。凸轮以匀角速度 ω_0 绕 O 轴转动。设某瞬时 OC 与 CA 成直角。试求该瞬时从动杆 AB 的速度和加速度。

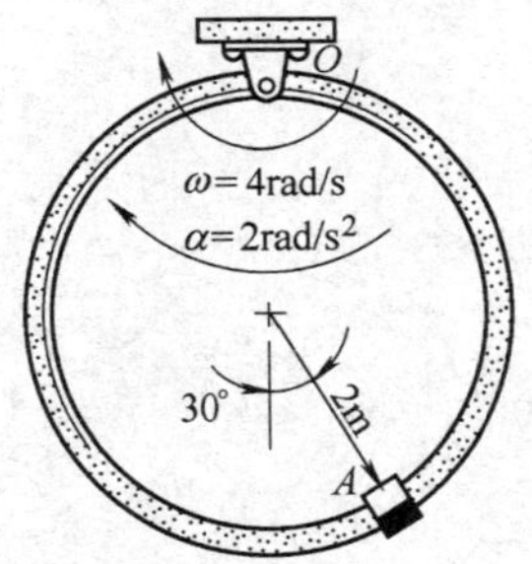

图 5-30　习题 5-14 图

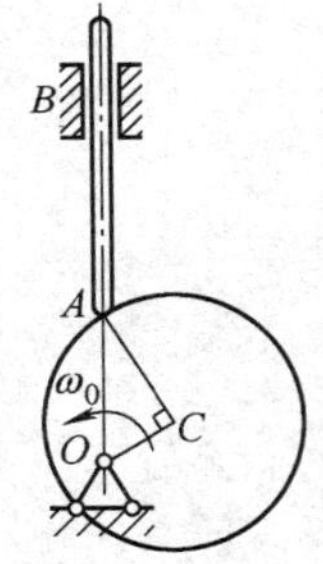

图 5-31　习题 5-15 图

5-16　图 5-32 所示偏心轮摇杆机构中，摇杆 O_1A 借助弹簧压在半径为 R 的偏心轮 C 上。偏心轮 C 绕轴 O 往复摆动，从而带动摇杆绕轴 O_1 摆动。设 $OC\perp OO_1$ 时，轮 C 的角速度为 ω，角加速度为零，$\theta=60°$。求此时摇杆 O_1A 的角速度 ω_1 和角加速度 α_1。

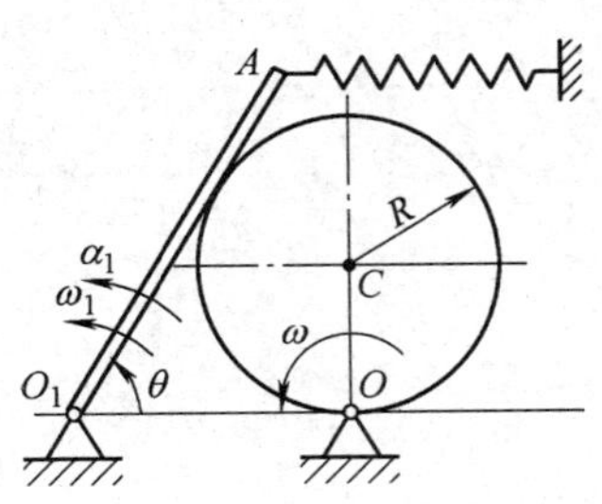

图 5-32　习题 5-16 图

5-17　机械式钟表上的曲柄 AOD 可绕轴 O 摆动，A 端销钉可在滑块 B 的滑槽内相对滑动。滑块 B 可在固定轴上水平滑动。活塞杆 CE 的 C 端为一销钉，可在曲柄 AOD 的滑槽内相对滑动。现已知滑块 B 以等速 $v_B=1\text{m/s}$ 向右运动，$\theta=30°$，尺寸如图 5-33 所示。试求活塞杆 CE 的加速度 a。

5-18　图 5-34 所示直升机以速度 $v_H=1.22\text{m/s}$ 和加速度 $a_H=2\text{m/s}^2$ 向上运动。与此同时，机身（不是旋翼）绕铅垂轴 z 以等角速度 $\omega_H=0.9\text{rad/s}$ 转动。若尾翼相对机身转动的角速度为

$\omega_{BH}=180\text{rad/s}$，试求位于尾翼叶片顶端的一点 P 的速度和加速度。

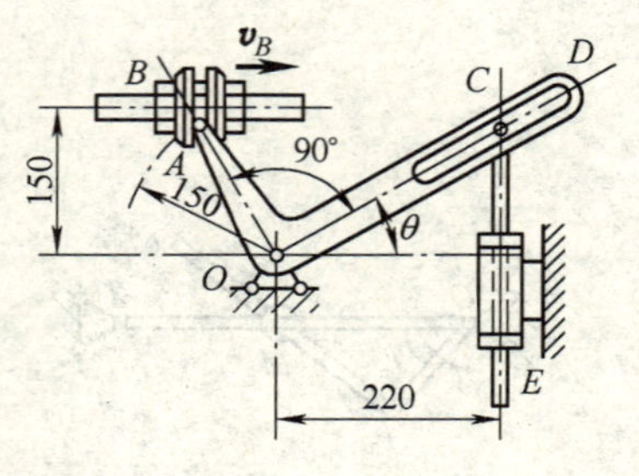

图 5-33 习题 5-17 图

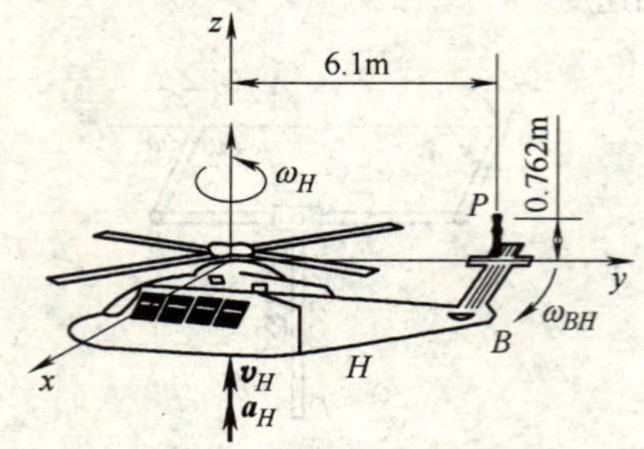

图 5-34 习题 5-18 图

第6章 刚体平面运动

刚体的平面运动是工程中一种常见而又比较复杂的运动形式。本章首先以刚体平移和定轴转动分析结果为基础，应用运动分解和合成的方法，研究刚体平面运动的整体运动性质；然后，运用点的复合运动理论将刚体平面运动分解，建立刚体上各点速度之间、加速度之间的关系。这既是工程运动学的重点内容，同时也是工程动力学的基础。

6.1 刚体平面运动方程

6.1.1 刚体平面运动力学模型的简化

在工程实际中，一些运动构件（视作刚体），如曲柄－滑块机构中连杆 AB 的运动（图6-1），行星齿轮机构中三个行星齿轮 B 的运动（图6-2）等，它们既不是平移，也不是定轴转动，但它们有一个共同的运动特点：在运动过程中，**刚体上任意一点到某一固定平面的距离始终保持不变，即刚体上任一点都始终保持在与这一固定平面平行的某一平面内运动**，这种运动称为刚体的**平面运动**（planar motion）。

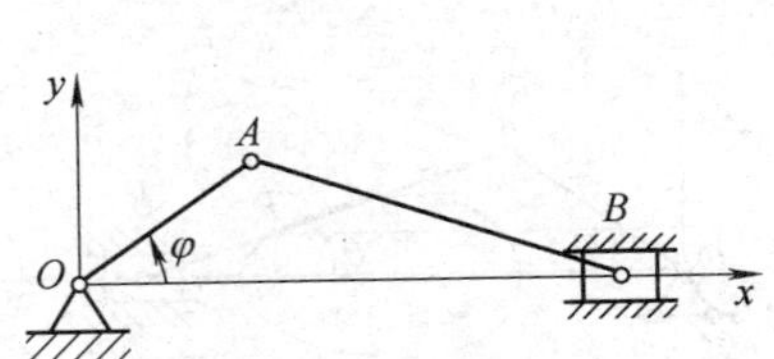

图6-1 曲柄－滑块机构

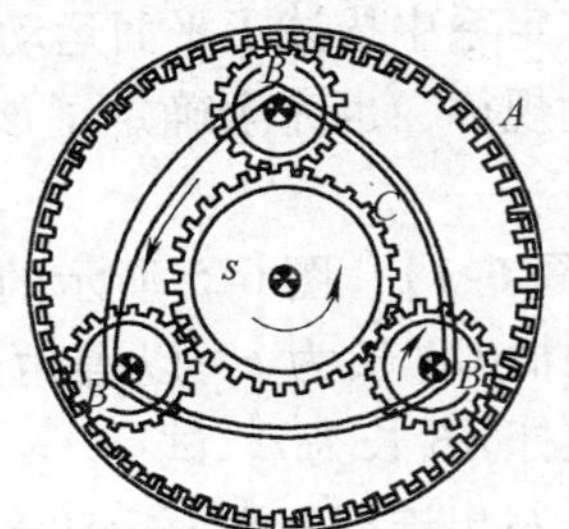

图6-2 行星齿轮机构

图6-3所示为作平面运动的一般刚体，刚体上各点至固定平面 α_1 的距离保持不变。过刚体上任意点 A，作另一固定平面 α_2，该平面与平面 α_1 平行并与刚体相交，截出一个**平面图形**（section）S。当刚体作平面运动时，平面图形 S 就在平面 α_2 内运动。显然，刚体上过点 A 且垂直于平面 α_1 的直线上 A_1、A_2、A_3、…各点的运动与点 A 是相同的（直线 A_1A_2 作平移）。因此，平面图形 S 上的各点的运动就代表了刚体内所有垂直于该平面的直线的运动，也就代表了整个刚体的运动。而平面图形 S 上的任意线段 AB 又能代表该图形的运动，如图6-4所示。于是，研究刚体的平面运动可以简化为研究平面图形 S 或其上任一线段 AB 在固定平面 α_2 内的运动。

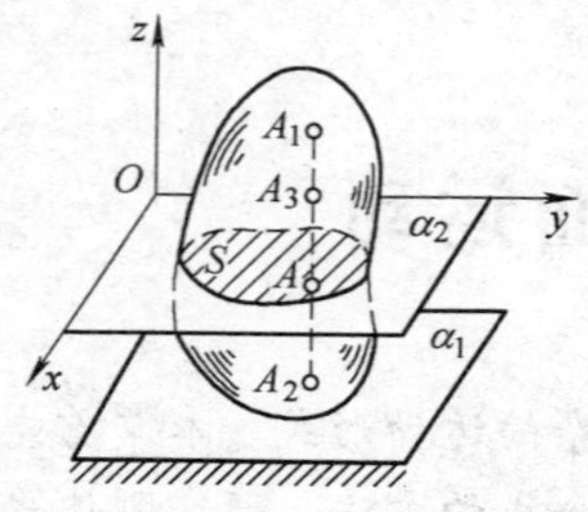

图6-3 作平面运动的一般刚体

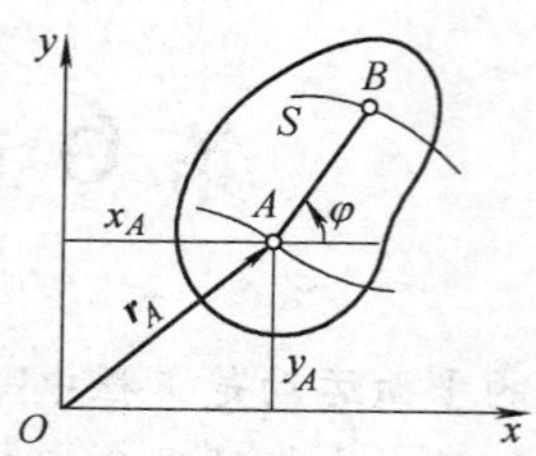

图6-4 作平面运动的平面图形

6.1.2 刚体平面运动的运动方程

为了确定线段 AB 在平面 xOy 上的位置（图6-4），需要三个独立变量，一般选用广义坐标 $q=(x_A,\ y_A,\ \varphi)$。其中，线坐标 x_A、y_A 确定点 A 在该平面上的位置，角坐标 φ 确定直线 AB 在该平面中的方位。所以，作平面运动的刚体有三个自由度，即 $N=3$。

刚体平面运动的运动方程为

$$\begin{cases} x_A = f_1(t) \\ y_A = f_2(t) \\ \varphi = f_3(t) \end{cases} \tag{6-1}$$

式中，x_A、y_A 和 φ 均为时间 t 的单值连续函数。式（6-1）为求解平面运动的解析法，它在定系中描述了平面运动刚体的整体运动性质。该式完全确定了平面运动刚体的运动规律，也完全确定了该刚体上任一点的运动特征量（轨迹、速度和加速度等）。

【例题6-1】 图6-5所示的曲柄－滑块机构中，曲柄 OA 长为 r，以等角速度 ω 绕轴 O 转动，连杆 AB 长为 l。试：

（1）写出连杆的平面运动方程；

（2）求连杆上一点 P（$AP=l_1$）的轨迹、速度和加速度。

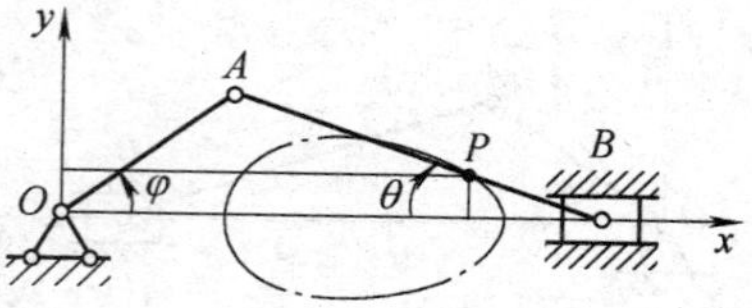

图6-5 例题6-1图

解：（1）建立连杆的平面运动方程

曲柄－滑块机构组成的三角形中，有

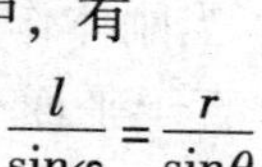

$$\frac{l}{\sin\varphi}=\frac{r}{\sin\theta}$$

即

$$\sin\theta=\frac{r}{l}\sin\omega t \tag{a}$$

式中，$\varphi=\omega t$。平面运动刚体的运动方程为

$$\begin{cases} x_A = r\cos\omega t \\ y_A = r\sin\omega t \\ \theta = \arcsin\left(\dfrac{r}{l}\sin\omega t\right) \end{cases} \tag{b}$$

根据约束条件，可以写出连杆上任意点 P 的运动方程

$$\begin{cases} x_P = r\cos\omega t + l_1\cos\theta \\ y_P = (l-l_1)\sin\theta \end{cases} \tag{c}$$

将式（a）代入式（c），有

$$\begin{cases} x_P = r\cos\omega t + l_1\sqrt{1-\left(\dfrac{r}{l}\sin\omega t\right)^2} \\ y_P = \dfrac{r(l-l_1)}{l}\sin\omega t \end{cases} \tag{d}$$

（2）求连杆上任意点 P（$AP=l_1$）的轨迹、速度和加速度

上面所得到的式（d）即是点 P 的运动方程。将式（d）对时间求一阶和二阶导数，可以得到点 P 的速度和加速度表达式，这里不再赘述。

由式（d）不易分析出点 P 的运动轨迹，首先分析几种特殊情形：

1）当 $l_1=0$ 时，即点 P 与点 A 重合时，其运动方程为

$$\begin{cases} x_P = r\cos\omega t \\ y_P = r\sin\omega t \end{cases}$$

其运动轨迹为圆

$$x_P^2 + y_P^2 = r^2$$

2）当 $l_1=l$ 时，即点 P 与点 B 重合时，其运动方程为

$$\begin{cases} x_P = r\cos\omega t + \sqrt{l^2 - r^2\sin^2\omega t} \\ y_P = 0 \end{cases}$$

其运动轨迹为直线

$$y_P = 0$$

3）当 $r=l$、$0<l_1<l$ 时，即曲柄和连杆等长，连杆上任一点的运动方程为

$$\begin{cases} x_P = (r+l_1)\cos\omega t \\ y_P = (r-l_1)\sin\omega t \end{cases}$$

其运动轨迹为椭圆

$$\left(\frac{x_P}{r+l_1}\right)^2 + \left(\frac{y_P}{r-l_1}\right)^2 = 1$$

在上述三种特殊情形下，点 P 的运动轨迹是一种“简单曲线”；而在一般情形下，点 P 的运动轨迹比较复杂，其轨迹的表达式较难得到。但只要建立了系统的

运动方程，通过数值方法，利用计算机绘图工具，就可以得到较复杂的运动轨迹。图6-5中的卵形点画线即为一般情形下点P的运动轨迹。它是上下对称，左宽右窄的封闭曲线，并且点P越接近点A其轨迹越接近于圆；点P越接近于B点，其轨迹形状越扁，越接近于直线。可见，作平面运动的刚体，其上各点的运动轨迹各不相同。

解析法可求得平面图形上各点速度、加速度的时间历程，是一种适宜于用计算机进行计算的方法。然而，为了了解同一瞬时平面图形上各点速度或加速度的关系，即任一瞬时平面图形上各点速度或加速度的分布状况，则宜采用几何法。

6.2 平面运动分解为平移和转动

本节将用运动合成与分解的方法，对平面运动进行再研究，将比较复杂的平面运动视为两个简单运动的合成。

以沿直线道路行驶的车辆为例，如图6-6所示。上一章曾分析过轮缘上一点P的复合运动，现在则分析车轮整体的复合运动。以地面为定系Oxy，动系$O'x'y'$固结于车架上，则车轮的绝对运动为平面运动，相对运动为绕轴O'的转动，而牵连运动为平移。因此，车轮的平面运动可以视为跟随动系$O'x'y'$的平移与相对于动系的转动的合成。

设有平面图形S在定系xOy的平面中运动，如图6-7所示。S从t瞬时的位置Ⅰ运动到$t+\Delta t$瞬时的位置Ⅱ，S上任意两点A、B的运动轨迹为图中的两条曲线AA'和BB'。以点A为原点，建立平移参考系$x'Ay'$，注意与前述车轮运动问题不同的是，此平移系不再固结于某一实体（例如车架）上，而是为造成可以利用的约束条件，人为设置的抽象平移系。该平移系的坐标原点称为**基点**（base point）。

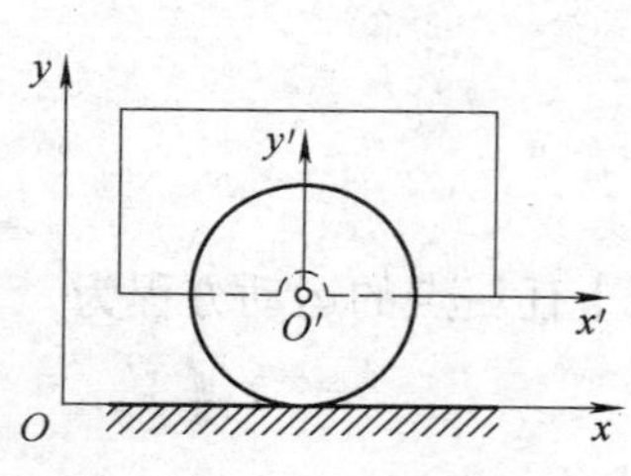

图6-6 车轮的运动分解

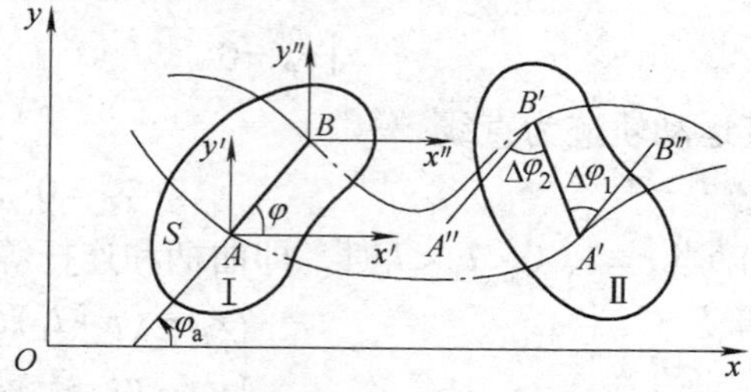

图6-7 一般刚体平面运动的分解

分析刚体从位置Ⅰ到位置Ⅱ的运动过程，可以得出以下结论：

（1）平面图形相对在任选基点上建立的平移系的运动为绕基点的定轴转动，而图形的牵连运动为随基点的平移；于是平面图形的运动（绝对运动）就分解为两种简单运动——平移（牵连运动）和转动（相对运动）。从图6-7可以看出，S上的直线AB从Ⅰ到达Ⅱ的$A'B'$，可以分解为先跟随$Ax'y'$平移至$A'B''$（$AB//A'B''$），然后再相对它转过角度$\Delta\varphi_1$。

（2）将平面运动分解为平移和转动时，平移规律与基点的选择有关，而转动规律却与基点的选择无关。如图6-7所示，若选点B为基点，由于它与点A的运动方程（式（6-1）的前两式）、轨迹、速度和加速度均不相同，牵连运动自然不同。但相对运动所转过的角度不仅大小、而且方向也是相同的，即

$$\Delta\varphi_1=\Delta\varphi_2=\Delta\varphi \tag{6-2}$$

这个结论的正确性也可以从另一角度得到证明：如图6-8所示，以平面图形上两条直线AM和BM上的两个点A、B分别为基点，由于AM和BM永远相差一常数角度，即平面运动方程式（6-1）的第三式所描述的角坐标虽然不一样，但相差一常数，亦可得式（6-2）。

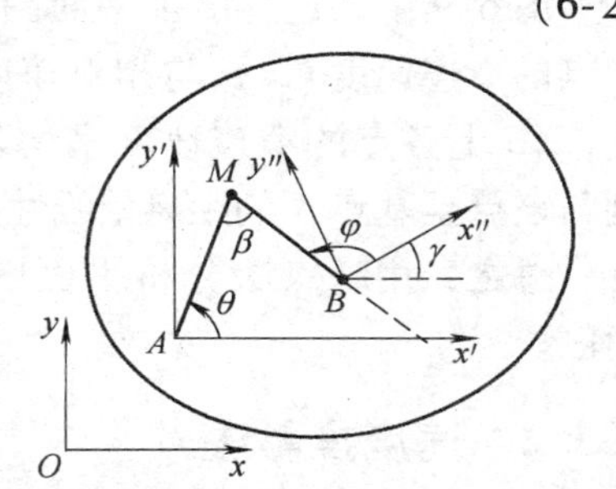

图6-8　平面运动分解为平移和转动

（3）由于牵连运动为平移，平面图形相对于平移系的角速度就是它的绝对角速度。平面图形相对于平移系转过的角度对时间的变化率称为平面图形的**角速度**，即

$$\omega=\lim_{\Delta t\to 0}\frac{\Delta\varphi_1}{\Delta t}=\lim_{\Delta t\to 0}\frac{\Delta\varphi_2}{\Delta t}=\lim_{\Delta t\to 0}\frac{\Delta\varphi}{\Delta t}=\frac{\mathrm{d}\varphi}{\mathrm{d}t} \tag{6-3}$$

故平面图形的角速度$\omega=\dot{\varphi}=\dot{f}_3(t)$与基点的选择无关。

（4）同理，平面图形的角加速度$\alpha=\ddot{\varphi}=\ddot{f}_3(t)$与基点的选择也无关。

6.3　平面图形上各点的速度分析

6.3.1　基点法

考察图6-9所示平面图形S。已知在t瞬时，S上点A的速度$\boldsymbol{v}_A$和S的角速度ω，为求S上点B在该瞬时的速度，可以点A为基点，建立平移系$Ax'y'$，将S的平面运动分解为随$Ax'y'$的平移和相对它的转动。这样，根据点的复合运动理论，点B的绝对运动（平面曲线运动）也就被分解成为平移的牵连运动和为圆周运动的相对运动。根据速度合成定理，并沿用刚体运动的习惯符号，有

$$\boldsymbol{v}_B=\boldsymbol{v}_a=\boldsymbol{v}_e+\boldsymbol{v}_r=\boldsymbol{v}_A+\boldsymbol{v}_{BA}$$

即

$$\boldsymbol{v}_B=\boldsymbol{v}_A+\boldsymbol{v}_{BA} \tag{6-4}$$

式中，牵连速度即基点的速度$\boldsymbol{v}_e=\boldsymbol{v}_A$；点$B$相对平移系$Ax'y'$的速度$\boldsymbol{v}_r$记为$\boldsymbol{v}_{BA}$，且

$\boldsymbol{v}_{BA}=\boldsymbol{\omega}\times\boldsymbol{r}_{AB}$；$\boldsymbol{r}_{AB}$为自基点$A$引向点$B$的位矢。几何上，由以$\boldsymbol{v}_A$和$\boldsymbol{v}_{BA}$为边的速度平行四边形，可求得点$B$的速度$\boldsymbol{v}_B$。

式（6-4）表明，**平面图形上任一点的速度等于基点的速度与以基点为原点的平移系的相对速度的矢量和**。这种确定平面图形上点的速度的方法称为**基点法**（method of base point）。

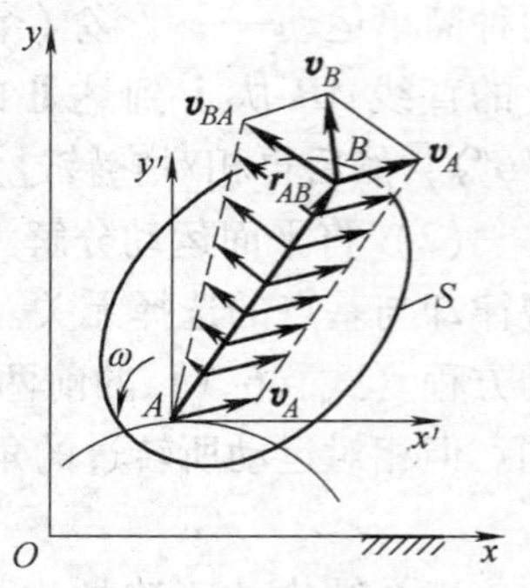

图6-9 平面图形S上点的速度分析

图6-9中，还画出了平面图形上任一线段AB上各点的牵连速度$\boldsymbol{v}_e=\boldsymbol{v}_A$与相对速度$\boldsymbol{v}_{BA}$的分布。不难看出，$AB$上各点的牵连速度呈均匀分布，而相对速度则与该点至基点A的距离呈线性分布。

总之，用基点法分析平面图形上点的速度，只是速度合成定理的具体应用而已。

6.3.2 速度投影法

将式（6-4）中的各项分别向A、B两点连线AB投影，如图6-10所示。由于$\boldsymbol{v}_{BA}=\boldsymbol{\omega}\times\boldsymbol{r}_{AB}$始终垂直于线段$AB$，因此得

$$v_B\cos\beta=v_A\cos\alpha \tag{6-5}$$

式中，角α、β分别为速度$\boldsymbol{v}_A$、$\boldsymbol{v}_B$与线段AB间的夹角。

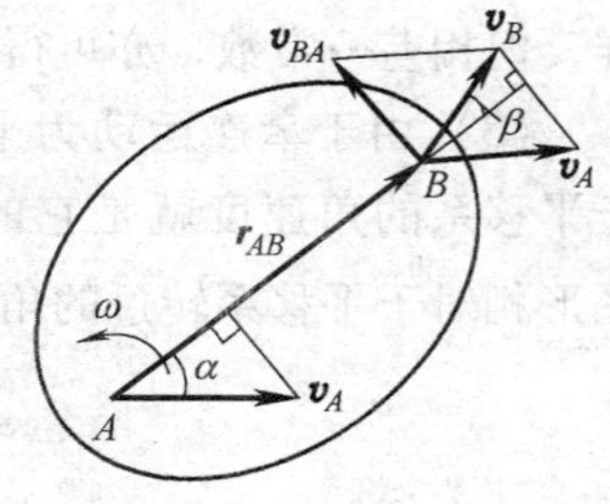

图6-10 速度投影定理的几何表示

该式表明，平面图形上任意两点的速度在该两点连线上的投影相等，这称为**速度投影定理**（theorem of projections of the velocity）。

这个定理的正确性也可以从另一角度得到证明：平面图形是从刚体上截取的，图形上A、B两点的距离应保持不变。所以这两点的速度在AB方向的分量必须相等。否则两点距离必将伸长或缩短。因此，速度投影定理对所有的刚体运动形式都是适用的。

应用速度投影定理分析平面图形上点的速度的方法称为**速度投影法**。

值得注意的是，在应用式（6-4）和式（6-5）时，式中的A、B两点应是同一刚体上的两点。

【例题6-2】 图6-11所示曲柄－滑块机构，曲柄OA长为r，以等角速度ω_0绕轴O转动。连杆AB长为l。试求曲柄转角$\varphi=\varphi_0$（此瞬时$\angle OAB=90°$）时，滑块B的速度$\boldsymbol{v}_B$与连杆AB的角速度ω_{AB}。

解：因曲柄OA上点A的速度已知，故选点A为基点，并建立平移系$Ax'y'$。

由基点法，点B的速度可表示为

$$\boldsymbol{v}_B=\boldsymbol{v}_A+\boldsymbol{v}_{BA} \tag{a}$$

式中，$\boldsymbol{v}_B$的方向铅垂向上，大小未知；$\boldsymbol{v}_A$的方向垂直于 OA，指向 B 点，大小为 $r\omega_0$；$\boldsymbol{v}_{BA}$的方向垂直于 AB，指向右上方，大小未知。

作速度平行四边形，如图 6-11 所示。由图中的几何关系，求得

$$v_B = \frac{v_A}{\cos\varphi_0} = \frac{r\omega_0}{\cos\varphi_0}\ (\uparrow) \tag{b}$$

$$v_{BA} = v_A\tan\varphi_0 = r\omega_0\tan\varphi_0$$

则连杆 AB 的角速度为

$$\omega_{AB} = \frac{v_{BA}}{l} = \frac{r}{l}\omega_0\tan\varphi_0 \quad (\text{顺时针}) \tag{c}$$

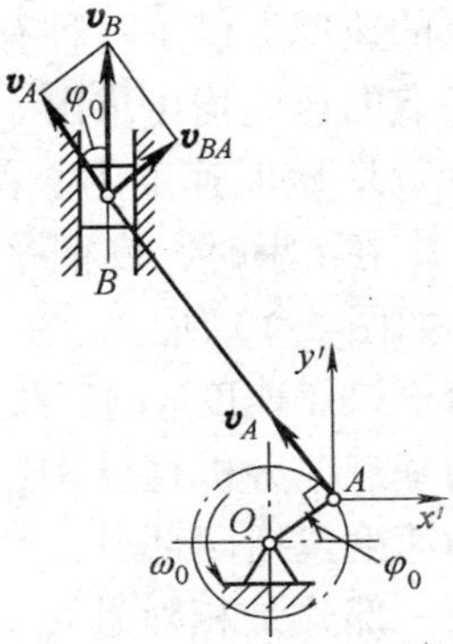

图 6-11　例题 6-2 图

B 点的速度还可用速度投影法求得，由式（6-5），有

$$v_A = v_B\cos\varphi_0,\ v_B = \frac{r\omega_0}{\cos\varphi_0}\quad (\uparrow)$$

但速度投影法不能求出连杆 AB 的角速度。

6.3.3　瞬时速度中心法

1. 瞬时速度中心的定义

如果平面图形的角速度 $\omega\neq 0$，则在每一瞬时，平面图形或其扩展部分上都唯一存在速度为零的点。该点称为**瞬时速度中心**（instantaneous center of velocity），简称**速度瞬心**，记为 C^*，即$v_{C^*}=0$。

2. 瞬时速度中心的意义

若已知平面图形在 t 瞬时的速度瞬心 C^* 与角速度 ω，则可以点 C^* 为基点，建立平移系，分析图形上点的速度。此时，基点速度 $v_{C^*}=0$，式（6-4）化为

$$\boldsymbol{v}_B = \boldsymbol{v}_{BC^*} = \boldsymbol{\omega}\times\boldsymbol{r}_{C^*B} \tag{6-6}$$

式中，$\boldsymbol{r}_{C^*B}$为自点 C^* 至点 B 的位矢。

式（6-6）表明，平面图形上待求速度点 B 的牵连速度等于零，绝对速度就等于相对速度。如图 6-12 所示，线段 C^*B 上各点的速度大小与该点至点 C^* 的距离呈线性分布，其速度方向垂直于线段 C^*B，指向与图形的转向相一致。图中，线段 C^*A 与 C^*C 上各点的速度也都呈线性分布。可见，就速度分布而言，图形在该瞬时的运动与假设它绕点 C^* 作定轴转动相类似。

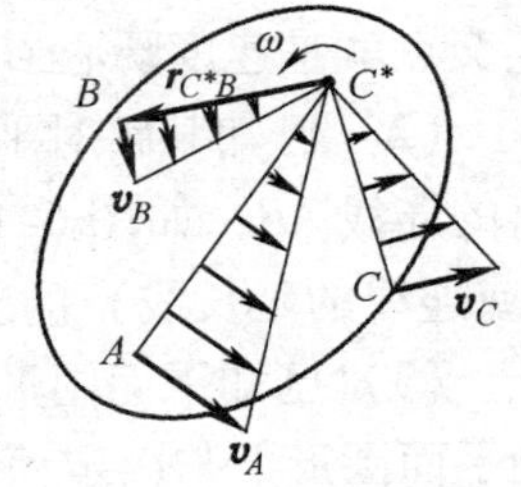

图 6-12　平面图形在 t 瞬时的运动图像

因此，速度瞬心的概念对运动比较复杂的平面图形给出了清晰的运动图像：平面图形的瞬时运动为绕该瞬时的速度瞬心作瞬时转动，其连续运动为绕图形上一系列的速度瞬心作瞬时转动；同时这也为分析平面图形上各

点的速度提供了一种有效方法。若已知图形的速度瞬心 C^* 与角速度 ω，则图形上各点的速度均可求出。

3. 瞬时速度中心存在唯一性的证明（几何法）

在 t 瞬时，表征平面图形 S 运动的物理量 $\boldsymbol{v}_A$、ω 如图 6-13 所示。在平面图形 S 上，过点 A 作垂直于该点速度 $\boldsymbol{v}_A$ 的直线 AP。根据式（6-4），以点 A 为基点，分析直线 AP 上各点速度可知，AP 上各点的速度包括两部分：一是与基点速度相同的部分；另一部分是相对速度，这一部分速度自 A 点起沿 AP 方向呈线性分布。上述两部分的速度（相对速度与基点速度）不仅共线而且反向。又因为各相对速度呈线性分布，而基点速度 $\boldsymbol{v}_A$ 为均匀分布，所以，在直线 AP 的这部分上唯一存在一点 C^*，使得

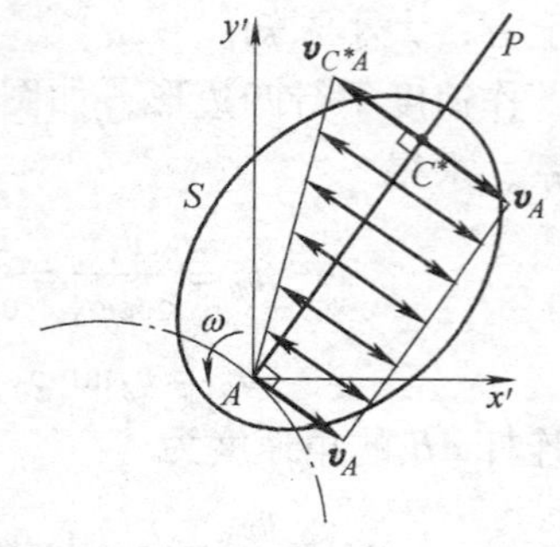

图 6-13 速度瞬心存在唯一性的几何证明

$$v_{C^*} = v_A - v_{C^*A} = v_A - AC^* \cdot \omega = 0 \tag{6-7}$$

所以

$$AC^* = \frac{v_A}{\omega} \tag{6-8}$$

由于表征平面图形运动的物理量是随时间变化的，即 $\boldsymbol{v}_A(t)$、$\omega\ (t)$。因此，速度瞬心在图形上的位置也在不断变化，即：**在不同瞬时，平面图形上有不同的速度瞬心**。这又是它与定轴转动的重要区别。

4. 瞬时速度中心的确定

确定平面图形在某一瞬时的速度瞬心，如同已知定轴转动刚体上两点的速度有关量（大小、方向），要求出它的转轴位置一样。

下面介绍几种常见情形：

（1）已知某瞬时平面图形上 A、B 两点速度的方向，且两速度互不平行，如图 6-14a 所示。由于速度瞬心在任一点速度的垂线上，因此过两点所作的速度垂线，其交点就是速度瞬心 C^*。

（2）已知某瞬时平面图形上 A、B 两点速度的大小，且两速度平行并垂直于两点的连线 AB，如图 6-14b、c 所示。则 A、B 两点速度矢端的连线与该两点连线（或连线的延长线）的交点就是速度瞬心 C^*。

（3）已知平面图形在某固定面（直线或曲线）上作纯滚动（无滑动的滚动），则平面图形上与固定面的接触点就是速度瞬心 C^*，如图 6-14d 所示。因为此时图形上和固定面的接触点 C^* 和固定面上的接触点 C 之间无相对滑动而有相等速度，固定面上 C 点的速度为零，所以图形上的接触点 C^* 在此瞬时的速度也为零，C^* 即为速度瞬心。

（4）已知某瞬时平面图形上 A、B 两点的速度平行，但不垂直于两点的连线

AB，如图6-14e所示，或两点的速度平行且垂直于两点连线AB，但两速度大小相等指向相同，如图6-14f所示，则此时图形的速度瞬心在无穷远处，图形的角速度$\omega=0$，这种情形称平面图形作**瞬时平移**（instantaneous translation），此刻图形上各点的速度完全相同，如例题6-2中$\varphi=0°$时的情形。

需要指出的是，瞬时平移与平移是不同的，发生瞬时平移的平面图形仅在这一瞬时其上各点的速度相同，而另一瞬时则不相同，而且即使在此瞬时，各点的加速度并不一定相同，而平移在任一瞬时，刚体上各点的速度相同，加速度也相同。

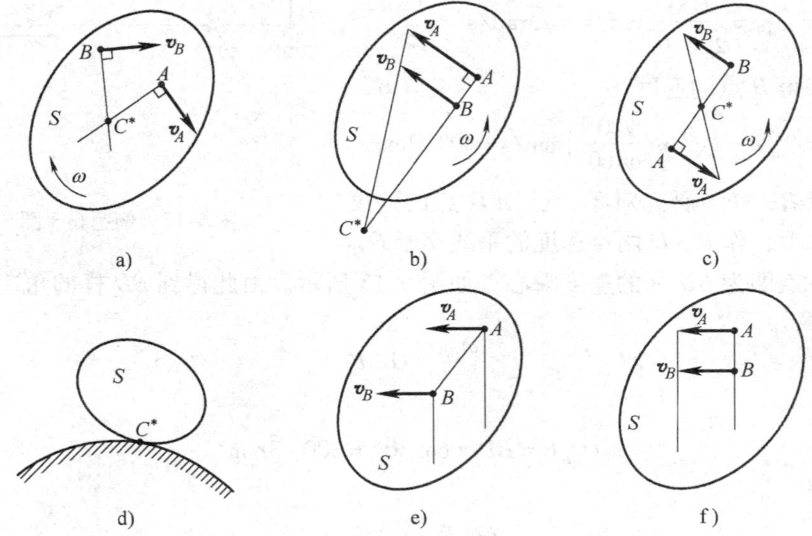

图6-14 几种常见情形下速度瞬心位置的确定

用确定瞬时速度中心的方法分析平面图形上点的速度的方法称为瞬时速度中心法，简称**速度瞬心法**。

需要注意的是，速度瞬心C^*有时位于平面图形以内，有时却位于平面图形边界以外，图6-14b所示的就是一例，这时可以认为速度瞬心位于图形的扩展部分上。

【例题6-3】 如图6-15所示，系统中曲柄$OA=150\text{mm}$，$AB=200\text{mm}$，$BD=300\text{mm}$。在图示位置，OA垂直于OO_1，AB垂直于OA，O_1B垂直于BD，曲柄OA的角速度为$\omega=4\text{rad/s}$。求此瞬时B点和D点的速度，以及AB杆和BD杆的角速度。

解：由于AB、BD杆作平面运动，且AB杆在A点与运动已知的杆OA相连接，所以应该先以AB杆为研究对象。

因为O_1B杆作定轴转动，故AB杆上A、B两点的速度方向已知，如图所示，作两速度垂线交于O_{AB}点，这一点即为AB杆的速度瞬心。

显然

$$\omega_{AB}=\frac{v_A}{O_{AB}A}$$

式中，

$$O_{AB}A=AB\times\tan60°=200\sqrt{3}\text{mm}$$

$$v_A=\omega\times OA=(4\times150)\ \text{mm/s}=600\text{mm/s}$$

于是，AB 杆的角速度为

$$\omega_{AB}=\frac{600}{200\sqrt{3}}\text{rad/s}=\sqrt{3}\text{rad/s}$$

由此可求得 B 点的速度

$$v_B=\omega_{AB}\times O_{AB}B=\left(\sqrt{3}\times\frac{200}{\cos60°}\right)\text{mm/s}=400\sqrt{3}\text{mm/s}$$

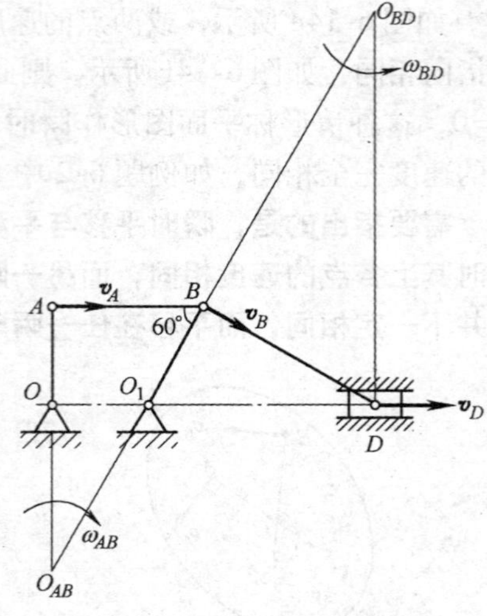

图 6-15 例题 6-3 图

再以 BD 杆为研究对象，已知 D 点的速度方向为水平，作 B、D 两点速度的垂线交于 O_{BD} 点，这一点即为 BD 杆的速度瞬心，如图 6-15 所示。由此得到 BD 杆的角速度

$$\omega_{BD}=\frac{v_B}{O_{BD}B}$$

式中，

$$O_{BD}B=BD\times\cot30°=300\sqrt{3}\text{mm}$$

最后得到

$$\omega_{BD}=\frac{400\sqrt{3}}{300\sqrt{3}}\text{rad/s}=\frac{4}{3}\text{rad/s}$$

D 点的速度为

$$v_D=\omega_{BD}\times O_{BD}D=\left(\frac{4}{3}\times\frac{300}{\sin30°}\right)\text{mm/s}=800\text{mm/s}$$

上述所得各杆角速度的转向以及各点速度方向均如图 6-15 所示。

【例题 6-4】 半径为 R 的圆轮沿直线轨道作纯滚动，如图 6-16 所示。已知轮心 O 的速度为$\boldsymbol{v}_O$。试求轮缘上点 1、2、3、4 的速度，并画出直线 12、13 与 14 上各点的速度分布。

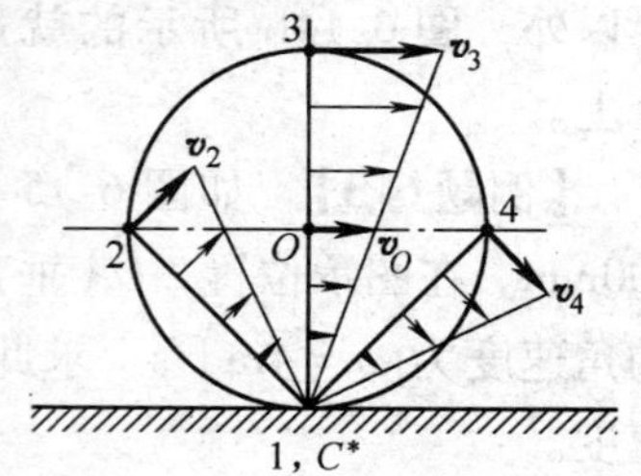

图 6-16 例题 6-4 图

解：因为圆轮沿直线轨道作纯滚动，故圆轮上点 1 即为速度瞬心 C^*，有

点 1：$v_1=v_{C^*}=0$

圆轮的角速度为

$$\omega=\frac{v_O}{R}\quad（顺时针）$$

于是，圆轮上其余各点的速度大小为

点2：$v_2=\sqrt{2}R\cdot\omega=\sqrt{2}v_O$

点3：$v_3=2R\cdot\omega=2v_O$

点4：$v_4=\sqrt{2}R\cdot\omega=\sqrt{2}v_O$

其速度方向与圆轮上直线12、13与14上各点的速度分布均已示于图6-16中。

请读者应用基点法（以点O为基点）校核由瞬时速度中心法所得结果，并思考本例能否用速度投影法求解？

6.4　平面图形上各点的加速度分析

本节只介绍采用基点法确定平面图形上点的加速度。

如图6-17a所示，已知平面图形S上点A的加速度$\boldsymbol{a}_A$、图形的角速度ω与角加速度α。与平面图形上各点速度分析相类似，选点A为基点，建立平移系$Ax'y'$，分解图形的运动，从而也分解了图形上任一点B的运动。

由于动点B的牵连运动为平移，可应用动系为平移时点的加速度合成定理的公式，并采用刚体运动的习惯符号，有

$$\begin{aligned}\boldsymbol{a}_B=\boldsymbol{a}_\mathrm{a}&=\boldsymbol{a}_\mathrm{e}+\boldsymbol{a}_\mathrm{r}\\&=\boldsymbol{a}_A+\boldsymbol{a}_{BA}\\&=\boldsymbol{a}_A+\boldsymbol{a}_{BA}^\mathrm{t}+\boldsymbol{a}_{BA}^\mathrm{n}\end{aligned}$$

即
$$\boldsymbol{a}_B=\boldsymbol{a}_A+\boldsymbol{a}_{BA}^\mathrm{t}+\boldsymbol{a}_{BA}^\mathrm{n}\tag{6-9}$$

式中，$\boldsymbol{a}_{BA}$为点B相对于平移系$Ax'y'$作圆周运动的加速度；而$\boldsymbol{a}_{BA}^\mathrm{t}$与$\boldsymbol{a}_{BA}^\mathrm{n}$分别为其中的相对切向加速度（relative tangential acceleration）与相对法向加速度（relative normal acceleration），且$\boldsymbol{a}_{BA}^\mathrm{t}=\boldsymbol{\alpha}\times\boldsymbol{r}_{AB}$，$\boldsymbol{a}_{BA}^\mathrm{n}=\boldsymbol{\omega}\times(\boldsymbol{\omega}\times\boldsymbol{r}_{AB})$，$\boldsymbol{r}_{AB}$是由基点$A$引向点$B$的位矢。式（6-9）中的各量均已示于图6-17a中。

式（6-9）表明，**平面图形上任一点的加速度等于基点的加速度与相对于以基点为原点的平移系的相对切向加速度与相对法向加速度的矢量和。**

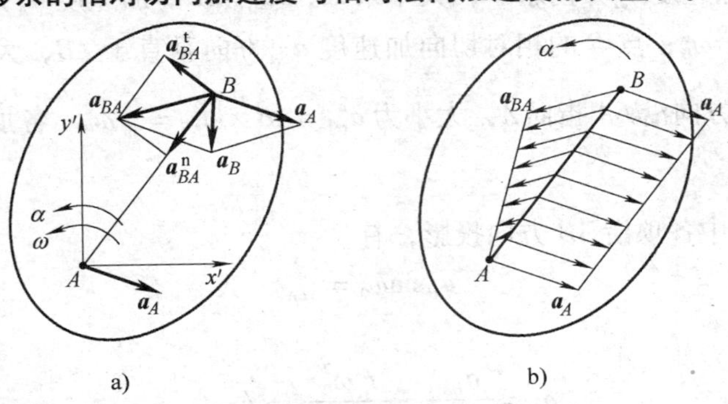

图6-17　平面图形上点的加速度分析

图6-17b中，还画出了平面图形内线段AB上各点的牵连加速度$\boldsymbol{a}_e=\boldsymbol{a}_A$与相对加速度$\boldsymbol{a}_r=\boldsymbol{a}_{BA}$的分布。

【例题6-5】 曲柄-滑块机构如图6-18a所示。曲柄OA长为r，它以等角速度ω_0绕轴O转动，连杆AB长为l。试求曲柄转角$\varphi=\varphi_0$（此时OA垂直于AB）与$\varphi=0°$（此时$OA/\!/AB$）两种情形下，滑块B的加速度$\boldsymbol{a}_B$与连杆AB的角加速度α_{AB}。

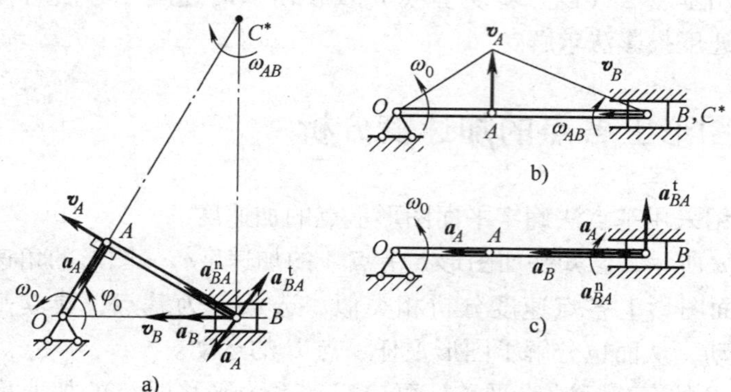

图6-18 例题6-5图

解：1. $\varphi=\varphi_0$时的情形

连杆AB作平面运动，先用速度瞬心法分析速度。已知点A的速度$\boldsymbol{v}_A$垂直于OA，大小为$v_A=r\omega_0$，点B的速度$\boldsymbol{v}_B$方向水平。过A、B两点分别作$\boldsymbol{v}_A$、$\boldsymbol{v}_B$的垂线，其交点C^*即为连杆AB的速度瞬心。则连杆AB的角速度为

$$\omega_{AB}=\frac{v_A}{AC^*}=\frac{r\omega_0}{\frac{l^2}{r}}=\frac{r^2}{l^2}\omega_0 \tag{a}$$

再用基点法分析加速度。以点A为基点，由式（6-9）得点B的加速度为

$$\boldsymbol{a}_B=\boldsymbol{a}_A+\boldsymbol{a}_{BA}^{t}+\boldsymbol{a}_{BA}^{n} \tag{b}$$

式中，点B的加速度$\boldsymbol{a}_B$方向水平，大小未知；基点A的加速度$\boldsymbol{a}_A$方向沿OA指向O，大小为$a_A=r\omega_0^2$；点B的相对切向加速度$\boldsymbol{a}_{BA}^{t}$方向垂直于AB，大小未知；相对法向加速度$\boldsymbol{a}_{BA}^{n}$方向沿BA指向A，大小为$a_{BA}^{n}=AB\times\omega_{AB}^2=\frac{r^4}{l^3}\omega_0^2$。各加速度方向如图6-18a所示。

将式（b）中各项沿AB方向投影，有

$$a_B\sin\varphi_0=a_{BA}^{n}$$

解得

$$a_B=\frac{a_{BA}^{n}}{\sin\varphi_0}=\frac{r^4\omega_0^2}{l^3\sin\varphi_0}\quad(\leftarrow) \tag{c}$$

再将式（b）中各项向$\boldsymbol{a}_A$方向投影，有

$$a_B\cos\varphi_0 = a_A - a_{BA}^{t}$$

解得

$$a_{BA}^{t} = a_A - a_B\cos\varphi_0 = r\omega_0^2 - \frac{r^4}{l^3}\omega_0^2\cot\varphi_0$$

于是，杆 AB 的角加速度为

$$\alpha_{AB} = \frac{a_{BA}^{t}}{AB} = \frac{r}{l}\omega_0^2\left(1 - \frac{r^3}{l^3}\cot\varphi_0\right) = \frac{r}{l}\omega_0^2\left(1 - \frac{r^4}{l^4}\right) \tag{d}$$

2. $\varphi = 0°$时的情形

如图 6-18b 所示，过 A、B 两点分别作$\boldsymbol{v}_A$、$\boldsymbol{v}_B$的垂线，其交点恰好位于点 B。因此，点 B 即为连杆 AB 的速度瞬心 C^*。于是，连杆 AB 的角速度为

$$\omega_{AB} = \frac{v_A}{AB} = \frac{r\omega_0}{l} \tag{e}$$

仍用基点法分析加速度。此情形下，$\boldsymbol{a}_A$ 的大小与 $\varphi = \varphi_0$ 时相同，但 $a_{BA}^{n} = AB \cdot \omega_{AB}^2 = \frac{r^2}{l}\omega_0^2$。各加速度方向如图 6-18c 所示。

将式（b）中各项沿 BA 方向投影，得

$$\begin{aligned} a_B &= a_A + a_{BA}^{n} \\ &= r\omega_0^2\left(1 + \frac{r}{l}\right) \quad (\leftarrow) \end{aligned} \tag{f}$$

而在 AB 的垂线方向上只有 $\boldsymbol{a}_{BA}^{t}$一个量，所以有

$$a_{BA}^{t} = 0，\alpha_{AB} = 0 \tag{g}$$

$\varphi = 0°$时，点 B 是速度瞬心 C^*，此时有$v_B = v_{C^*} = 0$，但速度瞬心的加速度并不为零。这说明在下一瞬时，点 B 将不再是速度瞬心，即速度瞬心是瞬时的。

【例题 6-6】 如图 6-19a 所示，半径为 R 的圆轮沿直线轨道作纯滚动。已知轮心 O 的速度$\boldsymbol{v}_O$，加速度$\boldsymbol{a}_O$。试求轮缘上点 1、2、3、4 的加速度。

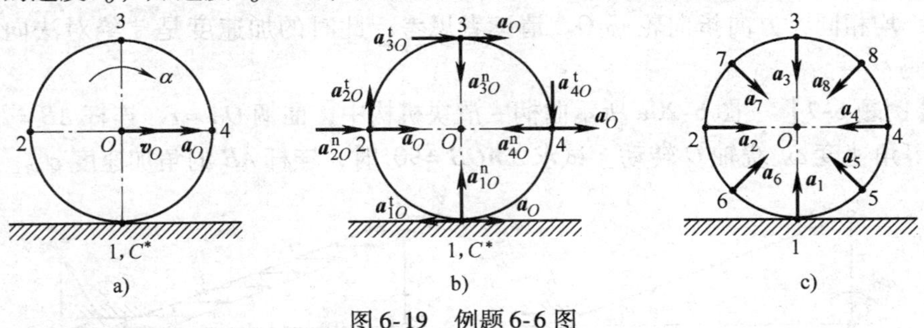

图 6-19　例题 6-6 图

解：圆轮作平面运动。由例题 6-4 可知圆轮的角速度为

$$\omega = \frac{v_O}{R} \quad（顺时针） \tag{a}$$

因轮心 O 的加速度已知，故以轮心 O 为基点，由式（6-9），轮缘上任一点 P（图中未标出）的加速度为

$$\boldsymbol{a}_P=\boldsymbol{a}_O+\boldsymbol{a}_{PO}^{\mathrm{t}}+\boldsymbol{a}_{PO}^{\mathrm{n}} \tag{b}$$

在上例中，待求点的加速度方向是已知的，而本例中，待求点的加速度大小、方向均未知。因此，必须先求出圆轮的角加速度 α，否则问题无法求解。

因式（a）在任何瞬时均成立，故可将其对时间求一阶导数，得

$$\alpha=\dot{\omega}=\frac{\dot{v}_O}{R}=\frac{a_O}{R}\quad（顺时针） \tag{c}$$

由此，式（b）中等号右边的三项除$\boldsymbol{a}_O$已知外，其余两项的大小分别为

$$\begin{cases}a_{PO}^{\mathrm{t}}=\alpha R=a_O\\ a_{PO}^{\mathrm{n}}=\omega^2R=\dfrac{v_O^2}{R}\end{cases} \tag{d}$$

于是，由式（b）与式（d），轮缘上点 1、2、3、4 的加速度分别为

点 1：$\boldsymbol{a}_1=\dfrac{v_O^2}{R}\boldsymbol{j}$

点 2：$\boldsymbol{a}_2=\left(a_O+\dfrac{v_O^2}{R}\right)\boldsymbol{i}+a_O\boldsymbol{j}$

点 3：$\boldsymbol{a}_3=2a_O\boldsymbol{i}-\dfrac{v_O^2}{R}\boldsymbol{j}$

点 4：$\boldsymbol{a}_4=\left(a_O-\dfrac{v_O^2}{R}\right)\boldsymbol{i}-a_O\boldsymbol{j}$

它们的方向均已示于图 6-19b 中。

本例结果表明，点 1 为速度瞬心 C^*，$v_1=v_{C^*}=0$，但其加速度仍有$a_1=a_{C^*}\neq 0$。因此各点的加速度不可以看做绕速度瞬心旋转。

若轮心 O 作等速运动，$a_O=0$，则轮缘上各点的加速度分布如图 6-19c 所示，即大小均相同，方向指向轮心 O。请读者思考，此时的加速度是“绝对法向加速度”吗？

【例题 6-7】 图 6-20a 所示曲柄－滑块机构中，曲柄 $OA=r$，连杆 $AB=l$，曲柄以等角速度 ω_0 绕轴 O 转动。试求$\angle AOB=90°$时，连杆 AB 的角加速度 α_{AB}。

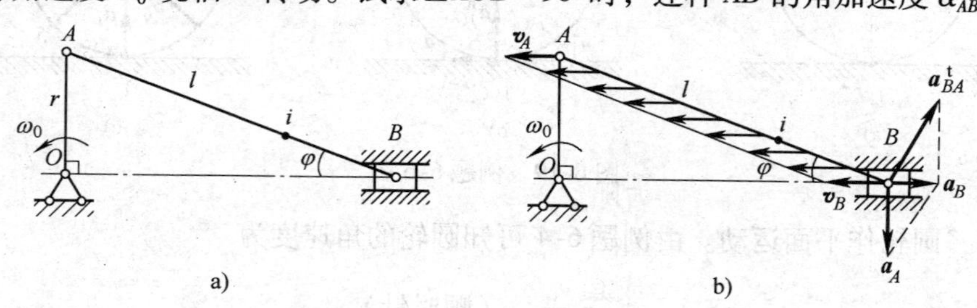

图 6-20　例题 6-7 图

解：连杆 AB 作平面运动。由于 A、B 两点的速度$\boldsymbol{v}_A$、$\boldsymbol{v}_B$相互平行，且两速度并不垂直于 AB。所以，连杆 AB 的速度瞬心在无穷远处，即它作瞬时平移，其角速度为

$$\omega_{AB}=0 \tag{a}$$

该瞬时连杆 AB 上各点速度分布如图 6-20b 所示。

因为待求量 α_{AB}已是一个未知量，所以用基点法求解时，将要分析的点的加速度方向必须是已知量才行。否则其大小、方向均为未知量，则问题无法求解。因此，以点 A 为基点，分析点 B 的加速度，有

$$\boldsymbol{a}_B=\boldsymbol{a}_A+\boldsymbol{a}_{BA}^{\mathrm{t}}+\boldsymbol{a}_{BA}^{\mathrm{n}} \tag{b}$$

式中，$a_A=r\omega_0^2$，$a_{BA}^{\mathrm{n}}=l\omega_{AB}^2=0$。据式（b），可作加速度平行四边形如图 6-20b 所示。

由几何关系，解得

$$a_{BA}^{\mathrm{t}}=\frac{a_A}{\cos\varphi}=\frac{r\omega_0^2}{\cos\varphi} \tag{c}$$

则连杆 AB 的角加速度为

$$\alpha_{AB}=\frac{a_{BA}^{\mathrm{t}}}{AB}=\frac{r\omega_0^2}{l\cos\varphi}=\frac{r\sqrt{l^2-r^2}\,\omega_0^2}{l^2-r^2}\quad（逆时针）$$

本例讨论：

（1）因连杆 AB 的角速度 $\omega_{AB}=0$ 是机构在图示特殊位置的结果，故不能如例题6-6 中那样，将式（a）对时间求导得连杆的角加速度。如果一定要采用由角速度对时间求导数确定角加速度的方法，则必须使系统置于一般位置。

（2）连杆的角加速度与其上任一点 i（图 6-20a）的相对切向加速度 $a_{iA}^{\mathrm{t}}=Ai\cdot\alpha_{AB}$有关，因此，求刚体的角加速度，仍属于刚体上点的加速度分析问题。

（3）刚体作瞬时平移，其角速度 $\omega=0$，而角加速度 $\alpha\neq0$。这是瞬时平移和平移（恒有 $\omega=0$，$\alpha=0$）的重要区别。

6.5　本章小结与讨论

6.5.1　本章小结

（1）刚体平面运动可以简化为平面图形的运动，其运动方程为

$$x_A=f_1(t),\ y_A=f_2(t),\ \varphi=f_3(t)$$

（2）刚体平面运动可分解为随任选基点上建立的平移系的平移和相对此平移系的转动。其中，平移规律与基点的选择有关，而转动规律却与基点的选择无关。

（3）每一瞬时，平面图形或其扩展部分上速度为零的点称为瞬时速度中心，简称速度瞬心。就速度分布而言，平面图形的运动可视为绕该瞬时的速度瞬心作瞬

时转动。

（4）平面图形上点的速度分析方法

基点法：$\boldsymbol{v}_B = \boldsymbol{v}_A + \boldsymbol{v}_{BA}$

速度投影法：$[\boldsymbol{v}_B]_{AB} = [\boldsymbol{v}_A]_{AB}$

瞬时速度中心法：$\boldsymbol{v}_B = \boldsymbol{v}_{BC^*} = \boldsymbol{\omega} \times \boldsymbol{r}_{C^*B}$

（5）平面图形上点的加速度分析方法——基点法

$$\boldsymbol{a}_B = \boldsymbol{a}_A + \boldsymbol{a}_{BA}^{t} + \boldsymbol{a}_{BA}^{n}$$

6.5.2 运动分析方法的评价与选用

以平面图形上点的运动分析方法为例，本章主要介绍或使用了以下两种方法：

（1）运动方程求导数法；

（2）矢量方程解析法。

第一种方法描述了点的连续运动过程（轨迹、速度和加速度），适应于计算机分析；但本书所介绍的方法，基于求解时需因问题而异，编制适用于各种情形的计算机通用程序仍然难度很大。对于多刚体系统，已有相应计算机程序可供选用。第二种方法只给出了特定瞬时或特定位置的运动信息，有利于初学者加深对刚体运动复合等一系列基本概念的理解，是本章使用的主要方法。

评价与选用这些方法有两条原则：一是有利于应用计算机进行数值计算，二是有利于初学者掌握运动学的基本概念和基本理论。

6.5.3 刚体复合运动

本章只介绍了刚体的平移、定轴转动和平面运动，而实际上刚体还有其他运动形式。点的运动的分解与合成的分析方法可推广到刚体的复合运动，在本章中我们已将平面运动分解成平移加定轴转动。类似于第 5 章式（5-3），对刚体的复合运动，有

$$\boldsymbol{\omega}_a = \boldsymbol{\omega}_e + \boldsymbol{\omega}_r \tag{6-10}$$

式中，$\boldsymbol{\omega}_a$ 为刚体绝对角速度矢量；$\boldsymbol{\omega}_e$ 为刚体牵连角速度矢量；$\boldsymbol{\omega}_r$ 为刚体相对角速度矢量。此式在机械传动中有广泛的应用。对于刚体绕相交轴转动，上式也成立；而对于刚体绕平行轴转动，上式退化成：

$$\omega_a = \omega_e \pm \omega_r \tag{6-11}$$

当 ω_r 与 ω_e 反向时，上式右边 ω_r 前取“负”号；而当 $\omega_e - \omega_r = 0$ 时，$\omega_a = 0$，称为转动偶，自行车的脚踏板的运动基本上就是这种情形。

6.5.4 通过平面图形上点的速度与加速度分析，进一步巩固速度与加速度的概念

由第 4 章点的一般运动可知：点的切向加速度$\boldsymbol{a}_t = \dot{v}_t \boldsymbol{\tau}$ 与速度$\boldsymbol{v} = v_t \boldsymbol{\tau}$ 共线，为

速度矢量的大小变化率；点的法向加速度$\boldsymbol{a}_{\mathrm{n}}=\dfrac{v_t^2}{\rho}\boldsymbol{n}$与速度矢量垂直，指向轨迹内凹方向，为速度矢量的方向变化率。本章中，通过用基点法分析平面图形上点的速度与加速度将进一步巩固上述基本概念。例如，图 6-21 所示为在水平地面上作纯滚动的圆轮，其半径为 R。若轮心 O 的速度为$\boldsymbol{v}_O$，加速度为$\boldsymbol{a}_O$，则请读者分析，轮上点 C^* 在图示瞬时的绝对加速度$\boldsymbol{a}_{\mathrm{a}}$，既为以点 O 为基点的相对法向加速度，又为绝对切向加速度，即

$$\boldsymbol{a}_{\mathrm{a}}=\boldsymbol{a}_{\mathrm{r}}^{\mathrm{n}}=\boldsymbol{a}_{\mathrm{a}}^{\mathrm{t}}$$

$$a_{\mathrm{a}}=a_{\mathrm{r}}^{\mathrm{n}}=a_{\mathrm{a}}^{\mathrm{t}}$$

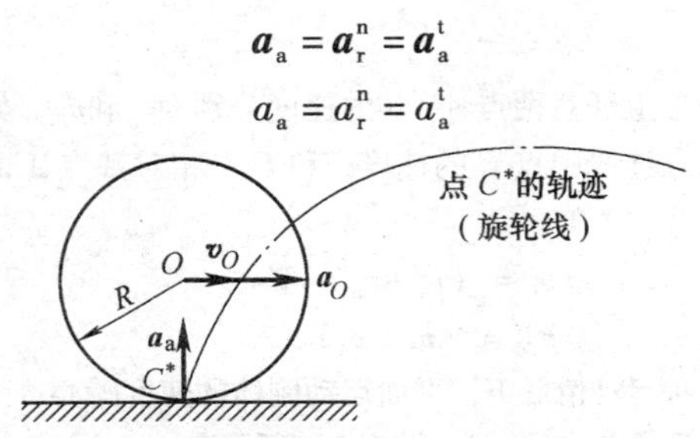

图 6-21　作纯滚动的圆轮上点 C^* 的加速度与轨迹

6.5.5　平面图形上点的加速度分布也能看成是绕速度瞬心 C^* 旋转吗

如图 6-22 所示，半径各为 r 和 R 的圆柱体相互固结。小圆柱体在水平地面上作纯滚动，其角速度为 ω，角加速度为α。试对下面所列结果判断大圆柱体上点 A 的绝对速度、绝对切向加速度和绝对法向加速度大小的正误（其方向已示于图上），并将错者改正。

$$v_A=(R-r)\ \omega,\ a_A^{\mathrm{t}}=(R-r)\ \alpha,\ a_A^{\mathrm{n}}=(R-r)\ \omega^2$$

6.5.6　平面图形的角速度 ω 与相对角速度 ω_{r}

图 6-23 所示为半径为 r 的圆轮在半径为 R 的圆槽内作纯滚动。若已知直线 OO_1 绕定轴 O 转动的角速度为 $\dot{\varphi}$，现分析圆轮的（绝对）角速度 ω 与相对直线 OO_1 的相对角速度 ω_r 的关系。

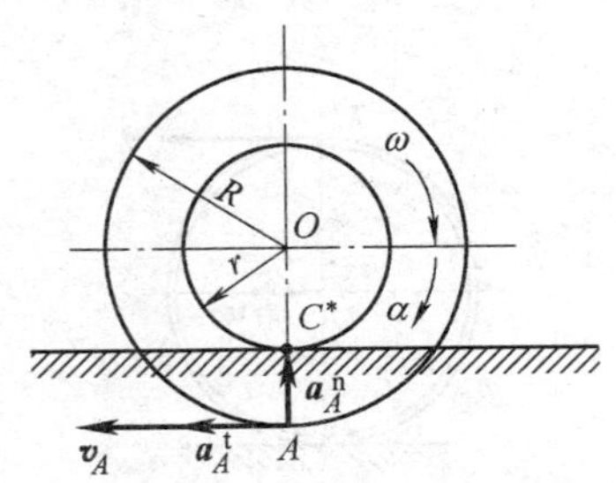

图 6-22　作纯滚动的圆轮上点的加速度分析

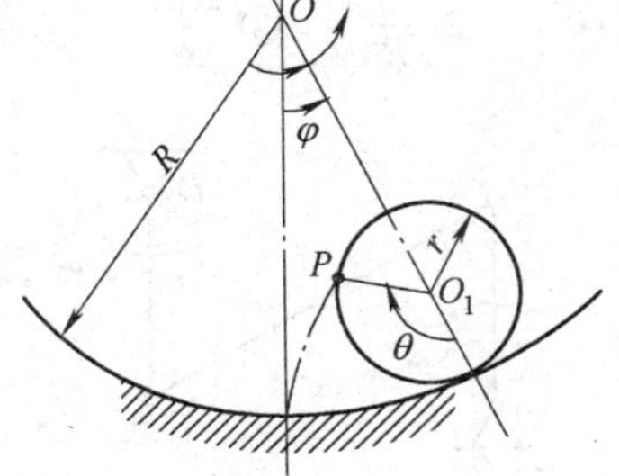

图 6-23　圆轮 O_1 的圆槽内作纯滚动的 ω 与 ω_{r}

因有 $R\varphi = r\theta$，$R\dot{\varphi} = r\dot{\theta}$，若将动系固连于 OO_1，则 $\omega_e = \dot{\varphi}$，$\omega_r = \dot{\theta}$。因此

$$\omega = \omega_a = \omega_r - \omega_e = \dot{\theta} - \dot{\varphi} \qquad (顺时针)$$

这是因为设 O_1P 在初始瞬时位于铅垂位置，则转至图示位置时其绝对转角应为

$$\beta = \theta - \varphi$$

这里，要特别注意分清绝对转角、相对转角和牵连转角三者间的区别和联系。

习　　题

选择填空题

6-1　某瞬时，平面图形上任意两点 A、B 的速度分别为 $\boldsymbol{v}_A$ 和 $\boldsymbol{v}_B$，如图 6-24 所示。则此时该两点连线中点 C 的速度 $\boldsymbol{v}_C$ 和 C 点相对基点 A 的速度 $\boldsymbol{v}_{CA}$ 分别为（　　）和（　　）。

① $\boldsymbol{v}_C = \boldsymbol{v}_A + \boldsymbol{v}_B$　　② $\boldsymbol{v}_C = (\boldsymbol{v}_A + \boldsymbol{v}_B)/2$

③ $\boldsymbol{v}_{CA} = (\boldsymbol{v}_A - \boldsymbol{v}_B)/2$　　④ $\boldsymbol{v}_{CA} = (\boldsymbol{v}_B - \boldsymbol{v}_A)/2$

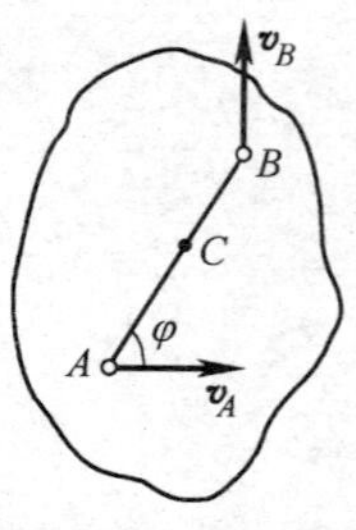

图 6-24　习题 6-1 图

6-2　在图 6-25 所示三种运动情形下，平面运动刚体的速度瞬心：图 6-25a 为（　　）；图 6-25b 所示为（　　）；图 6-25c 所示为（　　）。

① 无穷远处　　② A 点　　③ B 点　　④ C 点

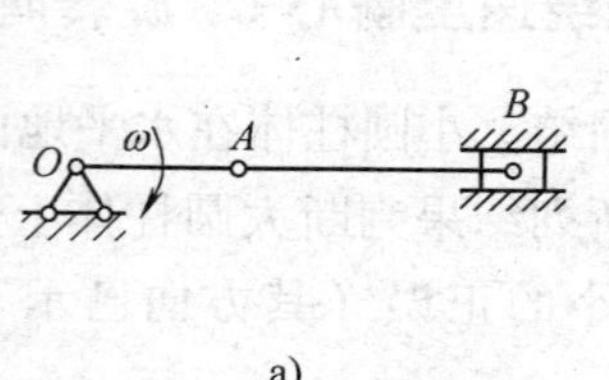

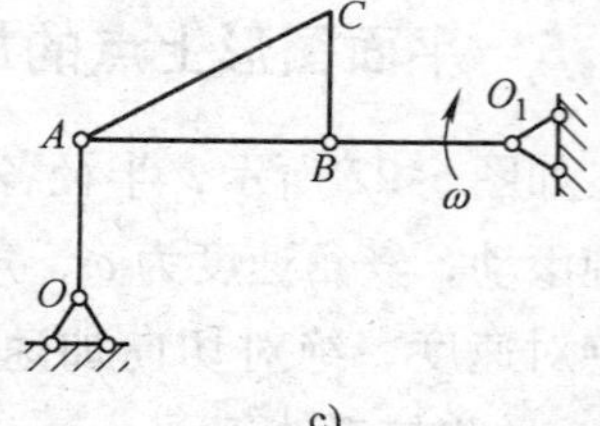

图 6-25　习题 6-2 图

6-3　在图 6-26 所示瞬时，已知 $O_1A = O_2B$，且 $O_1A // O_2B$，则（　　）。

① $\omega_1 = \omega_2$，$\alpha_1 = \alpha_2$　　② $\omega_1 \neq \omega_2$，$\alpha_1 = \alpha_2$　　③ $\omega_1 = \omega_2$，$\alpha_1 \neq \alpha_2$　　④ $\omega_1 \neq \omega_2$，$\alpha_1 \neq \alpha_2$

6-4　圆盘沿水平轨道作纯滚动，如图 6-27 所示，动点 M 沿圆盘边缘的圆槽以 $\boldsymbol{v}_r$ 作相对运动。已知圆盘的半径为 R，盘中心以匀速 $\boldsymbol{v}_O$ 向右运动。若将动坐标系固连于圆盘，则在图示位置时，动点 M 的牵连加速度为（　　）。

① 0　　② $\dfrac{v_O^2}{R}$　　③ $\dfrac{2v_O^2}{R}$　　④ $\dfrac{4v_O^2}{R}$

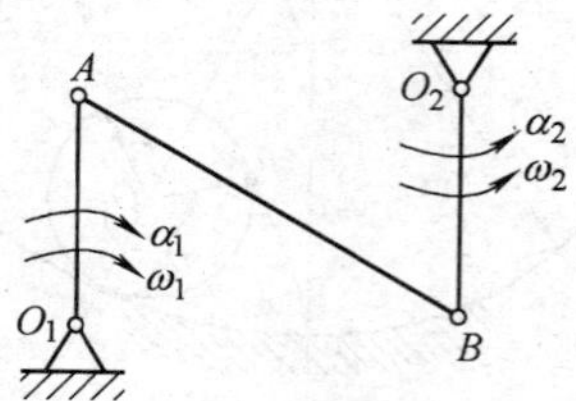

图 6-26　习题 6-3 图

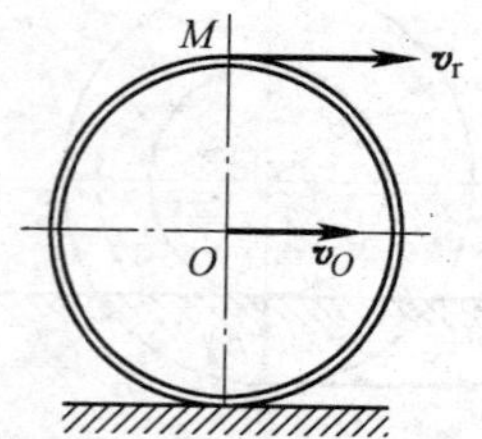

图 6-27　习题 6-4 图

6-5 半径为 r 的圆柱形滚子沿半径为 R 的圆弧槽纯滚动，在图6-28所示瞬时，滚子中心 C 的速度为 $\boldsymbol{v}_C$，切向加速度为 $\boldsymbol{a}_C^t$，则速度瞬心的加速度大小为（　　）。

6-6 如图6-29所示，某瞬时，平面图形上 A 点的速度 $v_A \neq 0$，加速度 $a_A = 0$，B 点的加速度大小 $a_B = 400\text{mm/s}^2$，与 AB 连线间的夹角 $\varphi = 60°$。若 $AB = 50\text{mm}$，则此瞬时该平面图形角速度的大小为（　　）；角加速度的大小为（　　）。

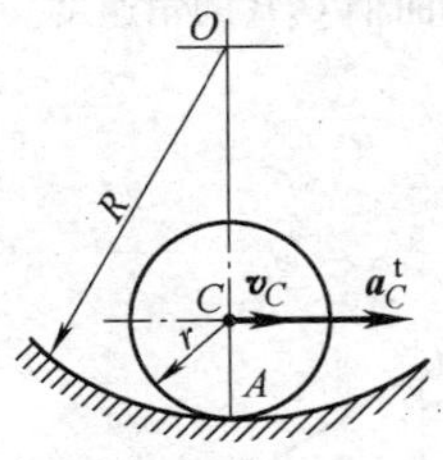

图6-28 习题6-5图

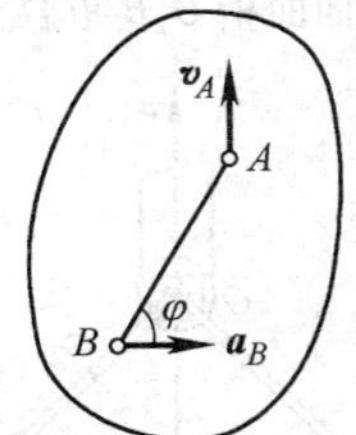

图6-29 习题6-6图

分析计算题

6-7 图6-30所示半径为 r 的齿轮由曲柄 OA 带动，沿半径为 R 的固定齿轮滚动。曲柄 OA 以等角加速度 α_0 绕轴 O 转动，当运动开始时，角速度 $\omega = 0$，转角 $\varphi = 0$。试求动齿轮以圆心 A 为基点的平面运动方程。

6-8 图6-31所示沿直线导轨滑动的套筒 A 和 B 由长为 l 的连杆 AB 连接，套筒 A 以匀速 $\boldsymbol{v}_A$ 运动。套筒 A 是从点 O 开始运动，$\angle BOA = \pi - \alpha$。试以 A 为基点，写出杆 AB 的运动方程。

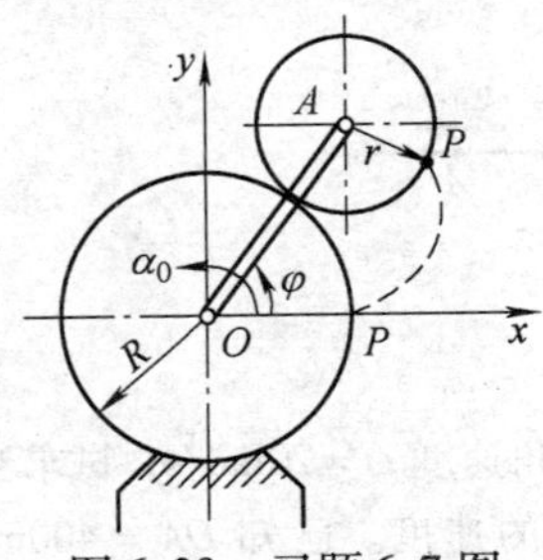

图6-30 习题6-7图

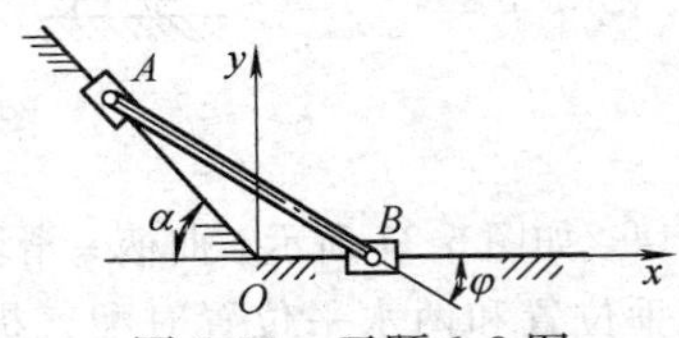

图6-31 习题6-8图

6-9 图6-32所示拖车的车轮 A 与垫滚 B 的半径均为 r。试问当拖车以速度 $\boldsymbol{v}$ 前进时，车轮 A 与垫滚 B 的角速度 ω_A 与 ω_B 有什么关系？设车轮 A 和垫滚 B 与地面之间以及垫滚 B 与拖车之间无滑动。

6-10 图6-33所示飞机以速度 $v = 200\text{km/h}$ 沿水平航线飞行，同时以角速度 $\omega = 0.25\text{rad/s}$ 回收着陆轮。试求着陆轮 OC 的瞬时速度中心，并说明瞬时速度中心相对飞机的位置与角 θ 有无关系。

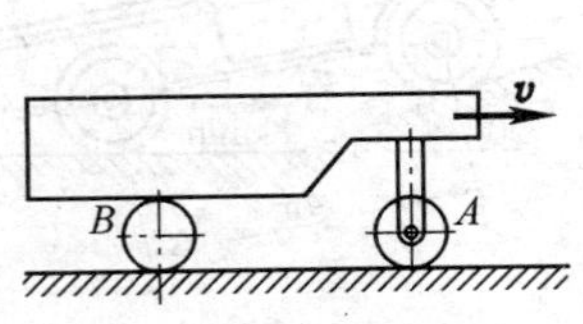

图6-32 习题6-9图

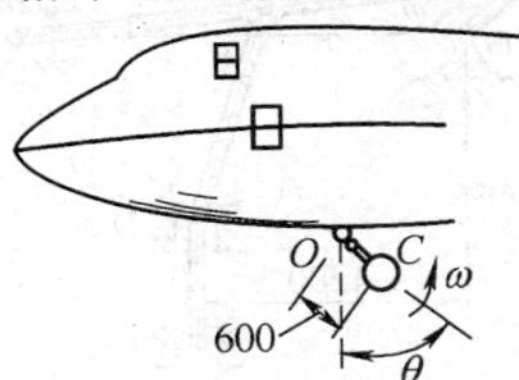

图6-33 习题6-10图

6-11　图6-34所示为挖泥机上的挖斗。挖斗的开或关是通过一端固定于铰 C，并穿过块体 O 的绳索控制的。设块体上的铰 O 是固定的。图示瞬时，绳索以速度 $v=0.5\text{m/s}$ 上升，挖斗正被关闭，$\theta=45°$。试求挖斗在此瞬时的角速度。

6-12　图6-35所示的四连杆机械 $OABO_1$ 中，$OA=O_1B=\frac{1}{2}AB$，曲柄 OA 的角速度 $\omega=3\text{rad/s}$。试求当 $\varphi=90°$ 而曲柄 O_1B 重合于 OO_1 的延长线上时，杆 AB 和曲柄 O_1B 的角速度。

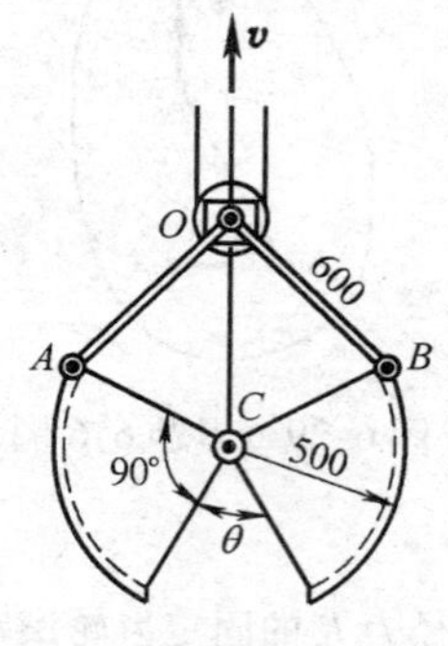

图6-34　习题6-11图

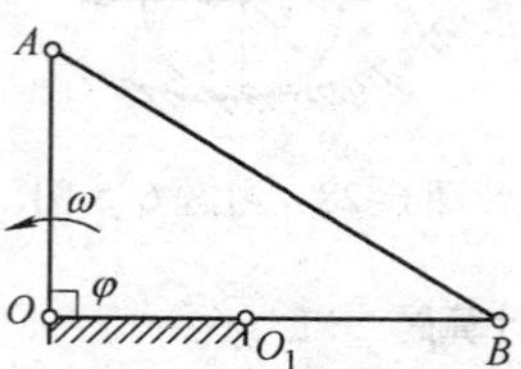

图6-35　习题6-12图

6-13　如图6-36所示，绕电话线的卷轴在水平地面上作纯滚动，线上的点 A 有向右的速度 $v_A=0.8\text{m/s}$，试求卷轴中心 O 的速度与卷轴的角速度，并问此时卷轴是向左还是向右方滚动？

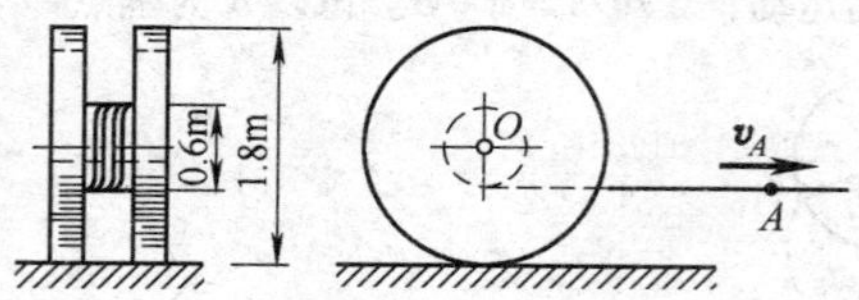

图6-36　习题6-13图

6-14　如图6-37所示，曲柄－滑块机构中，如果曲柄角速度 $\omega=20\text{rad/s}$，试求当曲柄 OA 在两铅垂位置和两水平位置时配气机构中气阀推杆 DE 的速度。已知 $OA=400\text{mm}$，$AC=CB=200\sqrt{37}\text{mm}$。

6-15　卡车驶上20°的斜坡，计速仪指出后轮的速度为 $v_R=8\text{km/h}$。两车轮的直径均为0.9m，皆作纯滚动。试求图6-38所示位置时前轮的角速度 ω_F、后轮的角速度 ω_R 和车身的角速度 ω_T。

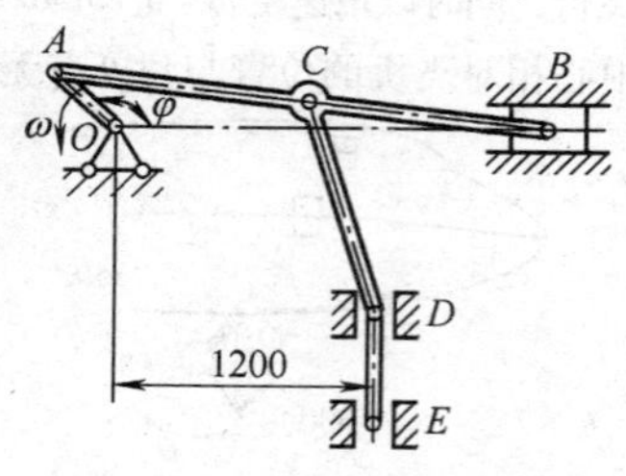

图6-37　习题6-14图

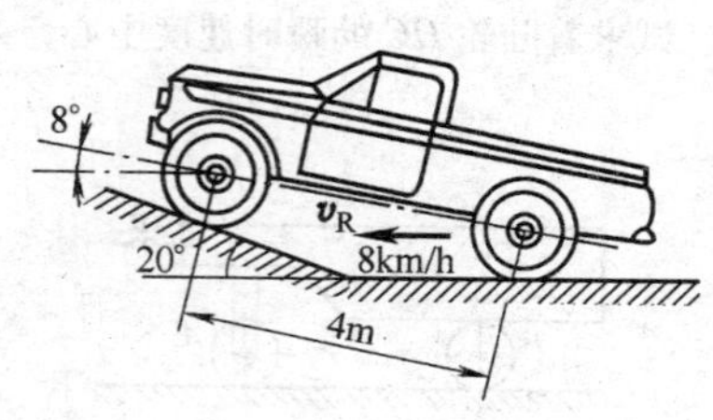

图6-38　习题6-15图

6-16 图6-39所示滑轮组中，绳索以速度 $v_C=0.12\text{m/s}$ 下降，各轮半径已知，如图所示。假设绳在轮上不打滑，试求轮 B 的角速度与重物 D 的速度。

6-17 如图6-40所示，电动机车是通过与发电机轴相连的传动齿轮 B 驱动的。齿轮 B 的轴承固定在车身上。齿轮 B 与固定在车轮上的齿轮 A 相啮合。车轮在钢轨上作纯滚动。图中半径 $R=0.3\text{m}$。若使电动机车以 12.2m/s 的速度前进，试求传动齿轮的角速度 ω_t 为多少？

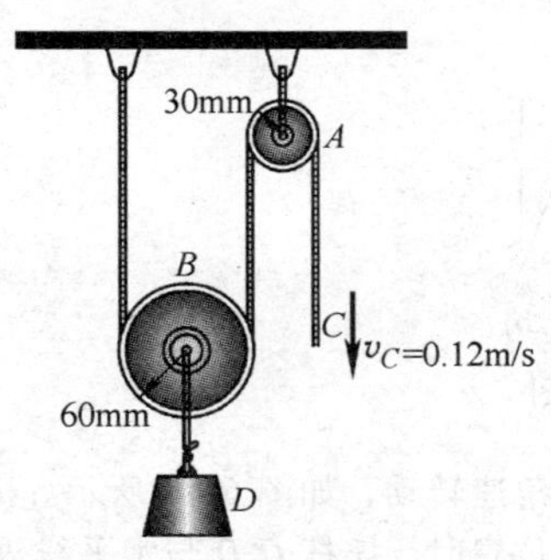

图6-39 习题6-16图

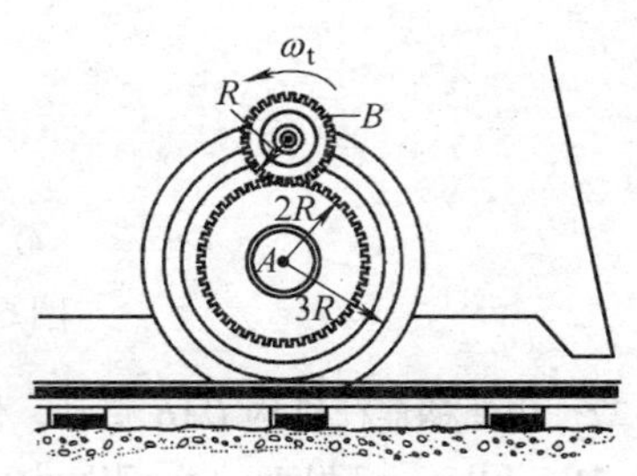

图6-40 习题6-17图

6-18 链杆式摆动传动机构如图6-41所示，$DCEA$ 为一摇杆，CA 垂直于 DE。曲柄 $OA=200\text{mm}$，$CD=CE=25\text{mm}$，曲柄转速 $n=70\text{r/min}$，$CO=200\sqrt{3}\text{mm}$。试求当 $\varphi=90°$ 且 OA 与 CA 成 60°角时，F、G 两点的速度的大小和方向。

6-19 如图6-42所示，曲柄 OA 长为 200mm，以等角速度 $\omega=10\text{rad/s}$ 转动，并带动长为 1000mm 的连杆 AB；滑块 B 沿铅垂滑道运动。试求当曲柄与连杆相互垂直并与水平轴线各成角 $\theta=45°$ 和 $\beta=45°$ 时，连杆 AB 的角速度、角加速度以及滑块 B 的加速度。

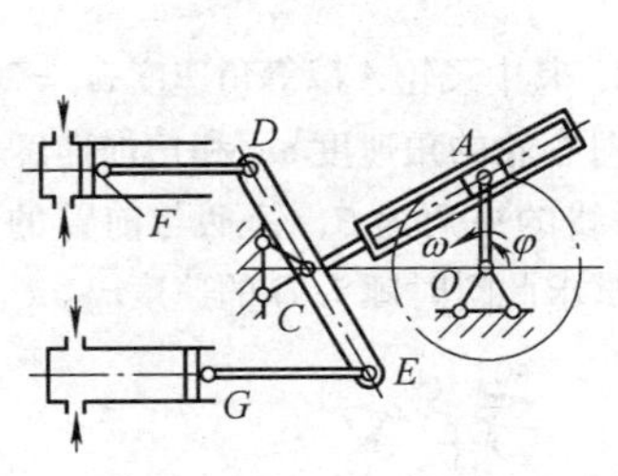

图6-41 习题6-18图

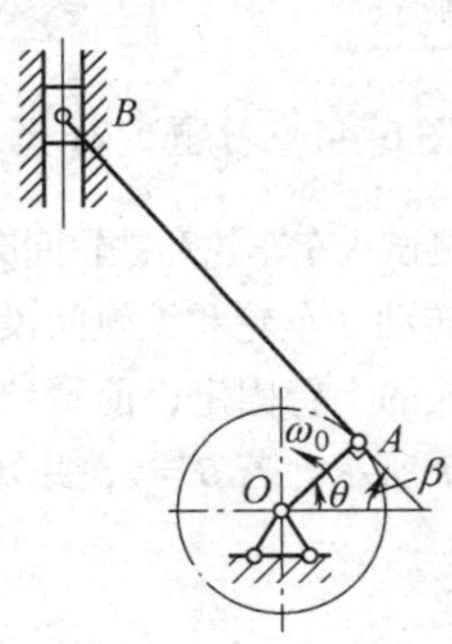

图6-42 习题6-19图

6-20 图6-43a、b所示的两种情形均为半径为 r 的圆轮在半径为 R 的圆弧面上作纯滚动，圆轮的角速度为 ω，角加速度为 α。试求轮上与圆弧面相接触的点 C 的加速度。

6-21 图6-44所示的容器为卸料斗，斗上的小轮 B 可在固定的水平槽内滑动。斗上的点 A 与液压操纵杆铰接。当液压杆按图示方向运动时，卸料斗产生倾斜，从而将斗内物料卸下。设初瞬时卸料斗处于图示位置，杆的速度为零，加速度为 0.5m/s^2。试求该瞬时卸料斗的角加速度。

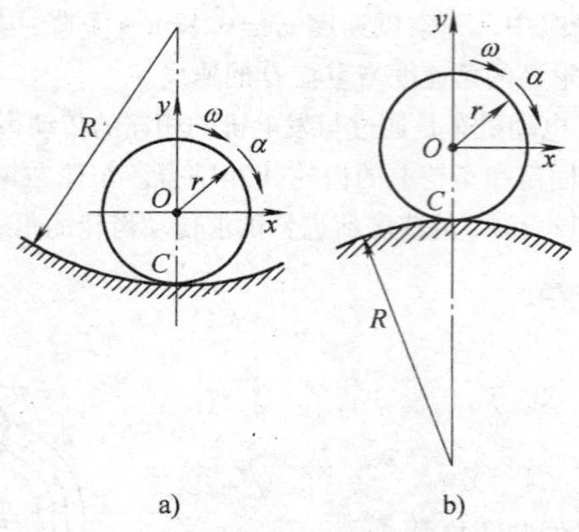

图6-43 习题6-20图

6-22 由曲柄连杆机构 OAB 带动，使摇杆 O_1D 作变角速转动，如图6-45所示。$OA=r=50\text{mm}$，$AB=BD=l=130\text{mm}$，$\omega=10\text{rad/s}$。当曲柄在铅垂位置时，摇杆 O_1D 与水平线成60°角。试求此瞬时摇杆 O_1D 的角速度和滑块 B 的加速度。

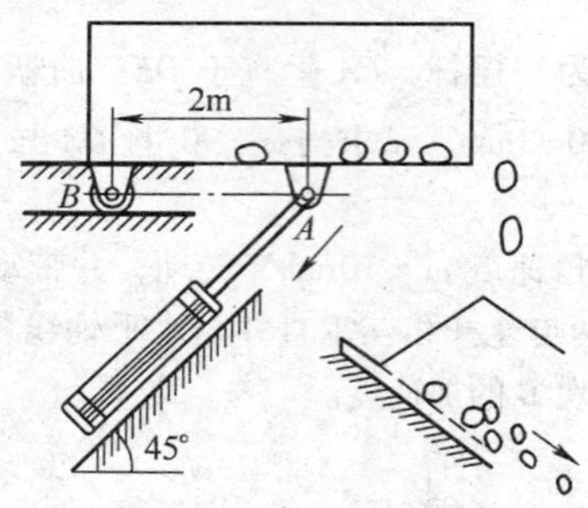

图6-44 习题6-21图

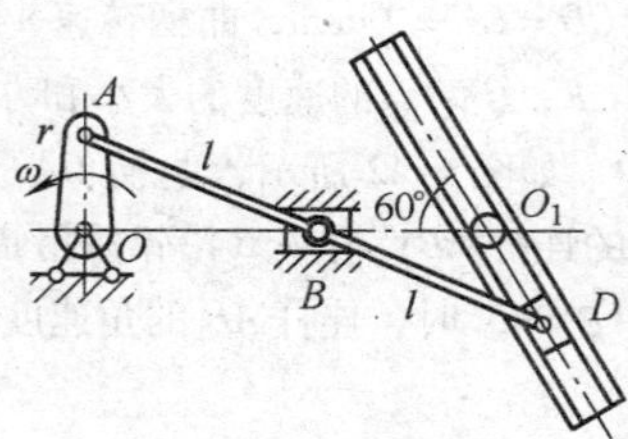

图6-45 习题6-22图

6-23 测试火车车轮和铁轨间磨损的机构如图6-46所示，其中飞轮 A 以等角速度 $\omega_A=20\pi\text{rad/s}$ 逆时针转向转动，车轮和铁轨间没有滑动。试求图示位置时车轮的角速度 ω_D 和角加速度 α_D。

6-24 人的上臂固定，前臂绕肘部转动，前臂与水平线的夹角为 β，锤柄与前臂的夹角为 γ，如图6-47所示。若 $\beta=\gamma$，并知 $\beta=45°$ 时 $\dot{\beta}=2\text{rad/s}$。试求此瞬时锤头 D 的速度 $\boldsymbol{v}_D$。

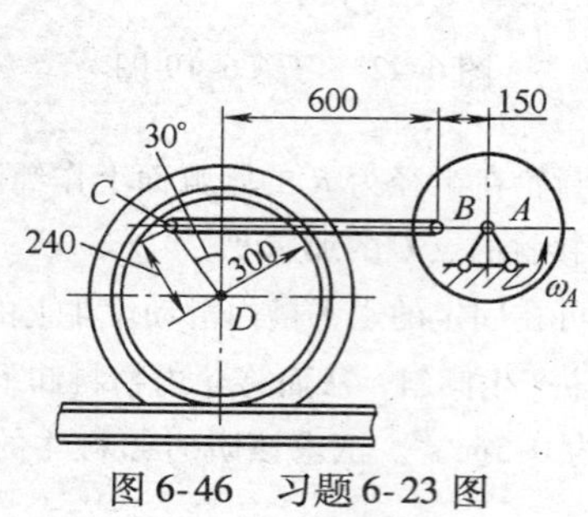

图6-46 习题6-23图

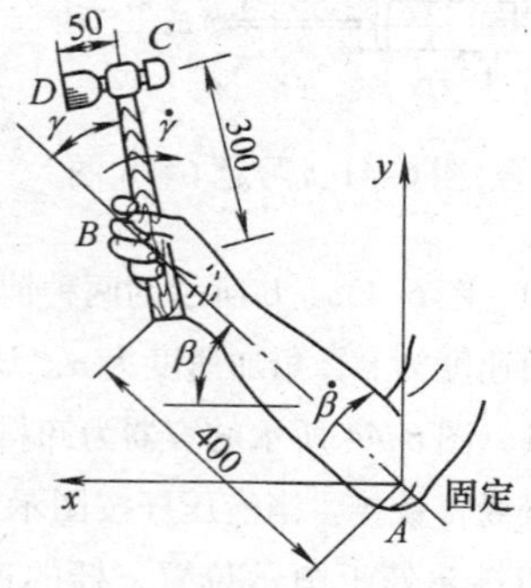

图6-47 习题6-24图

第 7 章　质点动力学

动力学主要研究两类问题，一类是：已知物体的运动，确定作用在物体上的力；另一类是：已知作用在物体上的力，确定物体的运动。实际工程问题中多以这两类问题的交叉形式出现。总之，工程动力学研究作用在物体上的力系与物体运动的关系。

研究作用在物体上的力系与物体运动的关系，主要是建立运动物体的力学模型以及描述受力物体运动状态变化的数学方程，这些方程称为动力学问题的基本方程和普遍定理。

工程动力学的研究对象是质点和质点系（包括刚体），因此动力学一般分为质点动力学和质点系动力学，前者是后者的基础。

质点动力学（dynamics of a particle）研究作用在质点上的力和质点运动之间的关系。本章主要介绍质点在惯性系下的运动微分方程和简单的振动问题。

读者通过物理学的学习已经熟知牛顿三定律：

牛顿第一定律——惯性定律：任何质点如果不受力作用（或受平衡力系作用），则将保持其原来静止或匀速直线运动状态。物体保持其运动状态不变的固有属性，称为惯性。

牛顿第二定律——力与加速度之间关系的定律：

$$m\boldsymbol{a} = \boldsymbol{F}$$

即：质点的质量与加速度大小的乘积，等于作用于质点的力的大小，加速度的方向与力的方向相同，此即质点动力学的基本方程。质量为质点惯性的度量。

上述两定律仅在惯性参考系中成立。

牛顿第三定律——作用与反作用定律。

7.1　质点在惯性参考系中的动力学

7.1.1　质点在惯性参考系中的运动微分方程

根据牛顿第二定律，即

$$m\boldsymbol{a} = \sum \boldsymbol{F} \tag{7-1}$$

质点在惯性系中的运动微分方程有以下形式：

（1）矢量形式

$$m\ddot{\boldsymbol{r}} = \sum \boldsymbol{F}(t,\ \boldsymbol{r},\ \dot{\boldsymbol{r}}) \tag{7-2}$$

式中，$\boldsymbol{r}$、$\dot{\boldsymbol{r}}$ 与 $\ddot{\boldsymbol{r}}$ 分别为质点的位矢、速度和加速度。

（2）直角坐标形式

$$\begin{cases} m\ddot{x} = \sum F_x \\ m\ddot{y} = \sum F_y \\ m\ddot{z} = \sum F_z \end{cases} \tag{7-3}$$

式中，加速度 $\boldsymbol{a}=\ddot{\boldsymbol{r}}=(\ddot{x},\ \ddot{y},\ \ddot{z})$，力 $\boldsymbol{F}=(F_x,\ F_y,\ F_z)$。

（3）弧坐标形式

$$\begin{cases} m\ddot{s} = \sum F_{\mathrm{t}} \\ m\dfrac{\dot{s}^2}{\rho} = \sum F_{\mathrm{n}} \\ 0 = \sum F_{\mathrm{b}} \end{cases} \tag{7-4}$$

式中，$\ddot{s}=a_{\mathrm{t}}$ 为质点的切向加速度；$\dfrac{\dot{s}^2}{\rho}=a_{\mathrm{n}}$ 为质点的法向加速度；ρ 为质点运动轨迹的曲率半径；$\boldsymbol{F}=(F_{\mathrm{t}},\ F_{\mathrm{n}},\ F_{\mathrm{b}})$。

需要注意的是，牛顿第二定律适用的条件是：惯性参考系、单个质点、宏观物体和速度远低于光速的问题。

7.1.2 质点运动微分方程的应用及示例

应用上述质点运动微分方程可求解质点动力学的两类基本问题。

一是：已知质点的运动，求作用于质点上的力，称为**质点动力学第一类问题**。

求解这类问题，首先需要根据质点的运动建立质点的运动方程，然后将质点的运动方程对时间求导数，最后，应用质点运动微分方程确定作用在质点上的力。

二是：已知作用于质点上的力，求质点的运动，称为**质点动力学第二类问题**。求解这类问题是质点运动微分方程的积分过程。

对于一些比较复杂的问题，上述两类问题可能同时存在，这时需要将两类问题联合求解。

1. 第一类质点动力学问题——已知运动求力

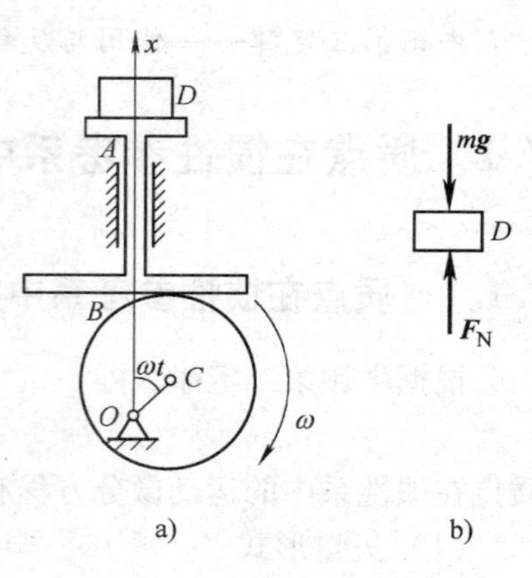

图 7-1 例题 7-1 图

【例题 7-1】 图 7-1a 所示机构中，偏心轮绕 O 轴以匀角速度 ω 顺时针转动，推动挺杆 AB 沿铅垂滑道运动，挺杆顶部放有一质量为 m 的物块 D。设偏心距 $OC=e$，运动开始时 OC 位于铅垂线 OA 上，试求任一瞬时，物块 D 对挺杆的压力，以及保证物块 D 不脱离挺杆的偏心轮转动角速度的最大值 ω_{max}。

解：取物块 D 为研究对象，不脱离时它随挺杆一起作平移，其受力如图 7-1b 所示，其中 $\boldsymbol{F}_N$ 为约束力。

（1）求物块 D 对挺杆的压力

根据式（7-3）第一式，有

$$ma_D = F_N - mg$$

设偏心轮的半径为 R，则物块 D 的运动方程为

$$x_D = e\cos \omega t + R + AB$$

由此求得物块 D 的加速度为

$$a_D = \ddot{x}_D = -e\omega^2 \cos \omega t$$

从而求得

$$F_N = mg - me\omega^2 \cos \omega t$$

所以，物块对挺杆的压力与 F_N 大小相等、方向相反。

（2）求最大角速度 ω_{max}

因为欲使物块 D 不离开挺杆的条件是 $F_{Nmin} \geqslant 0$，而

$$F_{Nmin} = mg - me\omega^2$$

所以应有

$$mg - me\omega^2 \geqslant 0$$

即 $\omega \leqslant \sqrt{\frac{g}{e}}$，故保证物块 D 不脱离挺杆的偏心轮转动角速度的最大值 $\omega_{max} = \sqrt{\frac{g}{e}}$。

本题是已知运动，求未知的约束力，属于质点动力学的第一类问题。物块 D 的加速度也可以应用点的复合运动方法求得，请读者思考。

2. 第二类质点动力学问题——已知力求运动

【例题 7-2】 某卫星绕地球作椭圆轨道运动，其近地点高度为 $h = 400\text{km}$，速度为 $v = 32200\text{km/h}$。若地球的重力加速度为 $g = 9.8\ \text{m/s}^2$，地球半径 $R = 6370\text{km}$，求该点轨迹的曲率半径 ρ。

解：根据万有引力定律

$$F = \frac{GMm}{r^2}$$

式中，G 为引力常量；M 和 m 分别为地球和卫星的质量；r 为卫星到地心的距离。当 $r = R$ 时，

$$F = mg = \frac{GMm}{R^2}$$

式中，R 为地球的半径。上式给出

$$GM = gR^2$$

由此得到

$$F=\frac{gR^2m}{r^2}$$

根据牛顿第二定律，$F=ma$，利用上式得到

$$a=g\left(\frac{R}{r}\right)^2$$

在近地点这个加速度恰好是法向加速度 a_{n}，近地点时 $r=R+h$，可得

$$\rho=\frac{v^2}{a_{\mathrm{n}}}=\frac{v^2}{g\left(\frac{R}{R+h}\right)^2}=\frac{\left(\frac{32200\times10^3}{60\times60}\right)^2}{9.8\left(\frac{6370}{6370+400}\right)^2}\mathrm{m}=9221\mathrm{km}$$

3. 第一类与第二类问题的综合问题

【例题7-3】 单摆由固结在细长杆一端 A 上的小球组成。杆长 $OA=l$，杆的自重不计，球的质量为 m。当杆与铅垂轴线之间的夹角为 θ_0 时被静止释放，若不计空气阻力，试分析球的运动和杆对球的约束力。

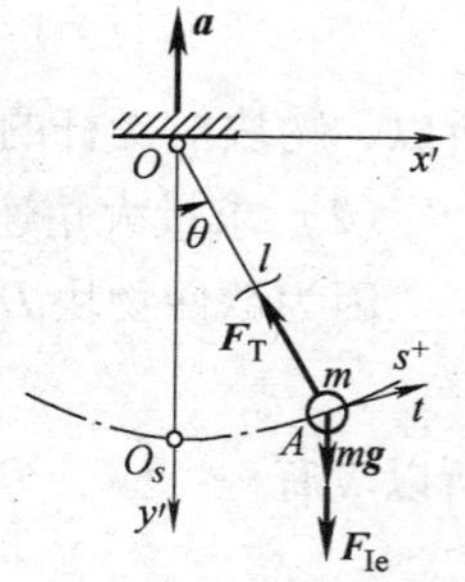

图7-2 例题7-3图

解：本例要先根据已知的主动力 $\boldsymbol{mg}$ 求质点的运动，再由已求得的运动求未知约束力，故既有第一类问题，也有第二类问题。

由于质点的运动轨迹是圆弧，故采用弧坐标 s 描述运动。将弧坐标原点 O_s 选在摆处于铅垂线上时球的位置处（平衡位置），弧坐标的正方向 s^+ 自左向右。

将球置于弧坐标的一般位置 s。此时，杆 OA 与铅垂线夹角为 θ。当规定弧坐标 s 与角坐标 θ 的正方向对应一致时，便有

$$s=l\theta,\ \dot{s}=l\dot{\theta},\ \ddot{s}=l\ddot{\theta} \tag{a}$$

这时，球受有主动力（重力）$\boldsymbol{mg}$ 与约束力（杆的拉力或压力）$\boldsymbol{F}_{\mathrm{T}}$。

由式（7-4）的前两式，得

$$\begin{cases} m\ddot{s}=-mg\sin\theta \\ m\dfrac{\dot{s}^2}{l}=F_{\mathrm{T}}-mg\cos\theta \end{cases} \tag{b}$$

注意到，重力 $\boldsymbol{mg}$ 虽为常力，但当 $\theta>0$ 时，它在位置 s 的切线轴 t 上的投影为角 θ 的函数，且有负号，故对弧坐标而言成为变力。

运用式（a），将式（b）中第一式的变量统一用角 θ 表示，经整理后得到

$$\begin{cases} \ddot{\theta}+\dfrac{g}{l}\sin\theta=0 \\ F_{\mathrm{T}}=mg\cos\theta+m\dfrac{v^2}{l} \end{cases} \tag{c}$$

其中，第一式等号左边第二项可以用泰勒公式展开为

$$\frac{g}{l}\sin\theta=\frac{g}{l}\left(\theta-\frac{1}{3!}\theta^3+\cdots\right) \tag{d}$$

当角 θ 较大，θ^3 不能被忽略时，该项与广义坐标 θ 为非线性关系。式（c）的第一式中因含有非线性项，从而称为二阶非线性常系数齐次微分方程。

（1）微幅摆动用线性微分方程描述

本例只讨论这种情形。

当杆的初始摆角 θ_0 很小时，$\sin\theta\approx\theta$，式（c）的第一式可写成

$$\ddot{\theta}+\frac{g}{l}\theta=0 \tag{e}$$

引入角频率 $\omega_0=\sqrt{\frac{g}{l}}$，有

$$\ddot{\theta}+\omega_0^2\theta=0 \tag{f}$$

该式为二阶线性齐次微分方程，其通解为

$$\theta=A\sin(\omega_0 t+\varphi) \tag{g}$$

将单摆的初始条件：$t=0$，$\theta=\theta_0$，$\dot{\theta}_0=0$，分别代入式（g）及其一阶导数式，有

$$\begin{cases}\theta_0=A\sin\varphi\\ 0=\omega_0 A\cos\varphi\end{cases} \tag{h}$$

由上式解出待定常数 A 和 φ。最后得到摆角 $\theta(t)$ 与小球的运动规律 $s(t)$ 分别为

$$\begin{cases}\theta=\theta_0\cos\sqrt{\frac{g}{l}}\,t\\ s=\theta l=\theta_0 l\cos\sqrt{\frac{g}{l}}\,t\end{cases} \tag{i}$$

式（i）表明，单摆在微幅摆动情形下，沿弧坐标作简谐运动。摆动的周期 T 与摆幅 θ_0 无关，称为单摆在微幅摆动下的**等时性**（isochronism）。即

$$T=\frac{2\pi}{\omega_0}=2\pi\sqrt{\frac{l}{g}} \tag{j}$$

（2）杆对球的约束力包括静、动约束力两部分

在式（c）的第二式中等号右边第一项 $mg\cos\theta$ 由静载荷（重力 mg）引起，称为**静约束力**（statical constraint force）；而第二项 $m\frac{v^2}{l}$ 由物体运动引起，称为**动约束力**（dynamical constraint force）。由式（a），得

$$v^2=l^2\dot{\theta}^2=2lg(\cos\theta-\cos\theta_0) \tag{k}$$

将该式代入式（c）的第二式，得到作用在球上的约束力

$$F_{\mathrm{T}} = mg\cos\theta + 2mg(\cos\theta - \cos\theta_0)$$

$$= 3mg\left(\cos\theta - \frac{2}{3}\cos\theta_0\right) \tag{1}$$

最后请读者思考：本例题中，若所选弧坐标原点 O 不变，但规定沿圆弧的左上方向为正，仍将单摆置于图 7-2 所示的一般位置加以分析，这时的运动微分方程是否可以写成 $m\ddot{s} = +mg\sin\theta$？

7.2 机械振动基础

振动是指物体在某一位置附近作往复运动。常见的振动有钟摆的运动、气缸中活塞的运动等。振动在许多情形下是有害的，但若能掌握其规律，消其弊扬其利，则能使其更好地为人类服务。

本节以质点动力学为基础，研究单自由度系统的振动，重点是如何将单自由度系统简化为等效的弹簧－质量系统（即弹簧振子），其要点是如何确定弹簧－质量系统中的等效质量和弹簧的等效刚度系数，为今后继续研究机械振动奠定基础。

7.2.1 单自由度系统的振动

1. 弹簧振子的无阻尼自由振动

质量块受初始扰动，仅在回复力作用下产生的振动称为**自由振动**（free vibration）。考察图 7-3 所示之弹簧振子，设质量块的质量为 m，弹簧的刚度系数为 k。根据牛顿第二定律，有

$$m\frac{\mathrm{d}^2x}{\mathrm{d}t^2} = -kx$$

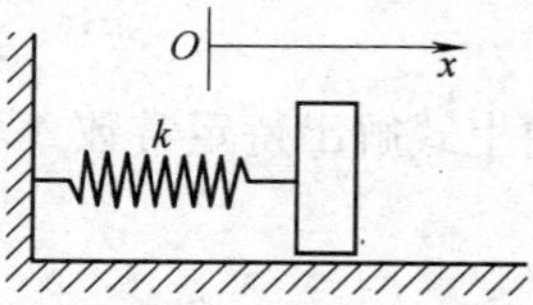

图 7-3 弹簧振子的无阻尼自由振动模型

令 $\omega_{\mathrm{n}}^2 = \frac{k}{m}$，将上式整理成一元二次微分方程的标准形式

$$\frac{\mathrm{d}^2x}{\mathrm{d}t^2} + \omega_{\mathrm{n}}^2 x = 0 \tag{7-5}$$

此式称为无阻尼自由振动微分方程的标准形式。它的解为

$$x = A\sin(\omega_{\mathrm{n}}t + \varphi) \tag{7-6}$$

式中，A 为自由振动的振幅；φ 为初相位；A 与 φ 均由初始条件确定。ω_{n} 为自由振动的固有圆频率：

$$\omega_{\mathrm{n}} = \sqrt{\frac{k}{m}} \tag{7-7a}$$

若 δ_{st} 为弹簧静变形，由静平衡关系 $k\delta_{\mathrm{st}} = mg$，得

$$\omega_{\mathrm{n}} = \sqrt{\frac{g}{\delta_{\mathrm{st}}}} \tag{7-7b}$$

$T=\dfrac{2\pi}{\omega_n}$为自由振动的周期。

2. 弹簧振子的有阻尼自由振动

振动中的阻力习惯上称为阻尼。这里仅考虑**黏性阻尼**（viscous damping），粘性阻尼的阻力的大小与运动速度成正比，阻力的方向与速度矢量的方向相反，即

$$\boldsymbol{F}_c = -c\,\boldsymbol{v} \tag{7-8}$$

式中，比例常数 c 称为**黏性阻尼系数**（coefficient of viscous damping）。

图7-4所示为弹簧振子的有阻尼自由振动的力学模型，根据牛顿第二定律，有

$$m\frac{d^2x}{dt^2} = -kx - c\frac{dx}{dt}$$

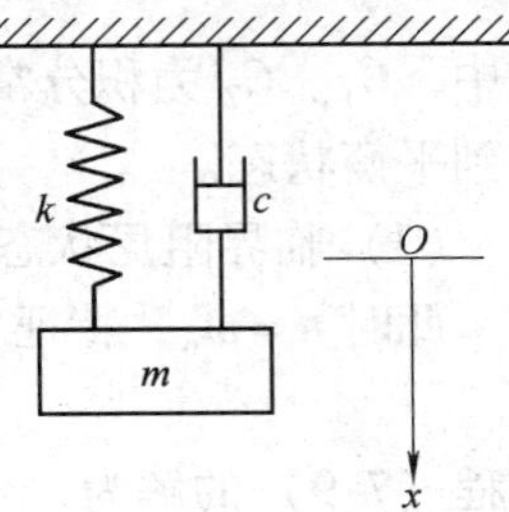

图7-4　弹簧振子的有阻尼自由振动模型

令 $n=\dfrac{c}{2m}$，上述方程可以整理成

$$\frac{d^2x}{dt^2}+2n\frac{dx}{dt}+\omega_n^2x=0 \tag{7-9}$$

这一方程称为有阻尼自由振动微分方程的标准形式，其特征方程为

$$\lambda^2+2n\lambda+\omega_n^2=0 \tag{7-10}$$

对于不同的 n 值，方程（7-10）的解有三种不同形式，相应的方程（7-9）的解也有三种形式。

（1）弱阻尼状态（或欠阻尼状态）

此时，$n<\omega_n$，方程（7-10）的特征值为一对共轭复根：

$$\lambda_{1,2} = -n \pm \sqrt{\omega_n^2-n^2}\ \mathrm{i}$$

方程（7-9）的解为

$$x = Ae^{-nt}\sin\left(\sqrt{\omega_n^2-n^2}t+\varphi\right) \tag{7-11}$$

式中，A、φ 为积分常数，由初始条件决定。图7-5所示为振子的位移与时间的关系。此时振子的运动是一种振幅按指数规律衰减的振动。图中振幅的包络线的表达式为 Ae^{-nt}，相邻的两个振幅之比称为减缩因数，记作 η，则

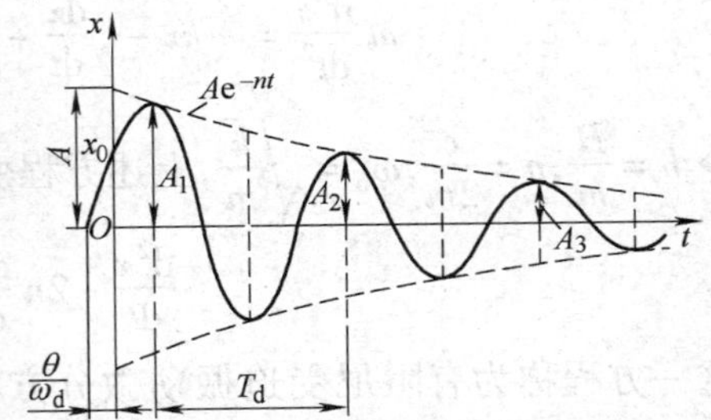

图7-5　弱阻尼状态振子的位移与时间的关系

$$\eta=\frac{A_m}{A_{m+1}}=\frac{Ae^{-nt_m}}{Ae^{-n(t_m+T_d)}}=e^{nT_d} \tag{7-12}$$

式中，$T_d=\dfrac{2\pi}{\omega_d}=\dfrac{2\pi}{\sqrt{\omega_n^2-n^2}}$为阻尼振动的周期。为应用方便，常引入对数减缩率，记作 Λ，则

$$\Lambda = \ln\left(\frac{A_m}{A_{m+1}}\right) = nT_{\mathrm{d}} \tag{7-13}$$

（2）过阻尼状态

此时 $n > \omega_{\mathrm{n}}$，特征方程（7-10）的解为

$$\lambda_{1,2} = -n \pm \sqrt{n^2 - \omega_{\mathrm{n}}^2}$$

方程（7-9）的解为

$$x = C_1 \mathrm{e}^{\lambda_1 t} + C_2 \mathrm{e}^{\lambda_2 t} \tag{7-14}$$

式中，C_1、C_2 为积分常数，由初始条件决定。此时系统已不能振动，系统缓慢地回到平衡状态。

（3）临界阻尼状态

此时 $n = \omega_{\mathrm{n}}$，特征方程（7-10）的解为

$$\lambda_1 = \lambda_2 = -n$$

方程（7-9）的解为

$$x = \mathrm{e}^{-nt}(C_1 + C_2 t) \tag{7-15}$$

系统也不能振动,较快地回到平衡位置。

3. 弹簧振子的受迫振动

受迫振动是系统在外界激励下所产生的振动。图 7-6 所示为强迫振动的力学模型。系统在激振力 $\boldsymbol{F}$ 作用下发生振动。

外激振力一般为时间的函数,最简单的形式是简谐激振力:

$$F(t) = H\sin\omega t$$

对质点应用牛顿第二定律,有

$$m\frac{\mathrm{d}^2 x}{\mathrm{d}t^2} = -kx - c\frac{\mathrm{d}x}{\mathrm{d}t} + H\sin\omega t$$

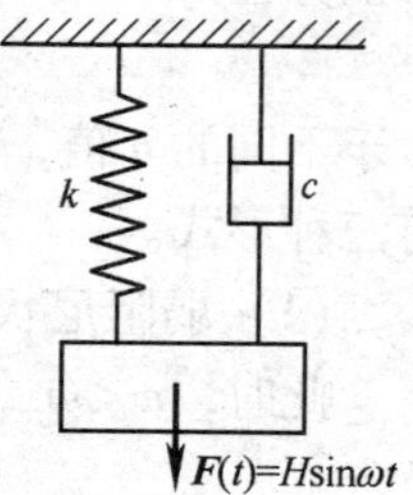

图 7-6 弹簧振子的强迫振动模型

令 $h = \frac{H}{m}, n = \frac{c}{2m}, \omega_{\mathrm{n}} = \sqrt{\frac{k}{m}}$,上述方程变为

$$\frac{\mathrm{d}^2 x}{\mathrm{d}t} + 2n\frac{\mathrm{d}x}{\mathrm{d}t} + \omega_{\mathrm{n}}^2 x = h\sin\omega t \tag{7-16}$$

这一方程称为有阻尼受迫振动微分方程的标准形式,若其中第二项(即阻尼项)为零,则为无阻尼强迫振动。方程(7-16)的通解为

$$x = A\mathrm{e}^{-nt}\sin(\sqrt{\omega_{\mathrm{n}}^2 - n^2}t + \varphi) + B\sin(\omega t - \psi) \tag{7-17}$$

式中，A 和 φ 为积分常数，由运动初始条件决定。B 和 ψ 由设定形式为

$$x = B\sin(\omega t - \psi) \tag{7-18}$$

的特解求出。可见有阻尼强迫振动的解由两部分组成：第一部分是衰减振动，第二部分是受迫振动。通常将第一部分称为过渡过程，第二部分称为稳态过程，其中稳态过程是研究的重点。

将方程（7-18）代入方程（7-16）有

$$B=\frac{h}{[(\omega_n^2-\omega^2)^2+4n^2\omega^2]^{\frac{1}{2}}} \tag{7-19}$$

$$\tan\psi=\frac{2n\omega}{\omega_n^2-\omega^2} \tag{7-20}$$

式（7-19）表明，在稳定状态下，受迫振动的一个重要特征是：振幅的取值与强迫力的频率有关。将式（7-19）对 ω 求一阶导数并令其等于零，可以发现，此时振幅 B 有极大值，即共振固有圆频率 ω_r 为

$$\omega_r=\sqrt{\omega_n^2-2n^2} \tag{7-21}$$

时，振幅 B 有极大值（即共振振幅），其值为

$$B_r=\frac{h}{2n\sqrt{\omega_n^2-n^2}} \tag{7-22}$$

受迫振动的振幅达到极大值的现象称为共振。共振是受迫振动中常见的现象，共振时，振幅随时间的增加不断增大，有时会引起系统的破坏，应设法避免；利用共振也可制造各种设备，如超声波发生器、核磁共振仪等，造福于人类。实际问题中，由于阻尼的存在，振幅不会无限增大。

7.2.2　单自由度系统振动模型　等效质量和等效刚度系数

1. 自由度的概念、单自由度系统实例

确定一个自由质点在空间的位置需要三个独立坐标，所以空间自由质点有三个自由度。所谓自由度是指确定质点系位置的独立坐标数。关于自由度，本书第 11 章中还将有更严格的定义。这里所说的独立坐标是广义的，既可以是直角坐标，也可以是转角等其他可以定位的参数。

单自由度系统，即仅用一个坐标便可定位的系统，图 7-7 中所示的系统都是**单自由度系统**，这些系统受到初始扰动将产生振动。

2. 单自由度系统简化为弹簧－质量系统中的等效质量和等效刚度系数

工程中许多振动问题都可以简化为一个弹簧－质量系统，而且常常是在重力影响下沿铅垂方向振动，如图 7-7a 所示。其实重力和其他常力一样，它们加在振动系统上，只改变其平衡位置，只要将坐标原点取在平衡位置，其他特性则与水平放置时完全一样，即可按 7.2.1 小节中的方法处理。处理这类问题的关键是怎样将工程振动问题简化为弹簧－质量系统模型。

在不考虑阻尼的情形下，单自由度线性系统的振动微分方程总可以表示为

$$m_{eq}\ddot{x}+k_{eq}x=0 \tag{7-23}$$

或

$$\ddot{x}+\omega_n^2x=0 \tag{7-24}$$

其中

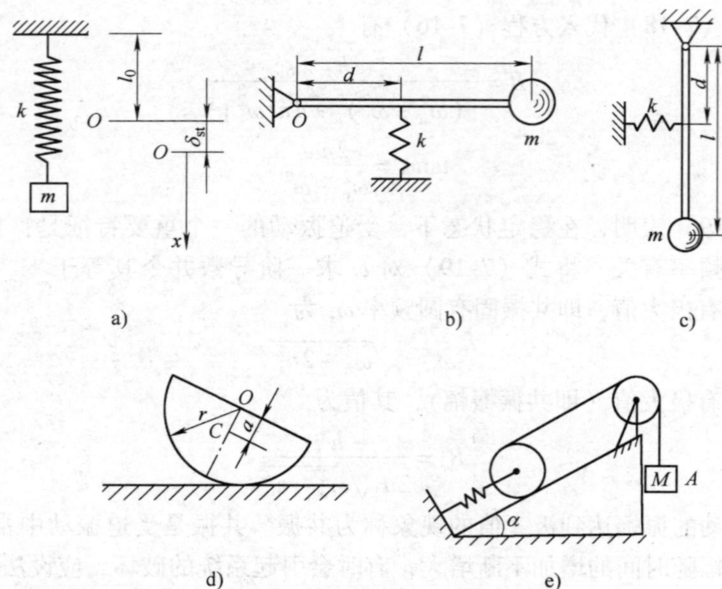

图 7-7 单自由度系统

$$\omega_n^2 = \frac{k_{eq}}{m_{eq}} \tag{7-25}$$

式中，m_{eq} 和 k_{eq} 分别为等效质量（equivalent mass）和等效刚度系数（equivalent stiffness coefficient）。

下面通过具体模型说明确定等效质量、等效刚度系数和固有频率的方法。

图 7-8a 所示为弹簧并联模型，图 7-8b 所示为弹簧串联模型，这两种模型均可简化为图 7-8c 所示弹簧－质量系统。现在，分别研究这两种模型的等效刚度系数。

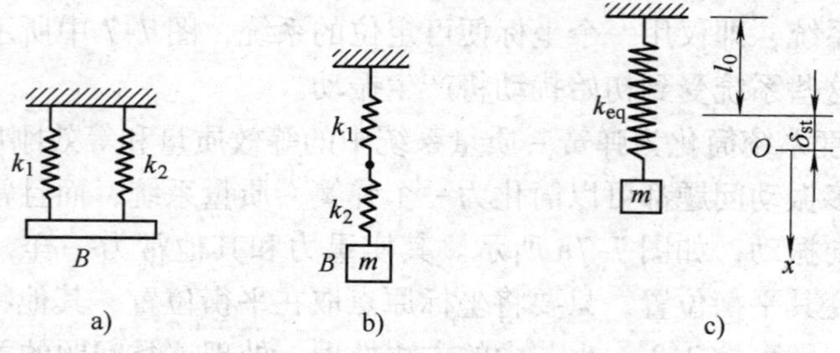

图 7-8 弹簧的并联和串联模型

（1）弹簧并联模型

考察图 7-8a 中两个弹簧并联的模型，它可简化为图 7-8c 所示弹簧－质量系统。设物块在重力作用下作平移，其静变形为 δ_{st}，两个弹簧分别受力 $\boldsymbol{F}_1$，$\boldsymbol{F}_2$，因两弹簧变形量相同，则

$$F_1 = k_1\delta_{st}, \quad F_2 = k_2\delta_{st}$$

平衡时应有

$$mg = F_1 + F_2 = (k_1 + k_2)\delta_{st}$$

令

$$k_{eq} = k_1 + k_2 \tag{7-26}$$

k_{eq}为**等效刚度系数**，即

$$mg = k_{eq}\delta_{st}$$

此时系统的固有频率为

$$\omega_n = \sqrt{\frac{k_{eq}}{m}} = \sqrt{\frac{k_1 + k_2}{m}}$$

这一结果表明，**两个弹簧并联的系统，相当于一个等效弹簧系统，等效弹簧的等效刚度系数等于原两个弹簧的刚度系数和**。系统的自由振动微分方程为

$$\ddot{x} + \omega_n^2 x = 0$$

这与弹簧振子的运动微分方程完全相同。上述结论可以推广到多个弹簧并联的情形。

（2）弹簧串联模型

考察图7-8b中两个弹簧串联的系统，它也可简化为图7-8c所示弹簧-质量系统。其中每个弹簧的受力均为mg，故两个弹簧的静伸长量分别为

$$\delta_{st1} = \frac{mg}{k_1}$$

$$\delta_{st2} = \frac{mg}{k_2}$$

两个弹簧的静伸长量之和（即系统的总静伸长量）为

$$\delta_{st} = \delta_{st1} + \delta_{st2} = mg\left(\frac{1}{k_1} + \frac{1}{k_2}\right)$$

根据

$$mg = k_{eq}\delta_{st}$$

可以得到

$$\frac{1}{k_{eq}} = \frac{1}{k_1} + \frac{1}{k_2} \tag{7-27}$$

或

$$k_{eq} = \frac{k_1 k_2}{k_1 + k_2} \tag{7-28}$$

此时系统的固有频率为

$$\omega_n = \sqrt{\frac{k_{eq}}{m}} = \sqrt{\frac{k_1 k_2}{m(k_1 + k_2)}}$$

这一结果表明，**两个弹簧串联的系统，相当于一个等效弹簧系统，等效弹簧的等效刚度系数由式**（7-28）**确定**。同样，这一结论也可推广到多个弹簧串联的情形。

3. 刚体系统振动

图 7-9 所示为物块和滑轮组成的简单刚体系统，滑轮对轴的转动惯量为 J，弹簧刚度系数为 k，物块质量为 m。

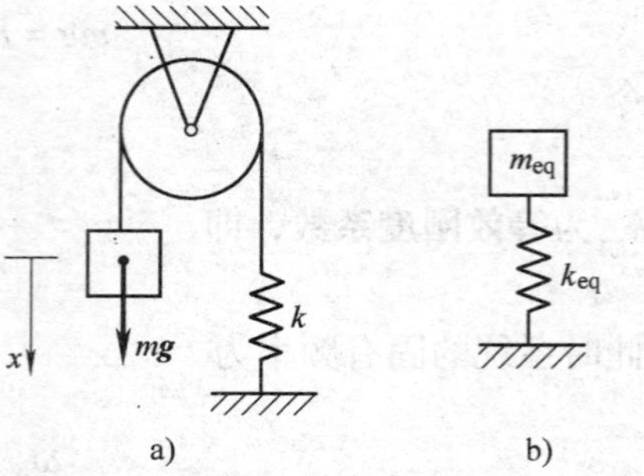

现在，应用物理学中关于简单刚体系统的动能定理，建立与刚体系统等效的相当系统的**等效质量**与**等效刚度系数**。

图 7-9 刚体系统模型

以系统平衡时重物的位置为原点，取 x 轴如图所示。系统为保守系统，重物在任意坐标 x 处，系统动能为

$$T=\frac{1}{2}m\dot{x}^2+\frac{1}{2}J\left(\frac{\dot{x}}{r}\right)^2$$

系统势能为

$$V=\frac{1}{2}k(x+\delta_{st})^2-\frac{1}{2}k\delta_{st}^2-mgx$$

$$=\frac{1}{2}kx^2+(k\delta_{st}-mg)x=\frac{1}{2}kx^2$$

不计摩擦，系统机械能守恒，有

$$T+V=\frac{1}{2}m\dot{x}^2+\frac{1}{2}J\left(\frac{\dot{x}}{r}\right)^2+\frac{1}{2}kx^2=\text{常数}$$

对方程两端求导，得到

$$\left(m+\frac{J}{r^2}\right)\ddot{x}+kx=0 \tag{7-29}$$

于是，得到等效系统的等效质量为

$$m_{eq}=m+\frac{J}{r^2} \tag{7-30}$$

方程（7-29）也可以化为标准形式

$$\ddot{x}+\frac{kr^2}{mr^2+J}x=0$$

系统的固有频率为

$$\omega_n=r\sqrt{\frac{k}{mr^2+J}} \tag{7-31}$$

通过以上几种模型分析可以看出，只要能写出单自由度系统的运动微分方程，即可顺利求出系统的等效质量和等效刚度系数。反之，如果知道系统的等效质量和等效刚度系数或系统的固有频率，即可得到系统的运动微分方程。

最后，请读者思考：怎样确定图 7-7e 所示系统的等效质量和等效刚度系数？

7.3　本章小结与讨论

7.3.1　本章小结

（1）质点动力学研究质点的运动与受力之间的关系，其基本步骤是：动力学建模（列写运动微分方程及补充方程，如运动学关系）、方程求解、结果分析等。这也是研究工程中的动力学问题的主要步骤。

（2）质点在惯性参考系中的运动微分方程

矢量形式　$m\ddot{\boldsymbol{r}}=\sum\boldsymbol{F}(t,\ \boldsymbol{r},\ \dot{\boldsymbol{r}})$

直角坐标形式　$m\ddot{x}=\sum F_x$，$m\ddot{y}=\sum F_y$，$m\ddot{z}=\sum F_z$

弧坐标形式　$m\ddot{s}=\sum F_{\mathrm{t}}$，$m\dfrac{\dot{s}^2}{\rho}=\sum F_{\mathrm{n}}$，$0=\sum F_{\mathrm{b}}$

当已知质点的运动求质点的受力时，数学上主要是微分问题；而当已知质点的受力求质点的运动时，数学上主要是积分问题，这时需要通过运动初始条件确定积分常数。

7.3.2　确定物体运动时初始条件的重要性

在解决动力学第二类问题时可用积分法求解，即求运动微分方程的精确解。求解问题时列出的运动微分方程一般为三个二阶微分方程，以直角坐标形式的运动微分方程为例，方程为式（7-3）

$$\begin{cases}m\ddot{x}=\sum F_x\\ m\ddot{y}=\sum F_y\\ m\ddot{z}=\sum F_z\end{cases}$$

等式的右端为力函数，若力函数比较复杂，往往求不出方程的精确解，只能求近似解或数值解。目前我们仅讨论可求出精确解的一些简单问题。

对上式积分后，得到含积分常数的通解，一般表示为

$$\begin{cases}x=x(t,c_1,c_2,\cdots,c_6)\\ y=y(t,c_1,c_2,\cdots,c_6)\\ z=z(t,c_1,c_2,\cdots,c_6)\end{cases}\tag{7-32a}$$

这六个积分常数就要由质点运动的初始条件确定。正确地写出质点运动的初始条件此时就显得极为重要。

初始条件就是质点的初位置和初速度，初始条件一般写为

当 $t=0$ 时，

$$\begin{cases} x = x_0, y = y_0, z = z_0 \\ \dot{x} = v_{0x}, \dot{y} = v_{0y}, \dot{z} = v_{0z} \end{cases} \tag{7-32b}$$

可见一个质点若受相同的力作用，但是如果初始条件不同，质点的运动将会不同。例如重力场中的单摆，若在平衡位置附近由静止无初速释放，则摆作微幅振动；若初速度非常大，摆可作圆周运动；这两种情形下的运动微分方程都是线性的，求解过程比较简单。若偏角很大，摆将作非线性运动，运动微分方程是非线性的，问题的求解将变得很复杂。

初学者在分析和处理这一类问题时，一定要重视运动的初始条件，结合具体问题认真总结运动初始条件对运动规律的影响。

7.3.3 关于机械振动的讨论

1. 关于振动概念

本章将振动的概念从以往单个质点扩展到系统。该系统可以是单自由度，也可以是多自由度，乃至无限多自由度。系统要产生振动必须有内因和外因。内因是系统本身既要有弹性又要有惯性，二者缺一不可。对有阻尼系统，仅在弱阻尼时运动才有振动形态。外因是系统要受到激励。按激励不同，可将振动分为自由振动、受迫振动等；若按系统特性分类，则可分为线性振动和非线性振动。

2. 关于运动微分方程

（1）建立系统运动方程就是动力学中已知主动力求运动的问题。主要过程与解动力学其他问题相似，但振动问题还要注意广义坐标原点的选择，通常以静平衡位置为广义坐标原点。

（2）单自由度系统的运动微分方程的标准形式为

$$m_{eq}\ddot{q} + c_{eq}\dot{q} + k_{eq}q = F_Q(t)$$

式中，m_{eq}和 k_{eq}分别是系统的等效质量和等效刚度系数，可分别由系统动能和势能表达式得到；c_{eq}和 $F_Q(t)$可分别由系统阻尼力和激励力的元功表达式得到。

3. 单自由度线性系统的自由振动

（1）固有频率是系统的固有属性，它仅与系统的等效刚度系数和等效质量有关。

（2）无阻尼系统的自由振动是简谐振动，其频率就是固有频率 ω_n，振幅和初相位取决于初始条件，振动过程中没有能量的补充或耗散。

（3）有阻尼系统仅在弱阻尼时才有振动形态，阻尼使自由振动频率略有降低，使振幅按指数衰减，振动过程中有能量耗散。

4. 单自由度线性系统简谐激励的受迫振动

（1）简谐激励的响应包括以下两部分：

一是系统的自由振动响应，频率为 ω_d，对有阻尼系统，它们的振幅随时间衰减。二是激励引起的稳态受迫振动，即微分方程的特解。振动频率为激励频率 ω，即使系统有阻尼，振幅也不会随时间衰减。

（2）稳态响应的振幅是稳定的，不会因受干扰而偏离；无阻尼系统共振时，振幅将越来越大。这些现象都可以由稳态受迫振动中的能量关系加以解释。

习　题

选择填空题

7-1　如图 7-10 所示，在铅垂面内的一块圆板上刻有三道直槽 AO、BO、CO，若三个质量相等的小球 M_1、M_2、M_3 在重力作用下自静止开始同时从 A、B、C 三点分别沿各槽运动，不计摩擦，则先到达 O 点的是（　　）。

① M_1 小球　　② M_2 小球

③ M_3 小球　　④ 三球同时

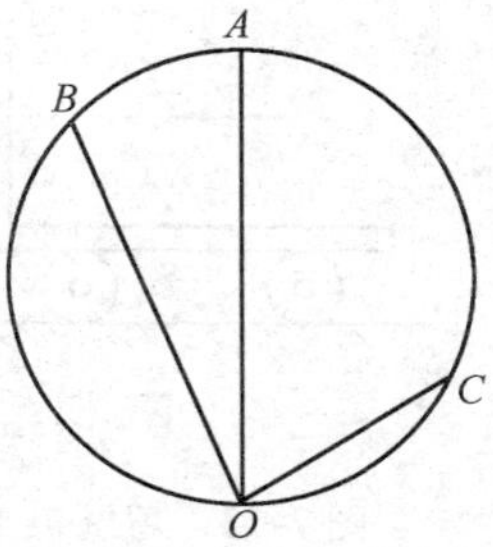

图 7-10　习题 7-1 图

7-2　铅垂上抛一质量为 m 的小球，假设空气阻力 $\boldsymbol{F}$ 与速度 $\boldsymbol{v}$ 的一次方成正比，即 $\boldsymbol{F}=-\mu\boldsymbol{v}$，其中 μ 为阻力常数。选取如图 7-11 所示坐标轴 x，则小球 A 的运动微分方程为（　　）。

① $m\ddot{x}=-mg-\mu\dot{x}$　（上升阶段）
　 $m\ddot{x}=-mg+\mu\dot{x}$　（下降阶段）

② $m\ddot{x}=-mg-\mu\dot{x}$　（上升阶段）
　 $m\ddot{x}=mg-\mu\dot{x}$　（下降阶段）

③ $m\ddot{x}=-mg-\mu\dot{x}$　（上升或下降阶段）

④ $m\ddot{x}=mg+\mu\dot{x}$　（上升阶段）
　 $m\ddot{x}=mg-\mu\dot{x}$　（下降阶段）

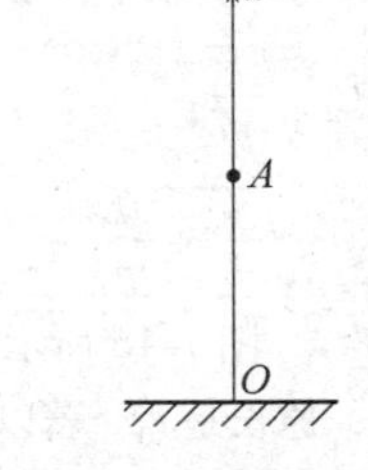

图 7-11　习题 7-2 图

7-3　如图 7-12 所示，$G_1=2\text{kN}$，$G_2=1\text{kN}$。图 7-12a 中绳子拉力 $F=2\text{kN}$，不计滑轮和绳的质量，绳和滑轮无相对滑动。则重物 B 的加速度及两边绳的拉力分别为：

对于图 7-12a：$a_B=$（　　），　$F_B=$（　　）；

对于图 7-12b：$a_B=$（　　），　$F_A=$（　　），$F_B=$（　　）。

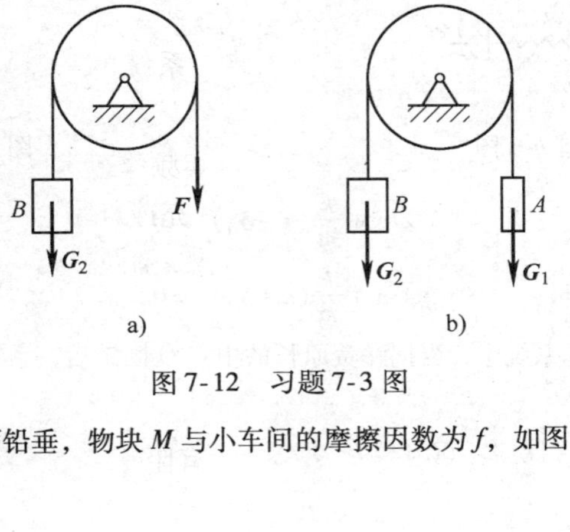

a)　　b)

图 7-12　习题 7-3 图

7-4　小车的 AB 侧面铅垂，物块 M 与小车间的摩擦因数为 f，如图 7-13 所示。若使物块 M

不致下落，则小车运动的加速度 $\boldsymbol{a}$ 的大小满足（　　）。

7-5　在图 7-14 所示机构中，O_1A 平行且等于 O_2B，杆 O_1A 以匀角速度 ω 绕水平轴 O_1 转动，在图示瞬时，质量为 m 的动点 M 沿半圆板运动至最高点，则该点的牵连惯性力的方向是（　　）。

① 沿 O_1M 方向　　② 沿 O_2M 方向

③ 平行 O_1A 向上　　④ 平行 O_1A 向下

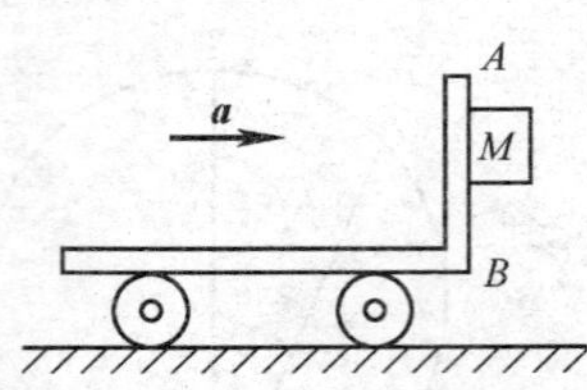

图 7-13　习题 7-4 图

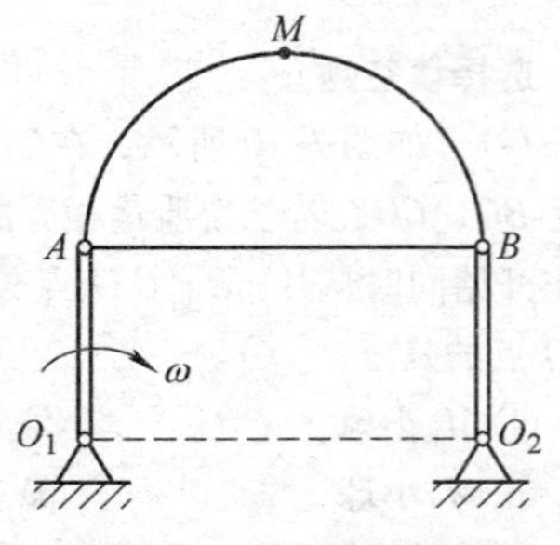

图 7-14　习题 7-5 图

7-6　如图 7-15 所示，单摆由无重刚杆 OA 和质量为 m 的小球 A 构成。小球上连接有两个刚度系数为 k 的水平弹簧，则单摆微振动的固有频率为（　　）。

① $\sqrt{\dfrac{k}{m}}$　　② $\sqrt{\dfrac{2k}{m}}$

③ $\sqrt{\dfrac{g}{L}+\dfrac{2k}{m}}$　　④ $\sqrt{\dfrac{g}{L}+\dfrac{k}{m}}$

7-7　图 7-16 所示弹簧－质量系统，已知物块的质量为 m，弹簧的刚度系数为 k，静伸长量为 δ_{st}，原长是 l_0。若以弹簧未伸长的下端点为坐标原点 O，则物块的运动微分方程为（　　）。

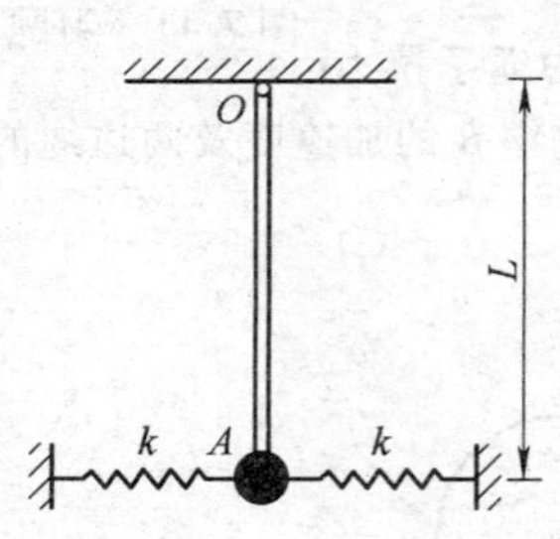

图 7-15　习题 7-6 图

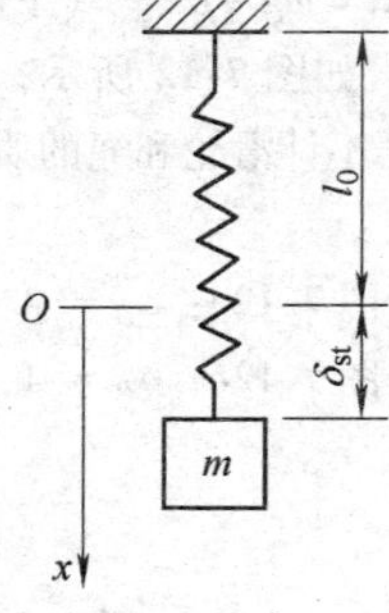

图 7-16　习题 7-7 图

① $\ddot{x}+\dfrac{k}{m}x=0$　　② $\ddot{x}+\dfrac{k}{m}(x-\delta_{st})=0$

③ $\ddot{x}+\dfrac{k}{m}(x-\delta_{st})=g$　　④ $\ddot{x}+\dfrac{k}{m}(x+\delta_{st})=0$

7-8　在图 7-17 所示系统中，当把弹簧原长的中点 O 固定后，系统的固有频率与原来固有频率的比值为（　　）。

① $\dfrac{1}{2}$　　② 2　　③ $\sqrt{2}$　　④ 4

7-9　图7-18所示弹簧秤，秤盘重未知，当盘上放一重 P 的物体时，测得振动周期为 T_1；换一重 G 的物体时，其振动周期为 T_2，则弹簧的刚度系数 $k=$（　　）。

图7-17　习题7-8图　　　　图7-18　习题7-9图

分析计算题

7-10　图7-19所示滑水运动员刚接触跳台斜面时，具有平行于斜面方向的速度40.2km/h，忽略摩擦，并假设他一经接触跳台后，牵引绳就不再对运动员有作用力。试求滑水运动员从飞离斜面到再落水时的水平长度。

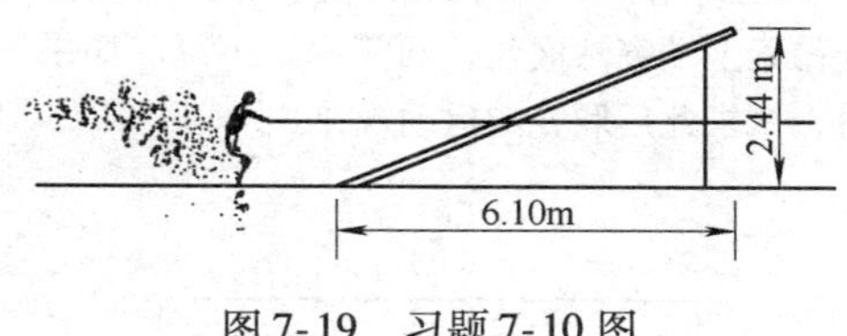

图7-19　习题7-10图

7-11　图7-20所示消防人员为了扑灭高21m仓库屋顶平台上的火灾，把水龙头置于离仓库墙基15m、距地面高1m处。水柱的初速度 $v_0=25\text{m/s}$，若欲使水柱正好能越过屋顶边缘到达屋顶平台，且不计空气阻力，试问水龙头的仰角 α 应为多少？水柱射到屋顶平台上的水平距离 s 为多少？

7-12　图7-21所示三角形物块置于光滑水平面上，并以水平等加速度 $\boldsymbol{a}$ 向右运动。另一物块置于其斜面上，斜面的倾角为 θ。设物块与斜面间的静摩擦因数为 f_s，且 $\tan\theta>f_s$，开始时物块在斜面上静止，如果保持物块在斜面上不滑动，加速度 $\boldsymbol{a}$ 的最大值和最小值应为多少？

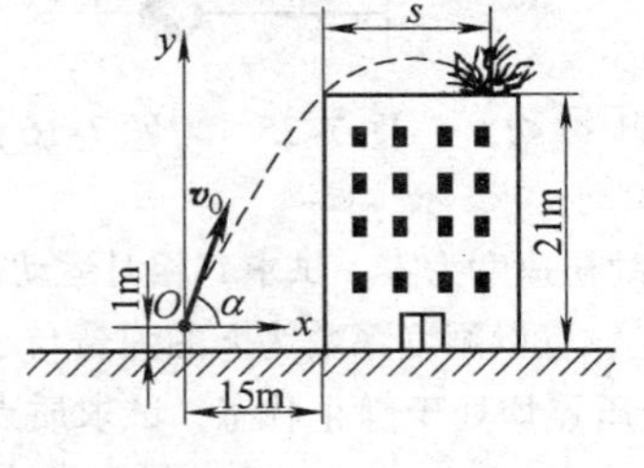

图7-20　习题7-11图

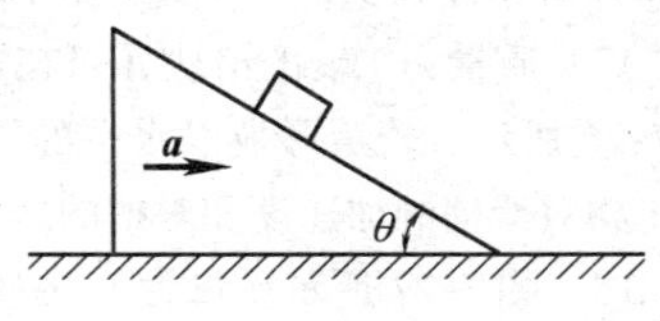

图7-21　习题7-12图

7-13　图7-22所示物体的质量为 m，悬挂在刚度系数为 k 的弹簧上，平衡时弹簧的静伸长为 δ_{st}。开始时物体离开平衡位置的距离为 a，然后无初速度地释放。试对图中各种不同坐标原点和坐标轴列出物体的运动微分方程，写出初始条件，求出运动规律，并比较所得到的结果。

7-14　图7-23所示质量为 m 的平板置于两个反向转动的滑轮上，两轮间的距离为 $2d$，半径为 R。若将板的重心推出，使其距离原对称位置 O 为 x_0，然后无初速度地释放，则板将在动滑动摩擦力的作用下作简谐振动。板与两滑轮间的动摩擦因数为 f。试求板振动的运动规律和周期。

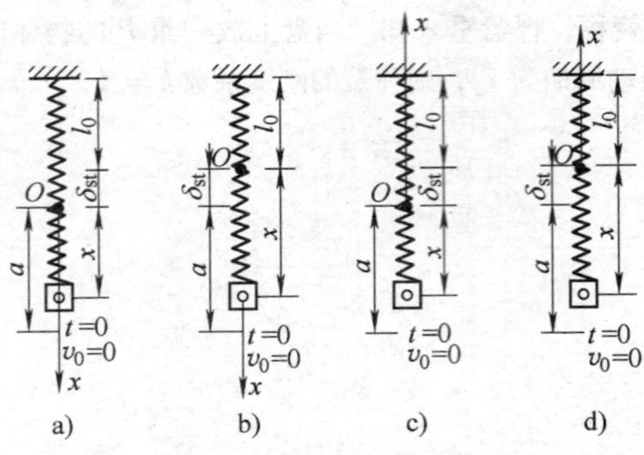

图 7-22　习题 7-13 图

7-15　图 7-24 所示升降机厢笼的质量 $m=3\times10^3$kg，以速度 $v=0.3$m/s 在矿井中下降。由于吊索上端突然嵌住，厢笼中止下降。如果吊索的弹簧刚度系数 $k=2.75$kN/mm，忽略吊索质量，试求此后厢笼的运动规律。

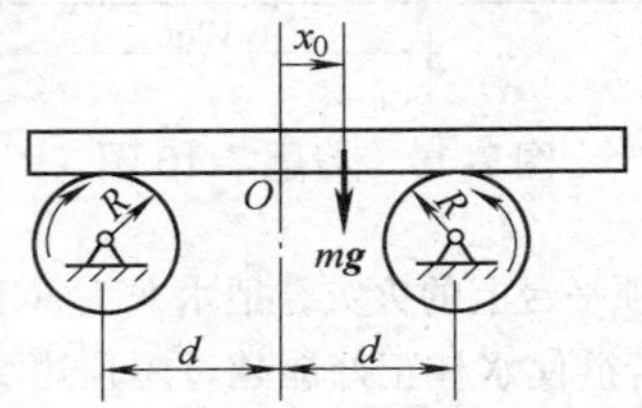

图 7-23　习题 7-14 图

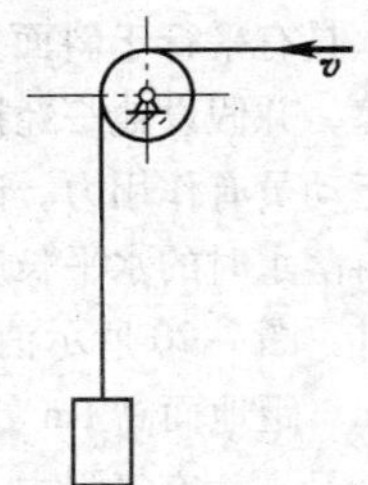

图 7-24　习题 7-15 图

7-16　图 7-25 所示用两绳悬挂的质量为 m 的小球处于静止。试问：

（1）两绳中的张力各等于多少？

（2）若将绳 A 剪断，则绳 B 在该瞬时的张力又等于多少？

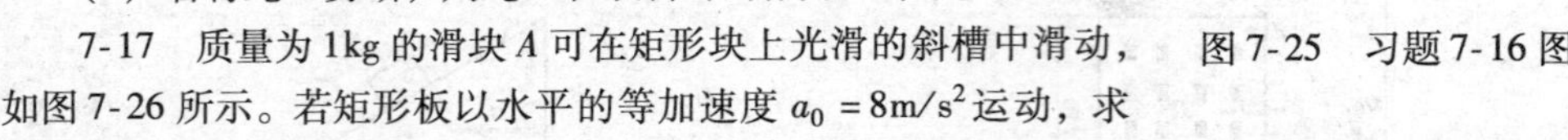

图 7-25　习题 7-16 图

7-17　质量为 1kg 的滑块 A 可在矩形块上光滑的斜槽中滑动，如图 7-26 所示。若矩形板以水平的等加速度 $a_0=8\text{m/s}^2$ 运动，求滑块 A 相对滑槽的加速度和对槽的压力。若滑块相对于槽的初速度为零，试求其相对运动规律。

7-18　图 7-27 所示质量为 m 的质点置于光滑的小车上，且以刚度系数为 k 的弹簧与小车相连。若小车以水平等加速度 $\boldsymbol{a}$ 作直线运动，开始时小车及质点均处于静止状态，试求质点的相对运动方程（不计摩擦）。

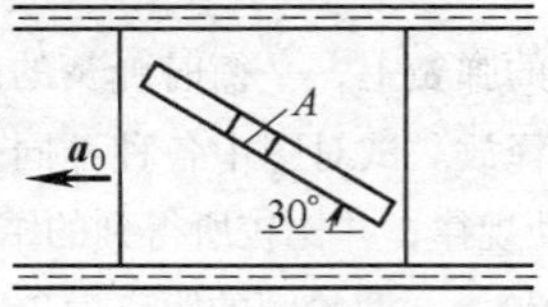

图 7-26　习题 7-17 图

图 7-27　习题 7-18 图

7-19　图 7-28 所示单摆的悬挂点以等加速度 $\boldsymbol{a}$ 沿铅垂线向上运动。若摆长为 l，试求单摆作微振动的周期。

7-20 图7-29所示圆盘绕轴 O 在水平面内转动，质量为1kg的滑块 A 可在圆盘上的光滑槽中运动。盘和滑块在图示位置时处于静止，这时圆盘开始以等角加速度 $\alpha=40\text{rad/s}^2$ 转动，已知 $b=0.1\text{m}$。试求圆盘开始运动时，槽作用在滑块 A 上的侧压力及滑块的相对加速度。

7-21 图7-30所示均质摇杆 OA 质量为 m_1，长为 l，均质圆盘质量为 m_2，当系统平衡时摇杆处在水平位置，而弹簧 BD 处于铅垂位置，且静伸长为 δ_{st}，设 $OB=a$，圆盘在滑道中作纯滚动。试求系统微振动固有频率。

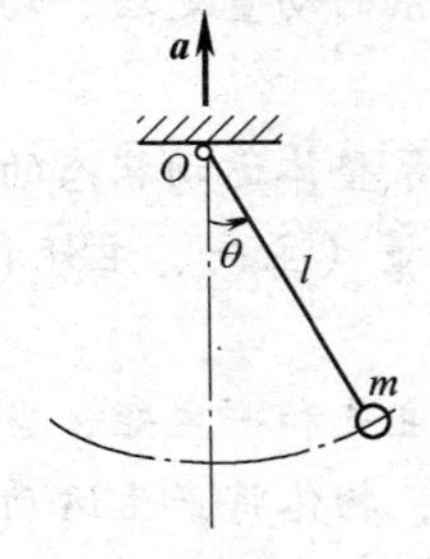

图7-28 习题7-19图

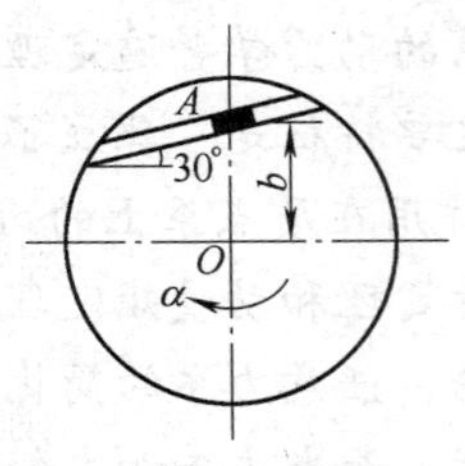

图7-29 习题7-20图

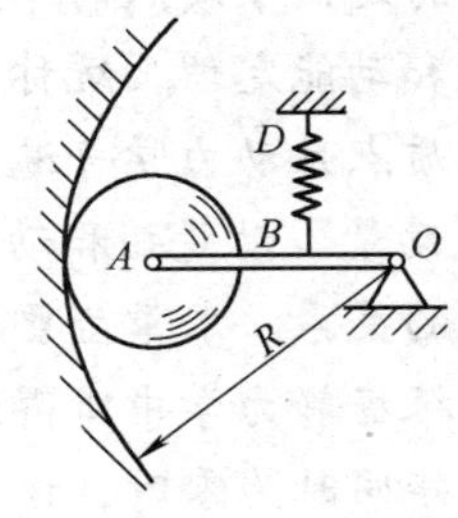

图7-30 习题7-21图

第8章 动量定理和动量矩定理

将适用于质点的牛顿第二定律扩展到质点系，得到质点系的动量定理、动量矩定理和动能定理，统称为质点系的动力学普遍定理。

质点系动力学普遍定理的主要特征是：建立了描述质点系整体运动状态的物理量（动量、动量矩和动能）与作用在质点系上的力系的特征量（主矢、主矩和功）之间的关系。本章主要介绍动量定理和动量矩定理。

根据静力学中所得到的结论，任意力系的简化结果为一主矢和一主矩，当主矢和主矩同时为零时，该力系平衡；而当主矢和主矩不为零时，物体将产生运动。质点系的动量定理建立了质点系动量对时间的变化率与主矢之间的关系。质点系的动量矩定理建立了质点系动量矩对时间的变化率与主矩之间的关系。

动量定理和动量矩定理在数学上同属于一类方程，即矢量方程。而质点系的动量和动量矩，可以理解为动量组成的系统（即动量系）的基本特征量——动量系的主矢和主矩。二者对时间的变化率分别等于外力系的两个基本特征量——力系的主矢和主矩。

8.1 动量定理

本节的内容是大学物理学中相关教学内容的延伸和扩展，但不是简单的重复，将更着重介绍动量定理在工程中的应用。

8.1.1 质点系整体运动的基本特征量之一：动量的主矢

考察由 n 个质点组成的质点系，如图 8-1 所示。其中，第 i 个质点的质量、位矢和速度分别为 m_i、$\boldsymbol{r}_i$ 和$\boldsymbol{v}_i$。

1. 质点的动量

质点的质量与速度的乘积称为质点的**动量**（momentum）或**称线动量**（linearmomentum）。即

$$\boldsymbol{p}_i = m_i \boldsymbol{v}_i \tag{8-1}$$

质点的动量是定位矢量，是度量质点运动的基本特征量之一。例如：子弹的质量虽小，但由于其运动速度很大，所以能将钢板击穿；轮船的速度很小，但因其质量很大，故可以将钢筋混凝土的码头撞坏。这说明将质点的质量和速度这两个量综合为动量以度量运动的一种效应，具有明显的物理意义。

2. 质点系的动量

图 8-1 所示的质点系运动时，其诸质点在每一瞬时均有各自的动量。它们就像作用在诸质点上的力系一样，也是一个矢量系。力系是力的集合，动量系是各质点动量矢的集合。即 $\boldsymbol{p}=(m_1\boldsymbol{v}_1, m_2\boldsymbol{v}_2, \cdots, m_n\boldsymbol{v}_n)$。

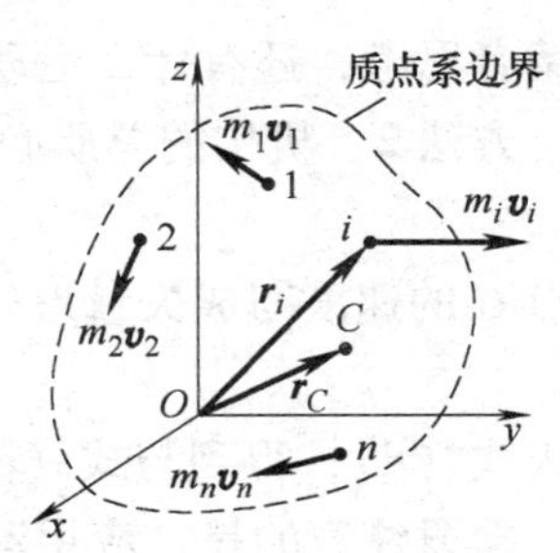

图 8-1　质点系的动量系

质点系中所有质点动量的矢量和，即动量系的主矢，称为**质点系的动量**。即

$$\boldsymbol{p}=\sum m\boldsymbol{v} \tag{8-2}$$

质点系的动量是度量质点系整体运动的基本特征量之一。将质点系质心的位矢公式

$$\boldsymbol{r}_C=\frac{\sum m\boldsymbol{r}}{M} \tag{8-3}$$

对时间求一次导数得

$$\boldsymbol{v}_C=\frac{\sum m\boldsymbol{v}}{M} \tag{8-4}$$

上述两式中，$\boldsymbol{r}_C$ 为质点系质心的位矢；$\boldsymbol{v}_C$为质心的速度；M 为质点系的总质量。于是，式（8-2）可改写为

$$\boldsymbol{p}=M\boldsymbol{v}_C \tag{8-5}$$

该式表明，质点系的动量大小等于质点系的总质量乘以质心速度的大小，方向与质心速度的方向相同，这相当于将质点系总质量集中于质心的质点的动量。因此，质点系的动量反映了其质心的运动，这是质点系整体运动的一部分。

【例题 8-1】　图 8-2 所示的椭圆规机构中 $OC=AC=BC=l$，曲柄 OC 与连杆 AB 的质量不计，滑块 A、B 的质量均为 m，曲柄以角速度 ω 转动。试写出系统在图示位置时的动量。

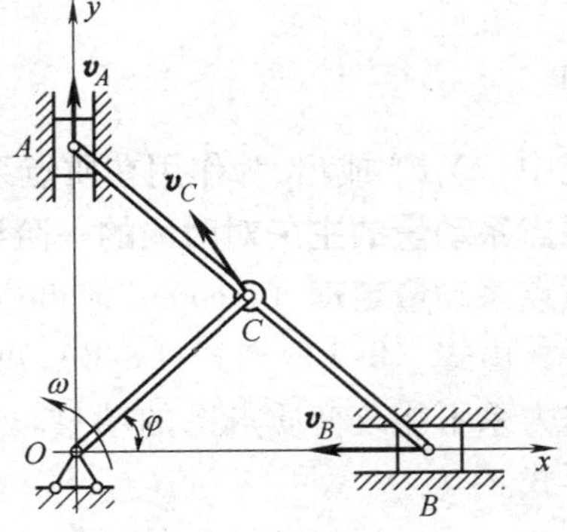

图 8-2　例题 8-1 图

解：方法 1　利用式（8-2），系统的总动量

$$\boldsymbol{p}=m_A\boldsymbol{v}_A+m_B\boldsymbol{v}_B \tag{a}$$

式中，等号右边两项分别为滑块 A 和 B 的动量。

应用点的运动学方法确定 A、B 两点的速度 $\boldsymbol{v}_A$与$\boldsymbol{v}_B$：

$$\begin{cases} y_A=2l\sin\varphi, & v_{Ay}=\dot{y}_A=2l\dot{\varphi}\cos\varphi=2l\omega\cos\varphi \\ x_B=2l\cos\varphi, & v_{Bx}=\dot{x}_B=-2l\dot{\varphi}\sin\varphi=-2l\omega\sin\varphi \end{cases} \tag{b}$$

将上式代入式（a），得

$$\boldsymbol{p} = -2l\omega m\sin\varphi\boldsymbol{i} + 2l\omega m\cos\varphi\boldsymbol{j} = 2l\omega m(-\sin\varphi\boldsymbol{i} + \cos\varphi\boldsymbol{j}) \tag{c}$$

请读者思考，还有什么运动学方法可以求出 A、B 两点的速度 $\boldsymbol{v}_A$ 与 $\boldsymbol{v}_B$ 呢？

方法2 机构的总质心在点 C，总质量为 $(m_A+m_B)=2m$，利用式（8-5）有

$$\boldsymbol{p} = 2m\,\boldsymbol{v}_C \tag{d}$$

将点 C 的速度写成矢量形式

$$\boldsymbol{v}_C = l\omega(-\sin\varphi\boldsymbol{i} + \cos\varphi\boldsymbol{j})$$

代入式（d），得到与式（c）相同的结果。

需要注意的是，应用动量定理时，正确写出质点系的动量十分重要。在本题中，方法1是分别求出两质量的动量再叠加；方法2是按机构的总质心计算动量。质点系的动量是矢量，有大小，还有方向。

8.1.2 动量定理

根据牛顿第二定律，对于质点系中第 i 个质点，有

$$\frac{\mathrm{d}}{\mathrm{d}t}(m_i\,\boldsymbol{v}_i) = \boldsymbol{F}_i$$

将质点系中所有质点写出此式并求和，即

$$\sum\frac{\mathrm{d}}{\mathrm{d}t}(m_i\,\boldsymbol{v}_i) = \sum(\boldsymbol{F}_i^{\mathrm{i}} + \boldsymbol{F}_i^{\mathrm{e}})$$

然后，对等号左边求和与求导的记号互换，同时由于内力总是成对出现的，故

$$\sum\boldsymbol{F}_i^{\mathrm{i}} = 0 \tag{8-6}$$

式中，加上标 i 表示该力为内力，从而可得

$$\frac{\mathrm{d}}{\mathrm{d}t}(\sum m_i\boldsymbol{v}_i) = \sum\boldsymbol{F}_i^{\mathrm{e}} \tag{8-7}$$

即

$$\frac{\mathrm{d}\boldsymbol{p}}{\mathrm{d}t} = \boldsymbol{F}_{\mathrm{R}}^{\mathrm{e}} \tag{8-8}$$

式中，$\sum\boldsymbol{F}_i^{\mathrm{e}}$ 或 $\boldsymbol{F}_{\mathrm{R}}^{\mathrm{e}}$ 为作用在质点系上的外力系主矢。式（8-7）和式（8-8）表明，**质点系动量的主矢对时间的一阶导数等于作用在该质点系上外力系的主矢**。这就是**质点系动量定理**（theorem of the momentum of the system of particles）。

由式（8-7）和式（8-8）可知，质点系动量的变化仅决定于外力系的主矢，内力系不能改变质点系的动量。式（8-7）和式（8-8）是质点系动量定理的微分形式。

8.1.3 质心运动定理

将式（8-5）代入式（8-8），得

$$M\,\boldsymbol{a}_C = \boldsymbol{F}_{\mathrm{R}}^{\mathrm{e}} \tag{8-9}$$

此式表明，**质点系的质量与其质心加速度的乘积等于作用在该质点系上外力系的主矢**。这就是**质量中心运动定理**，简称为**质心运动定理**（theorem of the motion of the centre of mass)。

式(8-9)与牛顿第二定律表达形式 $m\boldsymbol{a}=\boldsymbol{F}$ 类似，但前者是描述质点系整体运动的动力学方程，后者仅描述单个质点的动力学关系。

质心运动定理是动量定理的推论。这一推论进一步说明了动量定理的实质：外力系的主矢仅确定了质点系质心的运动状态变化。

8.1.4 动量定理与质心运动定理的投影式与守恒式

(1)质点系动量定理与质心运动定理在实际应用时通常采用投影式。式(8-8)与式(8-9)在直角坐标系中的投影式分别为

$$\begin{cases}\dfrac{\mathrm{d}p_x}{\mathrm{d}t}=F_{\mathrm{R}x}^{\mathrm{e}}\\\dfrac{\mathrm{d}p_y}{\mathrm{d}t}=F_{\mathrm{R}y}^{\mathrm{e}}\\\dfrac{\mathrm{d}p_z}{\mathrm{d}t}=F_{\mathrm{R}z}^{\mathrm{e}}\end{cases}\tag{8-10}$$

$$\begin{cases}Ma_{Cx}=F_{\mathrm{R}x}^{\mathrm{e}}\\Ma_{Cy}=F_{\mathrm{R}y}^{\mathrm{e}}\\Ma_{Cz}=F_{\mathrm{R}z}^{\mathrm{e}}\end{cases}\tag{8-11}$$

(2)若作用于质点系上的外力主矢恒等于零，即 $\boldsymbol{F}_{\mathrm{R}}^{\mathrm{e}}=\boldsymbol{0}$，根据式(8-8)和式(8-9)，则有

$$\boldsymbol{p}=\boldsymbol{C}_1\tag{8-12}$$

$$\boldsymbol{v}_C=\boldsymbol{C}_2\tag{8-13}$$

两式中的 $\boldsymbol{C}_1$ 与 $\boldsymbol{C}_2$ 均为常矢量，它们取决于运动的初始条件。式(8-12)称为**质点系动量守恒**(conservation of momentum of system of particles)，式(8-13)称为**质点系质心速度守恒**。

(3)若作用于质点系上的外力主矢在某一坐标轴(如轴 Ox)上的投影恒等于零，即 $F_{\mathrm{R}x}^{\mathrm{e}}=0$，根据式(8-10)与式(8-11)，则分别有

$$p_x=C_3\tag{8-14}$$

$$v_{Cx}=C_4\tag{8-15}$$

两式中的 C_3 与 C_4 为两个常标量，它决定于运动的初始条件。式(8-14)和式(8-15)分别表示**质点系动量和质心速度在轴 x 上的投影守恒**。

8.1.5 动量定理应用于简单刚体系统

因为刚体的质心易于确定，所以将动量定理应用于单个刚体时，主要采用其质心运动形式——质心运动定理。对刚体系统而言，因为系统中每个刚体的质心比整

个系统的质心易于确定，所以，将上述定理变换为

$$\frac{\mathrm{d}}{\mathrm{d}t}(M\boldsymbol{v}_C)=\frac{\mathrm{d}}{\mathrm{d}t}(\sum M_i\boldsymbol{v}_{Ci})=\boldsymbol{F}_{\mathrm{R}}^{\mathrm{e}} \tag{8-16}$$

或

$$M\boldsymbol{a}_C=\sum(M_i\boldsymbol{a}_{Ci})=\boldsymbol{F}_{\mathrm{R}}^{\mathrm{e}} \tag{8-17}$$

式中，M_i、$\boldsymbol{v}_{Ci}$和$\boldsymbol{a}_{Ci}$分别为系统中第i个刚体的质量、质心的速度和加速度。

【例题8-2】 图8-3所示的电动机用螺栓固定在刚性基础上。设其外壳和定子的总质量为m_1，质心位于转子转轴的中心O_1；转子质量为m_2，由于制造或安装时的偏差，转子质心O_2不在转轴中心上，偏心距$O_1O_2=e$，已知转子以等角速度ω转动。试求基础对电动机机座的约束力。

解：本例已知转子的运动求电动机所受到的约束力，可用质心运动定理求解。

选择转子、定子、外壳组成的刚体系统整体为研究对象，这样可不考虑使转子转动的电磁内力偶和转子轴与定子轴承间的内约束力。系统所受到的外力有：定子和转子的重力分别为$m_1\boldsymbol{g}$与$m_2\boldsymbol{g}$；机座上的分布约束力经向其中点简化得到的约束力（$\boldsymbol{F}_x$，$\boldsymbol{F}_y$）与约束力偶M。

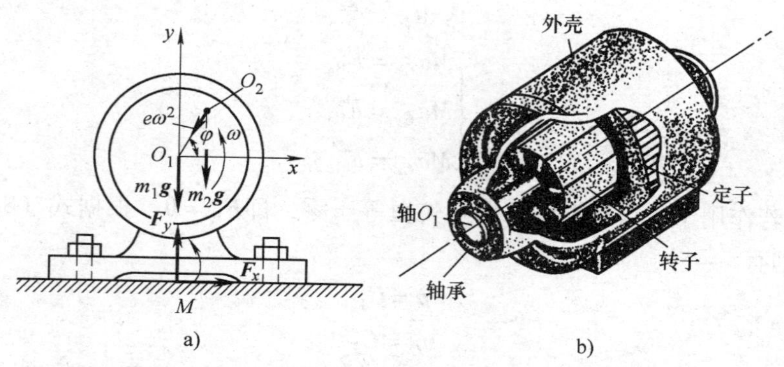

图8-3 例题8-2图

外壳和定子静止，其动量为零，且无变化。转子以等角速度ω作定轴转动，其质心有法向加速度，大小为$e\omega^2$。

根据式（8-17），有

$$\sum m_i a_{Cix}=F_{\mathrm{R}x}^{\mathrm{e}},\quad m_1\cdot 0-m_2e\omega^2\cos\omega t=F_x \tag{a}$$

$$\sum m_i a_{Ciy}=F_{\mathrm{R}y}^{\mathrm{e}},\quad m_1\cdot 0-m_2e\omega^2\sin\omega t=F_y-m_1g-m_2g \tag{b}$$

由此，解出机座的约束力

$$F_x=-m_2e\omega^2\cos\omega t \tag{c}$$

$$F_y=m_1g+m_2g-m_2e\omega^2\sin\omega t \tag{d}$$

通过上述结果，可以得到关于转子偏心引起的动约束力或轴承动约束力的几点结论：

（1）电动机约束力由两部分组成：由重力$m_1\boldsymbol{g}$与$m_2\boldsymbol{g}$引起的**静约束力**（或称

静反力)；由转子质心的运动状态变化引起的**动约束力**（或称**动反力**)，其在 x 方向上的分量为 $-m_2e\omega^2\cos\omega t$，在 y 方向上的分量为 $-m_2e\omega^2\sin\omega t$。

（2）动约束力与 ω^2 成正比。当转子的转速很高时，其数值可以达到静约束力的几倍，甚至十几倍。而且，这种约束力是周期性变化的，必然引起机座和基础的振动，影响安放在基础上其他设备的精度和强度，同时还会引起有关构件内的交变应力，以致产生疲劳破坏。

此外，请读者思考，能否应用质点系动量定理求解电动机机座上约束力偶的大小 M?

【例题 8-3】 若例题 8-2 中的电动机机座与基础之间无螺栓固定，且为绝对光滑，电动机外壳与定子只能作平移运动，如图 8-4a 所示。初始时，$\varphi=0$，$v_{O_2x}=0$，$v_{O_2y}=e\omega$，当电动机转子仍以等角速度 ω 转动时，试求：

（1）机座铅垂方向的约束力；

（2）电动机跳起的条件；

（3）外壳在水平方向的运动方程。

解：仍以电动机整体作为研究对象。它所受到的外力除重力 $m_1\boldsymbol{g}$ 与 $m_2\boldsymbol{g}$ 外，机座上被简化的约束力只有 $\boldsymbol{F}_y$ 和约束力偶 M。

选定坐标系 Oxy，动坐标系 $O_1x_1y_1$ 为原点置于点 O_1 的平移系。将电动机外壳置于轴 Ox 的正方向上，转子的偏心距 O_1O_2 置于角 φ 的一般位置（$O_1x_1y_1$ 的第一象限）上。因为转子以角速度 ω 作等角速度转动，故 $\varphi=\omega t$。

（1）机座的铅垂方向约束力

本例中，外壳的运动为平移，设其质心 O_1 的加速度 $\boldsymbol{a}_{O1}$ 沿轴 x 的正向；转子为平面运动，其质心 O_2 的加速度由牵连加速度 $\boldsymbol{a}_e=\boldsymbol{a}_{O1}$ 与相对加速度 $\boldsymbol{a}_r$（$a_r=e\omega^2$）组成，如图 8-4a 所示。

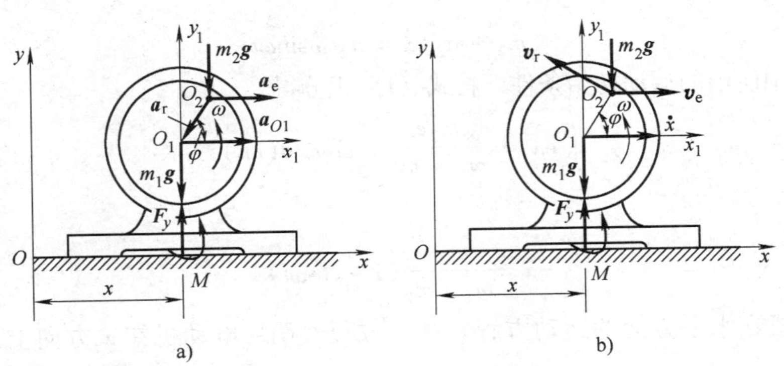

图 8-4　例题 8-3 图

在 y 方向上应用质心运动定理，有

$$m_1 \times 0 - m_2 e\omega^2 \sin\omega t = F_y - m_1 g - m_2 g$$

$$F_y = m_1 g + m_2 g - m_2 e\omega^2 \sin\omega t \tag{a}$$

其结果与例题 8-2 中所得结果［式（d）］相同。

（2）电动机跳起的条件

式（a）虽然在形式上与上例的式（d）一样，但由于约束条件不同（本例在 y 方向上只限制向下的运动，不限制向上的运动），所以本例存在上例中不可能存在的**跳起问题**，也称**脱离约束问题**，即电动机跳离地面从而脱离地面约束。

脱离约束的力学含义是约束力为零。于是，令约束力的表达式等于零，即可得到脱离约束条件。由式（a）可知，是否有 $F_y = 0$，这决定于角速度 ω 的大小。为了求得电动机跳起的最小角速度 $\omega_{\min}$，令

$$\sin\omega t = 1 \tag{b}$$

此时转子质心 O_2 处于最高位置。由式（a），令 $F_y = 0$，解得

$$\omega_{\min} = \sqrt{\frac{(m_1 + m_2)\ g}{m_2 e}} \tag{c}$$

（3）外壳在水平方向的运动方程

因电动机在 x 方向不受力，即 $F_x^{e} = 0$，故在 x 方向动量守恒。初始时，x 方向的动量为零，根据式（8-14），有

$$p_x = 0, \quad m_1 v_{O_1 x} + m_2 v_{O_2 x} = 0 \tag{d}$$

同上述加速度分析相似地进行速度分析。如图 8-4b 所示，设外壳质心速度 $\boldsymbol{v}_{O_1}$ 沿轴 x 的正向，$v_{O_1 x} = \dot{x}$；转子质心 O_2 的牵连速度 $\boldsymbol{v}_e = \boldsymbol{v}_{O_1}$，相对速度 $\boldsymbol{v}_r$ 的大小为 $e\omega$，方向垂直于 $O_1 O_2$，与角速度 ω 的转动方向一致。于是，式（d）变成

$$m_1 \dot{x} + m_2 (\dot{x} - e\omega \sin\omega t) = 0 \tag{e}$$

整理后得

$$(m_1 + m_2)\dot{x} = m_2 e\omega \sin\omega t \tag{f}$$

考虑本例中所给的运动初始条件，将式（f）积分得

$$\int_0^x \mathrm{d}x = \frac{m_2 e}{m_1 + m_2} \int_0^t \sin\omega t \mathrm{d}(\omega t)$$

所以

$$x = \frac{m_2 e}{m_1 + m_2}(1 - \cos\omega t) \tag{g}$$

此即电动机在水平方向的运动方程。这一方程表明：电动机在 x 方向上，以 $x = \frac{m_2 e}{m_1 + m_2}$ 为平衡位置，$\frac{m_2 e}{m_1 + m_2}$ 为振幅作简谐运动。当角 φ 按逆时针方向从 0 到 π 时，电动机向右运动两个振幅；φ 再从 π 到 2π 时，电动机又向左运动两个振幅，如此循环往复。

（4）本例小结

本例题中，电动机的水平运动与跳起运动是蛤蟆夯（又称蛙式打夯机）的力学模型。蛤蟆夯是土木建筑工地上使用的一种小型施工机械，其作用是夯实地面（图 8-5）。在电动机起动后，固结在转子轴 1 上的小带轮便通过胶带带动大带轮以角速度 ω 绕轴 2 转动。由于大带轮与安装偏心块的飞轮相固结，因而二者运动相同。夯体可绕轴 3 转动，同时又套在轴 2 上。工作时夯体在偏心飞轮带动下不断地跳起再落下，从而将地面夯实。

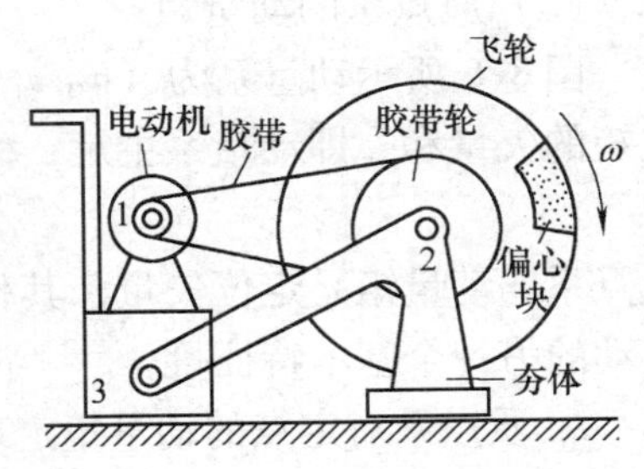

图 8-5　蛤蟆夯

蛤蟆夯工作与电动机运动的不同点是，其整体并不在地面上作简谐运动，而是像蛤蟆（青蛙）一样自动地跳动向前，从而不断地夯实新的地面。有兴趣的读者可以对它作动力学分析。

8.2　动量矩定理

本节主要研究质点系的动量矩定理和刚体平面运动微分方程。首先将物理学中的质点动量矩定理推广到质点系，得到质点系对定点的动量矩定理，然后再由质点系对定点的动量矩定理推导出质点系对质心的动量矩定理。对刚体动力学而言，本节还将导出刚体定轴转动微分方程和刚体平面运动微分方程。

8.2.1　质点系对定点的动量矩定理

1. 质点系整体运动的基本特征量之二：动量的主矩

考察由 n 个质点组成的质点系，如图 8-6 所示。其中第 i 个质点的质量、位矢和速度分别为 m_i、$\boldsymbol{r}_i$ 和 $\boldsymbol{v}_i$。

（1）质点的动量矩

质点 i 的动量对于点 O 之矩称为质点的**动量矩**（moment of momentum）。即

$$\boldsymbol{L}_{Oi} = \boldsymbol{r}_i \times m_i \boldsymbol{v}_i \tag{8-18}$$

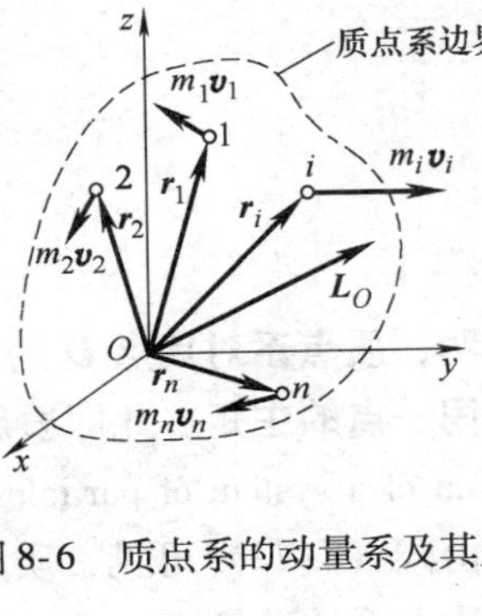

质点的动量矩是定位矢量，其作用点在所选的矩心 O 上。它是度量质点运动的另一个基本特征量。例如，行星围绕太阳在椭圆轨道上运动，虽然由太阳引向行星的位矢和动量都在不断变化，但是行星动量对太阳中心之矩却是不变的，即动量矩守恒（开普勒的面积速度定律）。这说明用动量矩可以度量质点运动的另一种效应，同样具有明显的物理意义。

图 8-6　质点系的动量系及其主矩

（2）质点系的动量矩

图 8-6 所示动量系为（$m_1\boldsymbol{v}_1$，$m_2\boldsymbol{v}_2$，…，$m_n\boldsymbol{v}_n$）。质点系中各质点动量对点 O 之矩的矢量和，即动量系主矩，称为质点系对点 O 的动量矩，即

$$\boldsymbol{L}_O=\sum \boldsymbol{r}_i\times m_i\boldsymbol{v}_i \tag{8-19}$$

质点系的动量矩是定位矢量，其作用点在所选的矩心 O 上，它是度量质点系整体运动的另一个基本特征量。

2. 质点系对定点的动量矩定理

质点的动量矩对时间求导

$$\begin{aligned}\frac{\mathrm{d}}{\mathrm{d}t}(\boldsymbol{r}\times m\boldsymbol{v})&=\frac{\mathrm{d}\boldsymbol{r}}{\mathrm{d}t}\times m\boldsymbol{v}+\boldsymbol{r}\times\left(m\frac{\mathrm{d}\boldsymbol{v}}{\mathrm{d}t}\right)\\&=\boldsymbol{v}\times m\boldsymbol{v}+\boldsymbol{r}\times\boldsymbol{F}=\boldsymbol{M}_O\end{aligned} \tag{8-20}$$

式中，$\boldsymbol{F}$ 为作用于质点上的力；$\boldsymbol{M}_O$ 为力 $\boldsymbol{F}$ 对定点 O 之矩。该式表明，质点对定点 O 的动量矩对时间的一阶导数，等于作用在质点上的力对同一点之矩。

现将质点系中第 i 个质点上的作用力分为外力 $\boldsymbol{F}_i^{\mathrm{e}}$ 和内力 $\boldsymbol{F}_i^{\mathrm{i}}$，并将式（8-20）改写为

$$\frac{\mathrm{d}}{\mathrm{d}t}(\boldsymbol{r}_i\times m_i\boldsymbol{v}_i)=\boldsymbol{r}_i\times\boldsymbol{F}_i^{\mathrm{e}}+\boldsymbol{r}_i\times\boldsymbol{F}_i^{\mathrm{i}} \tag{8-21}$$

对于由 n 个质点组成的质点系，对所有质点求和得

$$\sum\frac{\mathrm{d}}{\mathrm{d}t}(\boldsymbol{r}_i\times m_i\boldsymbol{v}_i)=\sum\boldsymbol{r}_i\times\boldsymbol{F}_i^{\mathrm{e}}+\sum\boldsymbol{r}_i\times\boldsymbol{F}_i^{\mathrm{i}}$$

互换求导和求和运算顺序，并注意到 $\sum\boldsymbol{r}_i\times\boldsymbol{F}_i^{\mathrm{i}}=\boldsymbol{0}$，得

$$\frac{\mathrm{d}}{\mathrm{d}t}\sum(\boldsymbol{r}_i\times m_i\boldsymbol{v}_i)=\sum\boldsymbol{r}_i\times\boldsymbol{F}_i^{\mathrm{e}} \tag{8-22a}$$

或

$$\frac{\mathrm{d}\boldsymbol{L}_O}{\mathrm{d}t}=\boldsymbol{M}_O^{\mathrm{e}} \tag{8-22b}$$

这表明，**质点系对定点 O 的动量矩对时间的一阶导数等于作用在该质点系上外力系对同一点的主矩**。此即**质点系对定点的动量矩定理**（theorem of the moment of momentum of a system of particles）。

由式（8-22）可见，质点系动量矩的变化仅决定于外力系的主矩，内力不能改变质点系的动量矩。式（8-22）是质点系动量矩定理的微分形式。

（1）质点系动量矩定理的投影式——质点系对定轴的动量矩定理

将式（8-22b）等号两边的各项投影到以定点 O 为原点的直角坐标系 $Oxyz$ 上，得

$$\left.\begin{aligned}\frac{dL_x}{dt}=M_x^e\\\frac{dL_y}{dt}=M_y^e\\\frac{dL_z}{dt}=M_z^e\end{aligned}\right\}\tag{8-23}$$

这就是质点系对定点 O 的动量矩定理的投影形式，也称为**质点系对定轴的动量矩定理**，即质点系对定轴的动量矩对时间的一阶导数等于作用在质点系上的外力系对同一轴之矩。

（2）质点系动量矩定理的守恒形式

在式（8-22b）中，若外力系对定点 O 的主矩$\boldsymbol{M}_O^e=\boldsymbol{0}$，则质点系对该点的动量矩守恒，即

$$\boldsymbol{L}_O=\boldsymbol{C}\tag{8-24}$$

在式（8-23）中，若外力系对定轴（如对 z 轴）之矩为零，则质点系对该轴的动量矩守恒，即

$$L_z=C_1\tag{8-25}$$

【例题 8-4】 图 8-7 所示为两猴爬绳比赛。猴 A 与猴 B 的质量相等，即 $m_A=m_B=m$。爬绳时猴 A 相对绳爬得快，猴 B 相对绳爬得慢。二猴分别抓住缠绕在定滑轮 O 上的软绳的两端，在同一高度上从静止开始同时向上爬。假设不计绳子与滑轮质量，不计轴 O 的摩擦，试分析比赛结果。另外，若已知两猴相对绳子的速度大小分别为 v_{Ar}与 v_{Br}，试分析绳子的绝对速度 v。

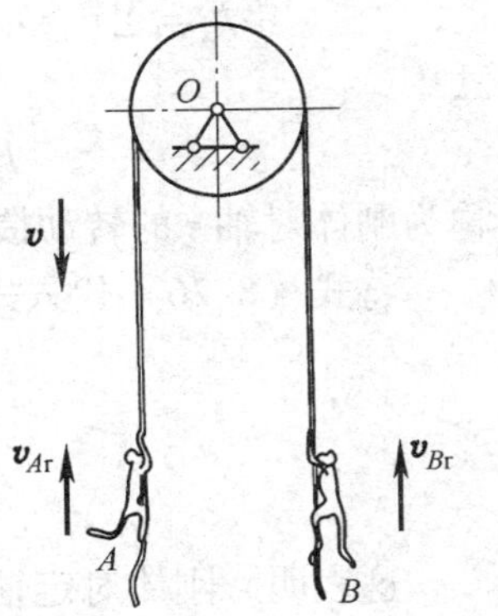

图 8-7　例题 8-4 图

解：考察由滑轮、绳与 A、B 两猴组成的质点系。由于两猴重力对轴 O 之矩的代数和为零，即

$$m_Bgr-m_Agr=0\tag{a}$$

式中，r 为滑轮半径。所以，质点系对轴 O 的动量矩守恒，且等于零，即

$$L_O=m_Av_{Aa}r-m_Bv_{Ba}r=0\tag{b}$$

即

$$v_{Aa}=v_{Ba}\tag{c}$$

这一结果表明，两猴的绝对速度大小永远相等、方向相同，比赛结果为同时到达顶端。

假设绳子运动的绝对速度大小为 v，则有

$$v_{Aa}=v_{Ar}-v,\qquad v_{Ba}=v_{Br}+v\tag{d}$$

这样得到绳子的绝对速度

$$v=\frac{v_{Ar}-v_{Br}}{2} \tag{e}$$

实际上，猴子的体力差别只影响它们相对绳子的运动速度。为了满足整体系统对轴 O 的动量矩为零，绳子必然同弱猴一起向上运动，同时以自己的速度作为弱猴向上的牵连速度而帮助它运动。因此，弱猴即使不向上爬，而只将身体吊挂在绳子上，绳子也会在强猴到达终点的同时将其带到同一高度上。

请读者思考：若考虑滑轮的质量且绳与滑轮间没有相对滑动，则如何求解本题？

8.2.2 刚体定轴转动微分方程

1. 刚体定轴转动微分方程

应用质点系对定轴的动量矩定理式（8-23），可以得到刚体定轴转动微分方程。设刚体绕定轴 z 转动（图 8-8），其角速度与角加速度分别为 ω 与 α。刚体上第 i 个质点的质量为 m_i，至轴 z 的距离为 r_i，动量 $p_i=m_ir_i\omega$，则刚体对定轴 z 的动量矩为

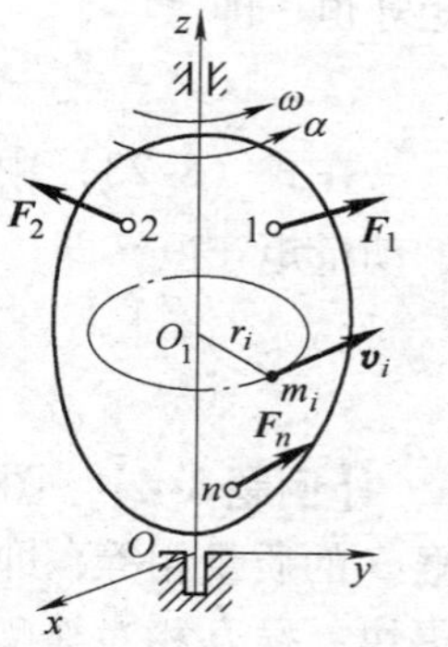

$$L_z=\sum m_ir_i\omega\cdot r_i=\sum(m_ir_i^2)\omega=J_z\omega \tag{8-26}$$

式中，

$$J_z=\sum(m_ir_i^2)$$

称为刚体对轴 z 的**转动惯量**（moment of inertia）。

图 8-8 刚体定轴转动的动力学分析

将式（8-26）代入式（8-23）的第三式，得

$$J_z\dot{\omega}=M_z^e \tag{8-27a}$$

或

$$J_z\alpha=M_z^e \tag{8-27b}$$

这表明，刚体对定轴的转动惯量与角加速度的乘积，等于作用在刚体上的外力系对该轴之矩。此即**刚体定轴转动微分方程**（differential equations of rotation of rigid body with a fixed axis）。

式（8-27）是质点系对定轴动量矩定理的一个推论。由于工程上作定轴转动的刚体很普遍，所以式（8-27）具有重要的工程意义。

2. 刚体对轴的转动惯量

（1）转动惯量

在物理学中已初步建立了刚体对定轴 z 的转动惯量的概念，即

$$J_z=\sum m_ir_i^2=\sum m_i(x_i^2+y_i^2) \tag{8-28a}$$

或

$$J_z=\int_m r^2\mathrm{d}m=\int_m(x^2+y^2)\mathrm{d}m \tag{8-28b}$$

式中，dm 为第 i 个质点的质量微元。式（8-28）表明，刚体转动惯量是与刚体质量及其到轴的距离有关的量。它不仅与刚体的质量有关，而且与质量相对轴 z 的分布状况有关。

将牛顿第二定律 $m\boldsymbol{a}=\boldsymbol{F}$ 与刚体定轴转动运动微分方程 $J_z\alpha=M_z^e$ 逐项对应比较，可以看出：**转动惯量是刚体作定轴转动的惯性度量**。

图 8-9a 所示为机器主轴上安装的飞轮，其作用是，用自身很大的转动惯量储存动能，以便在主轴出现转速波动时进行调节从而稳定主轴转速。即主轴转速下降时，由飞轮输出动能；相反，则吸收动能。因此，它不仅质量大，而且将约 95% 的质量集中在轮缘处，使其对转轴的转动惯量大。图 8-9b 所示为仪表的指针，它要求有较高的灵敏度，能较快且较准确地反映出仪器所测物理量的最小信号。因此，指针对转轴的转动惯量要小。为此，不但用较少的轻金属制成，而且将质量较多地集中在转轴附近。

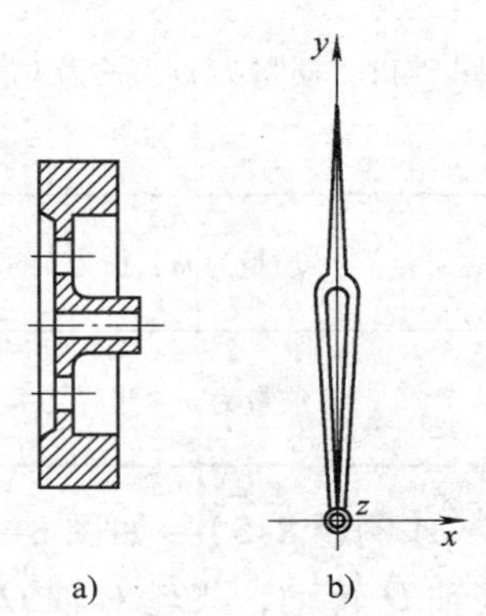

图 8-9　机器飞轮与仪表指针的转动惯量比较

（2）回转半径

质量为 m 的刚体对轴 z 的转动惯量 J_z 可表示为

$$J_z=m\rho_z^2 \quad 或 \quad \rho_z=\sqrt{\frac{J_z}{m}} \tag{8-29}$$

式中，ρ_z 称为**回转半径**（radius of gyration）。回转半径的含义是，若将刚体的质量 m 集中在距离轴 z 为 ρ_z 的圆周上，其转动惯量与原刚体的转动惯量相等。

（3）转动惯量的平行轴定理

图 8-10 中所示的 z 轴和 z_C 轴互相平行，其中 z_C 轴通过刚体质心 C。根据刚体转动惯量的定义可以证明，刚体对于平行轴的转动惯量存在以下关系：

$$J_z=J_{z_C}+md^2 \tag{8-30}$$

这表明，**刚体对某轴（例如 z 轴）的转动惯量，等于刚体对通过质心 C 并与之平行的轴（例如 z_C 轴）的转动惯量，加上刚体质量 m 与两轴距离 d 的平方的乘积**。这就是**转动惯量的平行轴定理**（parallel-axis theorem of moment of inertia）。

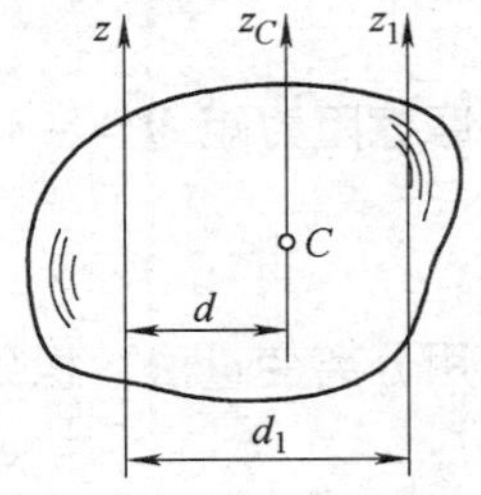

图 8-10　刚体对平行轴的转动惯量

请读者思考：在图 8-10 中另有与轴 z 平行的轴 z_1，刚体对该两轴的转动惯量是否能够写出以下关系，即 $J_{z_1}=J_z+md_1^2$？其中，d_1 为轴 z 与 z_1 之间的距离。

（4）简单几何形状的均质刚体的转动惯量

图 8-11 与图 8-12 分别表示质量为 m、长为 l 的均质细直杆与质量为 m、半径为 R 的均质圆板。其转动惯量均示于表 8-1 中。

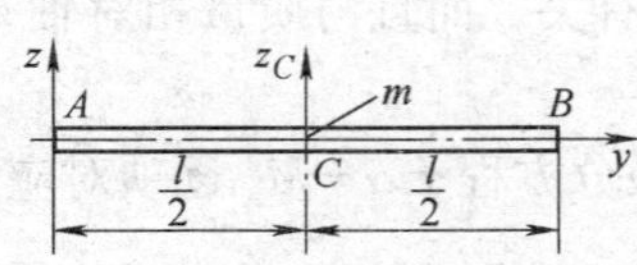

图 8-11　质量为 m、长为 l 的均质细直杆

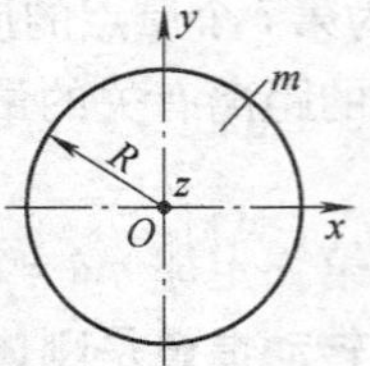

图 8-12　质量为 m、半径为 R 的均质圆板

表 8-1　简单几何形状物体的转动惯量

质量为 m、长为 l 的均质细直杆	$J_z=\frac{1}{3}ml^2$，$J_{zC}=\frac{1}{12}ml^2$
质量为 m、半径为 R 的均质圆板	$J_x=J_y=\frac{1}{4}mR^2$，$J_z=\frac{1}{2}mR^2$

【例题 8-5】　如图 8-13 所示，飞轮以角速度 ω_O 绕轴 O 转动，飞轮对轴 O 的转动惯量为 J_O，当制动时其摩擦阻力矩为 $M=-k\omega$，其中，k 为比例系数，试求飞轮经过多长时间后角速度减少为初角速度的一半，以及在此时间内转过的转数。

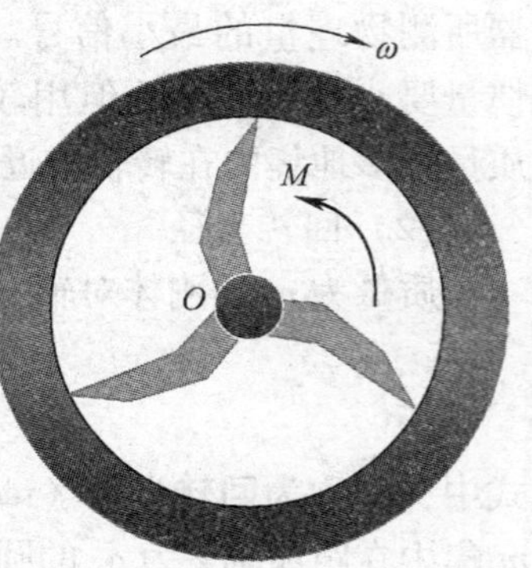

图 8-13　例题 8-5 图

解：(1) 求飞轮经过多长时间后角速度减少为初角速度的一半

飞轮绕轴 O 转动的微分方程为

$$J_O\frac{\mathrm{d}\omega}{\mathrm{d}t}=M$$

将摩擦阻力矩 $M=-k\omega$，代入上式有

$$J_O\frac{\mathrm{d}\omega}{\mathrm{d}t}=-k\omega$$

采用分离变量法，积分

$$\int_{\omega_O}^{\frac{\omega_O}{2}}J_O\frac{\mathrm{d}\omega}{\omega}=-\int_0^t k\mathrm{d}t$$

解得时间为

$$t=\frac{J_O}{k}\ln 2$$

(2) 求角速度减少为初角速度的一半时飞轮转过的转数

飞轮绕轴 O 转动的微分方程写成为

$$J_O\frac{\mathrm{d}\omega}{\mathrm{d}t}=-k\frac{\mathrm{d}\varphi}{\mathrm{d}t}$$

方程的两边约去 $\mathrm{d}t$，并积分：

$$\int_{\omega_O}^{\frac{\omega_O}{2}} J_O \mathrm{d}\omega = \int_0^{\varphi}(-k)\mathrm{d}\varphi$$

解得飞轮转过的角度为

$$\varphi = \frac{J_O \omega_O}{2k}$$

则飞轮转过的转数为

$$n = \frac{\varphi}{2\pi} = \frac{J_O \omega_O}{4\pi k}$$

【例题 8-6】　在重力作用下能绕固定轴摆动的物体称为**复摆**（compound pendulum）或**物理摆**（physical pendulum），如图 8-14a 所示。复摆的质心不在悬挂轴上。设摆的质量为 m，质心为 C，物体对通过质心并平行于悬挂轴的回转半径为 ρ_C，d 为质心到悬挂轴的距离。试求复摆作小摆动时的周期。

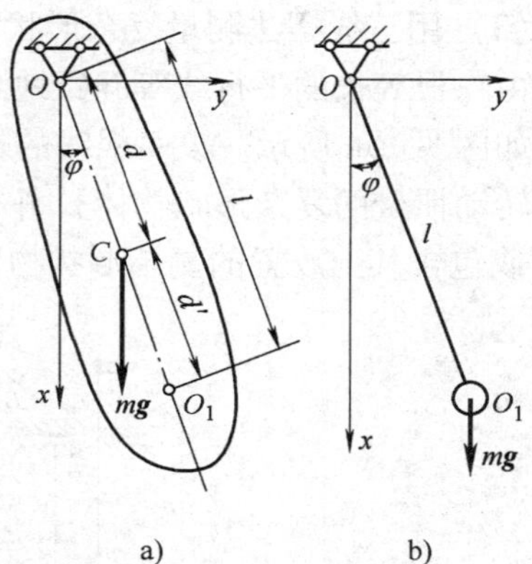

图 8-14　例题 8-6 图

解：取复摆为研究对象，并规定以逆时针转向为正。

由式（8-27b），复摆的运动微分方程为

$$m(\rho_C^2 + d^2)\ddot{\varphi} = -mgd\sin\varphi$$

$$\ddot{\varphi} + \frac{gd}{\rho_C^2 + d^2}\sin\varphi = 0 \tag{a}$$

当摆角 φ 很小时，有 $\sin\varphi \approx \varphi$，上式可化为

$$\ddot{\varphi} + \frac{gd}{\rho_C^2 + d^2}\varphi = 0 \tag{b}$$

因此复摆作小摆动时的周期为

$$T = 2\pi\sqrt{\frac{\rho_C^2 + d^2}{gd}} \tag{c}$$

本例小结：

（1）利用复摆测量物体对轴的转动惯量

将物体悬挂在轴上，并测量出摆的周期后，可按由式（8-30）与本例题式（c）得出的下式计算物体对于通过质心 C 的水平轴的转动惯量：

$$J_C = m\rho_C^2 = mgd\left(\frac{T^2}{4\pi^2} - \frac{d}{g}\right) \tag{d}$$

这样，利用转动惯量的平行轴定理，即可求出物体对于过任一点的水平轴的转动惯量。

（2）复摆的简化摆长（或称等价摆长）

由式（b）和式（c）可以看出，复摆与单摆的运动微分方程类同，运动规律类似，故可以找到与复摆的摆动完全一样的等价单摆（图 8-14b）。

质量为 m、长度为 l 的单摆的小摆动周期为

$$T=2\pi\sqrt{\frac{l}{g}}$$

将此式与式（c）相比较可见，若取长度 $l=\dfrac{\rho_C^2+d^2}{d}$ 作为单摆摆长，则单摆与复摆的运动规律类似，这一摆长称为复摆的简化摆长（或等价摆长）。

（3）用三线摆法测量复杂形状物体的转动惯量

由三根等长的平行线等间距地悬挂，并能绕其对称轴作角振动的装置称为三线摆，如图 8-15a 所示。设每根线的长度均为 l，被测转动惯量的圆盘（或其上放置被测转动惯量的复杂形状物体）外径为 R，三根线对称地拴在圆盘外圆周上，圆盘重（或包含其上放置的复杂形状物体重）W，其受力如图 8-15b 所示。

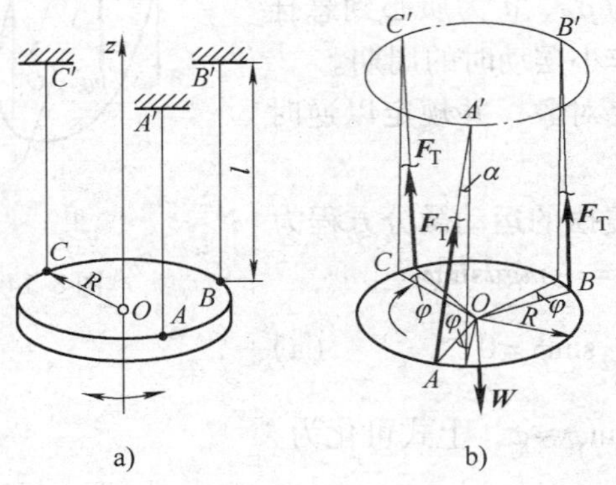

图 8-15　三线摆装置及其在一般位置上的运动与受力分析

请读者用对固定轴 z 的动量矩定理列写三线摆的运动微分方程，说明用它测量物体转动惯量 J_z 的力学原理；设计测量 J_z 的方法与步骤，例如测量对通过汽车质心的铅垂轴 z 的转动惯量 J_z。

8.2.3　质点系对质心的动量矩定理

采用式（8-22b）和式（8-23）表述动量矩定理时，其动量矩和外力矩的矩心（或轴）为惯性参考系中的固定点（或轴）。质点系中各质点的动量也是其质量与绝对速度的乘积。但在实际中需要研究质点系在质心平移系（非惯性参考系）中，作相对运动时对质心的动量矩变化率与外力系主矩之间的关系。例如，运动员腾空后，可通过质心运动定理描述其质心的运动，但相对质心所作的各种转体动作则需采用对质心的动量矩定理描述。

1. 质点系对质心的动量矩

如图 8-16 所示，$Oxyz$ 为固定参考系，$Cx'y'z'$为跟随质心平移的参考系。质点系边界内第 i 个质点的质量为 m_i，$\boldsymbol{r}_i$ 和 $\boldsymbol{r}'_i$ 分别为质点 i 相对于点 O 和质心 C 的位矢，$\boldsymbol{v}_i$和$\boldsymbol{v}_{ir}$分别为质点 i 相对于固定参考系 $Oxyz$ 和动系 $Cx'y'z'$的速度。

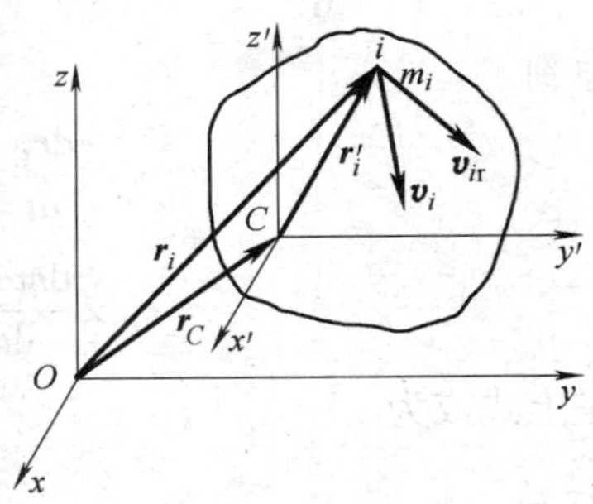

图 8-16　质点系对质心的动量矩

质点系中各质点在平移参考系 $Cx'y'z'$中的相对运动动量对质心 C 之矩的矢量和，或其相对运动动量的主矩称为**质点系对质心 C 的动量矩**，即

$$\boldsymbol{L}_C = \sum \boldsymbol{r}'_i \times m_i \boldsymbol{v}_{ir} \tag{8-31}$$

根据

$$\boldsymbol{v}_i = \boldsymbol{v}_{ir} + \boldsymbol{v}_C$$

和

$$\sum(\boldsymbol{r}'_i \times m_i \boldsymbol{v}_C) = \sum(m_i \boldsymbol{r}'_i) \times \boldsymbol{v}_C = \boldsymbol{0},$$

可以证明

$$\boldsymbol{L}_C = \sum \boldsymbol{r}'_i \times m_i \boldsymbol{v}_i \tag{8-32}$$

注意，$\boldsymbol{L}_C$ 亦为定位矢量，其作用点在矩心，即质心 C 处。

2. 质点系对质心的动量矩定理

由图 8-16 可见

$$\boldsymbol{r}_i = \boldsymbol{r}_C + \boldsymbol{r}'_i$$

故质点系对定点 O 的动量矩

$$\boldsymbol{L}_O = \sum \boldsymbol{r}_i \times m_i \boldsymbol{v}_i = \boldsymbol{r}_C \times \sum m_i \boldsymbol{v}_i + \sum \boldsymbol{r}'_i \times m_i \boldsymbol{v}_i$$

将质点系的动量

$$\sum m_i \boldsymbol{v}_i = m \boldsymbol{v}_C$$

代入上式得

$$\boldsymbol{L}_O = \sum \boldsymbol{r}_i \times m_i \boldsymbol{v}_i = \boldsymbol{r}_C \times m \boldsymbol{v}_C + \sum \boldsymbol{r}'_i \times m_i \boldsymbol{v}_i$$

注意到式（8-32），得

$$\boldsymbol{L}_O = \sum \boldsymbol{r}_i \times m_i \boldsymbol{v}_i = \boldsymbol{r}_C \times m \boldsymbol{v}_C + \boldsymbol{L}_C \tag{8-33}$$

这表明，**质点系对定点 O 的动量矩等于集中于质心 C 的动量对定点 O 的动量矩与质点系对质心 C 的动量矩的矢量和。**

根据质点系对定点 O 的动量矩定理，有

$$\frac{\mathrm{d}}{\mathrm{d}t}(\boldsymbol{r}_C \times m \boldsymbol{v}_C + \boldsymbol{L}_C) = \sum \boldsymbol{r}_i \times \boldsymbol{F}_i^{\mathrm{e}}$$

将 $\boldsymbol{r}_i = \boldsymbol{r}_C + \boldsymbol{r}'_i$ 代入上式得

$$\frac{\mathrm{d}\boldsymbol{r}_C}{\mathrm{d}t}\times m\boldsymbol{v}_C+\boldsymbol{r}_C\times\frac{\mathrm{d}m\boldsymbol{v}_C}{\mathrm{d}t}+\frac{\mathrm{d}\boldsymbol{L}_C}{\mathrm{d}t}=\sum\boldsymbol{r}_C\times\boldsymbol{F}_i^{\mathrm{e}}+\sum\boldsymbol{r}_i'\times\boldsymbol{F}_i^{\mathrm{e}}$$

注意到

$$\frac{\mathrm{d}\boldsymbol{r}_C}{\mathrm{d}t}\times m\boldsymbol{v}_C=\boldsymbol{v}_C\times m\boldsymbol{v}_C=\boldsymbol{0}$$

$$\boldsymbol{r}_C\times\frac{\mathrm{d}m\boldsymbol{v}_C}{\mathrm{d}t}=\boldsymbol{r}_C\times\sum\boldsymbol{F}_i^{\mathrm{e}}=\sum\boldsymbol{r}_C\times\boldsymbol{F}_i^{\mathrm{e}}$$

于是上式成为

$$\frac{\mathrm{d}\boldsymbol{L}_C}{\mathrm{d}t}=\sum\boldsymbol{r}_i'\times\boldsymbol{F}_i^{\mathrm{e}}$$

或

$$\frac{\mathrm{d}\boldsymbol{L}_C}{\mathrm{d}t}=\boldsymbol{M}_C^{\mathrm{e}} \tag{8-34}$$

这一结果表明，**质点系对质心的动量矩对时间的一阶导数，等于作用于质点系上的外力系对质心的主矩**。此即质点系对质心的动量矩定理。

3. 关于质点系相对质心动量矩定理的讨论

（1）质点系对质心的动量矩的变化仅决定于外力系的主矩，内力不能改变质点系相对质心的动量矩。

（2）式（8-34）在形式上与质点系对定点的动量矩定理完全相同。需要注意的是，只有动点取为质心时才是如此。这再次显示出质心这个特殊点的动力学性质。

（3）质点系动量定理与相对质心的动量矩定理

$$\frac{\mathrm{d}\boldsymbol{p}}{\mathrm{d}t}=\boldsymbol{F}_{\mathrm{R}}^{\mathrm{e}},\qquad\frac{\mathrm{d}\boldsymbol{L}_C}{\mathrm{d}t}=\boldsymbol{M}_C^{\mathrm{e}}$$

分别描述了质点系质心的运动和相对质心的运动。因此，两定理联合完成了对一般质点系整体运动的动力学描述。二者相辅相成，共同构成质点系普遍定理的动量方法。

（4）若外力系对质心的主矩为零，即 $\boldsymbol{M}_C^{\mathrm{e}}=\boldsymbol{0}$，则由式（8-34）得

$$\boldsymbol{L}_C=\text{常矢量} \tag{8-35}$$

称为**质点系对质心的动量矩守恒**。

4. 刚体平面运动微分方程

将质心运动定理与相对质心的动量矩定理应用于刚体平面运动动力学分析，得到用动量法完整描述刚体平面运动的动力学方程。所用方法与所得结果不仅对刚体平面运动动力学，而且对现代多刚体系统动力学都有重要意义，成为现代动力学中与由分析动力学发展的方法相并列的一种重要方法。

图 8-17 中的平面图形 S 是过平面运动刚体的质心 C 的对称平面，在此平面内

受外力系 $\boldsymbol{F}=(\boldsymbol{F}_1, \boldsymbol{F}_2, \cdots, \boldsymbol{F}_n)$ 作用。设 $Cx'y'$ 为原点固结于质心 C 的平移坐标系，则刚体运动可分解为跟随质心的平移和相对此平移系的转动。

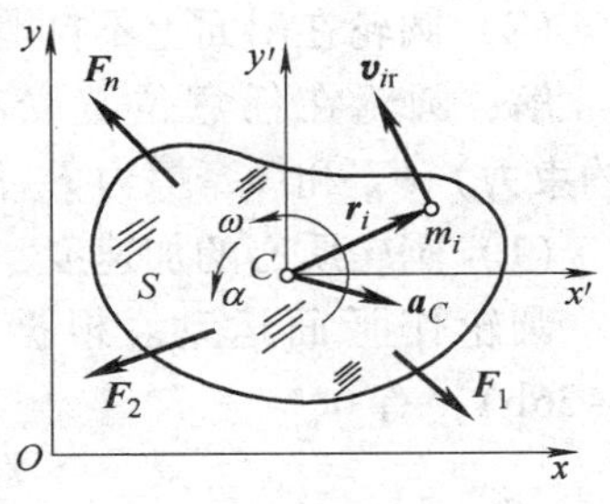

图 8-17　平面图形 S 相对质心运动的动力学分析

由运动学分析结果，平面图形上任一点相对于质心 C（平移坐标）的速度大小为

$$v_{ir}=r_i\omega$$

式中，ω 为平面图形的角速度；r_i 为该点到质心 C 的距离。于是，刚体相对质心动量矩用代数量表示为

$$L_C=\sum r_i m_i v_{ir}=\sum r_i m_i r_i \omega=\left(\sum m_i r_i^2\right)\omega=J_C\omega$$

式中，J_C 为刚体对于过质心 C 且垂直于运动平面的轴的转动惯量。

当刚体作平面运动时，应用质心运动定理和相对质心的动量矩定理得

$$\begin{cases} m\boldsymbol{a}_C=\sum \boldsymbol{F}^{\mathrm{e}} \\ J_C\alpha=\sum M_C(\boldsymbol{F}^{\mathrm{e}}) \end{cases} \tag{8-36a}$$

式中，m 为刚体的质量；$\boldsymbol{a}_C$ 为质心的加速度；α 为刚体的角加速度。上式也可写为投影形式的微分方程

$$\begin{cases} m\ddot{x}_C=\sum F_x^{\mathrm{e}} \\ m\ddot{y}_C=\sum F_y^{\mathrm{e}} \\ J_C\ddot{\varphi}=\sum M_C(\boldsymbol{F}^{\mathrm{e}}) \end{cases} \tag{8-36b}$$

式（8-36a）与式（8-36b）即为**刚体平面运动微分方程**（differential equation of planar motion of rigid body）。

（1）质点系动量定理与相对质心动量矩定理共同应用于刚体平面运动动力学分析，前者描述了刚体质心的运动，后者描述了刚体相对质心（平移坐标）的转动。总之，二者联合完成了对刚体平面运动的整体运动，也是全部运动的动力学描述。

（2）静力学研究作用于刚体上力系的基本特征量：主矢与主矩；运动学研究将刚体平面运动分解为随基点的平移和相对基点的转动。动力学将上述概念分别联系起来，而且只有对质心这个特殊点才能联系起来。

（3）若式（8-36）等号的左边项均恒等于零，即刚体的动量与动量矩均恒无变化，则得到静力学中平面力系的平衡方程，即外力系的主矢与主矩均等于零。因此，质点系动量定理与动量矩定理还联合完成了对刚体平面运动的特例——平衡情形的静力学描述。这表明，静力学是刚体动力学的特例。

【例题 8-7】　如图 8-18 所示，半径为 r 的均质圆轮从静止开始，沿倾斜角为 θ 的斜面无滑动地滚下。试求：

（1）圆轮滚至任意位置时的质心加速度 a_C；

（2）圆轮在斜面上不打滑的最小静摩擦因数。

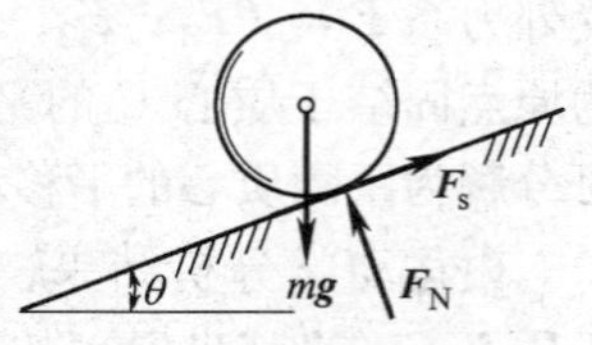

图 8-18　例题 8-7 图

解：圆轮在任意位置受有重力 $m\boldsymbol{g}$、斜面支承力（约束力）$\boldsymbol{F}_N$ 和静摩擦力 $\boldsymbol{F}_s$ 作用。不考虑滚动阻力偶。

（1）圆轮质心的加速度

圆轮作平面运动。根据刚体平面运动微分方程（8-36b），有

$$ma_C = mg\sin\theta - F_s \tag{a}$$

$$0 = mg\cos\theta - F_N \tag{b}$$

$$J_C\alpha = F_s r \tag{c}$$

上述三个方程中包含四个未知量：a_C、α、F_N 和 F_s，还需根据圆轮作纯滚动这一约束条件，补充运动学关系

$$a_C = r\alpha \tag{d}$$

由式（c）与式（d），得

$$F_s = J_C \cdot \frac{\alpha}{r} = \frac{1}{2}mr^2 \cdot \frac{a_C}{r^2} = \frac{1}{2}ma_C \tag{e}$$

将该式代入式（a），得

$$a_C = \frac{2}{3}g\sin\theta \tag{f}$$

（2）圆轮在斜面上不打滑的最小静摩擦因数

将式（f）代入式（e），再考虑到圆轮在斜面上作纯滚动时，其静摩擦力一般小于最大静摩擦力这一性质，有

$$F_s = \frac{1}{3}mg\sin\theta \leqslant F_N f_s \tag{g}$$

将式（b）代入式（g），得圆轮不打滑的最小静摩擦因数

$$f_{s\min} = \frac{1}{3}\tan\theta \tag{h}$$

（3）本例小结

圆轮在地面上从静止开始作纯滚动时，一般既有滚动阻力偶，也有滑动摩擦力。即使忽略前者，也必有后者，因为滑动摩擦力是使圆轮滚动的驱动力。此滑动摩擦力一般为静摩擦力，远小于最大静摩擦力。这正是使物体变滑动为滚动的得益之处。

如果式（h）不满足，则圆轮会产生滑动，图 8-18 中的 $\boldsymbol{F}_s$ 变为动摩擦力

$$F_d = F_N f \tag{i}$$

式中，f 为动摩擦因数。但作此分析时式（a）、式（b）和式（c）在形式上没有变化，但式（d）不成立。读者可根据有关方程求解圆轮滑动时的质心加速度与角加速度。

【例题 8-8】 质量为 m、长为 l 的均质杆 AB，A 端置于光滑水平面上，B 端用铅垂绳 BD 连接，如图 8-19a 所示。试求绳 BD 突然被剪断瞬时，杆 AB 的角加速度和 A 处的约束力。设 $\theta=60°$。

解：绳被剪断后，杆 AB 作平面运动，其受力如图 8-19b 所示，应用式（8-36），有

$$ma_{Cx}=0 \tag{a}$$

$$ma_{Cy}=F_A-mg \tag{b}$$

$$J_C\alpha=F_A\frac{l}{2}\cos\theta \tag{c}$$

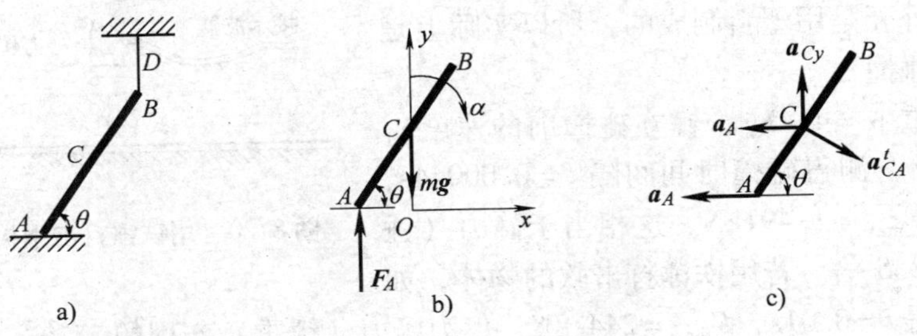

图 8-19　例题 8-8 图

由式（a）可知，杆在水平方向质心守恒，即 $a_C=a_{Cy}$，质心 C 只在铅垂方向运动。式（b）和式（c）中有 a_{Cy}、F_A 和 α 三个未知量，需补充运动学方程。若以 A 为基点（图 8-19c），则根据平面运动刚体的加速度合成定理，将各加速度在 y 方向投影，有

$$a_{Cy}=-a_{CA}^{t}\cos\theta=-\frac{l}{4}\alpha \tag{d}$$

将式（b）、式（c）、式（d）三式联立，解得

$$\alpha=\frac{12g}{7l}$$

$$F_A=\frac{4}{7}mg$$

8.3 碰撞

8.3.1 碰撞与碰撞冲量

碰撞（collision）是在极短的时间 t（约为 $10^{-3}\sim10^{-4}$s）内，使物体之间发生有限量的动量传递。因而，物体上各质点的加速度极大，作用有极大的瞬时碰撞力

$\boldsymbol{F}$（约为一般力的几百倍，甚至上千倍）。

研究碰撞问题通常使用碰撞冲量（impulse of collision），其定义为

$$\boldsymbol{I} = \int_0^t \boldsymbol{F}\mathrm{d}t \tag{8-37}$$

式中，t 为时间。**碰撞冲量是碰撞力在碰撞时间内的累积效应。**

碰撞时，机械能之间、机械能与其他形式的能量之间产生急剧转换，一般总伴随有机械能损耗，包括物体材料的弹性与塑性变形和变形的恢复，应力波的传播，产生热、光、声等能量形式。

例如，用铁锤打击钢板表面（图 8-20）。为了测量碰撞的时间和瞬时力，在锤头下部安装力传感器，其外壳是用塑料制成的，所以实际上是塑料和钢的碰撞。

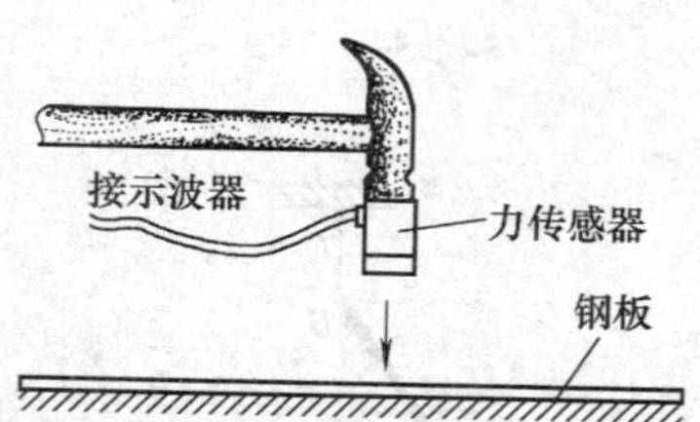

图 8-20　用铁锤打击钢板表面

设铁锤重 $W=4.45\mathrm{N}$，锤在碰撞前的速度 $v_1=457.2\mathrm{mm/s}$，测得碰撞时间间隔 $t=0.00044\mathrm{s}$，碰撞力峰值 $F_{\max}=1.491\mathrm{kN}$，这相当于静力（锤重）作用的 335 倍。若用铁锤打击软的物体，如橡胶，则测得 $t=0.01\mathrm{s}$，$F_{\max}=244.8\mathrm{N}$，仅为静力（锤重）作用的 55 倍。

物理学中已经涉及过一些碰撞问题，本节着重介绍动量和动量矩定理在碰撞中的应用。

碰撞问题的难点是，碰撞过程中碰撞力的变化规律难以确定。通常只能分析碰撞前后物体运动的变化。因此，解决工程问题时，需要根据碰撞的特点作适当简化，主要包括：

（1）碰撞过程中，由于碰撞力极大，重力等非碰撞力可以忽略不计。

（2）由于碰撞时间极短，物体的位置基本没有改变，故物体的位移可忽略不计。

8.3.2　碰撞的恢复因数

物理学指出，若碰撞前后两球的质心速度矢量方向与两球接触面的公法线共线，则称为正碰撞。碰撞中，变形与恢复阶段的碰撞冲量分别为

$$\boldsymbol{I}_1 = \int_0^{t_1} \boldsymbol{F}\mathrm{d}t,\quad \boldsymbol{I}_2 = \int_{t_1}^{t} \boldsymbol{F}\mathrm{d}t$$

式中，$\boldsymbol{F}$ 为碰撞力；t_1 为变形阶段时间；$t-t_1$ 为恢复阶段时间。

两球变形与恢复阶段的冲量之比，或碰撞后相对分离的速度与碰撞前相对接近的速度之比，称为**恢复因数**（coefficient of restitution）：

$$e = \frac{I_2}{I_1} = \frac{u_2 - u_1}{v_1 - v_2}$$

对于刚体，恢复因数应改写为

$$e=\frac{I_2}{I_1}=\frac{u_2^{\mathrm{n}}-u_1^{\mathrm{n}}}{v_1^{\mathrm{n}}-v_2^{\mathrm{n}}} \tag{8-38}$$

式中，v_1^{n}、v_2^{n}为刚体碰撞前碰撞点的速度在接触点公法线方向的投影；u_1^{n}、u_2^{n}为刚体碰撞后碰撞点的速度在接触点公法线方向的投影。

8.3.3　碰撞的基本定理

根据碰撞现象的力学特征求解碰撞问题，必须应用动力学普遍定理，包括动量定理、动量矩定理和刚体动力学方程的积分形式。

由于碰撞过程中忽略了位移，即 $\boldsymbol{r}_i$为常矢量，应用动量定理和动量矩定理的积分形式可以表示成

$$\boldsymbol{p}_2-\boldsymbol{p}_1=\sum_i^n\int_{t_1}^{t_2}\boldsymbol{F}_i^{\mathrm{e}}\mathrm{d}t=\sum_i^n\boldsymbol{I}_i^{\mathrm{e}} \tag{8-39}$$

$$\boldsymbol{L}_{O2}-\boldsymbol{L}_{O1}=\sum_i^n\int_0^T\boldsymbol{r}_i\times\boldsymbol{F}_i^{\mathrm{e}}\mathrm{d}t=\sum_i^n\boldsymbol{r}_i\times\int_0^T\boldsymbol{F}_i^{\mathrm{e}}\mathrm{d}t=\sum_i^n\boldsymbol{r}_i\times\boldsymbol{I}_i^{\mathrm{e}}=\sum_i^n\boldsymbol{M}_O(\boldsymbol{I}_i^{\mathrm{e}}) \tag{8-40}$$

式中，$\boldsymbol{L}_O$ 为对固定点的动量矩。

定轴转动的物体发生碰撞时，基本定理为

$$\begin{cases}m\boldsymbol{u}_C-m\boldsymbol{v}_C=\sum\boldsymbol{I}_i^{\mathrm{e}}\\ J_O\omega_2-J_O\omega_1=\sum M_O(\boldsymbol{I}_i^{\mathrm{e}})\end{cases} \tag{8-41}$$

式中，J_O 为刚体对定轴 O 的转动惯量；ω_1、ω_2 分别为碰撞开始和结束时刚体的角速度；$\boldsymbol{v}_C$、$\boldsymbol{u}_C$ 分别为碰撞开始和结束时刚体质心的速度；M_O（$\boldsymbol{I}^{\mathrm{e}}$）为碰撞力对定轴 O 的冲量矩。同样，将上式用于碰撞过程时，不计非碰撞力的冲量矩。

平面运动的物体发生碰撞时，基本定理为

$$\begin{cases}m\boldsymbol{u}_C-m\boldsymbol{v}_C=\sum\boldsymbol{I}_i^{\mathrm{e}}\\ J_C\omega_2-J_C\omega_1=\sum M_C(\boldsymbol{I}_i^{\mathrm{e}})\end{cases} \tag{8-42}$$

式中，J_C 为刚体对通过质心且垂直于平面的 C 轴的转动惯量；$\boldsymbol{v}_C$、$\boldsymbol{u}_C$ 分别为碰撞开始和结束时刚体质心的速度；ω_1、ω_2 分别为碰撞开始和结束时刚体的角速度；$M_C(\boldsymbol{I}^{\mathrm{e}})$为碰撞力对 C 轴的冲量矩。同样，将上式用于碰撞过程时，不计非碰撞力的冲量矩。

具体应用时，需要根据具体情形将基本定理的表达式与碰撞因数公式联立，再加上运动学补充方程，即可求得问题的解答。

【例题 8-9】　绕定轴 O 转动的刚体质量为 m，如图 8-21a 所示。刚体对轴 O 的转动惯量为 J_O，该刚体的质量对称平面在图示平面内。今有外碰撞冲量 $\boldsymbol{I}$ 作用在质量对称平面内，试分析轴承的约束碰撞力冲量 $\boldsymbol{I}_O$。

解：因为质量对称平面在图示平面内，所以刚体的质心必位于图形平面内。

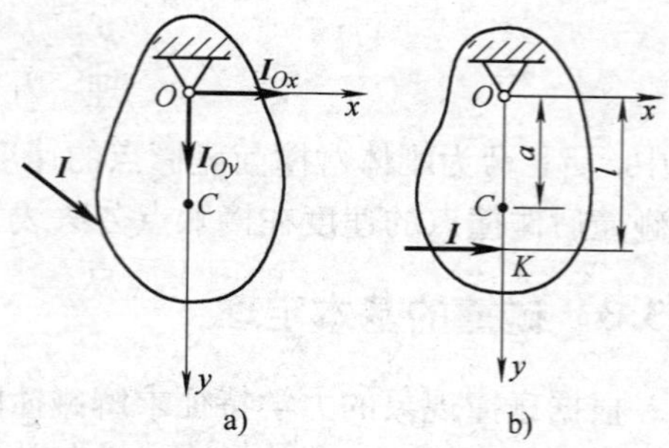

图 8-21　例题 8-9 图

令 y 轴通过质心，建立 Oxy 坐标系，如图所示。应用冲量定理有

$$\begin{cases} mu_{Cx} - mv_{Cx} = I_x + I_{Ox} \\ mu_{Cy} - mv_{Cy} = I_y + I_{Oy} \end{cases}$$

式中，u_{Cx}、u_{Cy}和 v_{Cx}、v_{Cy}分别为碰撞前和碰撞后质心速度在 x、y 轴上的投影。

若图示位置是发生碰撞的位置，则有 $u_{Cy} = v_{Cy} = 0$，于是，轴 O 处的约束碰撞力冲量为

$$\begin{cases} I_{Ox} = m(u_{Cx} - v_{Cx}) - I_x \\ I_{Oy} = -I_y \end{cases} \tag{8-43}$$

可见，一般情形下会在轴承处引起碰撞冲量。这种碰撞冲量将使轴承和轴发生损伤，所以实际设计时，应当尽量避免。为使轴承处碰撞冲量为零，根据式（8-43），需使

$$\begin{cases} I_{Ox} = 0 \\ I_{Oy} = 0 \end{cases}$$

必须保证

$$I_x = m(u_{Cx} - v_{Cx}) \tag{8-44}$$

$$I_y = 0 \tag{8-45}$$

为使式（8-45）成立，外冲量必须沿着垂直于 OC 的方向，如图 8-21b 所示。为使式（8-44）成立，将其与式（8-41）的第二式联立，可得

$$l = \frac{J_O}{ma} \tag{8-46}$$

式中，a 为点 O 至点 C 的距离；$l = OK$，点 K 是外碰撞冲量 $\boldsymbol{I}$ 的作用线与线 OC 的交点。而满足式（8-46）的点称为**撞击中心**（center of collision）。

8.4　本章小结与讨论

8.4.1　本章小结

1. 动量定理

应用牛顿第二定律

$$m\boldsymbol{a} = \boldsymbol{F}$$

可以导出质点系的动量定理的微分形式：

$$\frac{\mathrm{d}\boldsymbol{p}}{\mathrm{d}t} = \sum \boldsymbol{F}_i^{\mathrm{e}} = \boldsymbol{F}_{\mathrm{R}}^{\mathrm{e}}$$

引入质心的概念将动量表达式

$$\boldsymbol{p} = \sum m_i \boldsymbol{v}_i = M\boldsymbol{v}_C$$

代入上式后，便得到质心运动定理

$$M\boldsymbol{a}_C = \boldsymbol{F}_R^e$$

比较牛顿第二定律和质心运动定理，可以发现二者具有基本相同的形式。但前者适用于质点，而后者适用于质点系。

2. 动量矩定理

（1）质点系对点 O 的动量矩：$\boldsymbol{L}_O = \sum \boldsymbol{r}_i \times m_i\boldsymbol{v}_i$

质点系对质心 C 的动量矩：$\boldsymbol{L}_C = \sum \boldsymbol{r}_i' \times m_i\boldsymbol{v}_{ir}$

质点系对点 O 的动量矩与质点系对质心 C 的动量矩的关系：$\boldsymbol{L}_O = \boldsymbol{r}_C \times m\boldsymbol{v}_C + \boldsymbol{L}_C$

（2）质点系对定点 O 的动量矩定理：$\dfrac{\mathrm{d}\boldsymbol{L}_O}{\mathrm{d}t} = \boldsymbol{M}_O^e$

质点系对质心 C 的动量矩定理：$\dfrac{\mathrm{d}\boldsymbol{L}_C}{\mathrm{d}t} = \boldsymbol{M}_C^e$

（3）刚体定轴转动微分方程：$J_z\alpha = M_z^e$

刚体平面运动微分方程：$\begin{cases} m\boldsymbol{a}_C = \sum \boldsymbol{F}^e \\ J_C\alpha = \sum M_C(\boldsymbol{F}^e) \end{cases}$

8.4.2　几个有意义的实例

1. 驱动汽车行驶的力

一辆大马力的汽车，在崎岖不平的山路上可以畅通无阻，如图8-22所示。一旦开到结冰的光滑河面上，它却寸步难行。同一辆汽车，同样的发动机，为何有不同的结果？不要忘记在汽车的发动机中，气体的压力是汽车行驶的原动力啊。你能解释清楚吗？

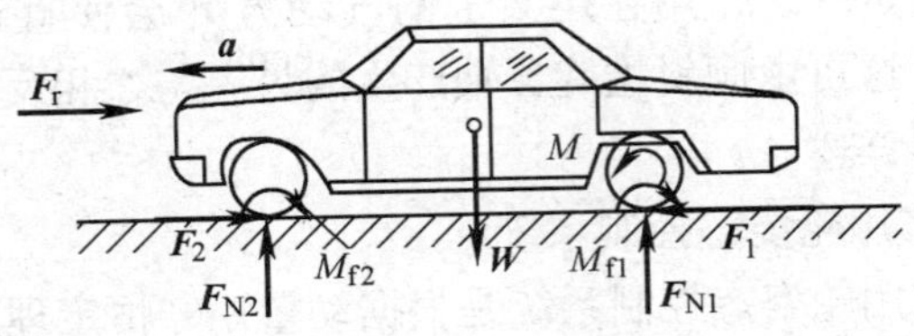

图8-22　驱动汽车行驶的力

2. 直升机尾桨的平衡作用

直升机的旋翼转动时，空气对飞机产生升力，故它又称为升力螺旋桨。现在假设升力与重力相平衡，即直升机处于悬停状态，旋翼以等角速度 ω 绕定轴 z 转动（图8-23a）。

考察直升机整体系统。空气除对其产生升力外，还产生气动阻力偶 $\boldsymbol{M}_r$。$\boldsymbol{M}_r$ 作用在旋翼上，也是作用在整体系统上，其方向与 ω 相反。这样，根据式（8-23）的第三式，如果没有尾桨，机身将在 $\boldsymbol{M}_r$ 作用下，产生与角速度 ω 反向的旋转。而

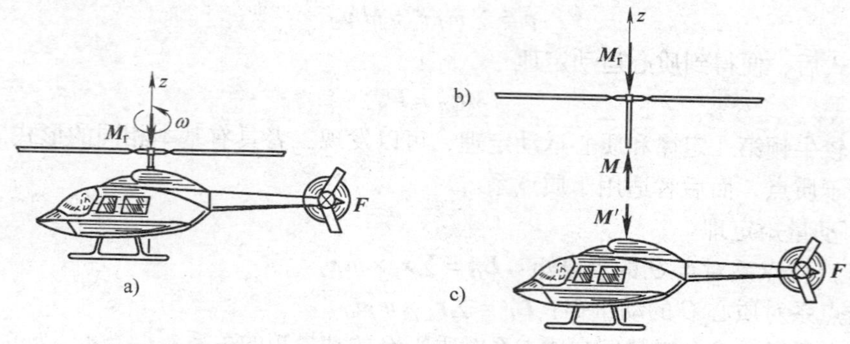

图 8-23　直升机整体系统与旋翼、机身子系统

尾桨旋转时，空气对其叶片产生垂直于纸面向内的气动力 $\boldsymbol{F}$，并使该力对轴 z 之矩与阻力偶 $\boldsymbol{M}_r$ 大小相等、方向相反，即 $M_z(\boldsymbol{F})=M_r$，以使机身在空中保持平衡。

上述问题还可以将整体系统分为旋翼与机身两个子系统进行分析（图 8-23b、c）。旋翼受气动阻力偶 $\boldsymbol{M}_r$ 与发动机的内主动力偶（对现在的考察对象则为外主动力偶）$\boldsymbol{M}$ 作用。因 $\boldsymbol{M}_r=-\boldsymbol{M}$，故据式（8-27），旋翼以等角速度 $\boldsymbol{\omega}$ 旋转。另外，机身上受到反作用力偶 $\boldsymbol{M}'$的作用，若要维持飞机在空中悬停，即要尾桨提供上述力 $\boldsymbol{F}$，以使 $M'=-M_z(\boldsymbol{F})$。

一般的玩具直升机上没有尾桨。当上紧旋翼的发条，并在旋翼转动的同时将玩具直升机置于地上，则尽管地面作用其支承轮以摩擦力，但机身仍然作与旋翼角速度方向相反的转动。

以上只对尾桨产生气动力矩 $M_z(\boldsymbol{F})$用以平衡旋翼上的气动阻力偶 $\boldsymbol{M}_r$ 的作用作了分析。尾桨的其他功能如操纵航向并使其保持稳定等不再赘述。

此外，根据动量定理，作用在尾桨上的气动力 $\boldsymbol{F}$ 会使直升飞机的质心产生由纸面向纸内的运动。这可由倾斜主旋翼轴产生的另一与之相反方向的气动力与之平衡来解决。这里不再详述。

3. 航天器的反作用轮姿态控制系统

航天器中的反作用轮姿态控制系统是根据动量矩守恒定理而设计的一种由飞轮储存动量矩，航天器同时也获得反向动量矩，从而实现姿态控制的装置。

图 8-24a 所示为航天器中轴对称结构的本体，其中安装有与本体同轴的反作用轮控制系统。设初瞬时，本体与反作用轮在太空中均处于静止。然后，为实现本体绕轴 z 的姿态改变，与反作用轮同轴的电动机施加常力偶 M，使轮绕轴 z 按图示方向转动。M 的反作用力偶 M'则作用在本体上，并使其绕轴 z 按与轮相反方向转动。若本体与反作用轮整体对轴 z 的转动惯量为 J，轮对轴 z 的转动惯量为 J_1，试分析航天器本体在瞬时 t 的角速度 ω 与反作用轮相对航天器的角速度 ω_{1r}。

考察反作用轮的运动。其上只作用有电动机施加的常力偶 M。因其相对角速度大于航天器本体的角速度（牵连角速度），即 $\omega_{1r} > \omega$，且方向相反，故轮的绝对角速度 $\omega_{1a} = \omega_{1r} - \omega$。根据刚体定轴转动运动微分方程式（8-27a），有

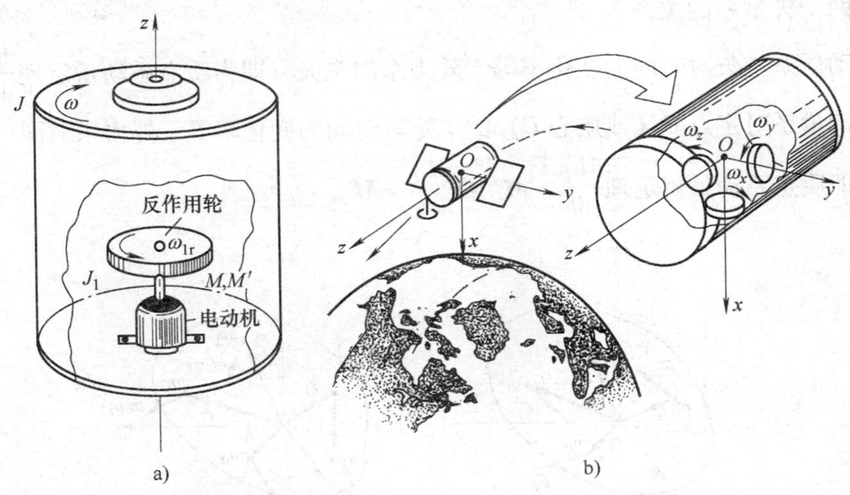

图 8-24　反作用轮姿态控制系统的简单示意图与装配示意图

$$J_z \frac{\mathrm{d}\omega}{\mathrm{d}t} = M_z, \quad J_1 \int_0^{\omega_{1r}-\omega} \mathrm{d}\omega = \int_0^t M \mathrm{d}t$$

则

$$J_1(\omega_{1r} - \omega) = Mt$$

再考察整体系统。因电动机包含在系统之中，所以，M、M'为内力偶，且不考虑该系统的其他受力，系统对轴 z 的动量矩守恒，且为零。

$$L_z = 0, \ (J - J_1)\omega - J_1(\omega_{1r} - \omega) = 0$$

$$J\omega = J_1 \omega_{1r}$$

联立解出

$$\omega = \frac{Mt}{J - J_1}, \ \omega_r = \frac{JMt}{J_1(J - J_1)}$$

图 8-24b 所示为地球扫描卫星以周期 T 沿围绕地球的圆轨道运行。在初瞬时，卫星的角速度 $\omega_x = \omega_z = 0$，$\omega_y = 2\pi/T$，以保证卫星的轴 x 总是指向地心。为了实现对卫星的全方位姿态控制，其上装有三个转轴相互正交的反作用轮，以及相应的控制电动机。通过各自的电动机对相应的反作用轮施加变力偶，使之分别以相对卫星本体的角速度 ω_x、ω_y、ω_z 转动，以完成对地球定向扫描任务。

8.4.3　质点系矢量动力学的两个矢量系（外力系与动量系）及其关系

如图 8-25a 所示，作用在由 n 个质点组成的质点系上的外力系（$\boldsymbol{F}_1$，…，$\boldsymbol{F}_n$），其基本特征量：主矢 $\boldsymbol{F}_R^e = \sum \boldsymbol{F}_i$，对点 O 的主矩 $\boldsymbol{M}_O^e = \sum \boldsymbol{M}_O$（$\boldsymbol{F}_i^e$）。

如图 8-25b 所示，作用在同一质点系上的动量系（$m_1 \boldsymbol{v}_1$，…，$m_n \boldsymbol{v}_n$），其基本

特征量：主矢，即质点系动量，$\boldsymbol{p}=\sum m_i\boldsymbol{v}_i$；对点 O 的主矩，即质点系对同一点的动量矩，$\boldsymbol{L}_O=\sum \boldsymbol{r}_i\times m_i\boldsymbol{v}_i$。

两个矢量系的关系：

动量系主矢对时间的变化率等于外力系的主矢，即为质点系动量定理$\dfrac{\mathrm{d}\boldsymbol{p}}{\mathrm{d}t}=\boldsymbol{F}_{\mathrm{R}}^{\mathrm{e}}$。

动量系对定点 O（或质心 C）的主矩对时间的变化率等于外力系对同一点的主矩，即质点系动量矩定理$\dfrac{\mathrm{d}\boldsymbol{L}_O}{\mathrm{d}t}=\boldsymbol{M}_O^{\mathrm{e}}$ 或$\dfrac{\mathrm{d}\boldsymbol{L}_C}{\mathrm{d}t}=\boldsymbol{M}_C^{\mathrm{e}}$。

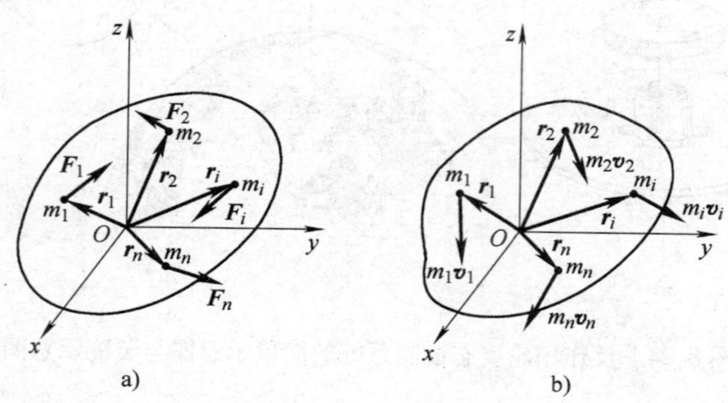

图 8-25　同一质点系的外力系与动量系

8.4.4　突然解除约束问题

图 8-26a、b 所示为用刚性细绳以不同形式悬挂的均质杆 AB。杆长均为 z，质量均为 m，若突然将 B 端细绳剪断，请读者分析两种情形下 A 端的约束力。这类问题称为**突然解除约束问题**，简称**突解约束问题**。

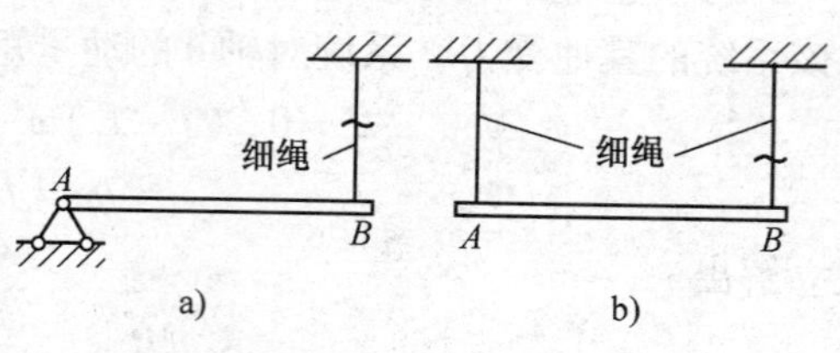

图 8-26　突然解除约束问题

突解约束问题的力学特征：系统解除约束后，其自由度一般会增加；解除约束的前后瞬时，其一阶运动量（速度与角速度）连续，但二阶运动量（加速度与角加速度）发生突变。因此，突解约束问题属于动力学问题，而不属于静力学问题。

习　题

选择填空题

8-1　两个完全相同的圆盘，放在光滑水平面上，如图 8-27 所示。在两个圆盘的不同位置上，分别作用两个相同的力 $\boldsymbol{F}$ 和 $\boldsymbol{F}'$。设两圆盘从静止开始运动。某瞬时两圆盘动量大小 p_A 和 p_B 的关系是（　　）。

① $p_A < p_B$　　② $p_A > p_B$

③ $p_A = p_B$　　④ 不能确定

8-2　均质杆 AB 重 G，其 A 端置于光滑水平面上，B 端用绳子悬挂，如图 8-28 所示。取坐标系 Oxy，此时该杆质心 C 的 x 坐标 $x_C = 0$。若将绳子剪断，则（　　）。

① 杆倒向地面的过程中，其质心 C 运动的轨迹为圆弧

② 杆倒至地面后，$x_C > 0$

③ 杆倒至地面后，$x_C = 0$

④ 杆倒至地面后，$x_C < 0$

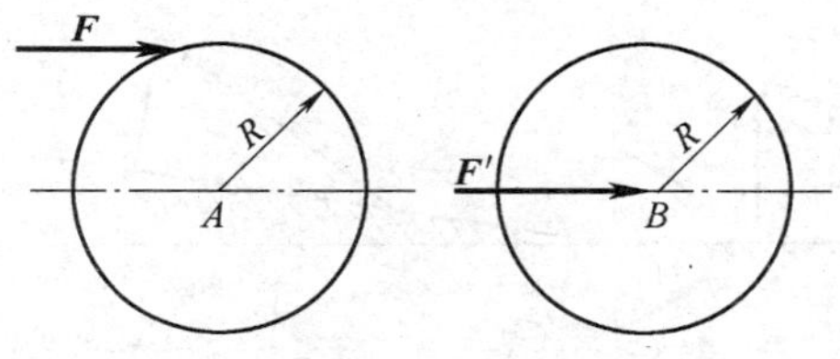

图 8-27　习题 8-1 图

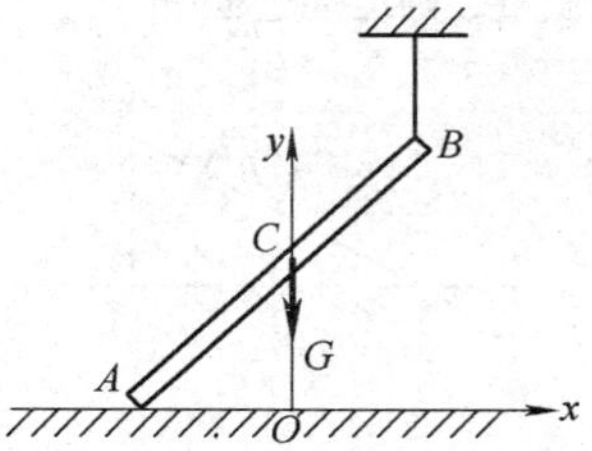

图 8-28　习题 8-2 图

8-3　OA 杆绕 O 轴逆时针转动，均质圆盘沿 OA 杆作纯滚动，如图 8-29 所示。已知圆盘的质量 $m = 20\text{kg}$，半径 $R = 10\text{cm}$。在图示位置时，OA 杆的倾角为 30°，其转角的角速度 $\omega_1 = 1\text{rad/s}$，圆盘相对于 OA 杆转动的角速度 $\omega_2 = 4\text{rad/s}$，$OB = 10\sqrt{3}\text{cm}$，则此时圆盘的动量大小为（　　）。

① 6.93N · s　　② 8N · s

③ 8.72N · s　　④ 4N · s

8-4　图 8-30 所示平面四连杆机构中，曲柄 O_1A、O_2B 和连杆 AB 皆可视为质量为 m、长为 $2r$ 的均质细杆。图示瞬时，曲柄 O_1A 逆时针转动的角速度为 ω，则该瞬时此系统的动量 $\boldsymbol{p}$ 为（　　）。

① $2mr\omega\boldsymbol{i}$　　② $3mr\omega\boldsymbol{i}$

③ $4mr\omega\boldsymbol{i}$　　④ $6mr\omega\boldsymbol{i}$

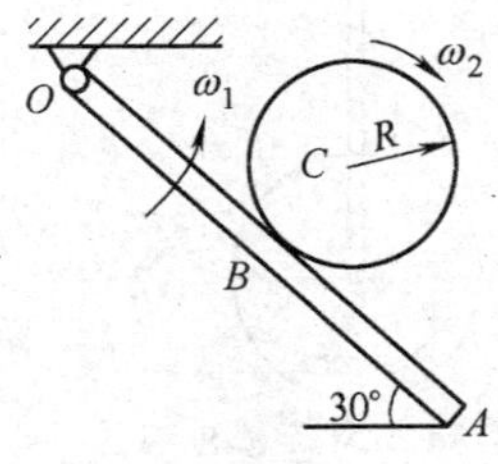

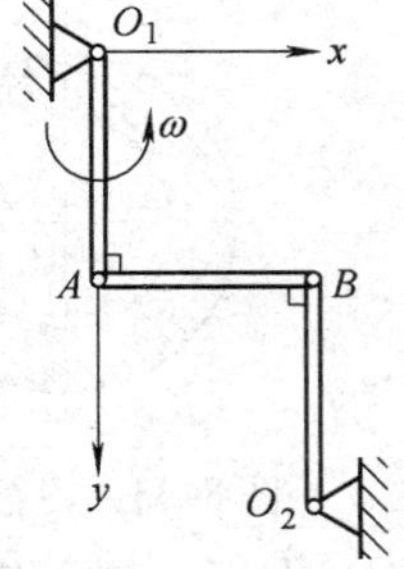

图 8-29　习题 8-3 图

图 8-30　习题 8-4 图

8-5　图 8-31 所示平面机构中，物块 A 的质量为 m_1，可沿水平直线轨道滑动；均质杆 AB 的质量为 m_2、长为 $2l$，其 A 端与物块铰接，B 端固连一质量为 m_3 的质点。图示瞬时，物块的速度为 $\boldsymbol{v}$，杆的角速度为 ω，则此平面机构在该瞬时的动量 $\boldsymbol{p}$ 为（　　）。

① $(m_1+m_2+m_3)v\boldsymbol{i}$

② $[m_1v-(m_2+2m_3)l\omega\cos\theta]\boldsymbol{i}-(m_2+2m_3)l\omega\sin\theta\boldsymbol{j}$

③ $[m_1v-(m_2+2m_3)l\omega\cos\theta]\boldsymbol{i}+(m_2+2m_3)l\omega\sin\theta\boldsymbol{j}$

④ $[(m_1+m_2+m_3)v-(m_2+2m_3)l\omega\cos\theta]\boldsymbol{i}-(m_2+2m_3)l\omega\sin\theta\boldsymbol{j}$

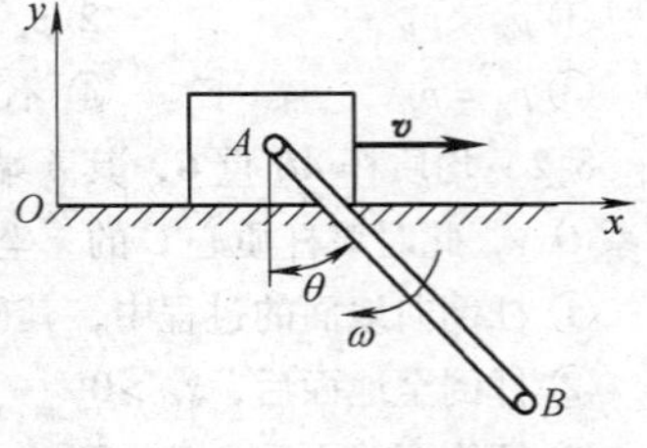

图 8-31 习题 8-5 图

8-6 已知三棱柱体 A 质量为 m_1，物块 B 质量为 m_2，在图 8-32a、b、c 所示三种情形下，物块均由三棱柱体顶端无初速释放。若三棱柱体初始静止，不计各处摩擦，不计弹簧质量，则运动过程中（ ）情形时动量守恒。

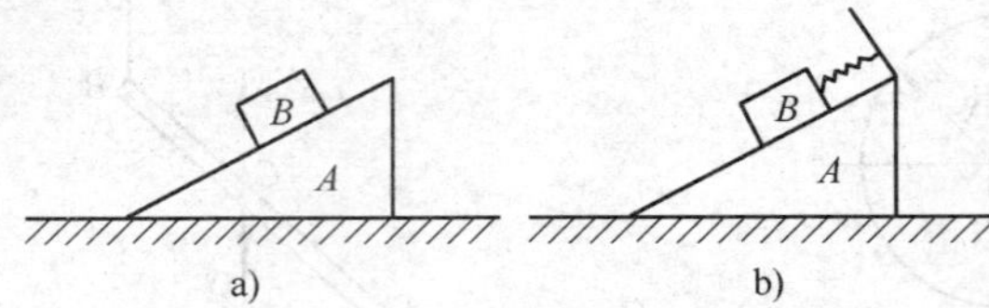

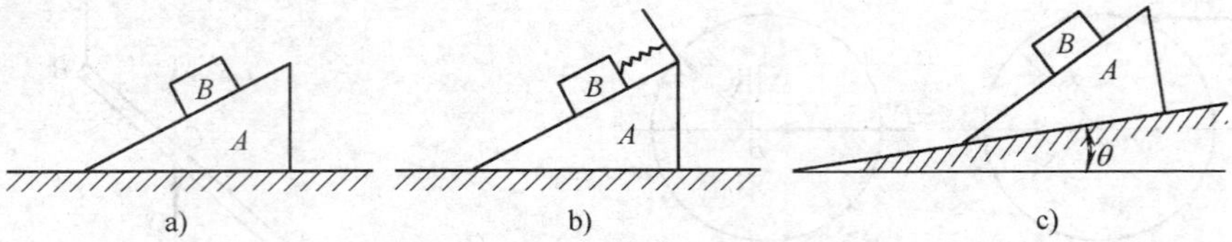

图 8-32 习题 8-6 图

8-7 图 8-33 所示均质圆环形盘的质量为 m，内、外直径分别为 d 和 D。则此盘对垂直于盘面的中心轴 O 的转动惯量为（ ）。

① $md^2/8$ ② $mD^2/8$

③ $m(D^2-d^2)/8$ ④ $m(D^2+d^2)/8$

8-8 一均质杆 OA 与均质圆盘在圆盘中心 A 处铰接，在图 8-34 所示位置时，OA 杆绕固定轴 O 转动的角速度为 ω，圆盘相对于杆 OA 的角速度也为 ω。设 OA 杆与圆盘的质量均为 m，圆盘的半径为 r，杆长 $l=3r$，则此时该系统对固定轴 O 的动量矩大小为（ ）。

① $L_O=22mr^2\omega$ ② $L_O=12.5mr^2\omega$

③ $L_O=13mr^2\omega$ ④ $L_O=12mr^2\omega$

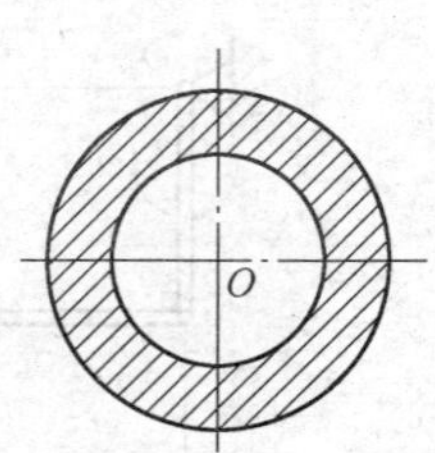

图 8-33 习题 8-7 图

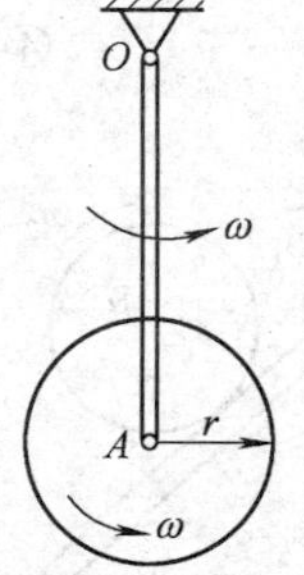

图 8-34 习题 8-8 图

8-9 图 8-35a 所示均质圆盘沿水平地面作直线平移，图 8-35b 所示均质圆盘沿水平直线作纯滚动。设两盘质量皆为 m，半径皆为 r，轮心 C 的速度皆为 $\boldsymbol{v}$，则图示瞬时，它们各自对轮心 C 和对与地面接触点 D 的动量矩分别为

图 8-35a：$L_C=$（ ），$L_D=$（ ）；

图 8-35b：$L_C=$（ ），$L_D=$（ ）。

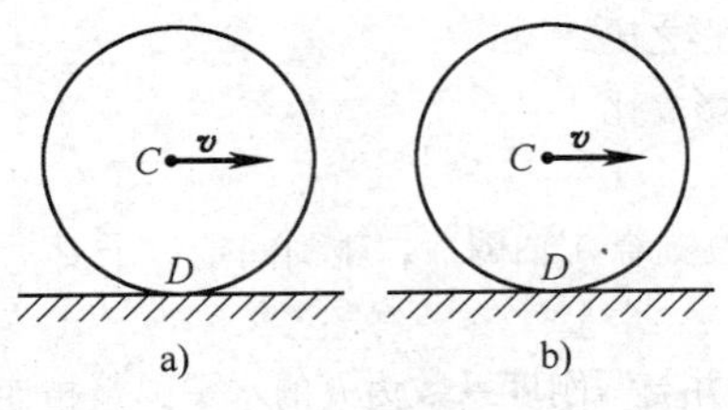

图 8-35　习题 8-9 图

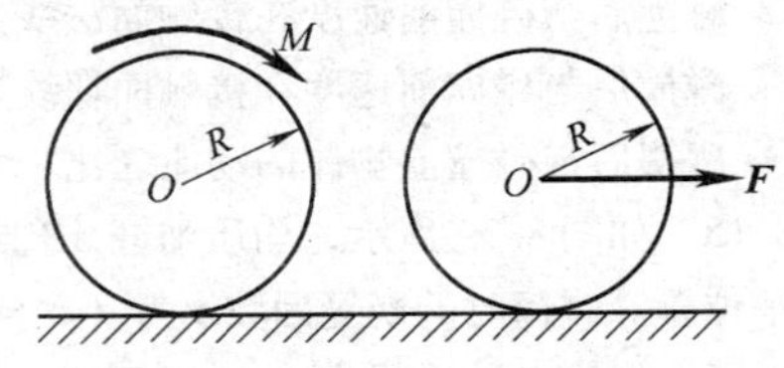

图 8-36　习题 8-10 图

8-10　如图 8-36 所示，一半径为 R、质量为 m 的圆轮，在下列两种情况下沿平面作纯滚动：①轮上作用一顺时针的力偶矩为 M 的力偶；②轮心作用一大小等于 M/R 的水平向右的力 $\boldsymbol{F}$。若不计滚动摩擦，则两种情况下（　　）。

① 轮心加速度相等，摩擦力大小相等

② 轮心加速度不相等，摩擦力大小相等

③ 轮心加速度相等，摩擦力大小不相等

④ 轮心加速度不相等，摩擦力大小不相等

8-11　如图 8-37 所示，均质长方形板由 A、B 两处的动滑轮支撑在光滑水平面上。初始时板处于静止状态，若突然撤去 B 端的支撑轮，试问此瞬时（　　）。

① A 点有水平向左的加速度

② A 点有水平向右的加速度

③ A 点加速度方向铅垂向上

④ A 点加速度为零

8-12　如图 8-38 所示，水平均质杆 OA 重量为 P，细绳 AB 未剪断前 O 点的支座约束力为 $P/2$。现将绳剪断，试判断在刚剪断 AB 绳瞬时，下列说法正确的是（　　）。

① O 点支座约束力仍为 $P/2$　　② O 点支座约束力小于 $P/2$

③ O 点支座约束力大于 $P/2$　　④ O 点支座约束力为 0

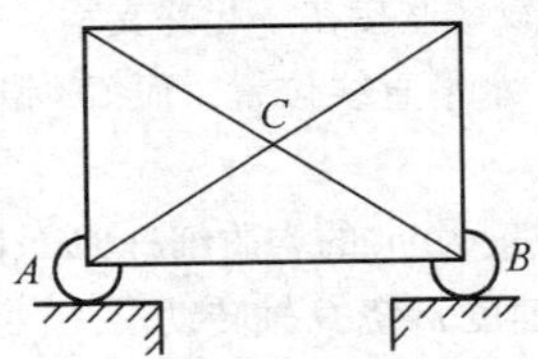

图 8-37　习题 8-11 图

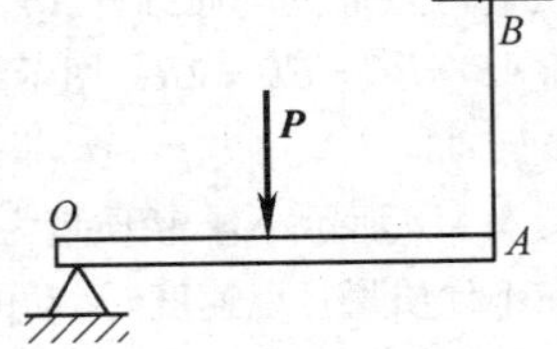

图 8-38　习题 8-12 图

8-13　设锤的质量为 M，桩的质量为 m_1，锻件连同砧座的质量为 m_2。为了提高打桩和锻造的效率，则应（　　）。

① $M < m_1$，$M > m_2$

② $M > m_1$，$M < m_2$

③ $M > m_1$，$M > m_2$

④ $M < m_1$，$M < m_2$

8-14　不计摩擦，物体与固定面斜碰撞时，恢复因数应为（　　）。

① 碰撞后与碰撞前速度大小之比

② 碰撞后与碰撞前速度在接触面法线方向上的投影之比

③ 碰撞后与碰撞前速度在接触面切线方向上的投影之比

④ 碰撞后与碰撞前物体的动能之比

8-15 如图 8-39 所示，均质细杆 AB 自铅垂静止位置绕 A 轴倒下，碰到固定钉子 O 后弹回至水平位置。碰撞时的恢复因数 e 为（　　）。

8-16 物块 B 的质量为 m_B，置于光滑水平面上，并与一刚度系数为 k 的水平弹簧相连，开始时处于静止；另一质量为 m_A 的物体 A 以速度 $\boldsymbol{v}$ 撞击 B 物块，如图 8-40 所示。设碰撞是塑性的，碰撞后两物体一起以速度 $\boldsymbol{u}$ 向右运动，则两物块共同前进的最大距离 $s=$（　　）。

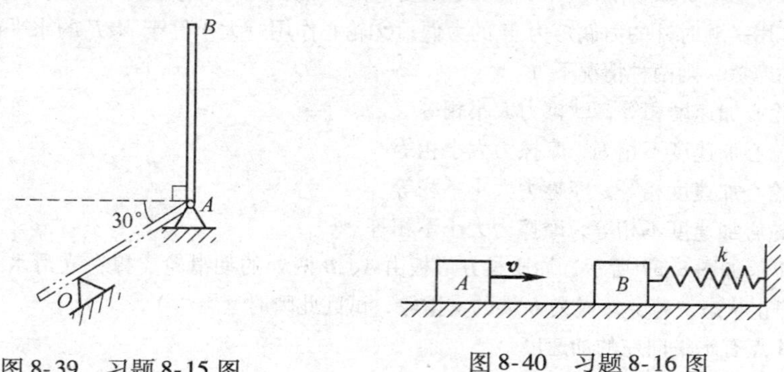

图 8-39　习题 8-15 图　　　图 8-40　习题 8-16 图

8-17 具有质量对称平面的定轴转动刚体，当其质心在转轴 O 上时，该刚体的撞击中心到转轴 O 的距离 h 应为（　　）。

分析计算题

8-18 计算下列图示情况下系统的动量。

（1）已知 $OA=AB=l$，ω 为常量，均质连杆 AB 的质量为 m，而曲柄 OA 和滑块 B 的质量不计（$\theta=45°$，图 8-41a）。

（2）质量均为 m 的均质细杆 AB、BC 和均质圆盘 CD 用铰链联接在一起并支承，如图 8-41b 所示。已知 $AB=BC=CD=2R$，图示瞬时 A、B、C 处于同一水平直线位置，而 CD 铅垂，AB 杆以角速度 ω 转动。

（3）图 8-41c 所示小球 M 质量为 m_1，固结在长为 l、质量为 m_2 的均质细杆 OM 上，杆的一端 O 铰接在不计质量且以速度 $\boldsymbol{v}$ 运动的小车上，杆 OM 以角速度 ω 绕 O 轴转动。

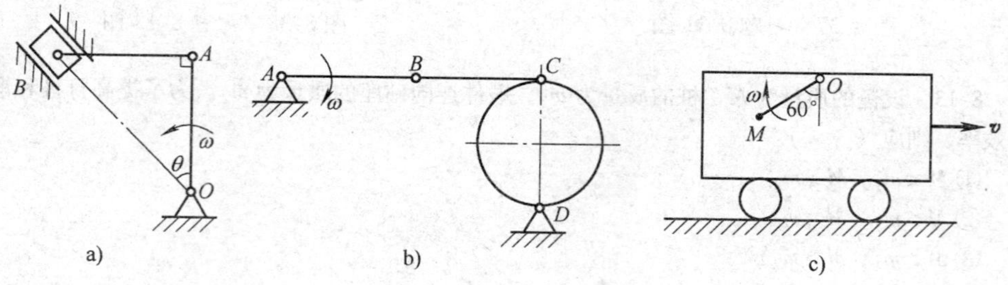

图 8-41　习题 8-18 图

8-19　图8-42所示机构中，已知均质杆 AB 质量为 m，长为 l；均质杆 BC 质量为 $4m$，长为 $2l$。图示瞬时 AB 杆的角速度为 ω，求此时系统的动量。

8-20　两均质杆 AC 和 BC 的质量分别为 m_1 和 m_2，在 C 点用铰链联接，两杆立于铅垂平面内，如图8-43所示。设地面光滑，两杆在图示位置时无初速倒向地面。问：当 $m_1 = m_2$ 和 $m_1 = 2m_2$ 时，C 点的运动轨迹是否相同？

8-21　图8-44所示水泵的固定外壳 D 和基础 E 的质量为 m_1，曲柄 $OA = d$，质量为 m_2，滑道 B 和活塞 C 的质量为 m_3。若曲柄 OA 以角速度 ω 作匀角速度转动，试求水泵在唧水时给地面的动压力（曲柄可视为均质杆）。

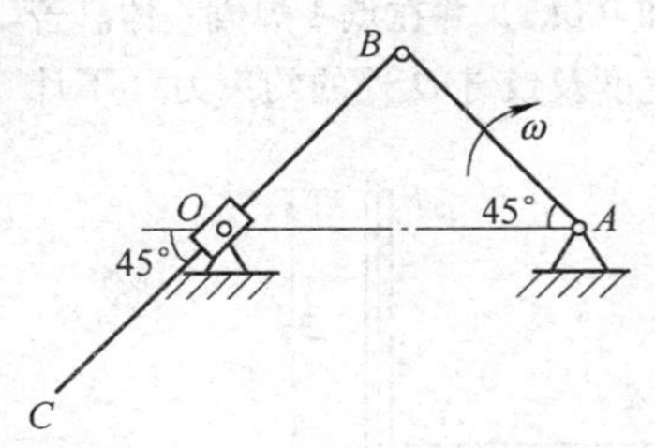

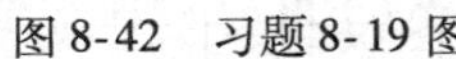
图8-42　习题8-19图

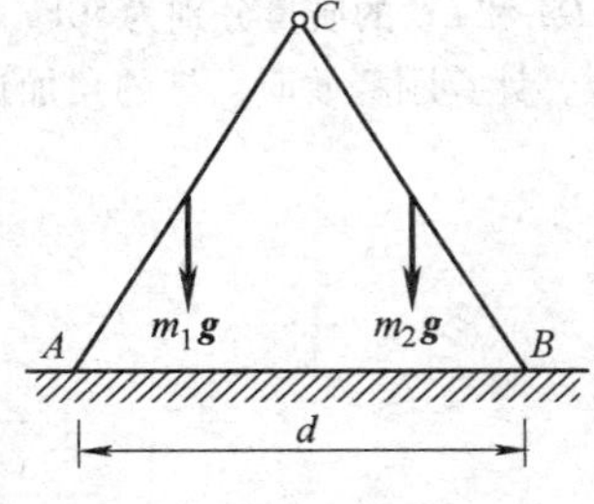

图8-43　习题8-20图

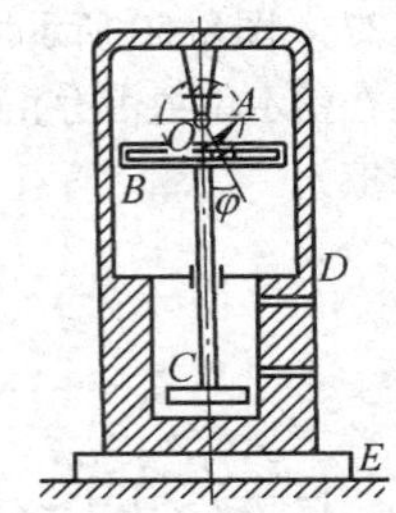

图8-44　习题8-21图

8-22　图8-45所示均质滑轮 A 质量为 m，重物 M_1、M_2 的质量分别为 m_1 和 m_2，斜面的倾角为 θ，忽略摩擦。试求重物 M_2 的加速度 $\boldsymbol{a}$ 及轴承 O 处的约束力（表示成 a 的函数）。

8-23　板 AB 质量为 m，放在光滑水平面上，其上用铰链连接四连杆机构 $OCDO_1$，如图8-46所示。已知 $OC = O_1D = b$，$CD = OO_1$，均质杆 OC、O_1D 质量皆为 m_1，均质杆 CD 质量为 m_2，当杆 OC 从与铅垂线夹角为 θ 由静止开始转到水平位置时，求板 AB 的位移。

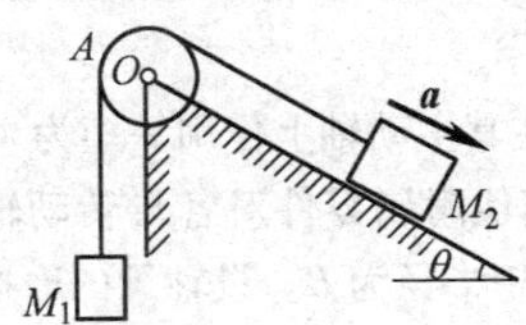

图8-45　习题8-22图

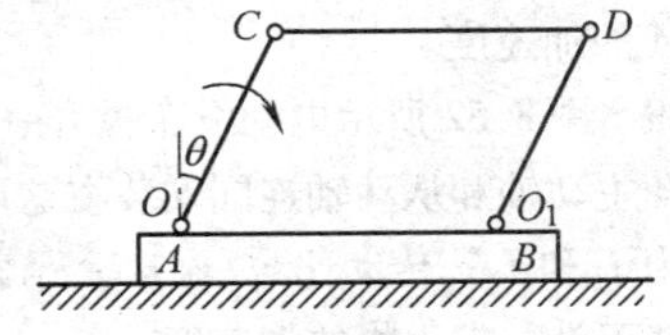

图8-46　习题8-23图

8-24　均质杆 AB 长 $2l$，B 端放置在光滑水平面上。杆在图8-47所示位置自由倒下，试求 A 点轨迹方程。

8-25　计算下列情形下系统的动量矩。

（1）圆盘以 ω 的角速度绕 O 轴转动，质量为 m 的小球 M 可沿圆盘的径向凹槽运动，图示瞬时小球以相对于圆盘的速度 $\boldsymbol{v}_r$ 运动到 $OM = s$ 处（图8-48a）；

（2）图示质量为 m 的偏心轮在水平面上作平面运动。轮心为 A，质心为 C，且 $AC = e$；轮子半径为 R，对轮心 A 的转动惯量为 J_A；C、A、B 三点在同一铅垂线上（图8-48b）。①当轮子只滚不滑时，若 $\boldsymbol{v}_A$ 已知，求轮子的动量和对 B 点的动量矩；②当轮子又滚又滑时，若 $\boldsymbol{v}_A$、ω 已知，求轮子的动量和对 B 点的动量矩。

8-26　图8-49所示系统中，已知鼓轮以 ω 的角速度绕 O 轴转动，其大、小半径分别为 R、r，对 O 轴的转动惯量为 J_O；物块 A、B 的质量分别为 m_A 和 m_B；试求系统对 O 轴的动量矩。

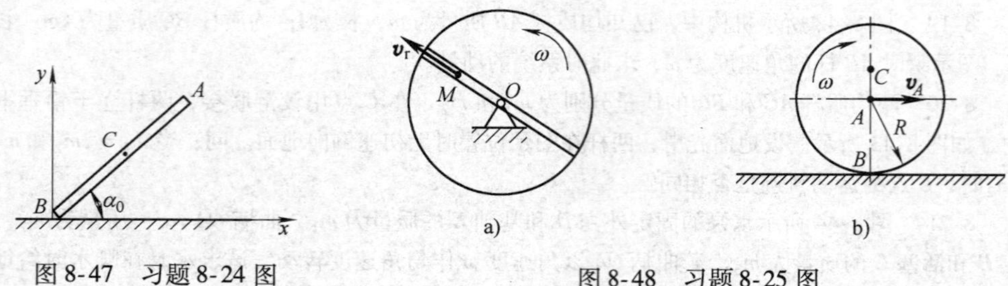

图 8-47　习题 8-24 图　　　　图 8-48　习题 8-25 图

8-27　图 8-50 所示均质细杆 OA 和 EC 的质量分别为 50kg 和 100kg，并在点 A 焊成一体。若此结构在图示位置由静止状态释放，计算刚释放时，杆的角加速度及铰链 O 处的约束力（不计铰链摩擦）。

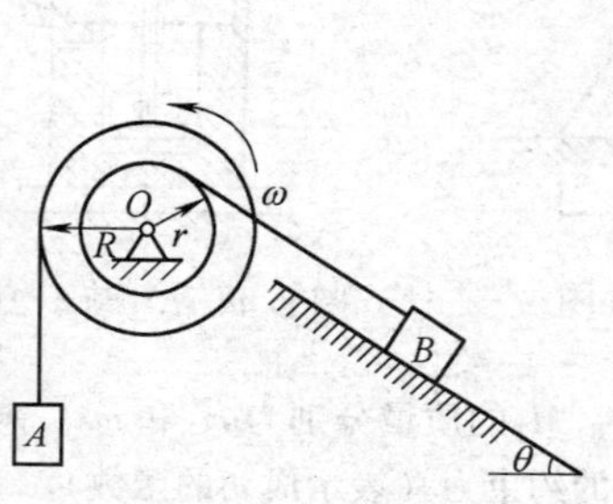

图 8-49　习题 8-26 图

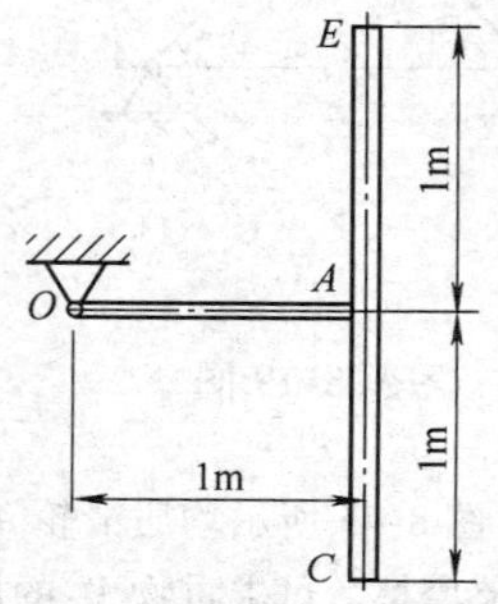

图 8-50　习题 8-27 图

8-28　卷扬机机构如图 8-51 所示。可绕固定轴转动的轮 B、C，其半径分别为 R 和 r，对自身转轴的转动惯量分别为 J_1 和 J_2。被提升重物 A 的质量为 m，作用于轮 C 上的主动转矩为 M，求重物 A 的加速度。

8-29　图 8-52 所示电动绞车提升一质量为 m 的物体，在其主动轴上作用一矩为 M 的主动力偶。已知主动轴和从动轴连同安装在这两轴上的齿轮以及其他附属零件对各自转动轴的转动惯量分别为 J_1 和 J_2；传动比 $r_1 : r_2 = i$；吊索缠绕在鼓轮上，此轮半径为 R。设轴承的摩擦和吊索的质量忽略不计，求重物的加速度。

8-30　均质细杆长 $2l$，质量为 m，放在两个支承 A 和 B 上，如图 8-53 所示。杆的质心 C 到两支承的距离相等，即 $AC = CB = e$。现在突然移去支承 B，求在刚移去支承 B 瞬时支承 A 上压力的改变量 ΔF_A。

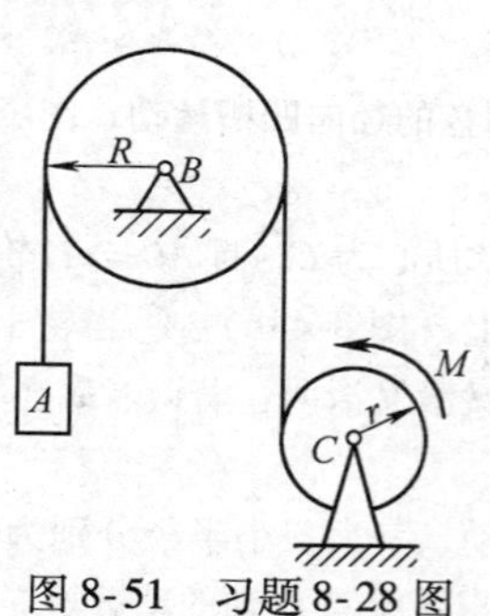

图 8-51　习题 8-28 图

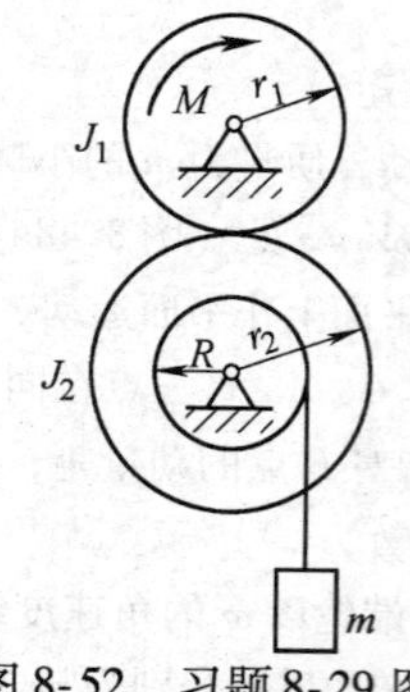

图 8-52　习题 8-29 图

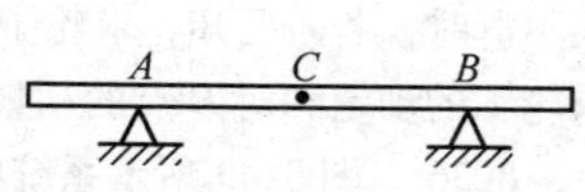

图 8-53　习题 8-30 图

8-31 为了求得连杆的转动惯量，用一细圆杆穿过十字头销 A 处的衬套管，并使连杆绕这细杆的水平轴线摆动，如图 8-54a、b 所示。摆动 100 次半周期 T 所用的时间为 $100T=100\text{s}$。另外，如图 8-54c 所示，为了使得连杆重心到悬挂轴的距离 $AC=d$，将连杆水平放置，在点 A 处用杆悬挂，点 B 放置于台秤上，台秤的读数 $F=490\text{N}$。已知连杆质量为 80kg，A 与 B 间的距离 $l=1\text{m}$，十字头销的半径 $r=40\text{mm}$。试求连杆对于通过重心 C 并垂直于图面的轴的转动惯量 J_C。

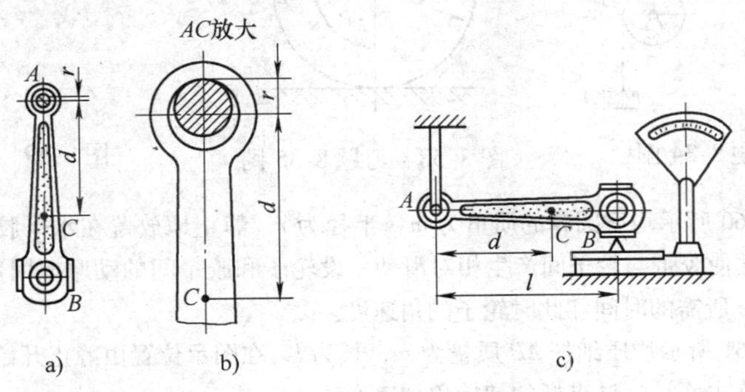

图 8-54 习题 8-31 图

8-32 图 8-55 所示圆柱体 A 的质量为 m，在其上绕一细绳，绳的一端 B 固定，绳子的另一端缠绕在圆柱体上。圆柱体从 A_0 点开始降落，其初速度为零。求当圆柱体的轴降落了高度 h 时圆柱体中心 A 的速度 v_A 和绳子的拉力 F_T。

8-33 鼓轮如图 8-56 所示，其外、内半径分别为 R 和 r，质量为 m，对质心轴 O 的回转半径为 ρ，且 $\rho^2=Rr$，鼓轮在拉力 $\boldsymbol{F}$ 的作用下沿倾角为 θ 的斜面往上纯滚动，力 $\boldsymbol{F}$ 与斜面平行，不计滚动摩阻。试求质心 O 的加速度。

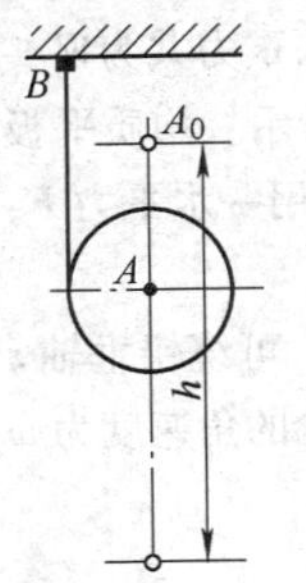

图 8-55 习题 8-32 图

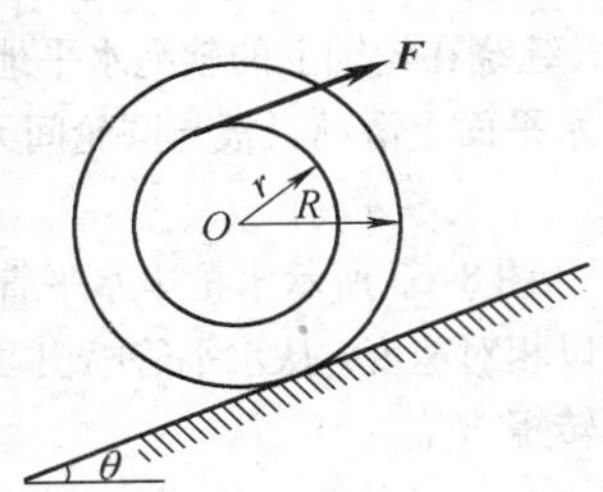

图 8-56 习题 8-33 图

8-34 图 8-57 所示重物 A 的质量为 m，当其下降时，借无重且不可伸长的绳使滚子 C 沿水平轨道滚动而不滑动。绳子跨过定滑轮 D 并绕在滑轮 B 上。滑轮 B 与滚子 C 固结为一体。已知滑轮 B 的半径为 R，滚子 C 的半径为 r，二者总质量为 m'，其对与图面垂直的轴 O 的回转半径为 ρ。求重物 A 的加速度。

8-35 图 8-58 所示均质圆柱体质量为 m，半径为 r，在力偶作用下沿水平面作纯滚动。若力偶的力偶矩 M 为常数，滚动摩阻系数为 δ，求圆柱中心 O 的加速度及其与地面的静摩擦力。

8-36 跨过定滑轮 D 的细绳，一端缠绕在均质圆柱体 A 上，另一端系在光滑水平面上的物体 B 上，如图 8-59 所示。已知圆柱 A 的半径为 r，质量为 m_1；物块 B 的质量为 m_2。试求物块 B

和圆柱质心 C 的加速度以及绳索的拉力（滑轮 D 和细绳的质量以及轴承摩擦忽略不计）。

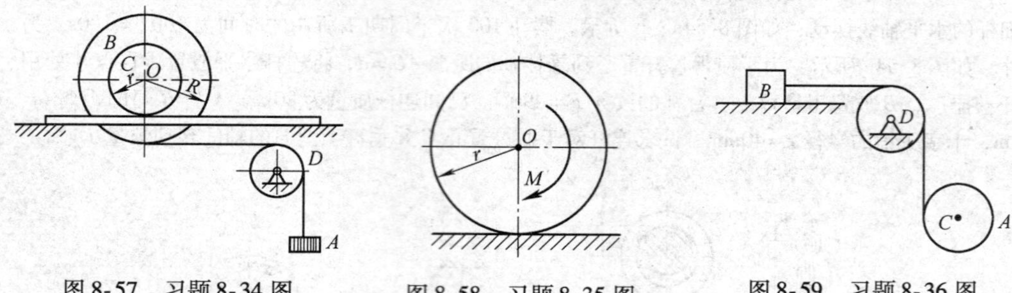

图 8-57　习题 8-34 图　　图 8-58　习题 8-35 图　　图 8-59　习题 8-36 图

8-37　图 8-60 所示均质圆轮的质量为 m，半径为 r，静止地放置在水平胶带上。若在胶带上作用拉力 $\boldsymbol{F}$，并使胶带与轮子间产生相对滑动。设轮子和胶带间的动摩擦因数为 f。试求轮子中心 O 经过距离 s 所需的时间和此时轮子的角速度。

8-38　图 8-61 所示均质细杆 AB 质量为 m，长为 l，在图示位置由静止开始运动。若水平和铅垂面的摩擦均略去不计，试求杆的初始角加速度。

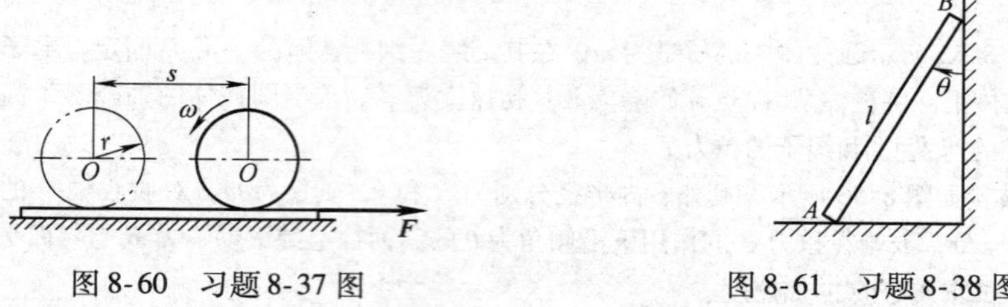

图 8-60　习题 8-37 图　　图 8-61　习题 8-38 图

8-39　圆轮 A 的半径为 R，与其固连的轮轴半径为 r，两者的重力共为 $\boldsymbol{W}$，对质心 C 的回转半径为 ρ，缠绕在轮轴上的软绳水平地固定于点 D，如图 8-62 所示。均质平板 BE 的重力为 $\boldsymbol{Q}$，可在光滑水平面上滑动，板与圆轮间无相对滑动。若在平板上作用一水平力 $\boldsymbol{F}$，试求平板 BE 的加速度。

8-40　图 8-63 所示水枪中水平管长为 $2l$，横截面面积为 A，可绕铅垂轴 z 转动。水从铅垂管流入，以相对速度 $\boldsymbol{v}_r$ 从水平管喷出。设水的密度为 ρ，试求水枪的角速度为 ω 时，流体作用在水枪上的转矩 M_z。

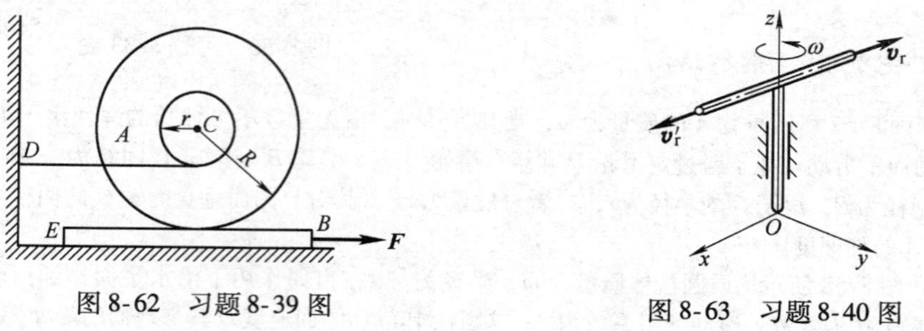

图 8-62　习题 8-39 图　　图 8-63　习题 8-40 图

8-41　如图 8-64 所示，足球重 4.45N，以大小 $v_1 = 6.1\text{m/s}$，方向与水平线夹 40°角的速度

向球员飞来，形成头球。球员以头击球后，球的速度大小为 $v_1'=9.14\text{m/s}$，并与水平线夹 20°角。若球与头碰撞时间为 0.15s。试求足球作用在运动员头上的平均力的大小与方向。

8-42　如图 8-65 所示，边长为 a 的方形木箱在无摩擦的地板上滑动，并与一小障碍 A 相碰撞。碰撞后绕 A 翻转。试求木箱能完成上述运动的最小初速度 v_0；木箱碰撞后其质心的瞬时速度 $\boldsymbol{v}_C$ 与瞬时角速度 ω。

图 8-64　习题 8-41 图

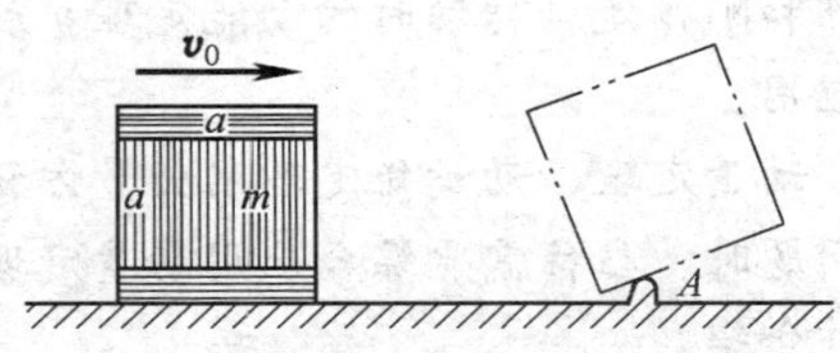

图 8-65　习题 8-42 图

第9章 动能定理

能量的概念以及相应的分析方法与动量一样，都是动力学普遍定理中的基本概念与基本方法。几乎所有科学与技术领域都要涉及能量的概念及能量方法。

动能是机械能中的一种，也是物体做功的一种能力。本章在物理学的基础上将质点和刚体定轴转动时的动能定理扩展到一般质点系，重点是质点系动能定理的工程应用。

动量定理、动量矩定理用矢量方程描述，动能定理则用标量方程表示。求解实际问题时，往往需要综合应用动量定理、动量矩定理和动能定理，本章的最后将就此作介绍。

9.1 力的功

9.1.1 功的定义

物理学中已经给出了动能和功的概念，并对质点的动能定理进行了讨论，这里仅作简单回顾。

1. 力 $\boldsymbol{F}_i$ 的元功

力 $\boldsymbol{F}_i$ 的元功为

$$\begin{aligned}\delta W &= \boldsymbol{F}_i \cdot \mathrm{d}\boldsymbol{r}_i = F_i \mathrm{d}s\cos\langle \boldsymbol{F}_i, \boldsymbol{\tau}_i\rangle \\ &= F_x\mathrm{d}x + F_y\mathrm{d}y + F_z\mathrm{d}z\end{aligned}$$

需要注意的是，一般情形下，δW 并不是功函数 W 的全微分，仅是 $\boldsymbol{F}_i \cdot \mathrm{d}\boldsymbol{r}_i$ 的一种记号。

2. 力 $\boldsymbol{F}_i$ 在点的轨迹上从点 M_1 到点 M_2 所做的功

如图 9-1 所示，力 $\boldsymbol{F}_i$ 在点的轨迹上从 M_1 点到 M_2 点所做的功

$$W_{12} = \int_{M_1}^{M_2} \boldsymbol{F}_i \cdot \mathrm{d}\boldsymbol{r}_i$$

由此得到了以下两个常用的功的表达式。

(1) 重力的功

对质点

$$W_{12} = mg(z_1 - z_2)$$

对质点系

$$W_{12} = Mg(z_{C1} - z_{C2})$$

式中，z_{C1}和z_{C2}为质心的坐标。

（2）弹性力的功

$$W_{12}=\frac{k}{2}[(r_1-l_0)^2-(r_2-l_0)^2]$$

或

$$W_{12}=\frac{k}{2}(\delta_1^2-\delta_2^2)$$

式中，符号意义示于图9-2中。对直线弹簧即为

$$W_{12}=\frac{k}{2}(x_1^2-x_2^2)$$

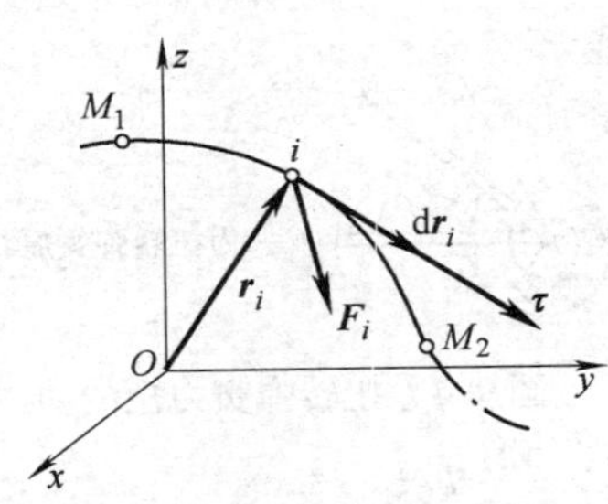

图9-1 力的功

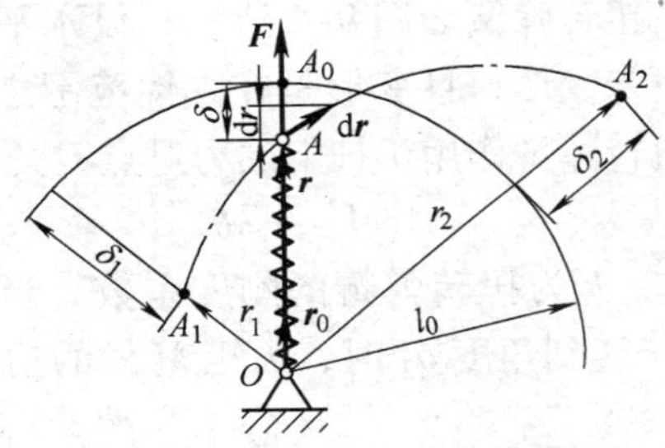

图9-2 弹性力的功

9.1.2 作用在刚体上力的功、力偶的功

一般情形下，作用在质点系（刚体系）上的力系（包括内力系）非常复杂，需要认真分析哪些力做功。在动量和动量矩定理中，只有外力系起作用，内力不改变系统的动量或动量矩；在能量方法中，内力对系统的能量改变是有影响的，许多内力都可以做功，这是学习本章内容时必须注意的。

1. 定轴转动刚体上外力的功和外力偶的功

如图9-3所示，刚体以角速度$\boldsymbol{\omega}$绕定轴z转动，其上A点作用有力$\boldsymbol{F}$，则力在A点轨迹切线$\boldsymbol{\tau}$上的投影为

$$F_t=F\cos\theta$$

定轴转动的转角φ和弧长s的关系为

$$\mathrm{d}s=R\mathrm{d}\varphi$$

则力$\boldsymbol{F}$的元功为

$$\delta W=\boldsymbol{F}\cdot\mathrm{d}\boldsymbol{r}=F_tR\mathrm{d}\varphi=M_z(\boldsymbol{F})\ \mathrm{d}\varphi$$

式中，$M_z(\boldsymbol{F})=F_tR$为力$\boldsymbol{F}$对轴z的矩。于是，力在刚体由角度φ_1转到角度φ_2时所做的功为

$$W_{12}=\int_{\varphi_1}^{\varphi_2}M_z(\boldsymbol{F})\mathrm{d}\varphi \tag{9-1}$$

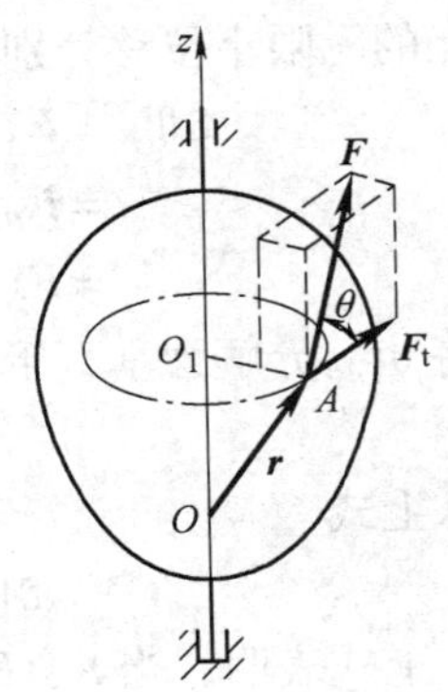

图9-3 定轴转动刚体上外力的功

据此，可以得到以下两种常用的功的表达式。

（1）力偶的功

若力偶矩矢量 $\boldsymbol{M}$ 与 z 轴平行，则 $\boldsymbol{M}$ 做的功为

$$W_{12} = \int_{\varphi_1}^{\varphi_2} M\mathrm{d}\varphi \tag{9-2}$$

若力偶矩矢量 $\boldsymbol{M}$ 为任意矢量，则 $\boldsymbol{M}$ 做的功为

$$W_{12} = \int_{\varphi_1}^{\varphi_2} M_z\mathrm{d}\varphi \tag{9-3}$$

式中，M_z 为力偶矩矢量 $\boldsymbol{M}$ 在 z 轴上的投影。

（2）扭转弹簧力矩的功

扭转弹簧如图 9-4 所示，设水平时扭转弹簧未变形，且变形是在弹性范围之内。此时扭转弹簧作用于杆上的力对点 O 之矩为

$$M = -k\theta$$

式中，k 为扭转弹簧的刚度系数。当杆从角度 θ_1 转到角度 θ_2 时，力矩 M 做的功为

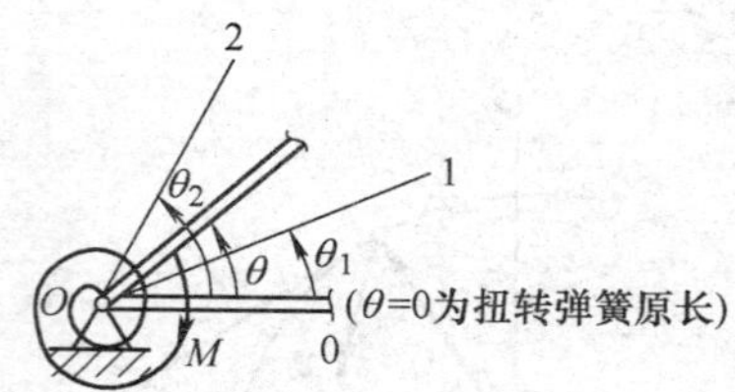

图 9-4 扭转弹簧力矩的功

$$W_{12} = \int_{\theta_1}^{\theta_2}(-k\theta)\mathrm{d}\theta = \frac{1}{2}k\theta_1^2 - \frac{1}{2}k\theta_2^2 \tag{9-4}$$

2. 质点系内力的功

质点系的内力总是成对出现的，且大小相等、方向相反、作用在一条直线上。因此，质点系内力的主矢量等于零，在动量、动量矩定理中，由于内力的合力、合力矩等于零，不会影响质点系动量、动量矩的改变，故无须考虑内力的作用。但不能由此认定内力的功也是零。事实上，在许多情形下，物体的运动是由内力做功而引起的。当然有些内力确实不做功。

设两质点 A、B 之间相互作用的内力为 $\boldsymbol{F}_A$、$\boldsymbol{F}_B$，且 $\boldsymbol{F}_A = -\boldsymbol{F}_B$；质点 A、B 相对于固定点 O 的矢径分别为 $\boldsymbol{r}_A$、$\boldsymbol{r}_B$，且 $\boldsymbol{r}_B = \boldsymbol{r}_A + \boldsymbol{r}_{AB}$，如图 9-5 所示。若在 $\mathrm{d}t$ 时间内，A、B 两点的无限小位移分别为 $\mathrm{d}\boldsymbol{r}_A$、$\mathrm{d}\boldsymbol{r}_B$，则内力在该位移上的元功之和为

$$\begin{aligned}\delta W_i &= \boldsymbol{F}_A \cdot \mathrm{d}\boldsymbol{r}_A + \boldsymbol{F}_B \cdot \mathrm{d}\boldsymbol{r}_B \\ &= \boldsymbol{F}_B \cdot (-\mathrm{d}\boldsymbol{r}_A + \mathrm{d}\boldsymbol{r}_B) = \boldsymbol{F}_B \cdot \mathrm{d}(\boldsymbol{r}_B - \boldsymbol{r}_A) \\ &= \boldsymbol{F}_B \cdot \mathrm{d}\boldsymbol{r}_{AB}\end{aligned}$$

可将 $\mathrm{d}\boldsymbol{r}_{AB}$ 分解为垂直于 $\boldsymbol{F}_B$ 的 $\mathrm{d}\boldsymbol{r}_{AB1}$ 和平行于 $\boldsymbol{F}_B$ 的 $\mathrm{d}\boldsymbol{r}_{AB2}$，即

$$\mathrm{d}\boldsymbol{r}_{AB} = \mathrm{d}\boldsymbol{r}_{AB1} + \mathrm{d}\boldsymbol{r}_{AB2}$$

代入上式

$$\delta W_i = \boldsymbol{F}_B \cdot (\mathrm{d}\boldsymbol{r}_{AB1} + \mathrm{d}\boldsymbol{r}_{AB2}) = \boldsymbol{F}_B \cdot \mathrm{d}\boldsymbol{r}_{AB2} \tag{9-5}$$

上式表明，当 A、B 两质点沿两点的连线相互靠近或分离时，其内力的元功之和不等于零。

（1）内力做功的情形

日常生活中，人的行走和奔跑是腿的肌肉内力做功，机构内弹簧力做功等，都是内力做功的例子。

在工程实际中，有很多内力的功之和不等于零的情况。例如，汽车在行驶过程中，气缸内的压缩气体被点燃后，迅速膨胀而对活塞和气缸壁产生的作用力均为内力，这些内力的功可使汽车的动能增加。又如，在传动机械中，相互接触的齿轮、轴与轴承之间的摩擦力，对于机械整体而言，也都是内力，它们所做的负功，使机械的部分动能转化为热能。

（2）刚体的内力不做功

刚体内两质点间的相互作用力是满足等值、反向、共线条件的一对内力。由于刚体是受力后不变形的物体，故其上任意两点之间的距离始终保持不变，若图9-5中的A、B是同一刚体上的两个点，则式（9-5）中的$\mathrm{d}\boldsymbol{r}_{AB2}=\boldsymbol{0}$，即沿这两点连线的位移必定相等，这样便有$\delta W=0$。由此得出结论：刚体中所有内力做功之和等于零。

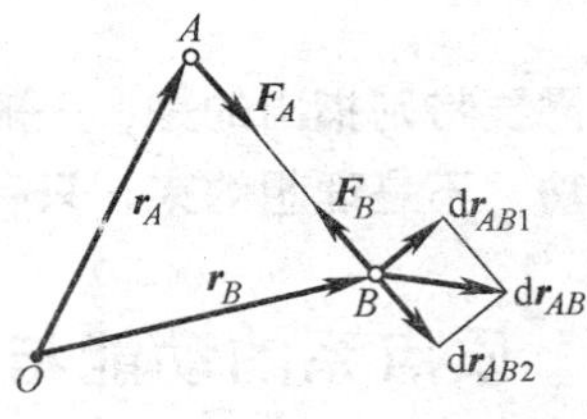

图9-5　内力的功

9.1.3　理想约束力的功

约束力做功之和等于零的约束称为理想约束。下面介绍几种常见的理想约束及其约束力所做的功。

（1）光滑固定面接触、一端固定的柔索、光滑活动铰链支座约束等，由于约束力都垂直于力作用点的位移，故约束力不做功。

（2）光滑固定铰链支座、固定端等约束，由于约束力所对应的位移为零，故约束力也不做功。

（3）光滑铰链、刚性二力杆等作为系统内的约束时，其约束力总是成对出现的，若其中一个约束力做正功，则另一个约束力必做数值相同的负功，最后约束力做功之和等于零。例如，图9-6a所示的铰链O处相互作用的约束力$\boldsymbol{F}=-\boldsymbol{F}'$，在铰链中心$O$处的任何位移$\mathrm{d}\boldsymbol{r}$上所做的元功之和为

$$\boldsymbol{F}\cdot\mathrm{d}\boldsymbol{r}+\boldsymbol{F}'\cdot\mathrm{d}\boldsymbol{r}=\boldsymbol{F}\cdot\mathrm{d}\boldsymbol{r}-\boldsymbol{F}\cdot\mathrm{d}\boldsymbol{r}=0$$

又如，图9-6b所示的刚性二力杆对A、B两点的约束力$\boldsymbol{F}_1=-\boldsymbol{F}_2$，两作用点的位移分别为$\mathrm{d}\boldsymbol{r}_1$、$\mathrm{d}\boldsymbol{r}_2$，因为$AB$杆是刚性杆，故两端位移在其连线的投影相等，即$\mathrm{d}\boldsymbol{r}'_1=\mathrm{d}\boldsymbol{r}'_2$，这样约束力所做的元功之和为

$$\boldsymbol{F}_1\cdot\mathrm{d}\boldsymbol{r}_1+\boldsymbol{F}_2\cdot\mathrm{d}\boldsymbol{r}_2=\boldsymbol{F}_1\cdot\mathrm{d}\boldsymbol{r}'_1-\boldsymbol{F}_1\cdot\mathrm{d}\boldsymbol{r}'_2=0$$

（4）光滑面滚动（纯滚动）的约束，如图9-6c所示。当一圆轮在固定约束面上无滑动滚动时，若滚动摩阻力偶可略去不计，由运动学知，C为瞬时速度中心，即C点的位移$\mathrm{d}\boldsymbol{r}_C$等于零，这样作用于$C$点的约束力$\boldsymbol{F}_\mathrm{N}$和摩擦力$\boldsymbol{F}$所做的元功之和为

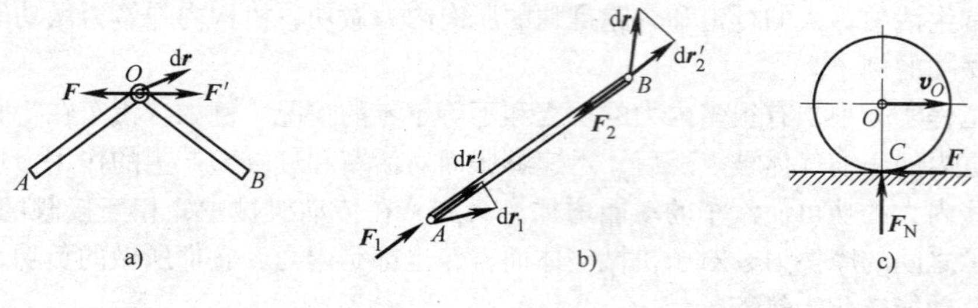

图 9-6 理想约束

$$F_N \cdot d\boldsymbol{r}_C + \boldsymbol{F} \cdot d\boldsymbol{r}_C = 0$$

需要特别指出的是，一般情况下，滑动摩擦力与物体的相对位移反向，摩擦力做负功，不是理想约束，只有纯滚动时的接触点才是理想约束。

9.2 质点系的动能与刚体的动能

物体由于机械运动而具有的能量称为动能。动能的概念与计算非常重要，这一节将重点研究。

9.2.1 质点系的动能

物理学中已定义动能为

$$T = \frac{1}{2}mv^2$$

式中，m、v 分别为质点的质量和速度。动能是标量。

质点系的动能为质点系内各质点动能之和。记为

$$T = \sum_i \frac{1}{2}m_i v_i^2 \tag{9-6}$$

动能是度量质点系整体运动的另一物理量。它是一正标量，与速度的大小有关，但与速度的方向无关。

【例题 9-1】 图 9-7 所示系统，设重物 A、B 的质量为 $m_A = m_B = m$，三角块 D 的质量为 M，置于光滑地面上。圆轮 C 和绳的质量忽略不计。系统初始静止，求当物块以相对速度 $\boldsymbol{v}_r$ 下落时系统的动能。

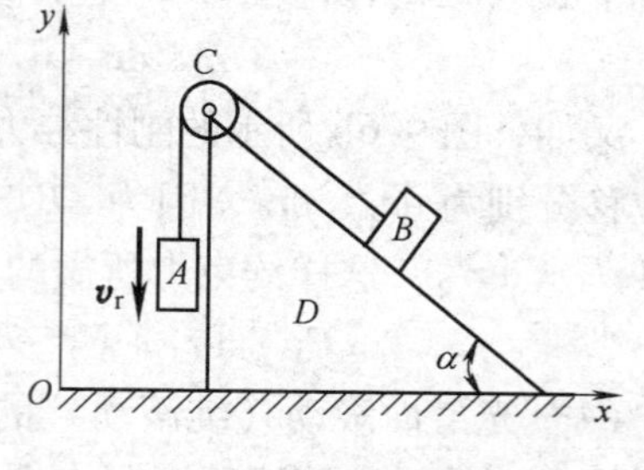

图 9-7 例题 9-1 图

解：开始运动后，系统的动能为

$$T = \frac{1}{2}m_A v_A^2 + \frac{1}{2}m_B v_B^2 + \frac{1}{2}m_D v_D^2 \tag{a}$$

其中

$$\boldsymbol{v}_A=\boldsymbol{v}_D+\boldsymbol{v}_{Ar}, \quad \boldsymbol{v}_B=\boldsymbol{v}_D+\boldsymbol{v}_{Br}$$

或

$$v_A^2=v_D^2+v_r^2 \tag{b}$$

$$v_B^2=v_D^2+v_r^2-2v_Dv_r\cos\alpha=(v_D-v_r\cos\alpha)^2+(v_r\sin\alpha)^2 \tag{c}$$

注意到，系统水平方向上动量守恒，故有

$$m_Av_{Ax}+m_Bv_{Bx}+m_Dv_{Dx}=0$$

即

$$mv_D+m(v_D-v_r\cos\alpha)+Mv_D=0$$

也就是

$$v_D=\frac{mv_r\cos\alpha}{2m+M} \tag{d}$$

将式（b）、式（c）和式（d）代入式（a），得到

$$\begin{aligned}T&=\frac{1}{2}m(v_D^2+v_r^2)+\frac{1}{2}m(v_D^2+v_r^2-2v_Dv_r\cos\alpha)+\frac{1}{2}Mv_D^2\\&=\frac{2m(2m+M)-m^2\cos^2\alpha}{2(2m+M)}v_r^2\end{aligned} \tag{e}$$

本例讨论：通过本例的分析过程可以看出，确定系统动能时，注意以下几点是很重要的：

（1）系统动能中所用的速度必须是绝对速度。

（2）正确运用运动学知识，确定各部分的速度。

（3）往往需要综合应用动量定理、动量矩定理与动能定理。

9.2.2 刚体的动能

刚体的动能取决于刚体的运动形式，下面逐一加以讨论。

1. 平移刚体的动能

刚体平移时，其上各点在同一瞬时具有相同的速度，并且都等于质心速度。因此，平移刚体的动能为

$$T=\sum\frac{1}{2}m_iv_i^2=\frac{1}{2}(\sum m_i)v_C^2=\frac{1}{2}Mv_C^2 \tag{9-7}$$

这表明，刚体平移时的动能相当于将刚体的质量集中于质心时的动能。

2. 定轴转动刚体的动能

刚体以角速度 ω 绕定轴 z 转动时，其上一点的速度为 $v_i=r_i\omega$。因此，定轴转动刚体的动能为

$$T=\frac{1}{2}\sum m_i(r_i\omega)^2=\frac{1}{2}\omega^2(\sum m_ir_i^2)=\frac{1}{2}J_z\omega^2 \tag{9-8}$$

式中，J_z 为刚体对定轴 z 的转动惯量。

3. 平面运动刚体的动能

刚体的平面运动可分解为随质心的平移和绕质心的相对转动，由式（9-7）、式（9-8）即可得平面运动刚体的动能为

$$T=\frac{1}{2}Mv_C^2+\frac{1}{2}J_C\omega^2 \tag{9-9}$$

式中，v_C为刚体质心的速度；J_C 为刚体对通过质心且垂直于运动平面的轴的转动惯量。

【例题 9-2】 如图 9-8 所示，均质轮 I 的质量为 m_1，半径为 r_1，在曲柄 O_1O_2 的带动下绕 O_2 轴转动，并沿轮Ⅱ的轮缘只滚动而不滑动。轮Ⅱ固定不动，半径为 r_2。曲柄的质量为 m_2，长度为 $l=r_1+r_2$。曲柄的角速度为 ω，试求系统的动能。

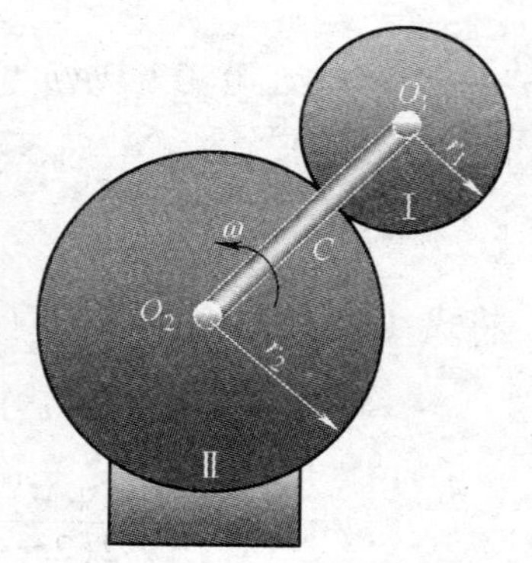

图 9-8 例题 9-2 图

解：因为曲柄 O_1O_2 作定轴转动，轮 I 作平面运动，所以系统的动能由三部分组成：曲柄定轴转动动能、轮 I 转动与平移的动能。于是，当曲柄 O_1O_2 转过 φ 角时系统的动能为

$$T=\frac{1}{2}\left(\frac{1}{3}m_2l^2\right)\omega^2+\frac{1}{2}m_1v_{O_1}^2+\frac{1}{2}\left(\frac{1}{2}m_1r_1^2\right)\omega_1^2 \tag{a}$$

式中，

$$\omega_1=\frac{v_{O_1}}{r_1}=\frac{\omega l}{r_1}$$

代入式(a)得到

$$T=\frac{1}{2}\left(\frac{m_2}{3}+\frac{3m_1}{2}\right)\omega^2l^2 \tag{b}$$

9.3 动能定理

9.3.1 质点和质点系的动能定理

1. 质点动能定理

物理学中已经由牛顿第二定律推导出

$$\mathrm{d}\left(\frac{1}{2}mv^2\right)=\delta W=\boldsymbol{F}\cdot\mathrm{d}\boldsymbol{r} \tag{9-10}$$

式中，$\boldsymbol{F}$ 为作用在质点上的合力。上式表明，质点动能的微分等于作用在质点上合力的元功。这就是质点的动能定理的微分形式。

将式(9-10)积分,得到

$$\frac{1}{2}mv_2^2 - \frac{1}{2}mv_1^2 = W_{12} = \int_1^2 \boldsymbol{F} \cdot \mathrm{d}\boldsymbol{r} \tag{9-11}$$

这表明,质点从初位置1到末位置2的运动过程中,其动能的改变量等于作用在质点上的合力所做之功。这就是质点动能定理的积分形式。

2. 质点系动能定理

对质点系中所有质点写出式(9-10)并求和,再交换等号左边项的求和与微分运算记号,得到

$$\mathrm{d}\left(\sum \frac{1}{2}m_i v_i^2\right) = \sum \delta W_i = \sum \boldsymbol{F}_i \cdot \mathrm{d}\boldsymbol{r}_i \tag{9-12a}$$

或简写为

$$\mathrm{d}T = \delta W \tag{9-12b}$$

这表明,质点系动能的微分,等于作用在质点系上所有力的元功之和。这就是质点系动能定理的微分形式。

上式还可以写成

$$\frac{\mathrm{d}T}{\mathrm{d}t} = \frac{\delta W}{\mathrm{d}t} = P \tag{9-13}$$

$$P = \sum \frac{\delta W_i}{\mathrm{d}t} = \sum P_i$$

为系统中所有力的功率之代数和。力的功率为单位时间内该力所做的功。

对质点系中所有质点写出式(9-11)并求和,得到

$$T_2 - T_1 = W_{12} \tag{9-14}$$

这表明,质点系从初位形1到末位形2的运动过程中,其动能的改变量等于作用在质点系上所有力所做之功的代数和。这就是质点系动能定理的积分形式。

需要注意的是,上式等号右侧的功 W_{12} 为系统全部力所做之功的总和,它包括外力功和内力功,并且这些力可能是主动力也可能是约束力,只有在理想约束系统中,约束力才不做功。

9.3.2 动能定理的应用举例

【例题9-3】 平面机构由两质量均为 m、长均为 l 的均质杆 AB、BO 组成。在杆 AB 上作用一不变的力偶矩 M,从图9-9a所示位置由静止开始运动。不计摩擦,试求当 AB 杆的 A 端运动到铰支座 O 瞬时,A 端的速度。(θ 为已知)

解:选 AB、OB 杆这一整体为研究对象,其约束均为理想约束,可应用动能定理求解。

1. 计算动能

设系统由静止运动到图9-9b所示位置时 AB、OB 杆的角速度分别为 ω_{AB}、

ω_{OB}，且 AB 杆作平面运动，OB 杆作定轴转动，系统的动能为

$$T_1 = 0$$

$$T_2 = \frac{1}{2}mv_C^2 + \frac{1}{2}J_C\omega_{AB}^2 + \frac{1}{2}J_O\omega_{OB}^2$$

在图 9-9a 所示位置，AB 杆速度瞬心 P 到 A 点的距离 $AP = 2l\cos\theta$，到图 9-9b 所示位置 $\theta = 0°$ 时，$AP = 2l$，则 $\omega_{AB} = \frac{v_B}{l} = \omega_{OB}$，$v_C = \frac{3}{2}l\omega_{AB}$，代入 T_2表达式，有

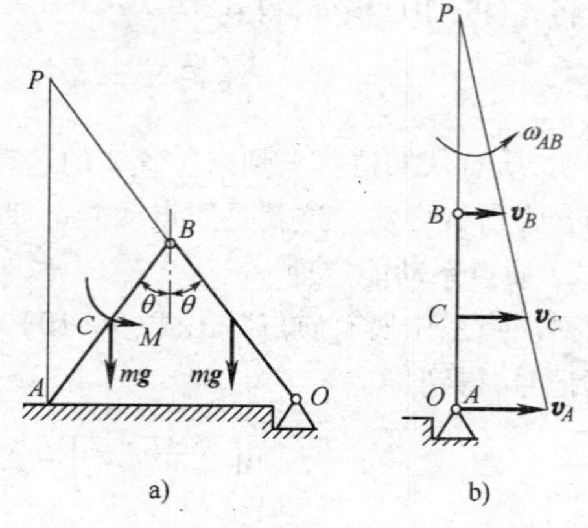

图 9-9　例题 9-3 图

$$T_2 = \frac{1}{2}\left[m\left(\frac{3}{2}l\right)^2 + \frac{1}{12}ml^2 + \frac{1}{3}ml^2\right]\omega_{AB}^2 = \frac{4}{3}ml^2\omega_{AB}^2$$

2. 计算功

做功的力有两杆的重力和外力偶矩,所以有

$$W_{12} = M\theta - 2mg\frac{l}{2}(1 - \cos\theta)$$

3. 应用动能定理求 A 端的速度

$$\frac{4}{3}ml^2\omega_{AB}^2 = M\theta - 2mg\frac{l}{2}(1 - \cos\theta)$$

$$v_A = 2l\omega_{AB} = \sqrt{\frac{3}{m}\left[M\theta - 2mg\frac{l}{2}(1 - \cos\theta)\right]}$$

【例题 9-4】 均质圆轮 A、B 的质量均为 m，半径均为 r，轮 A 沿斜面作纯滚动，轮 B 作定轴转动，B 处摩擦不计。物块 C 的质量也为 m。A、B、C 用轻绳（质量不计）相连。在圆盘 A 的质心处有一不计质量的弹簧，其刚度系数为 k，初始时系统处于静平衡状态，如图 9-10 所示。

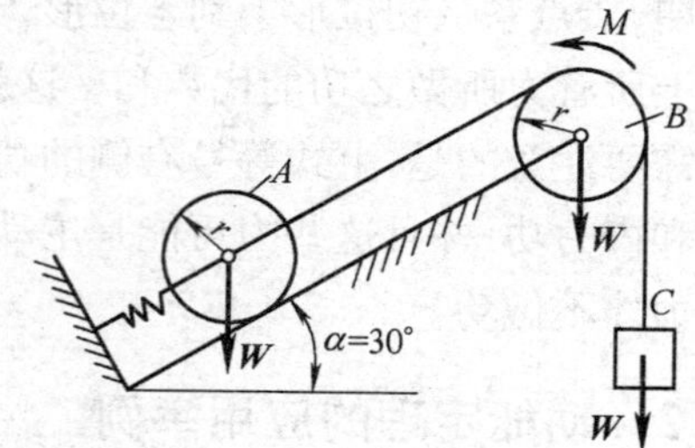

图 9-10　例题 9-4 图

试求：系统的等效质量、等效刚度与系统的固有频率。

解：这是一个单自由度振动的刚体系统，现研究怎样将其简化为弹簧 - 质量模型。

可以根据动能定理建立系统的运动微分方程，从而得到系统的等效质量和等效刚度。

1. 分析运动，确定各部分的速度、角速度，写出系统的动能表达式

注意到轮 A 作平面运动；轮 B 作定轴转动；物块 C 作平移。于是，系统的动能为

$$T=\left[\frac{1}{2}mv_A^2+\frac{1}{2}J_A\omega_A^2\right]+\frac{1}{2}J_B\omega_B^2+\frac{1}{2}mv_C^2 \tag{a}$$

根据运动学分析，得到

$$v_A=r\omega_A,\quad v_C=r\omega_B,\quad v_A=v_C \tag{b}$$

代入式（a），得到

$$\begin{aligned}T&=\frac{1}{2}mv_A^2+\frac{1}{2}\left(\frac{1}{2}mr^2\right)\left(\frac{v_A}{r}\right)^2+\frac{1}{2}\left(\frac{1}{2}mr^2\right)\left(\frac{v_A}{r}\right)^2+\frac{1}{2}mv_A^2\\&=\frac{3}{2}mv_A^2\end{aligned} \tag{c}$$

以物块 C 的位移 x 为广义坐标，则

$$v_C=\dot{x},\ \omega_B=\frac{\dot{x}}{r},\ v_A=v_C=\dot{x}$$

则动能表达式（a）可以写为

$$T=\frac{3}{2}m\dot{x}^2 \tag{d}$$

2. 计算外力的功

作用在系统上的外力（轮 A 的重力和物块 C 的重力）所做之功为

$$W=mgx-mgx\cos 60°-\frac{k}{2}[(x+\delta_{st})^2-\delta_{st}^2] \tag{e}$$

由于系统初始时处于静平衡状态，对轮 A、轮 B 和物块 C 分别列出静力平衡方程，整理后，有

$$mg-mg\cos 60°-k\delta_{st}=0$$

将其代入功的表达式（e），得到

$$W=-\frac{1}{2}kx^2 \tag{f}$$

根据动能定理的微分形式，有

$$\frac{\mathrm{d}\left(\frac{3}{2}m\dot{x}^2\right)}{\mathrm{d}t}=\frac{\mathrm{d}\left(-\frac{1}{2}kx^2\right)}{\mathrm{d}t}$$

即

$$3m\ddot{x}=-kx \tag{g}$$

化成标准方程为

$$3m\ddot{x}+kx=0 \tag{h}$$

即等效质量为 $3m$，等效刚度就是弹簧的刚度系数 k。于是，刚体系统便简化为一

弹簧-质量系统。其振动方程为

$$\ddot{x}+\frac{k}{3m}x=0 \tag{i}$$

据此，系统的固有频率为

$$\omega_{\mathrm{n}}=\sqrt{\frac{k}{3m}} \tag{j}$$

9.4 势能的概念与机械能守恒定律

9.4.1 有势力和势能

1. 有势力的概念

如果作用在物体上的力所做之功仅与力作用点的起始位置和终止位置有关，而与其作用点经过的路径无关，这种力称为有势力或保守力。重力、弹性力等都具有这一特征，因而都是有势力。

2. 势能

受有势力作用的质点系，其势能的表达式为

$$V=\int_{M}^{M_0}\boldsymbol{F}\cdot\mathrm{d}\boldsymbol{r}=\int_{M}^{M_0}(F_x\mathrm{d}x+F_y\mathrm{d}y+F_z\mathrm{d}z) \tag{9-15}$$

式中，M_0 为势能等于零的位置（点），称为零势位置（零势点）；M 为所要考察的任意位置（点）。式（9-15）表明，势能是质点系（质点）从某位置（点）M 运动到任选的零势位置（零势点）M_0 时，有势力所做的功。

由于零势位置（零势点）可以任选，所以，对于同一个所考察的位置的势能，将因零势位置（零势点）的不同而有不同的数值。

为了使分析和计算过程简单、方便，对零势位置（零势点）要加以适当的选择。例如，对常见的弹簧-质量系统，往往以其静平衡位置为零势能位置，这样可以使势能的表达式更简洁、明了。

需要指出的是，这里的“零势位置（零势点）”与物理学中的“零势点”的关系：物理学中的零势点是针对质点的，零势位置其实是组成质点系的每一个质点的零势点的集合。例如，质点系在重力场中的零势能位置是质点系中各质点在同一时刻的 z 坐标 z_{10}，z_{20}，…，z_{n0} 的集合。因此，质点系在各质点的 z 坐标分别为 z_1，z_2，…，z_n 时的势能为

$$V=\sum m_i g(z_i-z_{i0})=mg(z_C-z_{C0})$$

3. 有势力的功与势能的关系

根据有势力的定义和功的概念，可得到有势力的功和势能的关系

$$W_{12}=V_1-V_2 \tag{9-16}$$

这一结果表明，有势力所做的功等于质点系在运动过程的起始位置与终止位置的势能差。这一关系可以更好地帮助理解功和势能的概念。

9.4.2 机械能守恒定律

物理学指出，质点系在某瞬时动能和势能的代数和称为**机械能**（mechanical energy）。当对系统做功的力均为有势力时，其机械能保持不变（这类系统称为**保守系统**）。这就是**机械能守恒定律**（theorem of conservation of mechanical energy），其数学表达式为

$$T_1 + V_1 = T_2 + V_2 \tag{9-17}$$

事实上，在很多情形下，质点系会受到非保守力作用，此时系统成为非保守系统。我们只要在动能定理中加上非保守力的功 W'_{12} 即可。也就是

$$T_2 - T_1 = V_1 - V_2 + W'_{12}$$

或者

$$(T_2 + V_2) - (T_1 + V_1) = W'_{12} \tag{9-18}$$

例如，如果系统上除了保守力外还有摩擦力做功，则 W'_{12} 就是摩擦力的功。式（9-17）和式（9-18）都是由动能定理导出的，有兴趣的读者不妨一试。

【例题 9-5】 为使质量 $m = 10\text{kg}$、长 $l = 1.2\text{m}$ 的均质细杆（图 9-11）刚好能达到水平位置（$\theta = 90°$），杆在初始铅垂位置（$\theta = 0°$）时的初角速度 ω_0 应为多少？设各处摩擦忽略不计。弹簧在初始位置时未发生变形，且其刚度系数 $k = 200\text{N/m}$。

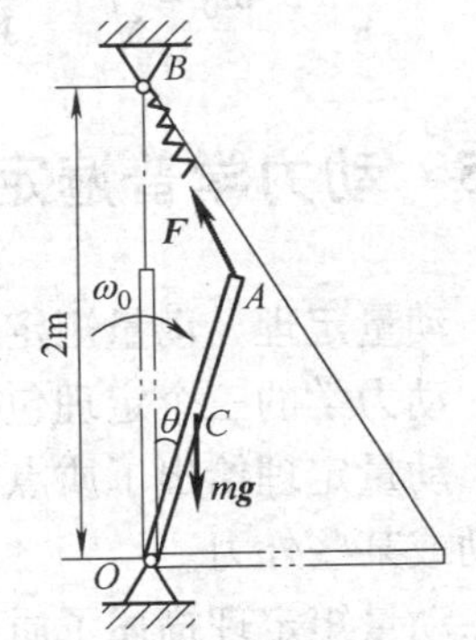

图 9-11 例题 9-5 图

解：以杆 OA 为研究对象，其上作用的重力和弹性力是有势力，轴承 O 处的约束力不做功，所以杆的机械能守恒。

1. 计算始、末位置的动能

杆在初始铅垂位置时的角速度为 ω_0，而在末了水平位置时角速度为零，所以始、末位置的动能分别为

$$T_1 = \frac{1}{2}J_O\omega_0^2 = \frac{1}{2} \times \frac{1}{3}ml^2\omega_0^2 = \frac{1}{6}ml^2\omega_0^2$$

$$T_2 = 0$$

2. 计算始、末位置的势能

设水平位置为杆重力势能的零位置，则始、末位置的重力势能分别为

$$V_1{}' = \frac{l}{2}mg = \left(\frac{1.2}{2} \times 10 \times 9.8\right)\text{J} = 58.8\text{J}$$

$$V'_2 = 0$$

设初始铅垂位置时弹簧自然长度为弹性力势能的零位置，则始、末位置的弹性

力势能分别为

$$V''_1=0$$

$$V''_2=\frac{1}{2}k(\delta_2^2-\delta_1^2)$$

其中

$$\delta_1=0,\delta_2=[\sqrt{2^2+1.2^2}-(2-1.2)]\mathrm{m}=1.532\mathrm{m}$$

代入上式，得

$$V''_2=\left[\frac{200}{2}(1.532^2-0^2)\right]\mathrm{J}=234.7\mathrm{J}$$

3. 应用机械能守恒定律求杆的初角速度

由于系统在运动过程中机械能守恒，即

$$T_1+V'_1+V''_1=T_2+V'_2+V''_2$$

$$\frac{1}{6}ml^2\omega_0^2+58.8\mathrm{J}+0=0+0+234.7\mathrm{J}$$

由此式解得杆的初角速度为

$$\omega_0=\sqrt{\frac{6(234.7-58.8)}{10\times1.2^2}}\mathrm{rad/s}=8.56\mathrm{rad/s}\text{（顺时针方向）}$$

9.5 动力学普遍定理的综合应用

动量定理、动量矩定理与动能定理统称为动力学普遍定理。

动力学的三个定理包括了矢量方法和能量方法。

动量定理给出了质点系动量的变化与外力主矢之间的关系，可以用于求解质心运动或某些外力。

动量矩定理描述了质点系动量矩的变化与主矩之间的关系，可以用于具有转动特性的质点系，以求解角加速度等运动量和外力。

动能定理建立了做功的力与质点系动能变化之间的关系，可用于复杂的质点系、刚体系求运动。

在很多情形下，需要综合应用这三个定理，才能得到问题的解答。正确分析问题的性质，灵活应用这些定理，往往会达到事半功倍的作用。

此外，这三个定理都存在不同形式的守恒形式，分析问题时也要给予特别的重视。

【例题 9-6】 图 9-12a 所示均质圆盘，可绕轴 O 在铅垂平面内转动。圆盘的质量为 m，半径为 R，在其质心 C 上连接一刚度系数为 k 的水平弹簧，弹簧的另一端固定在 A 点，$CA=2R$ 为弹簧的原长。圆盘在常力偶 M 的作用下，由最低位置无初速地绕轴 O 逆时针方向转动。试求圆盘到达最高位置时，轴承 O 的约束力。

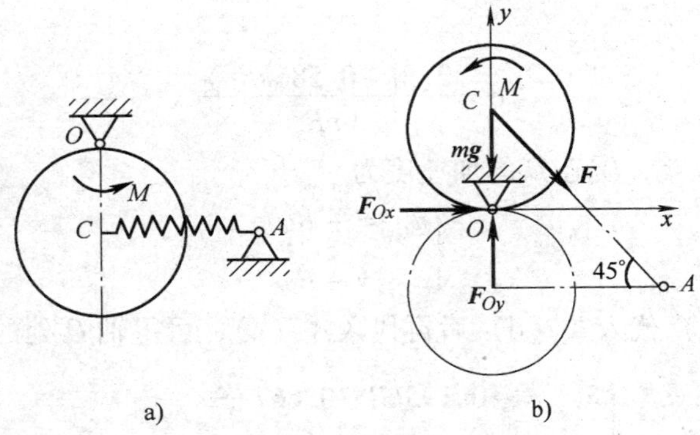

图9-12　例题9-6图

解：选择圆盘为研究对象，其运动为绕轴 O 的定轴转动，圆盘的质心 C 作圆周运动。

对圆盘进行受力分析，其受力图如图9-12b 所示，圆盘受重力 $m\boldsymbol{g}$、弹簧力 $\boldsymbol{F}$、外力偶矩 M 和轴 O 处的约束力 $\boldsymbol{F}_{Ox}$、$\boldsymbol{F}_{Oy}$。为求圆盘到达最高位置时，轴承 O 的约束力，需采用质心运动定理，即

$$\begin{cases} ma_{Cx} = F\cos45^\circ + F_{Ox} \\ ma_{Cy} = F_{Oy} - mg - F\sin45^\circ \end{cases} \tag{a}$$

由于圆盘作定轴转动，为求质心的加速度，必先求出刚体转动的角速度和角加速度。

1. 应用质点系动能定理确定角速度

定轴转动刚体的动能为

$$T_1 = 0$$

$$T_2 = \frac{1}{2}J_O\omega^2 = \frac{1}{2}\left(\frac{1}{2}mR^2 + mR^2\right)\omega^2$$

力的功为

$$\begin{aligned} W_{12} &= M\varphi - mgh + \frac{1}{2}k(\delta_1^2 - \delta_2^2) \\ &= M\pi - mg2R + \frac{1}{2}k[0 - (2\sqrt{2}R - 2R)^2] \end{aligned}$$

由动能定理 $T_2 - T_1 = W_{12}$，可求得圆盘的角速度为

$$\omega^2 = \frac{4}{3mR^2}(M\pi - 2Rmg - 0.343kR^2) \tag{b}$$

2. 应用定轴转动微分方程求角加速度

$$J_O\alpha = M - FR\cos 45^\circ$$

$$\frac{3}{2}mR^2\alpha = M - k\ (2\sqrt{2} - 2)\ R^2\,\frac{1}{\sqrt{2}}$$

圆盘的角加速度 α 为

$$\alpha=\frac{2(M-0.586kR^2)}{3mR^2} \tag{c}$$

圆盘在图 9-12b 位置，质心 C 的加速度为

$$\begin{cases}a_{Cx}=-R\alpha\\a_{Cy}=-R\omega^2\end{cases} \tag{d}$$

将式（b）、式（c）代入式（d）后再代入式（a），可得轴 O 处的约束力为

$$\begin{cases}F_{Ox}=-0.195kR-0.667\dfrac{M}{R}\\F_{Oy}=3.667mg+1.043kR-4.189\dfrac{M}{R}\end{cases}$$

3. 本例讨论

（1）本例用动能定理求得的 ω 是圆盘特定位置时的角速度，故不可用$\dfrac{\mathrm{d}\omega}{\mathrm{d}t}$来求角加速度。若求一般位置的 ω 计算弹性力的功比较繁。因此在求角加速度时，本题应用了定轴转动微分方程，而没有采用对角速度求导的方法。

（2）定轴转动刚体的轴承约束力一般应设为两个分力 $\boldsymbol{F}_{Ox}$、$\boldsymbol{F}_{Oy}$，不可无根据地设为一个。

【例题 9-7】 图 9-13a 所示均质圆盘 A 和滑块 B 质量均为 m，圆盘半径为 r，杆 AB 质量不计，平行于斜面，斜面倾角为 θ。已知斜面与滑块间摩擦因数为 f，圆盘在斜面上作纯滚动。系统在斜面上无初速运动，求滑块的加速度。

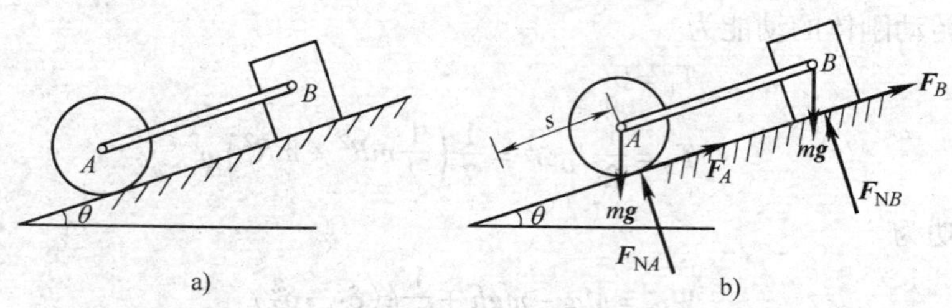

图 9-13　例题 9-7 图

解：本例所涉及的是刚体系统，所要求的是运动量（加速度），故应用动能定理求解最为适宜。可在一般位置上建立动能定理的方程求得速度，然后将其对时间求导数，得到加速度。

1. 选系统整体作为研究对象，进行受力分析

系统受力图如图 9-13b 所示。由于 A、B 两光滑铰链的约束力做功之和为零，选择整体要简便得多。又由于圆盘作纯滚动，斜面固定不动，故摩擦力 $\boldsymbol{F}_A$，法向约束力 $\boldsymbol{F}_{NA}$、$\boldsymbol{F}_{NB}$ 均不做功。

设圆盘质心沿斜面下滑距离为 s（s 为时间的函数），则重力的功为

$$W_1 = 2mgs\sin\theta \tag{a}$$

摩擦力 $\boldsymbol{F}_B$ 的功为

$$W_2 = -F_B s = -fF_{NB}s \tag{b}$$

2. 对系统进行运动分析

设圆盘质心沿斜面下滑 s 距离时，其速度为 $\boldsymbol{v}$（滑块速度亦同），圆盘转动角速度为 ω，则系统的动能为

$$T_1 = 0$$

$$T_2 = 2\times\frac{1}{2}mv^2 + \frac{1}{2}J_A\omega^2 \tag{c}$$

由于圆盘在斜面上作纯滚动，由运动学关系

$$\omega = \frac{v}{r}$$

将其代入式（c），并考虑到

$$J_A = \frac{1}{2}mr^2$$

则系统任意瞬时的动能为

$$T_2 = \frac{5}{4}mv^2 \tag{d}$$

将式（a）、式（b）和式（d）代入动能定理表达式 $T_2 - T_1 = W_1 + W_2$，可得

$$\frac{5}{4}mv^2 = mgs(2\sin\theta - f\cos\theta)$$

将上式对时间求一次导数，得

$$\frac{5}{2}mv\dot{v} = mg\dot{s}(2\sin\theta - f\cos\theta)$$

注意到运动学关系 $\dot{v} = a$，$\dot{s} = v$ 代入上式，可解得滑块的加速度为

$$a = \frac{2}{5}g(2\sin\theta - f\cos\theta)$$

3. 本例讨论

（1）由于圆盘沿斜面作纯滚动，二者接触点处无相对滑动，故摩擦力 $\boldsymbol{F}_A$ 做功为零。

（2）系统下滑距离 s 是变量，代表一般位置，故建立的方程可求导。由于圆盘质心和滑块是直线运动，才有 $\dot{v} = a$，否则 $\dot{v} = a_t$。

【例题9-8】　均质杆 AB 长为 l，质量为 m，上端 B 靠在光滑墙上，另一端 A 用光滑铰链与车轮轮心相联接。已知车轮质量为 M，半径为 R，在水平面上作纯滚动，滚动摩阻不计，如图9-14a 所示。设系统从图示位置（$\theta = 45°$）无初速地开始运动，求该瞬时轮心 A 的加速度。

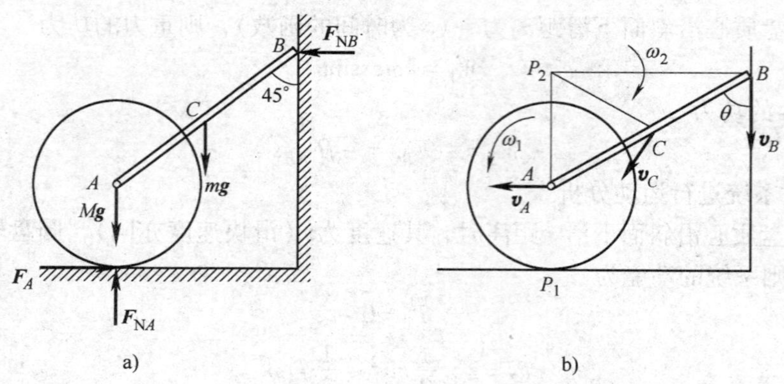

图9-14 例题9-8图

解：本例为刚体系统，所要求的量为加速度，可应用动能定理求解。同时，由于系统中只有有势力做功，故也可用机械能守恒定律求解。

在一般位置上建立动能定理（机械能守恒定律）的方程，通过对时间求导数得到加速度。

1. 选系统整体作为研究对象，进行受力分析

系统受力图如图9-14b所示。考察杆AB由图9-14a所示位置（$\theta=45°$）运动到图9-14b所示位置（$\theta>45°$）。

以水平面为零势位置，则两位置系统的势能分别为

$$V_1=\text{常量}$$

$$V_2=mg\left(R+\frac{l}{2}\cos\theta\right)+MgR$$

2. 对系统进行运动分析

设在任意位置时，轮心速度为$\boldsymbol{v}_A$（水平向左），B点速度由于墙面约束的关系铅垂向下，车轮作纯滚动，其速度瞬心为P_1；而杆AB作平面运动，其速度瞬心为P_2，如图9-14b所示，其中

$$CP_2=\frac{l}{2}$$

于是，可得到下列运动学关系式

$$\omega_1=\frac{v_A}{R},\ \omega_2=\frac{v_A}{l\cos\theta},\ v_C=\frac{l}{2}\omega_2=\frac{v_A}{2\cos\theta}$$

据此，得到系统在两位置的动能分别为

$$T_1=0$$

$$T_2=\frac{1}{2}Mv_A^2+\frac{1}{2}J_A\omega_1^2+\frac{1}{2}mv_C^2+\frac{1}{2}J_C\omega_2^2$$

将运动学关系式代入动能T_2的表达式，考虑到

$$J_A = \frac{1}{2}MR^2,\ J_C = \frac{1}{12}ml^2$$

则有

$$T_2 = \left(\frac{3}{4}M + \frac{1}{6\cos^2\theta}m\right)v_A^2$$

3. 应用机械能守恒定律

将上述结果代入机械能守恒定律表达式

$$T_1 + V_1 = T_2 + V_2$$

得到

$$V_1 = \left(\frac{3}{4}M + \frac{1}{6\cos^2\theta}m\right)v_A^2 + mg\left(R + \frac{l}{2}\cos\theta\right) + MgR$$

将上式对时间求一次导数，有

$$\left(\frac{3}{2}M + \frac{1}{3\cos^2\theta}m\right)v_A\dot{v}_A + \left(\frac{\sin\theta\ \dot{\theta}}{3\cos^3\theta}m\right)v_A^2 - mg\frac{l}{2}\sin\theta\ \dot{\theta} = 0$$

注意到

$$\dot{v}_A = a_A,\ \dot{\theta} = \omega_2 = \frac{v_A}{l\cos\theta}$$

则

$$\left(\frac{3}{2}M + \frac{1}{3\cos^2\theta}m\right)a_A + \left(\frac{\sin\theta}{3l\cos^4\theta}m\right)v_A^2 - mg\frac{1}{2}\tan\theta = 0$$

上式对 $\theta \geqslant 45°$到 B 端离开墙面之前的全过程均成立。

当 $\theta = 45°$时，$v_A = 0$，代入上式有

$$a_A = \frac{3mg}{9M + 4m}$$

4. 本例讨论

(1) 本例也可应用积分形式的动能定理求解，所得结果是一致的。读者可自行验证。

(2) 当系统从静止开始运动瞬时，物体上各点的速度、刚体的角速度均为零，要想求该瞬时的加速度，须首先考察系统在任意位置的动能和势能，然后才可能对机械能守恒定律的表达式求导数。

(3) 因为机械能守恒定律给出的是一个标量方程，只能解一个未知量，因此对于本例中两个平面运动的刚体，要应用刚体平面运动的速度分析方法将所有的运动量用一个未知量表示。

【例题 9-9】　图 9-15a 所示滚轮 C 由半径为 r_1 的轴和半径为 r_2 的圆盘固结而成，其重力为 $\boldsymbol{F}_{P3}$，对质心 C 的回转半径为 ρ，轴沿 AB 作无滑动滚动；均质滑轮 O 的重力为 $\boldsymbol{F}_{P2}$，半径为 r；物块 D 的重力 $\boldsymbol{F}_{P1}$。求：

(1) 物块 D 的加速度；

（2）EF 段绳的张力；

（3）O_1 处的摩擦力。

解：将滚轮 C、滑轮 O 和物块 D 所组成的刚体系统作为研究对象，系统具有理想约束，由动能定理建立系统的运动与主动力之间的关系。

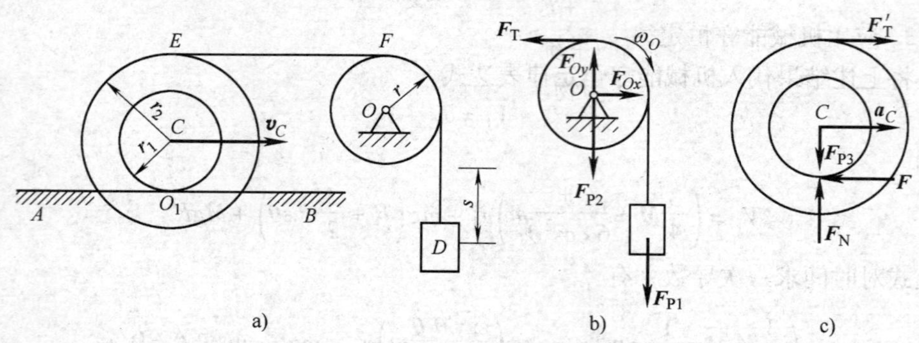

图 9-15　例题 9-9 图

1. 系统在物块下降任意距离 s 时的动能

$$T=\frac{1}{2}\frac{F_{P1}}{g}v_D^2+\frac{1}{2}J_O\omega_O^2+\frac{1}{2}\frac{F_{P3}}{g}v_C^2+\frac{1}{2}J_C\omega_C^2$$

其中

$$\omega_O=\frac{v_D}{r},\ \omega_C=\frac{v_D}{r_1+r_2},\ v_C=\frac{r_1}{r_1+r_2}v_D,\ J_O=\frac{1}{2}\frac{F_{P2}}{g}r^2,\ J_C=\frac{F_{P3}}{g}\rho^2$$

所以

$$T=\frac{1}{2}\left[\frac{F_{P1}}{g}+\frac{1}{2}\frac{F_{P2}}{g}+\frac{F_{P3}}{g}\left(\frac{r_1}{r_1+r_2}\right)^2+\frac{F_{P3}}{g}\left(\frac{\rho}{r_1+r_2}\right)^2\right]v_D^2$$

若令

$$m_{eq}=\frac{F_{P1}}{g}+\frac{1}{2}\frac{F_{P2}}{g}+\frac{F_{P3}}{g}\left(\frac{r_1}{r_1+r_2}\right)^2+\frac{F_{P3}}{g}\left(\frac{\rho}{r_1+r_2}\right)^2$$

称为当量质量或折合质量，则有

$$T=\frac{1}{2}m_{eq}v_D^2$$

由动能定理

$$T-T_0=\sum W_{12}$$

$$\frac{1}{2}m_{eq}v_D^2-T_0=F_{P1}s$$

将上式对时间求导数，有

$$m_{eq}v_Da_D=F_{P1}\dot{s}=F_{P1}v_D$$

从而求得物块的加速度为

$$a_D=\frac{F_{P1}}{m_{eq}}=\frac{F_{P1}}{\frac{F_{P1}}{g}+\frac{1}{2}\frac{F_{P2}}{g}+\frac{F_{P3}}{g}\left(\frac{r_1}{r_1+r_2}\right)^2+\frac{F_{P3}}{g}\left(\frac{\rho}{r_1+r_2}\right)^2}$$

$$=\frac{2(r_1+r_2)^2F_{P1}g}{(2F_{P1}+F_{P2})(r_1+r_2)^2+2F_{P3}(r_1^2+\rho^2)}$$

2. 考察滑轮与物块组成的系统

将 EF 绳剪断，考虑滑轮与物块组成的系统，如图 9-15b 所示。系统对 O 轴的动量矩和力矩分别为

$$L_O=J_O\omega_O+\frac{F_{P1}}{g}rv_D=\frac{1}{2}\frac{F_{P2}}{g}r^2\frac{v_D}{r}+\frac{F_{P1}}{g}rv_D$$

$$M_O=F_{P1}r-F_Tr$$

代入动量矩定理表达式

$$\frac{dL_O}{dt}=M_O$$

有

$$\frac{d}{dt}\left(\frac{1}{2}\frac{F_{P2}}{g}r^2\frac{v_D}{r}+\frac{F_{P1}}{g}rv_D\right)=F_{P1}r-F_Tr$$

由此得到绳子的张力为

$$F_T=F_{P1}-\left(\frac{1}{2}\frac{F_{P2}}{g}+\frac{F_{P1}}{g}\right)a_D$$

$$=\frac{2(r_1^2+\rho^2)F_{P1}F_{P3}}{(2F_{P1}+F_{P2})(r_1+r_2)^2+2F_{P3}(r_1^2+\rho^2)}$$

3. 以滚轮为研究对象，应用质心运动定理

滚轮受力图如图 9-15c 所示。由质心运动定理，有

$$\frac{F_{P3}}{g}a_C=F'_T-F$$

可得

$$F=F'_T-\frac{F_{P3}}{g}a_C=F_T-\frac{F_{P3}}{g}\frac{r_1}{r_1+r_2}a_D$$

$$=\frac{2(\rho^2-r_1r_2)F_{P1}F_{P3}}{(2F_{P1}+F_{P2})(r_1+r_2)^2+2F_{P3}(r_1^2+\rho^2)}$$

4. 本例讨论

（1）对于具有理想约束的一个自由度系统，一般以整体系统作为分析研究对象，应用动能定理直接建立主动力的功与广义速度之间的关系，在方程式中不涉及未知的约束力。对时间 t 求一次导数，可得到作用在系统上的主动力与加速度之间的关系。

待运动确定后，再选择不同的分析研究对象，应用动量或动量矩定理求解未知的约束力。

（2）特别需要指出的是：采用只能求解一个未知量的动能定理来解决多个物体组成的刚体系统，必须附加运动学的补充方程，因此各物体速度间的运动学关系一定要明确。如本题中 v_C、v_D、ω_C、ω_O 的关系。

（3）若一开始就将系统拆开，以单个刚体作为研究对象，则需分别应用刚体平面运动微分方程、动量矩定理（定轴转动微分方程）、牛顿第二定律等，分别建立动力学方程，然后联立求解。读者可试用此方法求解后与本例中的方法相比较，自行得出采用何种方法更为简便易算的结论。

【例题 9-10】 图 9-16a 所示平面机构中，沿斜面作纯滚动的轮 A 和轮 O 都可视为均质圆盘，质量均为 m，半径均为 R。斜面倾角 $\theta = 30°$，绳 BD 段与斜面平行，绳子质量不计。若在轮 O 上作用一力偶矩为 $M = mgR$ 的常力偶，试求：

（1）轮 O 的角加速度；

（2）绳子的拉力；

（3）斜面作用在轮 A 上的摩擦力。

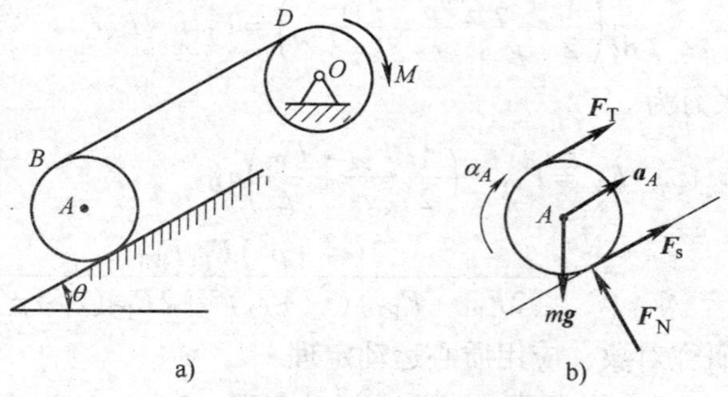

图 9-16　例题 9-10 图

解：1. 以整体为研究对象

当鼓轮转过 φ 角，外力所做之功以及动能分别为

$$W_{12} = \frac{1}{2}(2M - mgR\sin\theta)\varphi = \frac{3}{4}mgR\varphi$$

$$T_1 = C\,(C\text{ 为常数}),\quad T_2 = \frac{1}{2}mv_A^2 + \frac{1}{2}J_A\omega_A^2 + \frac{1}{2}J_O\omega_O^2 = \frac{7}{16}mR^2\omega_O^2$$

应用动能定理，有

$$\frac{7}{16}mR^2\omega_O^2 - C = \frac{3}{4}mgR\varphi$$

等式两边求导数，得到

$$\alpha_O = \frac{6g}{7R}$$

2. 以轮 A 为研究对象

轮 A 的受力图如图 9-16b 所示。由刚体平面运动微分方程，有

$$ma_A = F_T + F_s - mg\sin\theta$$

$$\frac{1}{2}mR^2\alpha_A = (F_T - F_s)R$$

将

$$a_A = \frac{\alpha_O R}{2}, \quad \alpha_A = \frac{\alpha_O}{2}$$

代入上式后，解得

$$F_T = \frac{4}{7}mg$$

$$F_s = \frac{5}{14}mg \quad (\nearrow)$$

【例题 9-11】 质量为 m_1、杆长 $OA = l$ 的均质杆 OA 一端铰支，另一端用铰链连接一可绕轴 A 自由旋转、质量为 m_2 的均质圆盘，如图 9-17a 所示。初始时，杆处于铅垂位置，圆盘静止，设 OA 杆无初速度释放，不计摩擦，求当杆转至水平位置时，杆 OA 的角速度和角加速度及铰链 O 处的约束力。

解：取整体为研究对象。系统具有理想约束。

1. 运动分析

杆 OA 作定轴转动；为分析圆盘的运动，取圆盘为研究对象（图 9-17b），应用相对质心的动量矩定理。

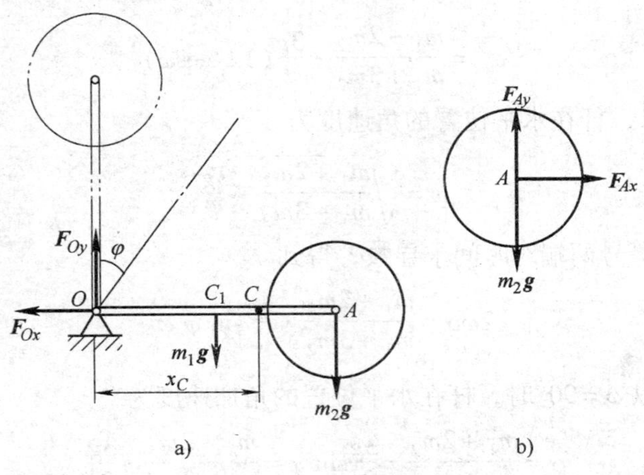

图 9-17 例题 9-11 图

设圆盘的角加速度为 α，则圆盘绕质心 A 的转动微分方程为

$$J_A\alpha = 0$$

据此

$$\alpha = 0$$

又因为无初速度释放，故有

$$\omega = \omega_0 = 0$$

这表明，圆盘在杆下摆过程中角速度始终为零，圆盘作平移。

2. 应用动能定理

系统在初始位置和任意位置时的动能分别为

$$T_1 = 0$$

$$T_2 = \frac{1}{2}J_O\omega^2 + \frac{1}{2}m_2v_A^2$$

$$= \frac{1}{2}\times\frac{1}{3}m_1l^2\omega^2 + \frac{1}{2}m_2l^2\omega^2 = \frac{m_1+3m_2}{6}l^2\omega^2$$

杆在角度 φ 位置时，重力的功为

$$W = m_1g\left(\frac{l}{2}-\frac{l}{2}\cos\varphi\right) + m_2g(l-l\cos\varphi)$$

$$= \left(\frac{m_1}{2}+m_2\right)gl(1-\cos\varphi)$$

应用动能定理，有

$$\frac{m_1+3m_2}{6}l^2\omega^2 = \left(\frac{m_1}{2}+m_2\right)gl(1-\cos\varphi)$$

解得

$$\omega^2 = \frac{m_1+2m_2}{m_1+3m_2}\cdot\frac{3g}{l}(1-\cos\varphi) \tag{a}$$

当 $\varphi = 90°$ 时，杆在水平位置的角速度为

$$\omega = \sqrt{\frac{m_1+2m_2}{m_1+3m_2}\cdot\frac{3g}{l}} \tag{b}$$

将式（a）等号两端对时间求导数，得到

$$2\omega\alpha = \frac{m_1+2m_2}{m_1+3m_2}\cdot\frac{3g}{l}\sin\varphi\,\dot{\varphi}$$

因为 $\dot{\varphi} = \omega$，所以 $\varphi = 90°$ 时，杆在水平位置的角加速度为

$$\alpha = \frac{m_1+2m_2}{m_1+3m_2}\cdot\frac{3g}{2l}\sin\varphi = \frac{m_1+2m_2}{m_1+3m_2}\cdot\frac{3g}{2l} \tag{c}$$

3. 确定 O 处约束力

首先确定系统质心的位置，然后应用质心运动定理，求解 O 处约束力。

根据质心坐标公式，有

$$x_C=\frac{m_1\dfrac{l}{2}+m_2 l}{m_1+m_2}=\frac{m_1+2m_2}{m_1+m_2}\cdot\frac{l}{2} \tag{d}$$

代入质心运动定理表达式，有

$$\begin{gathered}(m_1+m_2)x_C\omega^2=F_{Ox}\\ -(m_1+m_2)x_C\alpha=F_{Oy}-(m_1+m_2)g\end{gathered} \tag{e}$$

将式（b）、式（c）和式（d）代入式（e），最后得到

$$\begin{cases}F_{Ox}=\dfrac{(m_1+2m_2)^2}{m_1+3m_2}\cdot\dfrac{3g}{2}\\ F_{Oy}=-\dfrac{(m_1+2m_2)^2}{m_1+3m_2}\cdot\dfrac{3g}{4}+(m_1+m_2)g\end{cases} \tag{f}$$

4. 本例讨论

（1）如果圆盘有初始角速度，在随杆下摆时角速度将保持不变，这种情形下计算动能时需要加上圆盘绕质心转动的动能。

（2）为求角加速度 α，可将角速度 ω 对时间求一次导数，但此时的 ω 一定是一般位置 φ 时的角速度，不能用某个特定位置（例如水平位置）时的 ω 求导数，否则导数必为零。

（3）采用质心运动定理求约束力时，不一定先求系统质心的位置，也可以将每个物体质心的位置找到（不必计算）后代入质心运动定理的另一种表达式：$\sum m_i \boldsymbol{a}_{Ci}=\boldsymbol{F}_{\mathrm{R}}^{\mathrm{e}}$，同样会得到相同的结果，建议读者结合本例自行验证。

9.6 本章小结与讨论

9.6.1 本章小结

（1）力的功是力对物体作用的累积效应的度量。

$$W_{12}=\int_{M_1}^{M_2}\boldsymbol{F}\cdot\mathrm{d}\boldsymbol{r}=\int_s F\cos<\boldsymbol{F},\boldsymbol{\tau}>\mathrm{d}s=\int_{M_1}^{M_2}(F_x\mathrm{d}x+F_y\mathrm{d}y+F_z\mathrm{d}z)$$

弹簧力的功 $W_{12}=\dfrac{1}{2}k\ (x_1^2-x_2^2)$（直线弹簧）

$W_{12}=\dfrac{1}{2}k\ (\theta_1^2-\theta_2^2)$（扭转弹簧）

刚体上力偶的功 $W_{12}=\displaystyle\int_{\varphi_1}^{\varphi_2}M\mathrm{d}\varphi$

（2）动能是物体机械运动的一种度量。

质点系的动能 $T=\sum\dfrac{1}{2}m_i v_i^2$

平移刚体的动能 $T=\frac{1}{2}Mv_C^2$

定轴转动刚体的动能 $T=\frac{1}{2}J_z\omega^2$

平面运动刚体的动能 $T=\frac{1}{2}Mv_C^2+\frac{1}{2}J_{Cz}\omega^2=\frac{1}{2}J_{C^*z}\omega^2$

其中 J_{C^*z}为相对于过速度瞬心轴的转动惯量。

（3）动能定理

微分形式 $\mathrm{d}T=\delta W$

积分形式 $T_2-T_1=W_{12}$

（4）有势力在有限路程上所做的功仅与其起始点和终止点的位置有关，而与其作用点所经过的路径无关。

势能是系统从某位置运动到任选的零势点时，其上有势力所做的功。

机械能守恒：系统仅在有势力作用下运动时，其机械能保持不变，即

$$T+V=E=\text{常数}$$

9.6.2 功率方程的概念

根据动能定理的微分形式式（9-13），有

$$\frac{\mathrm{d}T}{\mathrm{d}t}=\frac{\delta W}{\mathrm{d}t}=P$$

其中 P 为功率。功率由下式计算：

$$P=\frac{\delta W}{\mathrm{d}t}=F\cdot\frac{\mathrm{d}r}{\mathrm{d}t}=F_{\mathrm{t}}v$$

作用在转动刚体上力的功率为

$$P=\frac{\delta W}{\mathrm{d}t}=M_z\cdot\frac{\mathrm{d}\varphi}{\mathrm{d}t}=M_z\omega$$

工程上，机器的功率可分为三部分，即输入功率、输出功率、损耗功率。其中，输出功率是对外做功的有用功率；而损耗功率是摩擦、热能损耗等不可避免的无用功率。这样，式（9-13）可以改写为

$$\frac{\mathrm{d}T}{\mathrm{d}t}=P_{\text{输入}}-P_{\text{输出}}-P_{\text{损耗}}$$

或

$$P_{\text{输入}}=\frac{\mathrm{d}T}{\mathrm{d}t}+P_{\text{输出}}+P_{\text{损耗}}$$

任何机器在工作时都需要从外界输入功率，同时也不可避免地要消耗一些功率，消耗越少则机器性能越好。工程上，定义机械效率为

$$\eta=\frac{P_{\text{有用}}}{P_{\text{输入}}}\times100\%=\frac{P_{\text{输出}}+\frac{\mathrm{d}T}{\mathrm{d}t}}{P_{\text{输入}}}\times100\%<1$$

这是衡量机器性能的指标之一。若机器有多级（假设为 n 级）传动，机械效率为

$$\eta = \eta_1 \eta_2 \cdots \eta_n$$

9.6.3 应用动力学普遍定理过程中的运动分析

在动量、动量矩、动能定理的应用中，运动学方程起着非常重要的作用。很多情形下，动力学关系非常容易得到，但运动学关系却很复杂。这时正确的运动分析以及建立运动学补充方程显得尤为重要。

以图9-18a所示问题为例，均质杆 AB 重力为 $\boldsymbol{W}$，A、B 两处均为光滑面约束，杆在铅垂位置时无初速度开始下滑，求图示位置时 A、B 两处的约束力。

对于杆 AB，其动量、动量矩、动能的表达式都很容易写出。为了确定约束力，可以采用质心运动定理，即

$$\begin{cases} \dfrac{W}{g} a_{Cx} = F_A \\ \dfrac{W}{g} a_{Cy} = F_B - W \end{cases} \tag{a}$$

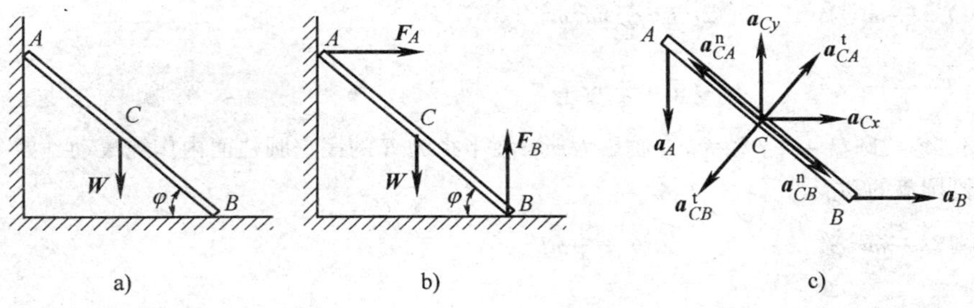

图9-18 杆的运动学分析

方程简洁明了，关键是质心加速度 a_{Cx}、a_{Cy} 如何确定，也就是如何建立相关的运动学方程。

杆端 A 和 B 的加速度方向已知，故分别取其为基点，可得

$$\boldsymbol{a}_C = \boldsymbol{a}_A + \boldsymbol{a}_{CA}^{\mathrm{n}} + \boldsymbol{a}_{CA}^{\mathrm{t}} \tag{b}$$

$$\boldsymbol{a}_C = \boldsymbol{a}_B + \boldsymbol{a}_{CB}^{\mathrm{n}} + \boldsymbol{a}_{CB}^{\mathrm{t}} \tag{c}$$

注意到 $\boldsymbol{a}_A$ 方向铅垂向下，$\boldsymbol{a}_B$ 方向水平向右，得到

$$\begin{cases} a_{Cx} = -a_{CA}^{\mathrm{n}} \cos\varphi + a_{CA}^{\mathrm{t}} \sin\varphi \\ a_{Cy} = -a_{CB}^{\mathrm{n}} \sin\varphi - a_{CB}^{\mathrm{t}} \cos\varphi \end{cases}$$

加速度一旦确定，其余问题便迎刃而解。可见，正确建立运动学方程至关重要。

习　　题

选择填空题

9-1　如图9-19所示，三棱柱 B 沿三棱柱 A 的斜面运动，三棱柱 A 沿光滑水平面向左运动。已知 A 的质量为 m_1，B 的质量为 m_2；某瞬时 A 的速度为 $\boldsymbol{v}_1$，B 沿斜面的速度为 $\boldsymbol{v}_2$。则此时三棱柱 B 的动能为（　　）。

① 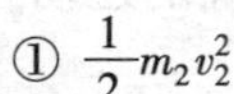 $\frac{1}{2}m_2v_2^2$

② $\frac{1}{2}m_2\ (v_1-v_2)^2$

③ $\frac{1}{2}m_2\ (v_1^2-v_2^2)$

④ 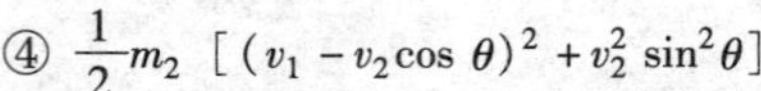 $\frac{1}{2}m_2\ [(v_1-v_2\cos\theta)^2+v_2^2\sin^2\theta]$

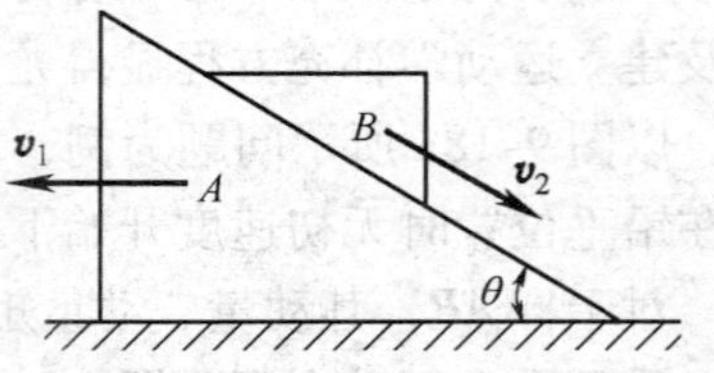

图9-19　习题9-1图

9-2　一质量为 m、半径为 r 的均质圆轮以匀角速度 ω 沿水平面作纯滚动，均质杆 OA 与圆轮在轮心 O 处铰接，如图9-20所示。设 OA 杆长 $l=4r$，质量 $M=m/4$。在图示杆与铅垂线的夹角 $\varphi=60°$时，其角速度 $\omega_{OA}=\omega/2$，则此时该系统的动能为（　　）。

① $T=\frac{25}{24}mr^2\omega^2$　　② $T=\frac{11}{12}mr^2\omega^2$

③ $T=\frac{7}{6}mr^2\omega^2$　　④ $T=\frac{2}{3}mr^2\omega^2$

9-3　均质圆盘 A，半径为 r，质量为 m，在半径为 R 的固定圆柱面内作纯滚动，如图9-21所示。则圆盘的动能为（　　）。

① $T=\frac{3}{4}mr^2\dot{\varphi}^2$　　② $T=\frac{3}{4}mR^2\dot{\varphi}^2$

③ $T=\frac{1}{2}m\ (R-r)^2\dot{\varphi}^2$

④ $T=\frac{3}{4}m\ (R-r)^2\dot{\varphi}^2$

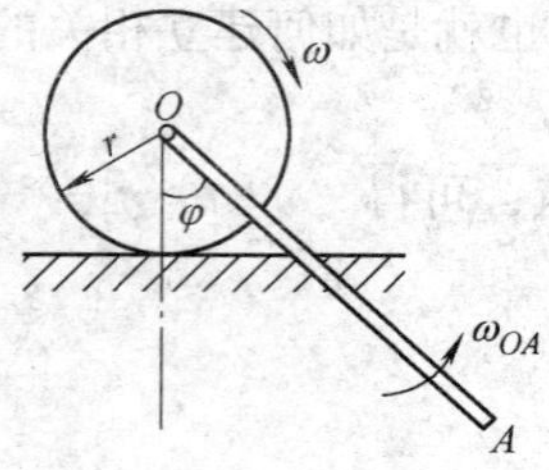

图9-20　习题9-2图

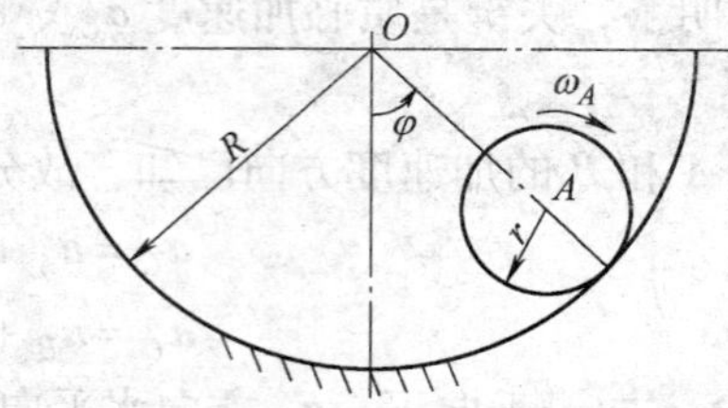

图9-21　习题9-3图

9-4　图9-22所示均质圆盘沿水平直线轨道作纯滚动，在盘心移动了距离 s 的过程中，水平常力 $\boldsymbol{F}_{\mathrm{T}}$所做的功为（　　）；轨道给圆轮的摩擦力 $\boldsymbol{F}_{\mathrm{f}}$所做的功为（　　）。

① $F_{\mathrm{T}}s$　　② $2F_{\mathrm{T}}s$

③ 0　　④ $-F_{\mathrm{f}}s$

9-5 图9-23所示为两个均质圆盘A和B，它们的质量相等，半径相同，各置于光滑水平面上，分别受到$\boldsymbol{F}$和$\boldsymbol{F}'$的作用，由静止开始运动。若$\boldsymbol{F}=\boldsymbol{F}'$，则在运动开始以后到相同的任一瞬时，两圆盘动能$T_A$和$T_B$的关系为（　　）。

① $T_A=T_B$　　② $T_A=2T_B$

③ $2T_A=T_B$　　④ $3T_A=T_B$

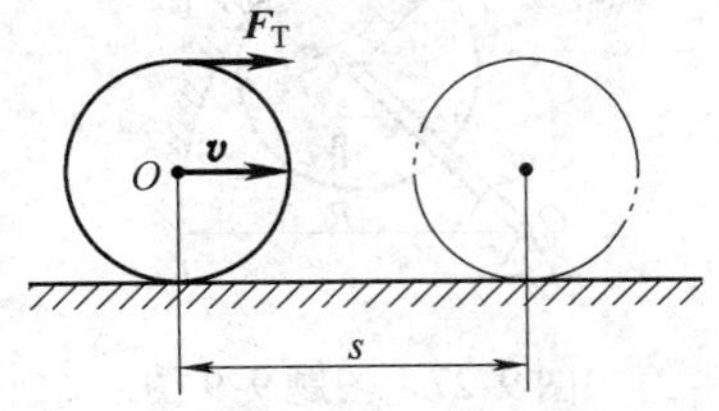

图9-22　习题9-4图

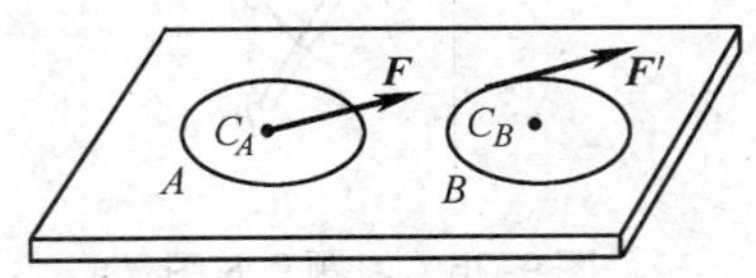

图9-23　习题9-5图

9-6 如图9-24所示，轮Ⅱ由系杆O_1O_2带动在固定轮Ⅰ上无滑动地滚动，两轮半径分别为R_1、R_2。若轮Ⅱ的质量为m，系杆的角速度为ω，则轮Ⅱ的动能为（　　　　），轮Ⅱ对固定轴O_1的动量矩为（　　　　）。

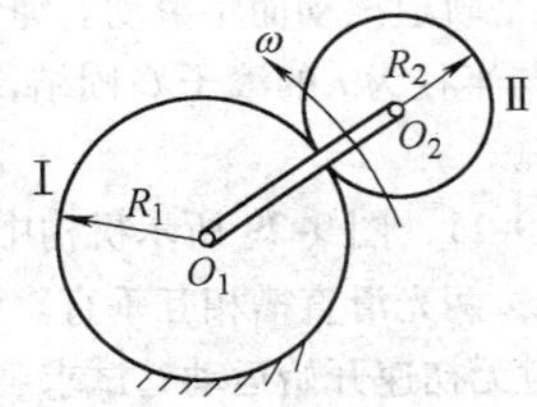

图9-24　习题9-6图

分析计算题

9-7 计算图示各系统的动能：

（1）质量为m、半径为r的均质圆盘在其自身平面内作平面运动。在图示位置时，若已知圆盘上A、B两点的速度方向如图9-25a所示，B点的速度为$\boldsymbol{v}_B$，$\theta=45°$。

（2）图9-25b所示质量为m_1的均质杆OA，一端铰接在质量为m_2的均质圆盘中心，另一端放在水平面上，圆盘在地面上作纯滚动，圆心速度为$\boldsymbol{v}$。

（3）质量为m的均质细圆环半径为R，其上固结一个质量也为m的质点A。细圆环在水平面上作纯滚动，图9-25c所示瞬时角速度为ω。

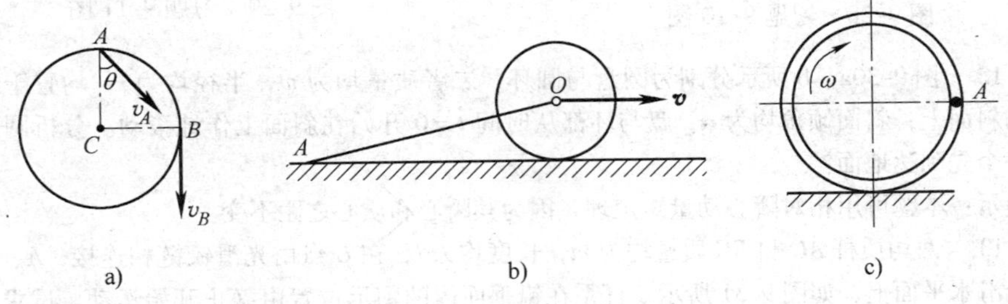

图9-25　习题9-7图

9-8 图9-26所示滑块A重为W_1，可在滑道内滑动，与滑块A用铰链连接的是重为W_2、长为l的均质杆AB。现已知滑块沿滑道的速度为v_1，杆AB的角速度为ω_1。当杆与铅垂线的夹角为φ时，试求系统的动能。

9-9　如图 9-27 所示，重为 $\boldsymbol{F}_P$、半径为 r 的齿轮Ⅱ与半径为 $R=3r$ 的固定内齿轮Ⅰ相啮合。齿轮Ⅱ通过均质的曲柄 OC 带动而运动。曲柄的重量为 F_Q，角速度为 ω，齿轮可视为均质圆盘。试求行星齿轮机构的动能。

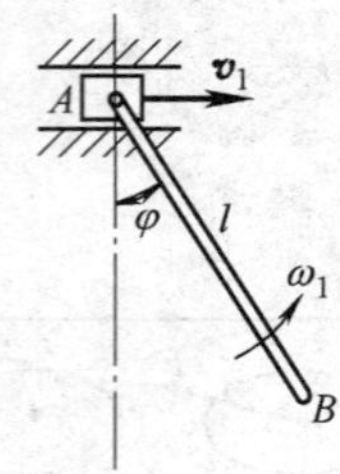

图 9-26　习题 9-8 图

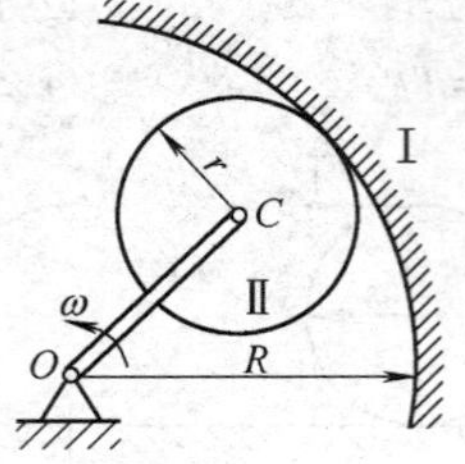

图 9-27　习题 9-9 图

9-10　图 9-28 所示一重物 A 质量为 m_1，当其下降时，借一无重且不可伸长的绳索使滚子 C 沿水平轨道滚动而不滑动。绳索跨过一不计质量的定滑轮 D 并绕在滑轮 B 上。滑轮 B 的半径为 R，与半径为 r 的滚子 C 固结，两者总质量为 m_2，其对 O 轴的回转半径为 ρ。试求重物 A 的加速度。

9-11　图 9-29 所示机构中，均质杆 AB 长为 l，质量为 $2m$，两端分别与质量均为 m 的滑块铰接，两光滑直槽相互垂直。设弹簧刚度系数为 k，且当 $\theta=0°$时，弹簧为原长。若机构在 $\theta=60°$时无初速开始运动，试求当杆 AB 处于水平位置时的角速度和角加速度。

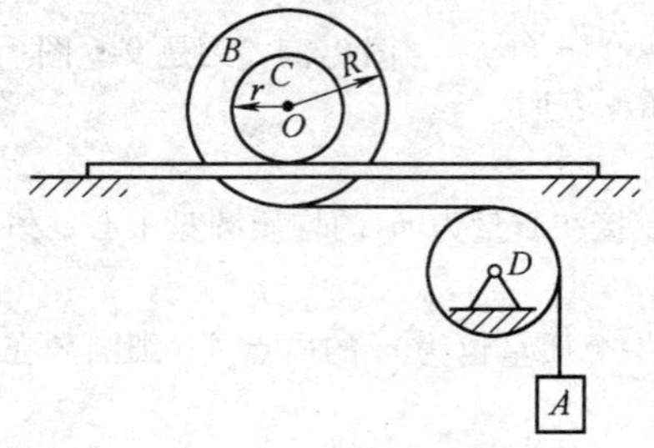

图 9-28　习题 9-10 图

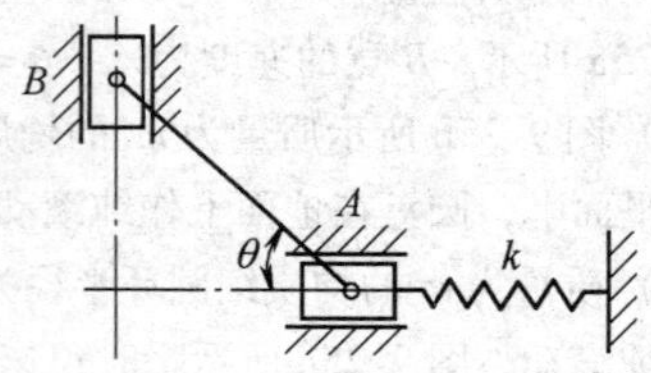

图 9-29　习题 9-11 图

9-12　图 9-30a、b 所示分别为圆盘与圆环，二者质量均为 m，半径均为 r，均置于距地面为 h 的斜面上，斜面倾角均为 α，盘与环都从时间 $t=0$ 开始在斜面上作纯滚动。分析圆盘与圆环哪一个先到达地面？

提示：本题可用相对瞬心动量矩定理，因为其瞬心和质心之距不变。

9-13　两均质杆 AC 和 BC 质量均为 m，长度均为 l，在 C 点由光滑铰链相连接，A、B 端放置在光滑水平面上，如图 9-31 所示。杆系在铅垂面内的图示位置由静止开始运动，试求铰链 C 落到地面时的速度。

9-14　如图 9-32 所示，质量为 15kg 的细杆可绕轴转动，杆端 A 连接刚度系数为 $k=50\text{N/m}$ 的弹簧。弹簧另一端固结于 B 点，弹簧原长 1.5m。试求杆从水平位置以初角速度 $\omega_0=0.1\text{rad/s}$ 落到图示位置时的角速度。

9-15　在图 9-33 所示机构中，已知：均质圆盘的质量为 m、半径为 r，可沿水平面作纯滚动。刚度系数为 k 的弹簧一端固定于 B，另一端与圆盘中心 O 相连。运动开始时，弹簧处于原长，此时圆盘角速度为 ω，试求：

（1）圆盘向右运动到达最右位置时，弹簧的伸长量；

（2）圆盘到达最右位置时的角加速度 α 及圆盘与水平面间的摩擦力。

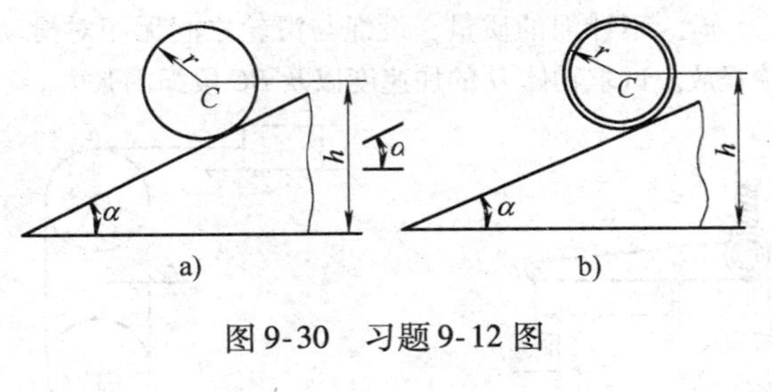

图 9-30 习题 9-12 图

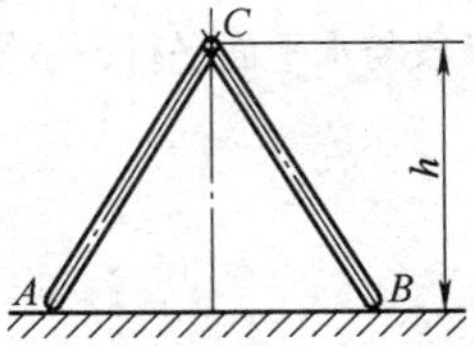

图 9-31 习题 9-13 图

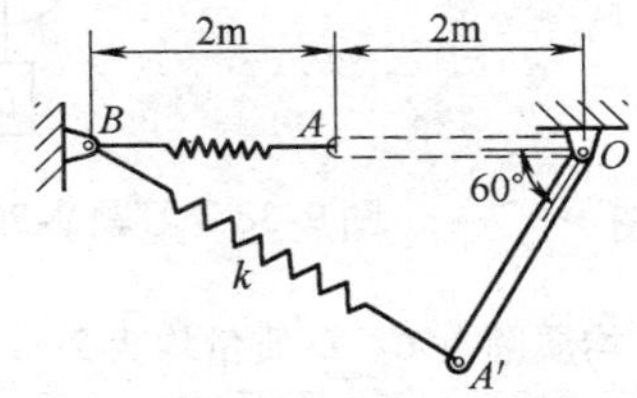

图 9-32 习题 9-14 图

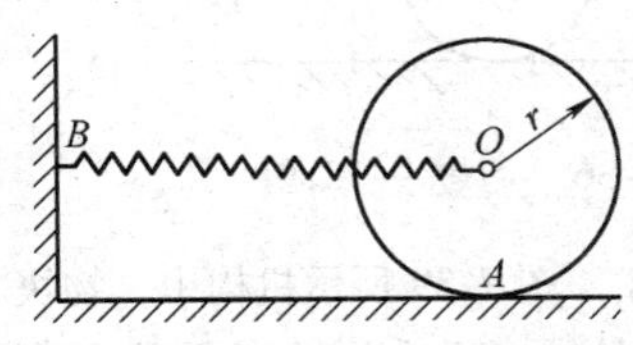

图 9-33 习题 9-15 图

9-16 在图 9-34 所示机构中，鼓轮 B 质量为 m，内、外半径分别为 r 和 R，对转轴 O 的回转半径为 ρ，其上绕有细绳，一端吊一质量为 m 的物块 A，另一端与质量为 M、半径为 r 的均质圆轮 C 相连，斜面倾角为 φ，绳的倾斜段与斜面平行。试求：

（1）鼓轮的角加速度 α；

（2）斜面的摩擦力及连接物块 A 的绳子的张力。

9-17 均质圆盘的质量为 m_1、半径为 r，圆盘与处于水平位置的弹簧一端铰接且可绕固定轴 O 转动，以起吊重物 A，如图 9-35 所示。若重物 A 的质量为 m_2，弹簧刚度系数为 k。试求系统的固有频率。

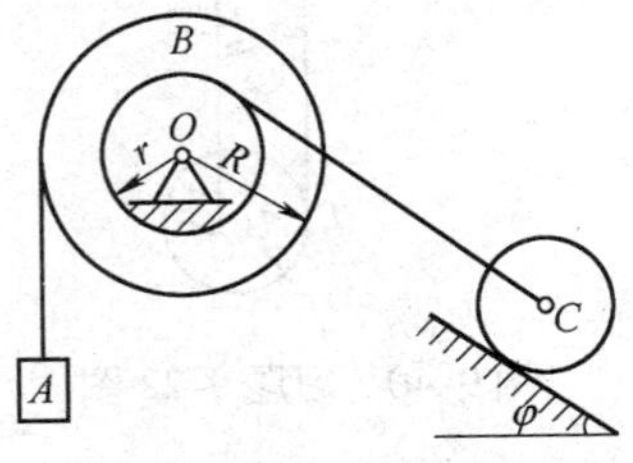

图 9-34 习题 9-16 图

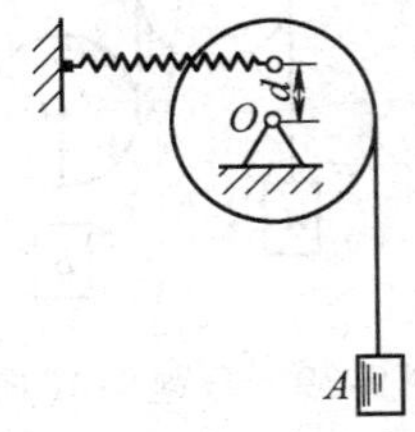

图 9-35 习题 9-17 图

9-18 图 9-36 所示圆盘质量为 m、半径为 r，在中心处与两根水平放置的弹簧固结，且在平面上作无滑动地滚动。弹簧刚度系数均为 k。试求系统作微振动的固有频率。

9-19 测量机器功率的功率计由胶带 $ACDB$ 和一杠杆 BOF 组成，如图 9-37 所示。胶带具有铅垂的两段 AC 和 DB，并套住受试验机器和滑轮 E 的下半部，杠杆则以刀口搁在支点 O 上，借升高或降低支点 O 可以变更胶带的拉力，同时变更胶带与滑轮间的摩擦力。在 F 处挂一重锤 P，

杠杆 BF 即可处于水平平衡位置。若用来平衡胶带拉力的重锤的质量 $m=3\text{kg}$，$L=500\text{mm}$，试求发动机的转速 $n=240\text{r/min}$ 时发动机的功率。

9-20　在图 9-38 所示机构中，物体 A 的质量为 m_1，放在光滑水平面上。均质圆盘 C、B 的质量均为 m，半径均为 R，物体 D 的质量为 m_2。不计绳的质量，设绳与滑轮之间无相对滑动，绳的 AE 段与水平面平行，系统由静止开始释放。试求物体 D 的加速度以及 BC 段绳的张力。

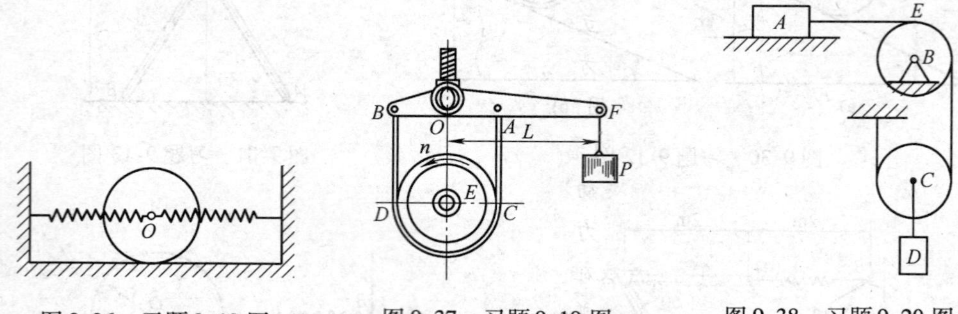

图 9-36　习题 9-18 图　　图 9-37　习题 9-19 图　　图 9-38　习题 9-20 图

9-21　图 9-39 所示机构中，物块 A、B 质量均为 m，均质圆盘 C、D 质量均为 $2m$，半径均为 R。C 轮铰接于长为 $3R$ 的无重悬臂梁 CK 上，D 为动滑轮，绳与轮之间无相对滑动。系统由静止开始运动，试求：

（1）物块 A 上升的加速度；

（2）HE 段绳的张力；

（3）固定端 K 处的约束力。

9-22　两个相同的滑轮可视为均质圆盘，质量均为 m，半径均为 R，用绳缠绕连接，如图 9-40 所示。如果系统由静止开始运动，试求动滑轮质心 C 的速度 v 与下降距离 h 的关系，并确定 AB 段绳子的张力。

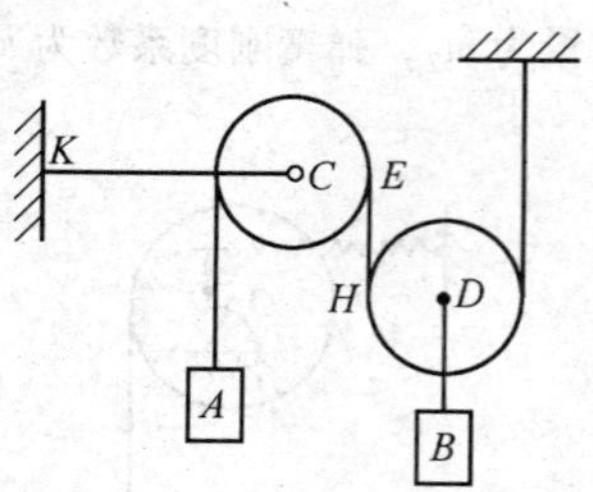

图 9-39　习题 9-21 图

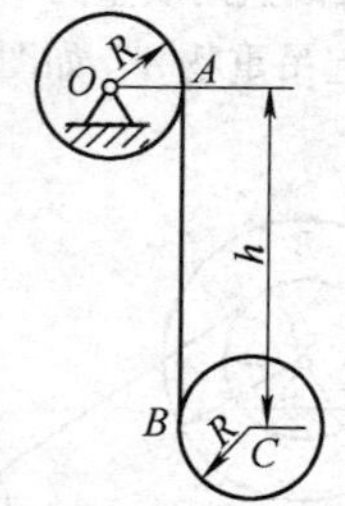

图 9-40　习题 9-22 图

第10章　达朗贝尔原理

通过引入惯性力的概念，建立达朗贝尔原理，从而将静力学中的平衡方法应用于分析和研究动力学问题。这种方法称为“动静法”。“动”代表研究对象是动力学问题，“静”代表研究问题所用的方法是静力学方法。

达朗贝尔原理是在18世纪随着机器动力学问题的发展而提出的，它提供了有别于动力学普遍定理分析和解决动力学问题的一种新的普遍方法，尤其适用于受约束质点系统求解动约束力和动应力等问题。因此，在工程技术中有着广泛应用，并且为“分析力学”奠定了理论基础。

达朗贝尔原理虽然与动力学普遍定理具有不同的思路，但却获得了与动量定理、动量矩定理形式上等价的动力学方程，并在某些应用领域也是等价的。

10.1　惯性力与达朗贝尔原理

10.1.1　惯性力

有关惯性力概念的实例是很多的。

例如，在光滑水平直线轨道上推动质量为 m 的小车（图10-1a），若人手作用在小车上的水平推力为 $\boldsymbol{F}$（图10-1b），小车就将获得水平方向的加速度 $\boldsymbol{a}$，从而改变其运动状态。根据牛顿第二定律，$\boldsymbol{F}=m\boldsymbol{a}$。同时，由于小车具有保持其运动状态不变的惯性，故将给手一个反作用力 $\boldsymbol{F}'$。

$$\boldsymbol{F}'=-\boldsymbol{F}=-m\boldsymbol{a}$$

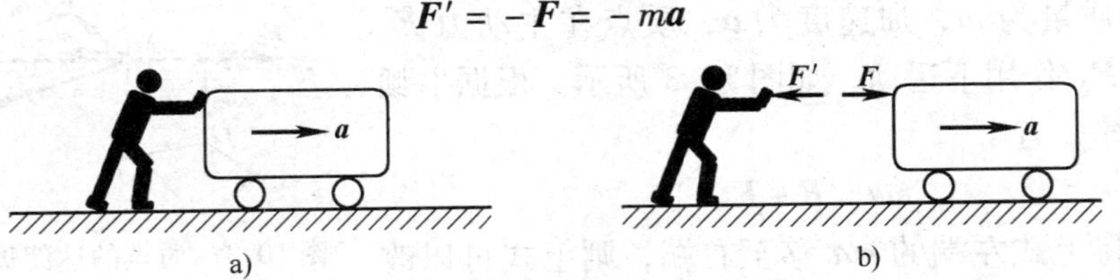

图10-1　惯性力概念的实例之一

又如，质量为 m 的小球，受到长度为 R 的绳子约束，以速度 $\boldsymbol{v}$ 在光滑水平面内作匀速圆周运动（图10-2a），若绳子作用在小球上的向心力为 $\boldsymbol{F}$（图10-2b），则小球将获得向心加速度 $a_{\mathrm{n}}=\dfrac{v^2}{R}$，且 $\boldsymbol{F}=m\boldsymbol{a}_{\mathrm{n}}$。由于小球的惯性，小球将给绳子一个反作用力 $\boldsymbol{F}'$。

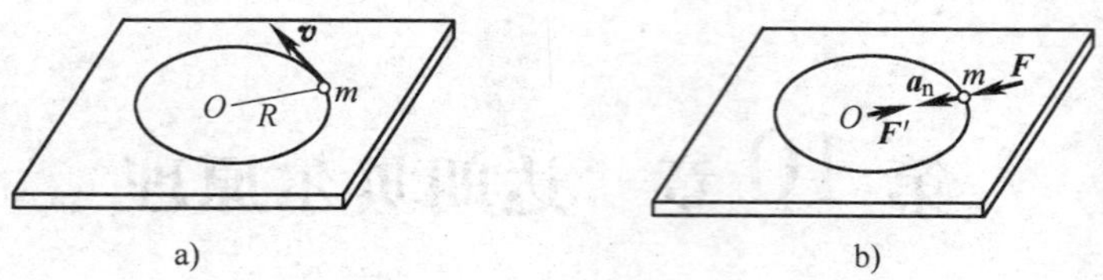

图 10-2　惯性力概念的实例之二

根据牛顿第三定律，有

$$\boldsymbol{F}' = -\boldsymbol{F} = -m\boldsymbol{a}_n$$

式中，力 $\boldsymbol{F}'$称为**惯性力**。

上述两种情形下，当质点受到力的作用而要改变其运动状态时，由于质点具有保持其原有运动状态不变的惯性，将会出现一种抵抗能力，这种抵抗力就是质点给予施力物体的反作用力 $\boldsymbol{F}'$。这种反作用力称为**达朗贝尔惯性力**（d'Alembert inertial force），简称**惯性力**（inertial force），用 $\boldsymbol{F}_I$表示。

将质点惯性力写成一般形式

$$\boldsymbol{F}_I = -m\boldsymbol{a} \tag{10-1}$$

这表明，质点惯性力的大小等于质点的质量与加速度的乘积，方向与质点加速度方向相反。

需要特别指出的是，质点的惯性力是质点对改变其运动状态的一种抵抗，它并不作用于质点上，而是作用在使质点改变运动状态的施力物体上，但由于惯性力反映了质点本身的惯性特征，所以其大小、方向又由质点的质量和加速度来度量。上述两例中的惯性力，分别作用在人手和绳子上。

10.1.2　质点的达朗贝尔原理

考察惯性参考系 $Oxyz$ 中的非自由质点，设质点 M 的质量为 m，加速度为 $\boldsymbol{a}$，质点在主动力 $\boldsymbol{F}$、约束力 $\boldsymbol{F}_N$ 作用下运动，如图 10-3 所示。根据牛顿第二定律，有

$$m\boldsymbol{a} = \boldsymbol{F} + \boldsymbol{F}_N$$

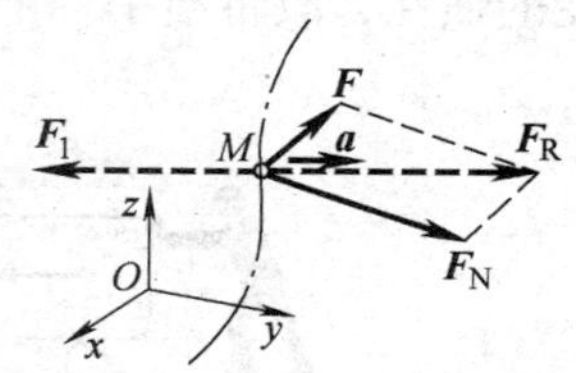

图 10-3　质点的达朗贝尔原理

若将上式左端的 $m\boldsymbol{a}$ 移至右端，则上式可以改写成

$$\boldsymbol{F} + \boldsymbol{F}_N + (-m\boldsymbol{a}) = \boldsymbol{0}$$

上式中的 $-m\boldsymbol{a}$ 即为质点 M 的惯性力。将式（10-1）代入上式，则上式可以写成

$$\boldsymbol{F} + \boldsymbol{F}_N + \boldsymbol{F}_I = \boldsymbol{0} \tag{10-2}$$

方程（10-2）形式上是一静力平衡方程。这一方程表明，质点运动的每一瞬时，作用在质点上的主动力、约束力和质点的惯性力组成一平衡力系。此即达朗贝尔原

理(d'Alembert principle)。

于是，应用惯性力的概念和达朗贝尔原理，便将质点动力学问题转化为形式上的静力平衡问题。这种方法称为**动静法**（method of kineto statics）。

需要指出的是，实际质点上只受主动力和约束力的作用，惯性力并不作用在质点上，质点也并非处于平衡状态。式（10-2）所表示的只是作用在不同物体上的三个力所满足的矢量关系。

根据达朗贝尔原理的矢量方程（10-2），其在直角坐标系中的投影形式为

$$\begin{cases} F_x + F_{Nx} + F_{Ix} = 0 \\ F_y + F_{Ny} + F_{Iy} = 0 \\ F_z + F_{Nz} + F_{Iz} = 0 \end{cases} \tag{10-3}$$

应用上述方程时，除了要分析主动力、约束力外，还必须分析惯性力，并假想地加在质点上。其余过程与静力学完全相同。

【例题 10-1】 圆锥摆如图 10-4 所示。其中，质量为 m 的小球 M 系于长度为 l 的细线一端，细线另一端固定于 O 点，并与铅垂线成 θ 角。小球在垂直于铅垂线的平面内作匀速圆周运动。已知：$m = 1\text{kg}$；$l = 300\text{mm}$；$\theta = 60°$。求：小球的速度和细线所受的拉力。

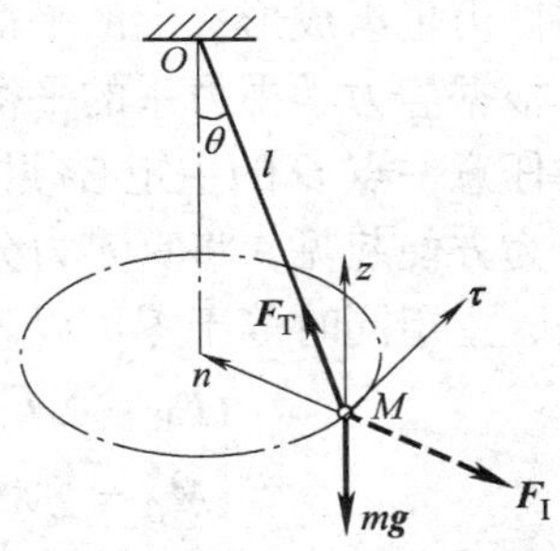

图 10-4　例题 10-1 图

解：以小球为研究对象。作用在小球上的力有：主动力为小球重力 $m\boldsymbol{g}$；约束力 $\boldsymbol{F}_T$ 为细线对小球的拉力。

由于小球作匀速圆周运动，故小球只有向心的法向加速度 $\boldsymbol{a}_n$；切向加速度 $\boldsymbol{a}_t = \boldsymbol{0}$。

惯性力的大小为

$$F_I = ma_n = m\frac{v^2}{r} = m\frac{v^2}{l\sin\theta} \tag{a}$$

方向与 $\boldsymbol{a}_n$ 相反。

对小球应用动静法，$m\boldsymbol{g}$、$\boldsymbol{F}_T$、$\boldsymbol{F}_I$ 构成平衡力系，即

$$m\boldsymbol{g} + \boldsymbol{F}_T + \boldsymbol{F}_I = \boldsymbol{0} \tag{b}$$

以三力的汇交点（小球）M 为原点，建立 $M\tau nz$ 坐标系如图 10-4 所示。将平衡方程（b）写成投影的形式，则有

$$\begin{cases} \sum F_t = 0, & \text{自然满足} \\ \sum F_z = 0, & F_T\sin\theta - F_I = 0 \\ \sum F_n = 0, & F_T\cos\theta - mg = 0 \end{cases} \tag{c}$$

由此解得细线所受拉力为

$$F_{\mathrm{T}}=\frac{mg}{\cos\theta}=\frac{1\times 9.8}{\cos 60^{\circ}}\mathrm{N}=19.6\mathrm{N}$$

由式（c）知惯性力 $F_{\mathrm{I}}=F_{\mathrm{T}}\sin\theta$，利用式（a），可求得小球速度$\boldsymbol{v}$ 的大小为

$$v=\sqrt{\frac{F_{\mathrm{T}}l\sin^2\theta}{m}}=\sqrt{\frac{19.6\times 0.3\times\sin^2 60^{\circ}}{1}}\mathrm{m/s}=2.1\mathrm{m/s}$$

10.1.3 质点系的达朗贝尔原理

质点的达朗贝尔原理可以扩展到质点系。

考察由 n 个质点组成的非自由质点系，对每个质点都施加惯性力，则 n 个质点上所受的全部主动力、约束力和假想的惯性力均形成空间一般力系。

对于每个质点，达朗贝尔原理均成立，即认为作用在质点上的主动力、约束力和惯性力组成形式上的平衡力系，则由 n 个质点组成的质点系上的主动力、约束力和惯性力也组成形式上的平衡力系。

根据静力学中力系的平衡条件和平衡方程，空间一般力系平衡时，力系的主矢和对任意一点 O 的主矩必须同时等于零。

为方便起见，将真实力分为内力和外力（各自包含主动力和约束力）。于是，主矢、主矩同时等于零可以表示为

$$\begin{cases}\boldsymbol{F}_{\mathrm{R}}=\sum\boldsymbol{F}_i^{\mathrm{e}}+\sum\boldsymbol{F}_i^{\mathrm{i}}+\sum\boldsymbol{F}_{\mathrm{I}i}=\boldsymbol{0}\\ \boldsymbol{M}_O=\sum\boldsymbol{M}_O(\boldsymbol{F}_i^{\mathrm{e}})+\sum\boldsymbol{M}_O(\boldsymbol{F}_i^{\mathrm{i}})+\sum\boldsymbol{M}_O(\boldsymbol{F}_{\mathrm{I}i})=\boldsymbol{0}\end{cases}\tag{10-4}$$

注意到质点系中各质点间的内力总是成对出现，且等值、反向，故上式中

$$\sum\boldsymbol{F}_i^{\mathrm{i}}=\boldsymbol{0},\ \sum\boldsymbol{M}_O\ (\boldsymbol{F}_i^{\mathrm{i}})\ =\boldsymbol{0}$$

据此，方程（10-4）变为

$$\begin{cases}\sum\boldsymbol{F}_i^{\mathrm{e}}+\sum\boldsymbol{F}_{\mathrm{I}i}=\boldsymbol{0}\\ \sum\boldsymbol{M}_O(\boldsymbol{F}_i^{\mathrm{e}})+\sum\boldsymbol{M}_O(\boldsymbol{F}_{\mathrm{I}i})=\boldsymbol{0}\end{cases}\tag{10-5}$$

这两个矢量式可以写出六个投影方程。

根据上述原理，只要在质点系上施加惯性力，就可以应用平衡方程（10-5）求解动力学问题，这就是质点系的动静法。

【例题 10-2】 半径为 r、质量为 m 的滑轮可绕固定轴 O（垂直于图平面）转动。缠绕在滑轮上的绳两端分别悬挂质量为 m_1、m_2 的重物 A 和 B（图 10-5）。若 $m_1>m_2$，并设滑轮的质量均匀地分布在轮缘上，即将滑轮简化为均质圆环。求滑轮的角加速度。

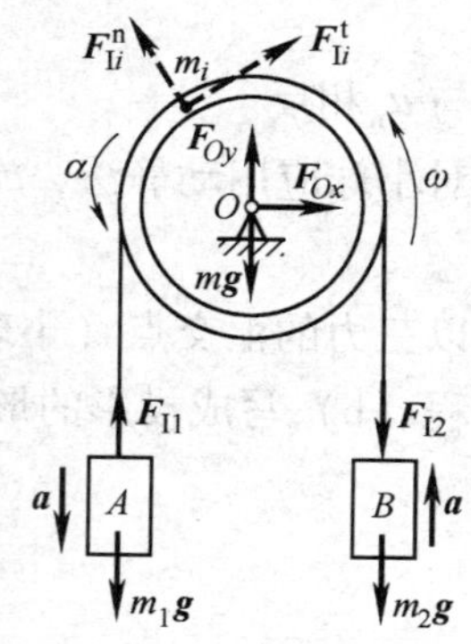

图 10-5 例题 10-2 图

解：以重物 A、B 以及滑轮组成的质点系作为研

究对象，其受力图如图10-5所示。其中滑轮的质量分布在周边上，若设滑轮以ω和α的角速度与角加速度转动，则对于质量为m_i的质点，其切向惯性力和法向惯性力的大小分别为

$$\begin{cases} F_{\mathrm{I}i}^{t}=m_i a_i^t=m_i\alpha r \\ F_{\mathrm{I}i}^{n}=m_i a_i^n=m_i\omega^2 r \end{cases} \tag{a}$$

重物的惯性力分别为$\boldsymbol{F}_{\mathrm{I}1}$和$\boldsymbol{F}_{\mathrm{I}2}$，其大小各为

$$F_{\mathrm{I}1}=m_1 a=m_1 r\alpha,\qquad F_{\mathrm{I}2}=m_2 a=m_2 r\alpha \tag{b}$$

二者方向均与加速度的方向相反。

应用动静法，作用在系统上的所有主动力、约束力和惯性力组成平衡力系。故所有力对滑轮的转轴之矩的平衡条件为

$$\sum M_O(\boldsymbol{F})=0,(m_1 g-F_{\mathrm{I}1}-F_{\mathrm{I}2}-m_2 g)r-\sum F_{\mathrm{I}i}^{t}r=0 \tag{c}$$

将式（a）、式（b）代入式（c），有

$$(m_1 g-m_1\alpha r-m_2\alpha r-m_2 g)\ r-\sum m_i\alpha r\cdot r=0$$

因为

$$\sum m_i\alpha r\cdot r=m\alpha r^2$$

从而解得滑轮的角加速度为

$$\alpha=\frac{m_1-m_2}{m_1+m_2+m}\cdot\frac{g}{r}$$

10.2　刚体惯性力系的简化

10.2.1　惯性力系的主矢与主矩

与一般力系一样，所有惯性力组成的力的系统，称为惯性力系。惯性力系中所有惯性力的矢量和称为惯性力系的主矢：

$$F_{\mathrm{IR}}=\sum F_{\mathrm{I}i}=\sum\ (-m_i\boldsymbol{a}_i)\ =-m\boldsymbol{a}_C$$

惯性力系的主矢与刚体的运动形式无关。

惯性力系中所有力向同一点简化，所得力偶的力偶矩矢量的矢量和，称为惯性力系的主矩：

$$\boldsymbol{M}_{\mathrm{I}O}=\sum\boldsymbol{M}_O\ (\boldsymbol{F}_{\mathrm{I}i})$$

惯性力系的主矩与刚体的运动形式有关。

下面分别介绍刚体作平移、定轴转动和平面运动时惯性力系的简化结果。

10.2.2　刚体平移时惯性力系的简化

质量为m的刚体平移时，其上各点在同一瞬时具有相同的加速度，设质心的加速度为$\boldsymbol{a}_C$。对于质量为m_i的任意质点M_i，其惯性力为

$$\boldsymbol{F}_{\mathrm{I}i} = -m_i\boldsymbol{a}_i = -m_i\boldsymbol{a}_C$$

可见，刚体上各质点的惯性力组成平行力系（图 10-6），力系中各力的大小与质点各自的质量成正比。将惯性力系向刚体的质心简化，注意到

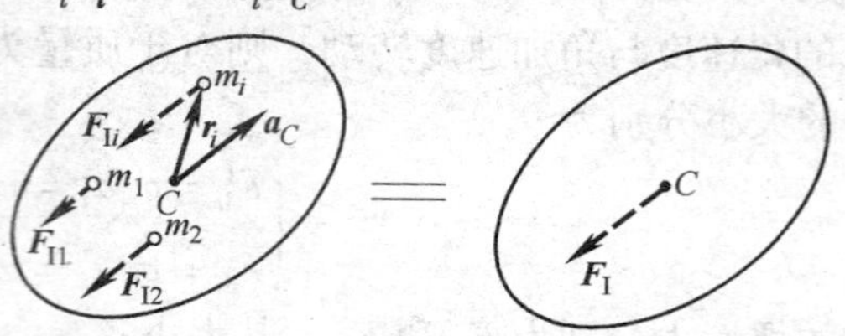

图 10-6　刚体平移时惯性力系的简化

$$\sum m_i\boldsymbol{r}_i = \boldsymbol{0},\ \sum m_i = m$$

则惯性力系的主矢和主矩分别为

$$\boldsymbol{F}_{\mathrm{IR}} = \sum\boldsymbol{F}_{\mathrm{I}i} = \sum(-m_i\boldsymbol{a}_C) = -m\boldsymbol{a}_C \tag{10-6}$$

$$\boldsymbol{M}_{\mathrm{I}C} = \sum\boldsymbol{M}_C(\boldsymbol{F}_{\mathrm{I}i}) = \sum\boldsymbol{r}_i\times(-m_i\boldsymbol{a}_C) = -(\sum m_i\boldsymbol{r}_i)\times\boldsymbol{a}_C = \boldsymbol{0} \tag{10-7}$$

上述结果表明，在任一瞬时，平移刚体惯性力系均可简化为一通过质心的合力，合力的大小等于刚体的质量与加速度的乘积，方向与加速度方向相反。

10.2.3　刚体作定轴转动时惯性力系的简化

仅考察刚体具有质量对称平面、转轴垂直于对称平面的情形，如图 10-7 所示。此时，当刚体绕定轴转动时，可先将惯性力系简化为位于质量对称平面内的平面力系，再将平面力系作进一步的简化。

下面讨论这一平面惯性力系向对称平面与转轴交点 O（称为轴心）简化的结果。设质量为 m 的刚体其角速度为 ω，角加速度为 α，转向如图 10-8a 所示。考察质量为 m_i、距 O 点为 r_i 的对称平面内的质点，其切向和法向加速度分别为

$$\boldsymbol{a}_i^{\mathrm{t}} = \boldsymbol{\alpha}\times\boldsymbol{r}_i$$

$$\boldsymbol{a}_i^{n} = \boldsymbol{\omega}\times(\boldsymbol{\omega}\times\boldsymbol{r}_i)$$

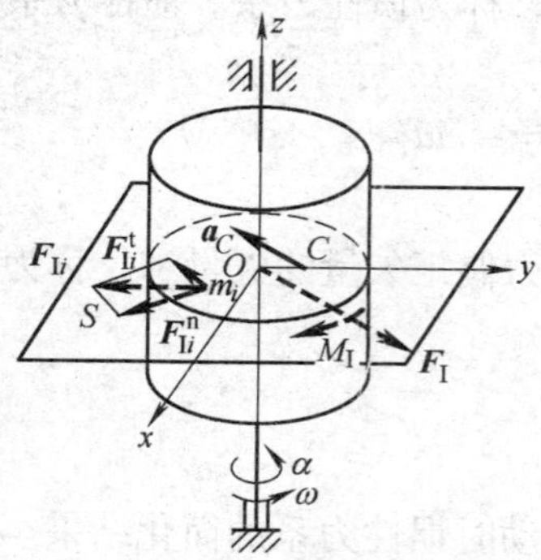

图 10-7　刚体作定轴转动

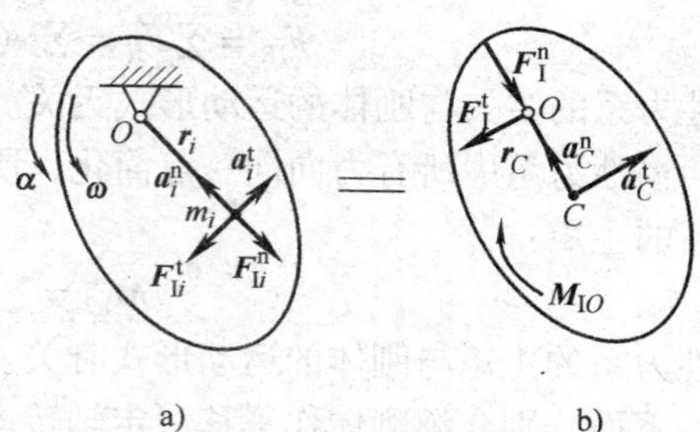

图 10-8　刚体作定轴转动时惯性力系的简化

方向如图所示。则质点的切向和法向惯性力分别为

$$\boldsymbol{F}_{\mathrm{I}i}^{\mathrm{t}} = -m_i\boldsymbol{a}_i^{\mathrm{t}}$$

$$\boldsymbol{F}_{\mathrm{I}i}^{\mathrm{n}} = -m_i\boldsymbol{a}_i^{\mathrm{n}}$$

将惯性力系向轴心 O 简化，考虑到

$$\sum m_i \boldsymbol{a}_i = m\boldsymbol{a}_C$$

惯性力系的主矢为

$$\boldsymbol{F}_{IR} = \sum(-m_i\boldsymbol{a}_i) = -m\boldsymbol{a}_C = -m(\boldsymbol{a}_C^t + \boldsymbol{a}_C^n) = \boldsymbol{F}_I^t + \boldsymbol{F}_I^n \tag{10-8}$$

考虑到各法向惯性力均通过转轴 O，对转轴之矩为零，故惯性力系的主矩为

$$\boldsymbol{M}_{IO} = \sum \boldsymbol{r}_\times \boldsymbol{F}_{Ii}^t = \sum \boldsymbol{r}_i \times (-m_i\boldsymbol{\alpha}\times\boldsymbol{r}_i) = -\sum(m_i r_i^2)\boldsymbol{\alpha}$$

上式可表示为

$$\boldsymbol{M}_{IO} = -J_O\boldsymbol{\alpha} \tag{10-9}$$

上述两式表明：具有质量对称平面的刚体绕垂直于对称平面的轴转动时，其惯性力系向轴心简化的结果得到一主矢和一主矩。主矢的大小等于刚体的质量与质心加速度的乘积，其方向与质心加速度方向相反。主矩的大小等于刚体对转轴的转动惯量与刚体转动角加速度的乘积，其转向与转动角加速度转向相反（图 10-8b）。

下列特殊情形下，问题可以得到进一步简化：

（1）转轴通过质心，角加速度 $\boldsymbol{\alpha}\neq\boldsymbol{0}$（图 10-9a）时，由于质心加速度 $\boldsymbol{a}_C=\boldsymbol{0}$，惯性力系简化为一力偶，其力偶矩为 $\boldsymbol{M}_{IC}=-J_C\boldsymbol{\alpha}$。

（2）刚体作匀角速度转动，即角加速度 $\boldsymbol{\alpha}=0$，但转轴不通过质心 C（图 10-9b）时，则惯性力系简化为一合力 $\boldsymbol{F}_I=-m\,\boldsymbol{a}_C^n$，其大小为 $F_I=mr_C\omega^2$。

（3）转轴通过质心，且角加速度 $\boldsymbol{\alpha}=\boldsymbol{0}$（图 10-9c）时，则惯性力系的主矢和主矩均为零，即惯性力系为平衡力系。

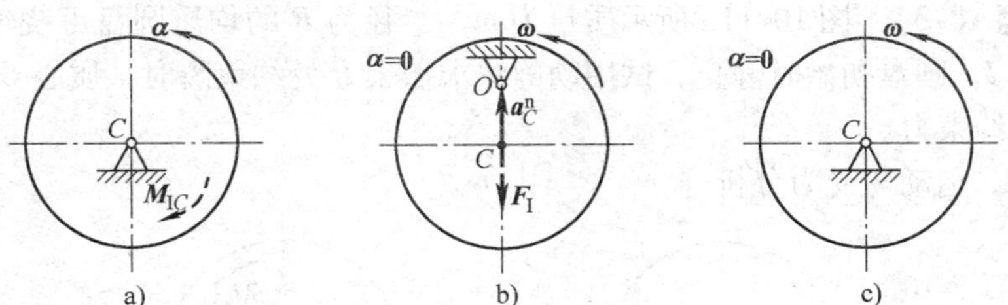

图 10-9　转动刚体惯性力系简化的特殊情形

10.2.4　刚体作平面运动时惯性力系的简化

在工程构件中，作平面运动的刚体往往都有质量对称平面，而且刚体在平行于这一平面的平面内运动。因此，仍先将惯性力系简化为对称平面内的平面力系，然后再作进一步简化。

以质心 C 为基点，平面运动可分解为跟随质心的平移和相对于质心的转动。

将惯性力系向质心 C 简化，平移部分与 10.2.2 小节中刚体作平移的情形相同，简化结果为一通过质心 C 的惯性力 $\boldsymbol{F}_I$，相当于惯性力系的主矢；转动部分与图 10-9a 所示情形相同，简化结果为一力偶矩为 $\boldsymbol{M}_{IC}$ 的惯性力偶，相当于惯性力系对质心 C 的主矩，如图 10-10 所示。

设质量为 m 的刚体，质心 C 的加速度为 $\boldsymbol{a}_C$，转动的角加速度为 $\boldsymbol{\alpha}$，对通过质心 C 且垂直于对称平面轴的转动惯量为 J_C，则有

$$\begin{cases} \boldsymbol{F}_{\mathrm{IR}} = -m\boldsymbol{a}_C \\ \boldsymbol{M}_{\mathrm{IC}} = -J_C\boldsymbol{\alpha} \end{cases} \tag{10-10}$$

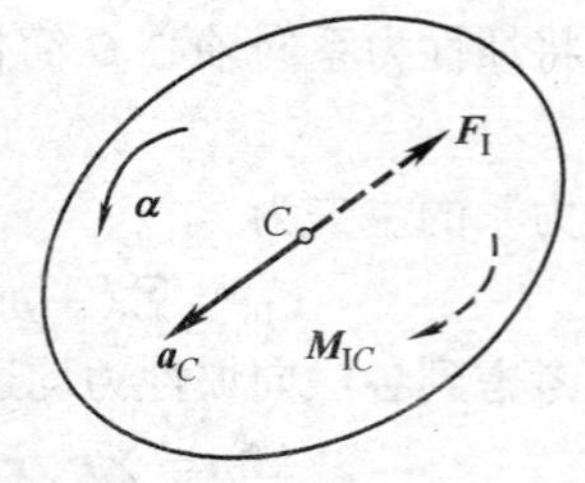

图 10-10　刚体作平面运动时惯性力系的简化

上述两式表明：在任一瞬时，平面运动刚体惯性力系向质心简化为在质量对称平面内的一个力和一个力偶。其力通过质心，大小等于刚体的质量与加速度的乘积，方向与质心加速度方向相反；其力偶的力偶矩的大小等于刚体对通过质心且垂直于质量对称平面的轴的转动惯量与刚体转动角加速度的乘积，其转向与转动角加速度转向相反。

10.2.5　达朗贝尔原理的应用示例

将达朗贝尔原理即动静法应用于分析和求解刚体动力学问题，一般应按以下步骤进行：

（1）进行受力分析——先分析主动力，再根据刚体的运动对惯性力系加以简化；

（2）画受力图——分别画出真实力和惯性力；

（3）建立平衡方程，得到所需要的解答。

【例题 10-3】　图 10-11a 所示质量为 m、半径为 R 的均质圆盘可绕轴 O 转动。已知 $OB=l$，圆盘初始时静止，试用动静法求撤去 B 处约束瞬时，质心 C 的加速度和 O 处的约束力。

解：1. 运动与受力分析

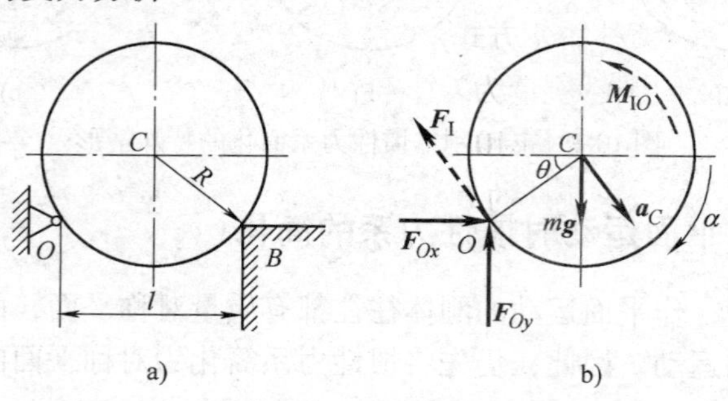

图 10-11　例题 10-3 图

圆盘在撤去 B 处约束瞬时，以角加速度 α 绕 O 轴作定轴转动，质心的加速度 $a_C=R\alpha$，这一瞬时圆盘的角速度 $\omega=0$。其受力如图 10-11b 所示。

按定轴转动刚体惯性力系的简化结果，将惯性力画在图上。此外，圆盘还受到重力 $m\boldsymbol{g}$ 和 O 处约束力 $\boldsymbol{F}_{Ox}$、$\boldsymbol{F}_{Oy}$ 作用。

2. 确定惯性力

根据式（10-8）和式（10-9），惯性力和惯性力偶的大小分别为

$$F_{\mathrm{I}} = ma_C$$

$$M_{\mathrm{IC}} = J_O\alpha = \left(\frac{1}{2}mR^2 + mR^2\right)\frac{a_C}{R} = \frac{3}{2}mRa_C$$

3. 建立平衡方程，确定质心加速度及 O 处约束力

应用动静法，建立下列平衡方程：

$$\sum M_O(\boldsymbol{F}) = 0,\quad M_{\mathrm{IO}} - mg\frac{l}{2} = 0$$

$$\sum F_x = 0,\quad F_{Ox} - F_{\mathrm{I}}\sin\theta = 0$$

$$\sum F_y = 0,\quad F_{Oy} + F_{\mathrm{I}}\cos\theta - mg = 0$$

其中

$$\sin\theta = \frac{\sqrt{4R^2 - l^2}}{2R},\quad \cos\theta = \frac{l}{2R}$$

由上述方程联立解得

$$a_C = \frac{gl}{3R}$$

$$F_{Ox} = \frac{mgl}{6R^2}\sqrt{4R^2 - l^2}$$

$$F_{Oy} = mg\left(1 - \frac{l^2}{6R^2}\right)$$

4. 本例讨论

若将惯性力系向质心 C 简化，其受力图及惯性力的大小将有何变化？建议读者通过具体分析，比较两种简化方式的利弊。

【例题 10-4】　均质圆轮质量为 m，半径为 r。细长杆长 $l = 2r$，质量为 m_A。杆端 A 点与轮心为光滑铰接，如图 10-12a 所示。如果在 A 处施加一水平拉力 $\boldsymbol{F}$，使圆轮沿水平面纯滚动。试求使杆的 B 端刚刚离开地面的力 $\boldsymbol{F}$；以及保证圆盘作纯滚动，轮与地面间的静摩擦因数。

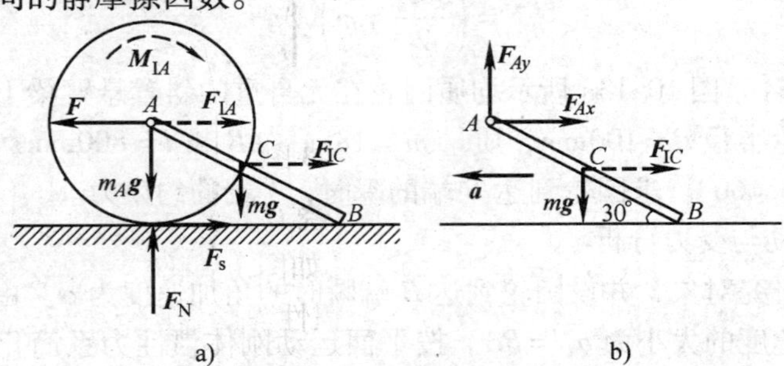

图 10-12　例题 10-4 图

解:

细杆 B 端刚刚离开地面的瞬时，仍为平行移动，地面 B 处约束力为零，设这时杆的加速度为 $\boldsymbol{a}$。杆承受的力以及惯性力如图 10-12b 所示，其中

$$F_{IC}=ma$$

由平衡方程

$$\sum M_A(\boldsymbol{F})=0,\quad F_{IC}r\sin 30^\circ - mgr\cos 30^\circ=0$$

解出

$$a=\sqrt{3}g$$

整个系统承受的力以及惯性力如图 10-12a 所示，其中

$$F_{IA}=m_A a$$

$$M_{IA}=\frac{1}{2}m_A r^2\frac{a}{r}$$

由平衡方程

$$\sum F_y=0,\quad F_N-(m_A+m)g=0$$

解得地面的摩擦力

$$F_s\leqslant f_s F_N=f_s(m_A+m)g$$

再以圆轮为研究对象，由平衡方程

$$\sum M_A(F)=0,\quad F_s r-M_{IA}=0$$

解出

$$F_s=\frac{1}{2}m_A a=\frac{\sqrt{3}}{2}m_A g$$

据此，轮与地面间的静摩擦因数为

$$f_s=\frac{F_s}{F_N}=\frac{\sqrt{3}m_A}{2(m_A+m)}$$

以整个系统为研究对象，根据图 10-12a 建立平衡方程

$$\sum F_x=0,\quad F-F_{IA}-F_{IC}-F_s=0$$

解出水平力

$$F=\left(\frac{3m_A}{2}+m\right)\sqrt{3}g$$

【例题 10-5】 图 10-13a 所示均质圆轮在无自重的斜置悬臂梁上自上而下作纯滚动。已知圆轮半径 $R=100\text{mm}$，质量 $m=18\text{kg}$，AB 长 $l=800\text{mm}$；斜置悬臂梁与铅垂线的夹角 $\theta=60^\circ$。求圆轮到达 B 端的瞬时，A 端的约束力。

解: 1. 运动与受力分析

以圆轮为研究对象，并设圆轮到达 B 端瞬时的角加速度为 α。由于圆轮作纯滚动，其质心加速度的大小为 $a_C=R\alpha$。按平面运动刚体惯性力系简化的结果施加惯性力 $\boldsymbol{F}_I$、M_{IC}，其受力如图 10-13b 所示。

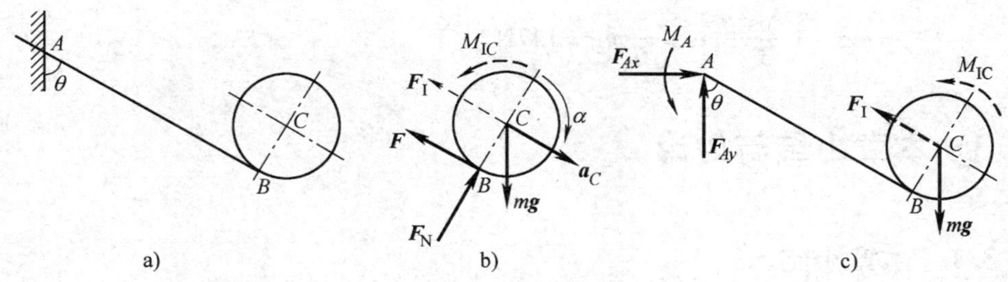

图10-13　例题10-5图

2. 确定惯性力

圆轮作平面运动，其惯性力和惯性力矩可分别表示为

$$F_I = ma_C = mR\alpha \tag{a}$$

$$M_{IC} = J_C\alpha = \frac{1}{2}mR^2\alpha \tag{b}$$

3. 建立平衡方程，求角加速度及惯性力

以圆轮为研究对象，根据

$$\sum M_B(F) = 0$$

有

$$F_IR + M_{IC} - (mg\cos\theta)R = 0 \tag{c}$$

将式（a）和式（b）代入式（c），解得圆轮的角加速度

$$\alpha = \frac{(2\cos\theta)g}{3R} \tag{d}$$

将其分别代入式（a）和式（b），得到惯性力和惯性力矩的大小分别为

$$F_I = \frac{2\cos\theta}{3}mg \tag{e}$$

$$M_{IC} = \frac{\cos\theta}{3}Rmg \tag{f}$$

4. 求A端约束力

以圆轮和杆组成的整体作为研究对象，其受力如图10-13c所示。建立平衡方程，有

$$\sum M_A(\boldsymbol{F}) = 0,\ M_{IC} + F_IR - mgR\cos\theta - mgl\sin\theta + M_A = 0$$

$$\sum F_x = 0,\ F_{Ax} - F_I\sin\theta = 0$$

$$\sum F_y = 0,\ F_I\cos\theta - mg + F_{Ay} = 0$$

据此，解得悬臂梁固定端的约束力分别为

$$M_A = mg\left(R\cos\theta + l\sin\theta - \frac{\cos\theta}{3}R - \frac{2\cos\theta}{3}R\right) = mgl\sin\theta = 122.2\text{N}\cdot\text{m}$$

$$F_{Ax} = \frac{2\cos\theta\sin\theta}{3}mg = 50.9\text{N}$$

$$F_{Ay}=mg-\frac{2\cos^2\theta}{3}mg=\frac{5}{6}mg=147\text{N}$$

10.3 本章小结与讨论

10.3.1 本章小结

1. 质点的达朗贝尔原理

若假想地在运动质点 m 上施加惯性力 $\boldsymbol{F}_{\text{I}}=-m\boldsymbol{a}$，则可以认为作用在质点 m 上的主动力 $\boldsymbol{F}$、约束力 $\boldsymbol{F}_{\text{N}}$ 和惯性力 $\boldsymbol{F}_{\text{I}}$在形式上组成平衡力系，即

$$\boldsymbol{F}+\boldsymbol{F}_{\text{N}}+\boldsymbol{F}_{\text{I}}=\boldsymbol{0}$$

2. 质点系的达朗贝尔原理

作用于质点系上的外力系与惯性力系在形式上组成平衡力系，即

$$\begin{cases}\sum\boldsymbol{F}_i^{\text{e}}+\sum\boldsymbol{F}_{\text{I}i}=\boldsymbol{0}\\ \sum\boldsymbol{M}_O(\boldsymbol{F}_i^{\text{e}})+\sum\boldsymbol{M}_O(\boldsymbol{F}_{\text{I}i})=\boldsymbol{0}\end{cases}$$

3. 刚体惯性力系的简化结果

（1）刚体平移：惯性力系向质心 C 简化，主矢和主矩分别为

$$\boldsymbol{F}_{\text{IR}}=-m\boldsymbol{a}_C,\quad \boldsymbol{M}_{\text{IC}}=\boldsymbol{0}$$

（2）刚体定轴转动：假设刚体有质量对称平面、且转轴 z 垂直于质量对称平面，惯性力系向质量对称平面与转轴 z 的交点 O 简化，主矢和主矩分别为

$$\boldsymbol{F}_{\text{IR}}=-m\boldsymbol{a}_C,\quad \boldsymbol{M}_{\text{IO}}=-J_z\boldsymbol{\alpha}$$

（3）刚体平面运动：假设刚体有质量对称平面、且运动平面与质量对称平面平行，惯性力系向质心 C 简化，主矢和主矩分别为

$$\boldsymbol{F}_{\text{IR}}=-m\boldsymbol{a}_C,\quad \boldsymbol{M}_{\text{IC}}=-J_C\boldsymbol{\alpha}$$

10.3.2 正确施加与简化惯性力系是应用达朗贝尔原理的关键

只要对质点系正确施加与简化惯性力系，则用静力学方法就可求解它的动力学关系。

请读者注意掌握以下两种运动形式的惯性力系简化：

1. 刚体有质量对称平面、且转轴垂直于该对称平面的定轴转动情形

如图 10-14 所示，长为 l、重为 W 的均质杆 OA 绕轴 O 作定轴转动，其角速度 ω 与角加速度 α 均为已知。请读者判断惯性力简化的两种结果（图 10-14a、b）的正确性。

2. 刚体有质量对称平面、且运动平面与质量对称平面平行的平面运动情形

图 10-15 所示为作平面运动的刚体质量对称平面，其角速度为 ω、角加速度为 α、质量为 m，对通过平面上任一点 A（非质心 C）、且垂直于对称平面的轴的转动

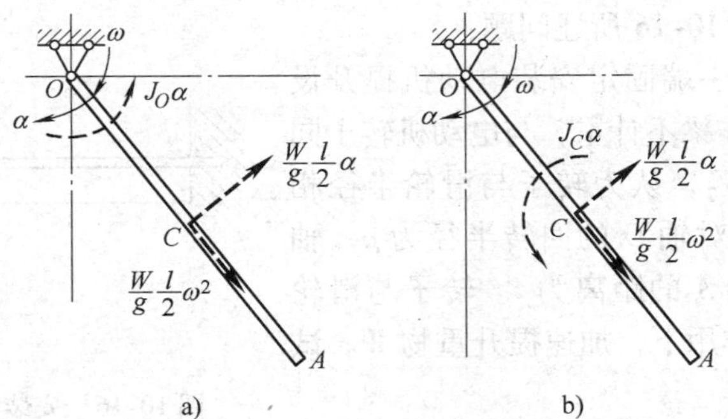

图10-14　直杆作定轴转动的两种惯性力系简化结果判断

惯量为 J_A。若将刚体的惯性力向该点简化，试分析图中所示的结果的正确性。

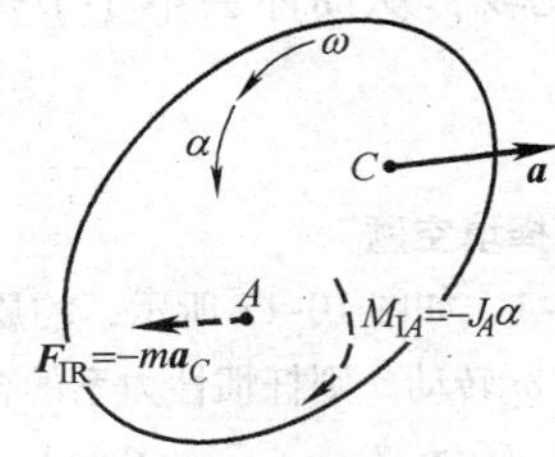

图10-15　刚体平面运动的惯性力系向非质心点 A 简化结果判断

10.3.3　惯性力系的主矢与主矩的物理意义

将惯性力系主矢与主矩和动量与动量矩对时间的变化率相比较，不难发现：惯性力系的主矢与质点系的动量对时间的变化率，二者仅相差一负号，即

$$\boldsymbol{F}_{IR} = -m\,\boldsymbol{a}_C = -\frac{d\boldsymbol{p}}{dt} \qquad (10\text{-}11)$$

有质量对称平面的刚体作定轴转动，且转轴垂直于质量对称平面时，惯性力系向转轴点简化的主矩与刚体相对同一点的动量矩对时间的变化率，二者也只相差一负号，即

$$M_{IO} = -J_O\alpha = -\frac{dL_O}{dt} \qquad (10\text{-}12)$$

有质量对称平面的刚体作平面运动，且运动平面平行于此对称平面时，惯性力系向质心 C 简化的主矩与刚体相对质心的动量矩对时间的变化率二者也只相差一负号，即

$$M_{IC} = -J_C\alpha = -\frac{dL_C}{dt} \qquad (10\text{-}13)$$

10.3.4　动能定理与达朗贝尔原理的综合应用

动力学普遍定理综合应用的要点是：对一个自由度的理想约束系统，先用动能定理求运动，再用动量或动量矩定理求约束力。由于应用达朗贝尔原理可在对质点系正确施加并简化惯性力系之后，将动力学问题变为静力学问题求解，没有取矩点的限制条件，所以，上述综合应用要点也可叙述为：对一个自由度的理想约束系统，先用动能定理求运动，再用达朗贝尔原理求约束力。

请读者分析图 10-16 所述问题：

悬臂梁 AB 的一端固定安装电动机提升设备。电动机重 W_1，梁不计重，与电动机转子同轴安装的滑轮重 W_2，认为转子与滑轮半径相同，均为 R，二者对轴 O 的回转半径为 ρ，轴 O 至悬臂梁另一端 A 的距离为 l。转子与滑轮在电磁力偶 M 的作用下，加速提升重物 W。试求 A 处的约束力。

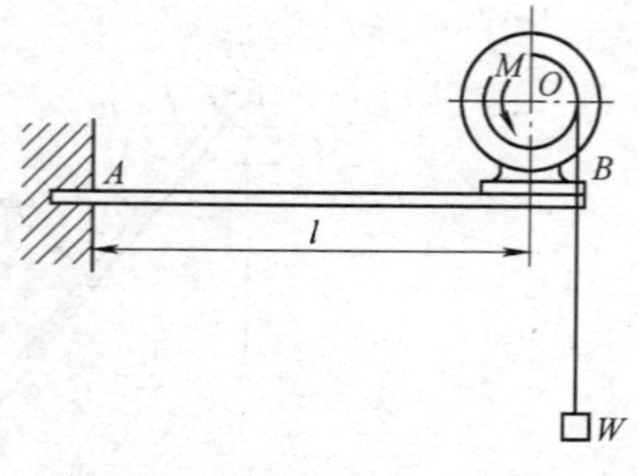

图 10-16 安装在悬臂梁端的电动机提升设备

读者可以考察整体系统从而分析这一问题，并与全部应用动力学普遍定理求解的方法进行比较，从而体会本小节提出动能定理与达朗贝尔原理综合应用的要点。

习　题

选择填空题

10-1 如图 10-17 所示，均质细杆 AB 长为 l，重为 P，与铅垂轴固结成角 $\alpha=30°$，并以匀角速度 ω 转动，则杆惯性力系的合力的大小等于（　　）。

① $\dfrac{\sqrt{3}l^2P\omega^2}{8g}$　② $\dfrac{l^2P\omega^2}{2g}$　③ $\dfrac{lP\omega^2}{2g}$　④ $\dfrac{lP\omega^2}{4g}$

10-2 定轴转动刚体，其转轴垂直于质量对称平面，且不通过质心 C，设转轴与质量对称平面的交点为 O。当角速度 $\omega=0$，角加速度 $\alpha\neq0$ 时，其惯性力系的合力大小为 $F_{IR}=ma_C$，合力作用线的位置是（　　）。

① 合力作用线通过转轴轴心，且垂直于 OC

② 合力作用线通过质心，且垂直于 OC

③ 合力作用线至轴心的垂直距离为 $h=J_O\alpha/ma_C$

④ 合力作用线至轴心的垂直距离为 $h=J_C\alpha/ma_C$

10-3 质量为 m、半径为 r 的均质圆柱体沿半径为 R 的圆弧面作纯滚动，其瞬时角速度 ω 及角加速度方向 α 如图 10-18 所示，将其上的惯性力系向其质心简化，所得惯性力的主矢、主矩大小分别为：

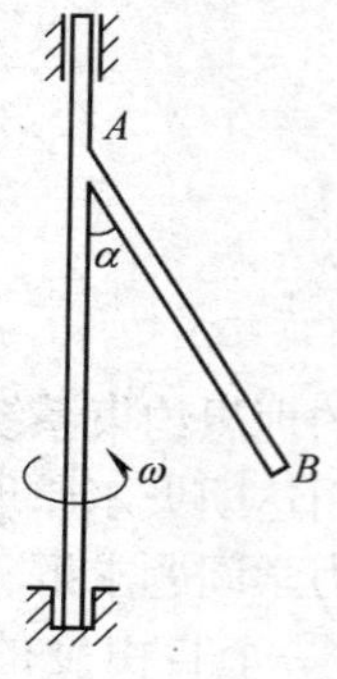

图 10-17 习题 10-1 图

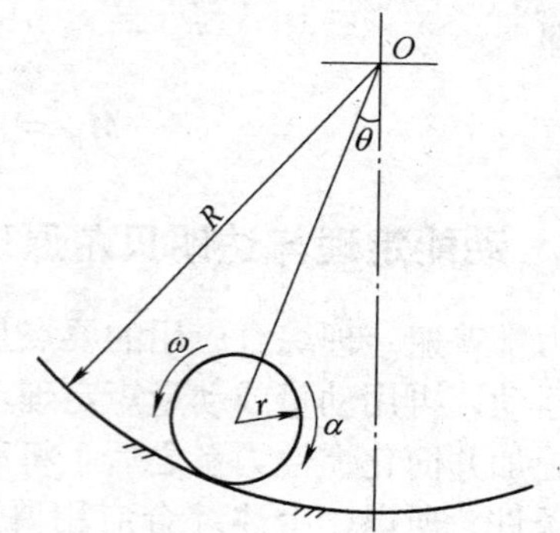

图 10-18 习题 10-3 图

主矢切向 = （　　　），

主矢法向 = （　　　）；

主矩 = （　　　）。

10-4　均质圆柱体质量为 m、半径为 r，相对于一运动的平板作纯滚动，其角速度与角加速度的方向如图 10-19 所示，且平板的速度与加速度都是水平向右。将圆柱体上的惯性力系向其质心简化时，其惯性力的主矢、主矩的大小分别为

主矢 = （　　　　　　），

主矩 = （　　　　　　）。

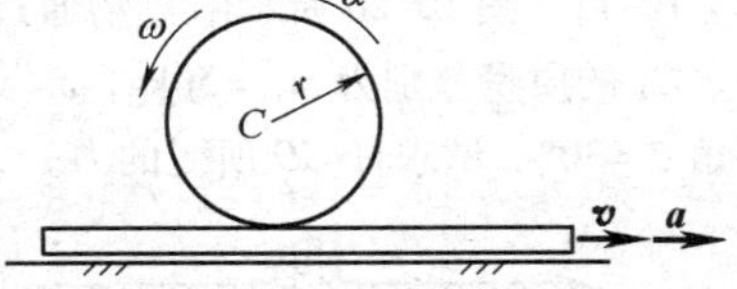

图 10-19　习题 10-4 图

10-5　均质圆盘的质量为 m、半径为 r，在水平直线轨道上作纯滚动，如图 10-20 所示。若圆盘中心 C 的加速度为 $\boldsymbol{a}_C$，则圆盘的惯性力向盘上最高点 A 简化的主矢大小为（　　　），方向为（　　）；主矩大小为（　　），转向为（　　）。

10-6　均质杆 AB 的质量为 m，有三根等长细绳悬挂在水平位置，在图 10-21 所示位置突然割断 O_1B，则该瞬时杆 AB 的加速度为（　　）。（表示为 θ 的函数，方向在图中画出）

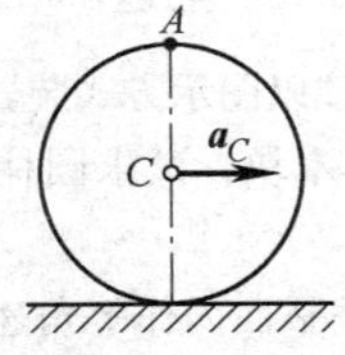

图 10-20　习题 10-5 图

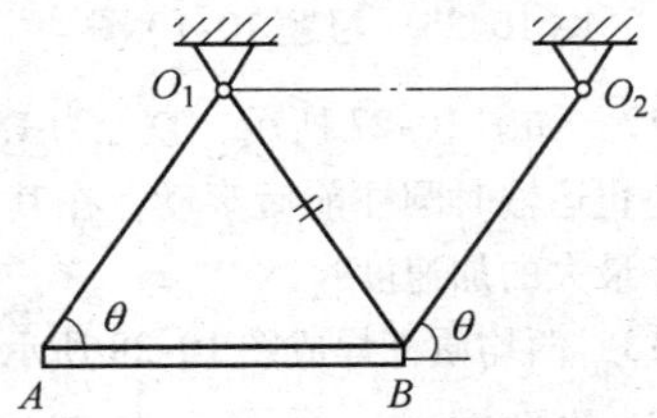

图 10-21　习题 10-6 图

分析计算题

10-7　矩形均质平板尺寸如图 10-22 所示，质量为 27kg，由两个销子 A、B 悬挂。若突然撤去销子 B，求在撤去的瞬时平板的角加速度和销子 A 的约束力。

10-8　在均质直角构件 ABC 中，AB、BC 两部分的质量各为 3.0kg，用连杆 AD、BE 以及绳子 AE 保持在图 10-23 所示位置。若突然剪断绳子，求此瞬时连杆 AD、BE 所受的力。连杆的质量忽略不计，已知 $l = 1.0\text{m}$，$\varphi = 30°$。

10-9　图 10-24a、b 所示两种情形下的定滑轮质量均为 m，半径均为 r。图 10-24a 中的绳所受拉力为 $\boldsymbol{W}$；图 10-24b 中物块重为 W。试分析两种情形下定滑轮的角加速度、绳中拉力和定滑轮轴承处的约束力是否相同。

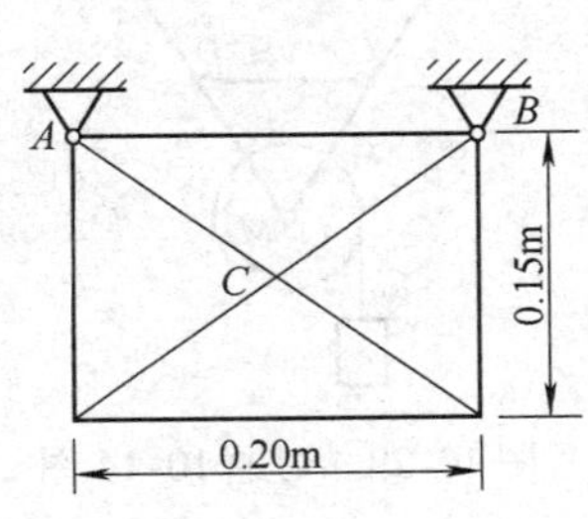

图 10-22　习题 10-7 图

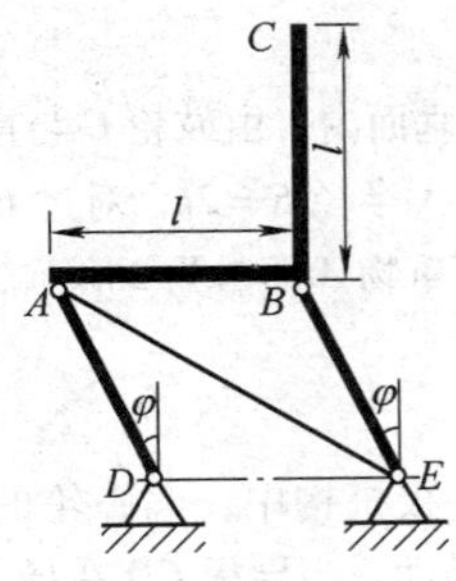

图 10-23　习题 10-8 图

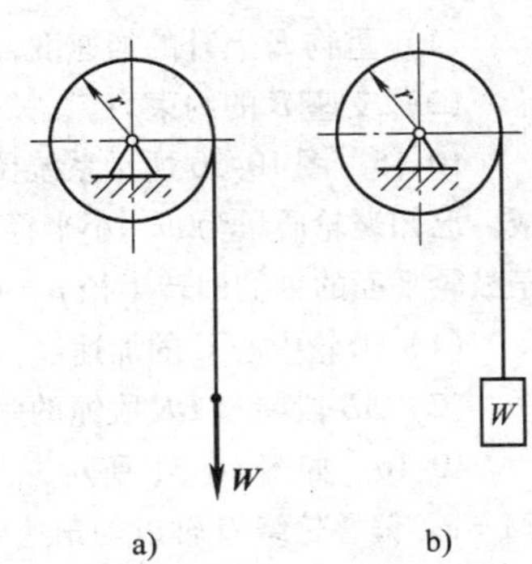

图 10-24　习题 10-9 图

10-10 图 10-25 所示调速器由两个质量各为 m_1 的圆柱状的盘子所构成，两圆盘被偏心地悬挂于与调速器转动轴相距 a 的十字形框架上，而此调速器则以等角速度 ω 绕铅垂轴转动。圆盘的中心到悬挂点的距离为 l，调速器的外壳质量为 m_2，放在这两个圆盘上并可沿铅垂轴上下滑动。如果不计摩擦，试求调速器的角速度 ω 与圆盘偏离铅垂线的角度 φ 之间的关系。

10-11 图 10-26 所示两重物通过无重滑轮用绳连接，滑轮又铰接在无重支架上。已知物 G_1、G_2 的质量分别为 $m_1=50\text{kg}$，$m_2=70\text{kg}$，杆 AB 长 $l_1=1200\text{mm}$，A、C 间的距离 $l_2=800\text{mm}$，夹角 $\theta=30°$。试求杆 CD 所受的力。

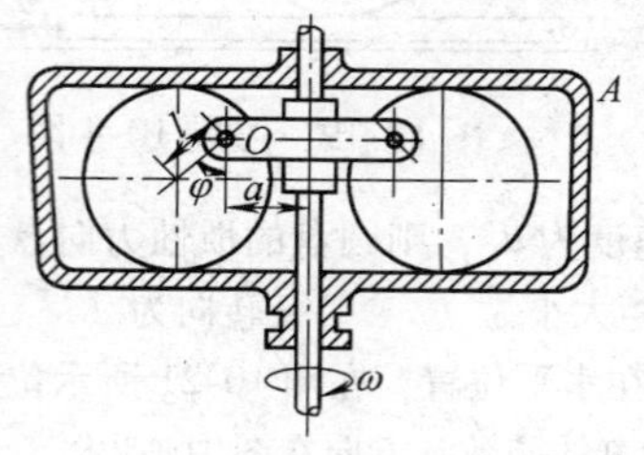

图 10-25 习题 10-10 图

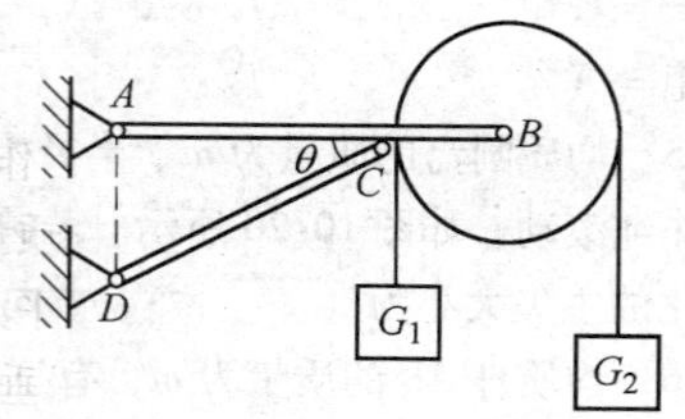

图 10-26 习题 10-11 图

10-12 如图 10-27 所示，直径为 1.22m、重 890N 的均质圆柱以图示方式装置在卡车的箱板上，为防止运输时圆柱前后滚动，在其底部垫上高 10.2cm 的小木块，试求圆柱不致产生滚动时，卡车最大的加速度？

10-13 两均质杆焊成图 10-28 所示形状，绕水平轴 A 在铅垂平面内作等角速度转动。在图示位置时，角速度 $\omega=\sqrt{0.3}\text{rad/s}$。设杆的单位长度重量为 100N/m。试求轴承 A 的约束力。

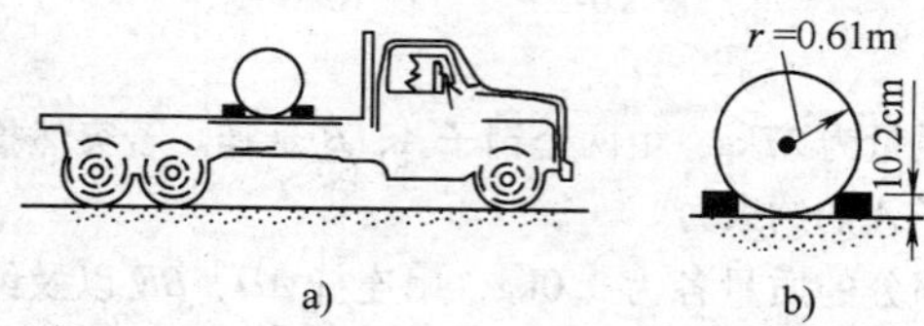

图 10-27 习题 10-12 图

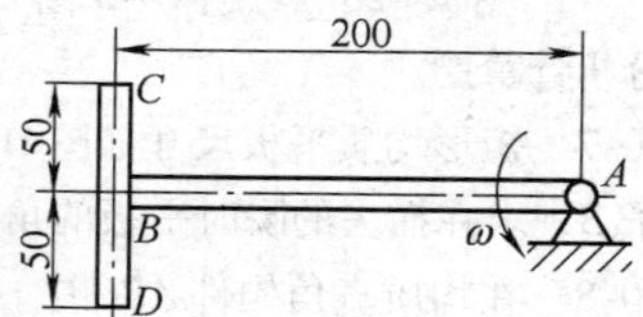

图 10-28 习题 10-13 图

10-14 图 10-29 所示均质圆轮铰接在支架上。已知轮半径 $r=0.1\text{m}$、重力的大小 $G=20\text{kN}$，重物 E 重力的大小 $P=100\text{N}$，支架尺寸 $l=0.3\text{m}$，不计支架质量，轮上作用一常力偶，其矩 $M=32\text{kN}\cdot\text{m}$。试求：

（1）重物 E 上升的加速度；

（2）支座 B 的约束力。

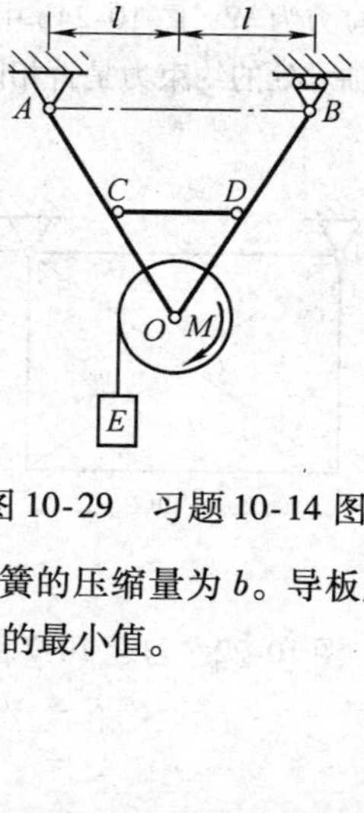

10-15 图 10-30 所示系统位于铅垂面内，由鼓轮 C 与重物 A 组成。已知鼓轮质量为 m，小半径为 r，大半径 $R=2r$，对过 C 且垂直于鼓轮平面的轴的回转半径 $\rho=1.5r$，重物 A 质量为 $2m$。试求：

（1）鼓轮中心 C 的加速度；

（2）AB 段绳与 DE 段绳的张力。

图 10-29 习题 10-14 图

10-16 如图 10-31 所示，凸轮导板机构中，偏心轮的偏心距 $OA=e$。偏心轮绕 O 轴以匀角速度 ω 转动。当导板 CD 在最低位置时弹簧的压缩量为 b。导板质量为 m。为使导板在运动过程中始终不离开偏心轮，试求弹簧刚度系数的最小值。

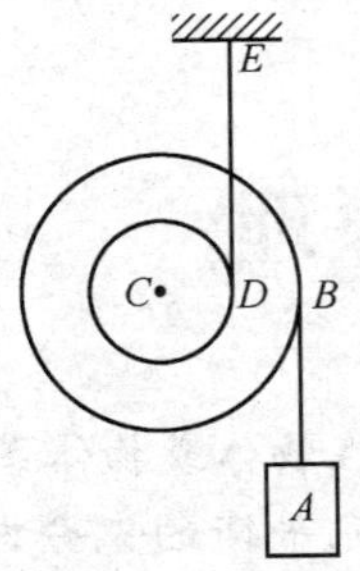

图10-30 习题10-15图

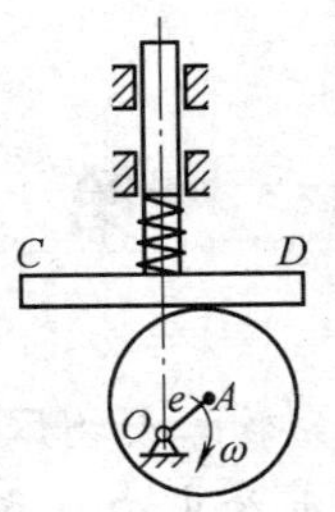

图10-31 习题10-16图

10-17 图10-32所示小车在$\boldsymbol{F}$力作用下沿水平直线行驶，均质细杆A端铰接在小车上，另一端靠在车的光滑铅垂壁上。已知杆质量$m=5\text{kg}$，倾角$\theta=30°$，车的质量$M=50\text{kg}$。车轮质量及地面与车轮间的摩擦不计。试求水平力F多大时，杆B端的受力为零。

10-18 图10-33所示系统位于铅垂面内，由均质细杆及均质圆盘铰接而成。已知杆长为l、质量为m，圆盘半径为r、质量亦为m。试求杆在$\theta=30°$位置开始运动瞬时：

(1) 杆AB的角加速度；

(2) 支座A处的约束力。

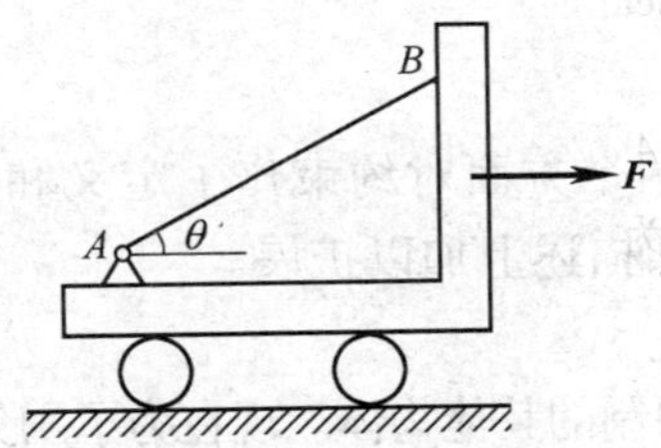

图10-32 习题10-17图

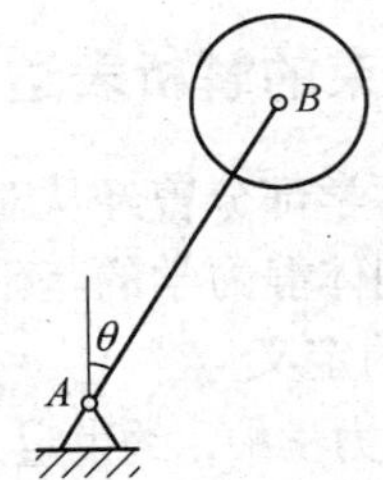

图10-33 习题10-18图

10-19 重力大小为100N的平板置于水平面上，其间的摩擦因数$f=0.20$，板上有一重力大小为300N、半径为200 mm的均质圆柱。圆柱与板之间无相对滑动，滚动摩阻可略去不计。若平板上作用一水平力$F=200\text{N}$，如图10-34所示。求平板的加速度以及圆柱相对于平板滚动的角加速度。

10-20 图10-35所示系统由不计质量的定滑轮O、均质动滑轮C和重物A、B用绳连接而成。已知轮C重力的大小$F_Q=200\text{N}$，物A、B重力的大小均为$F_P=100\text{N}$，B与水平支承面间的静摩擦因数$f_s=0.2$。试求系统由静止开始运动瞬时，D处绳子的张力。

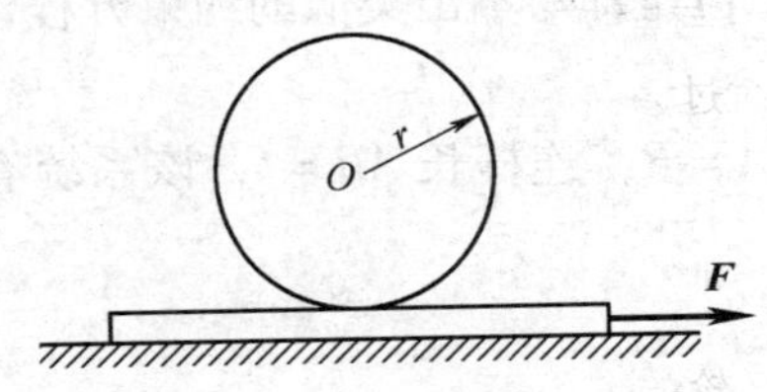

图10-34 习题10-19图

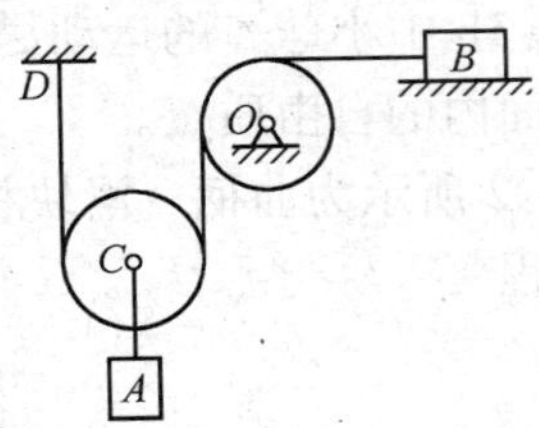

图10-35 习题10-20图

第 11 章　虚位移原理

静力学研究物体或物体系统处于平衡状态时，作用在物体或物体系统上的所有外力（包括全部约束力）之间的相互关系，即仅仅研究平衡的充分与必要条件，并不涉及平衡的性质。

虚位移原理则是应用功的概念，研究受力物体或物体系统平衡的普遍规律，不仅可以得到物体或物体系统的平衡条件和平衡方程，而且还能判别平衡的性质——稳定性或不稳定性。

虽然都是研究平衡问题，但是虚位移原理的分析方法不同于静力学方法。

11.1　分析力学的基本概念

11.1.1　约束的解析表达

本书静力学部分曾经从对运动的限制和受力两个方面对约束作了定义和描述。现在需要在刚体静力学的基础上，对约束的定义和描述上加以扩展。

1. 约束的定义

在刚体静力学中，约束定义为对物体运动预加限制的其他物体。现在为了用分析的方法研究物体的平衡规律，将把**对质点系位置或速度的限制条件称为约束**，并用数学方程来表示，称为**约束方程**。这时，约束对物体运动预加的限制条件，将被表示为

$$f_{\alpha}(\boldsymbol{r}_1,\ \boldsymbol{r}_1,\ \cdots,\ \boldsymbol{r}_n,\ t)=0 \quad (\alpha=1,\ 2,\ \cdots,\ s) \tag{11-1a}$$

或

$$f_{\alpha}(x_1,\ y_1,\ z_1,\ \cdots,\ x_n,\ y_n,\ z_n,\ t)=0 \tag{11-1b}$$

式中，$\boldsymbol{r}_i=(x_i,\ y_i,\ z_i)(i=1,\ 2,\ \cdots,\ n)$ 为第 i 个质点的位置矢量；α 为约束数。

图 11-1a 所示为长为 l 的刚性杆单摆，摆锤 A 的运动所受的限制条件为

$$x^2+y^2=l^2$$

图 11-1b 中小球 A 的运动尽管与弹簧相连，但是却写不出类似的约束方程，因此它是平面内的自由质点。

图 11-2 所示为曲柄 - 滑块机构，曲柄长 $OA=R$，连杆长 $AB=l$，该系统有三个约束方程

$$\begin{cases} x_A^2+y_A^2=R^2 \\ y_B=0 \\ (x_B-x_A)^2+y_A^2=l^2 \end{cases}$$

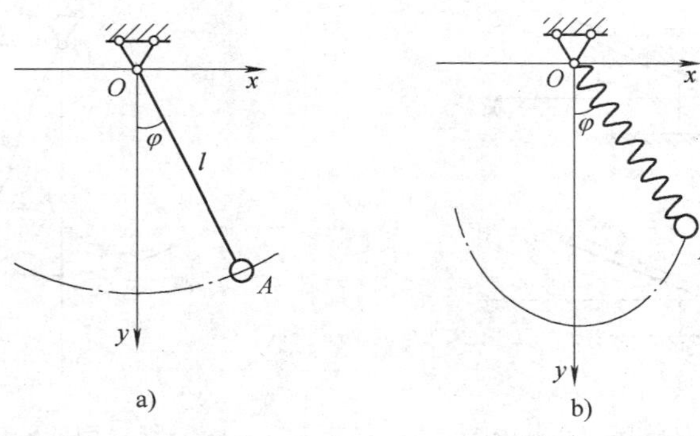

图 11-1　用刚性杆悬挂的单摆与弹簧－质点二维系统

该系统由三个物体组成：曲柄 OA 的约束方程与图 11-1a 所示单摆的约束方程相同；滑块 B 被限制在滑道内运动，其约束方程为该式的第二式；连杆 AB 的长度不变，故约束方程为该式的第三式。

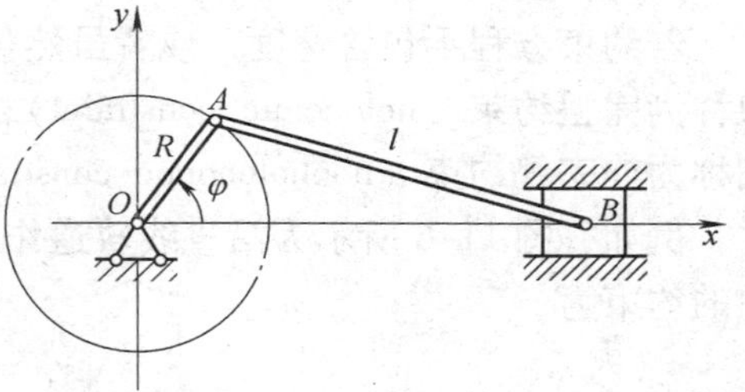

图 11-2　曲柄－滑块机构

2. 约束的分类

(1) 定常与非定常约束

若约束方程中不显含时间 t，则称为**定常约束**（steady constraint）。反之，若约束方程中显含时间 t，则称为**非定常约束**（unsteady constraint）。

例如，图 11-3 所示为安装在弹性基础上的电动机。若已知转子以等角速度 ω 旋转，这就给系统施加了约束，而且是非定常约束，约束方程用转子的转角表示为

$$\varphi - \omega t = 0$$

式中，t 为时间。弹性基础对电动机的约束就是非定常约束。

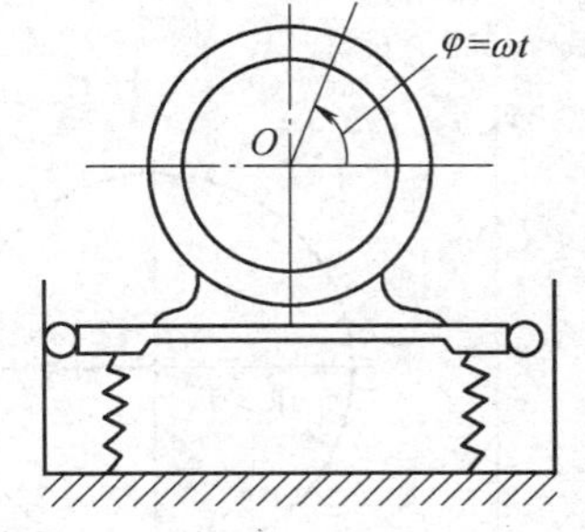

图 11-3　安装在弹性基础上的电动机

(2) 双面与单面约束

若约束方程为等式的形式，则称为**双面约束**（bilateral constraint）。反之，若约束方程为不等式的形式，则称为**单面约束**（unilateral constraint）。

例如，图 11-4a、b 所示分别为滑块 B 被约束在两种不同滑道中运动的情形，其约束方程分别为

$$y_B = 0\text{（双面约束）},\quad y_B \geqslant 0\text{（单面约束）}$$

再如，用刚性杆悬挂的单摆（图 11-1a）为双面约束；而用细绳悬挂的单摆（图 11-5）则为单面约束，其约束方程为

$$x^2 + y^2 \leqslant l^2$$

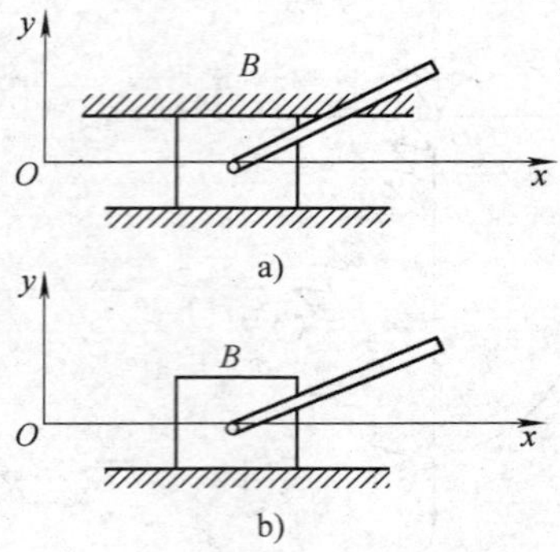

图 11-4 约束滑块的两种滑道

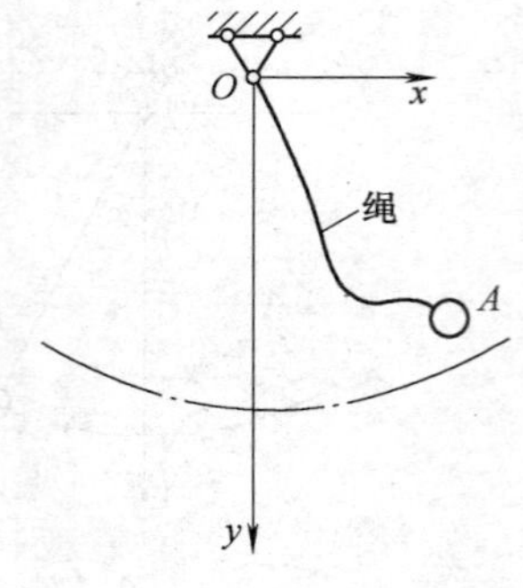

图 11-5 用细绳悬挂的单摆

（3）完整与非完整约束

若约束方程不包含速度，或者虽然包含速度，但是约束方程可以积分，这类约束称为**完整约束**（holonomic constraint）；若约束方程包含速度，且不可解析积分，则称为**非完整约束**（nonholonomic constraint）。

例如，图 11-6 所示为沿直线轨道作纯滚动的圆轮，C^* 为圆轮的速度瞬心。圆轮的约束为

$$\begin{cases} y_C = R \\ \dot{x}_C - R\dot{\varphi} = 0 \end{cases}$$

式中，$\dot{x}_C$ 为轮心的速度；R 为轮半径；$\dot{\varphi}$ 为圆轮的角速度。第一式是完整约束，第二式是包含速度和角速度的约束方程，但这并不是非完整约束，因为该式可积分。

再如，图 11-7 所示为导弹追踪敌机的可控系统，要求导弹 A 的速度 $\boldsymbol{v}_A$ 永远指向敌机 B，即 $\boldsymbol{v}_A$ 沿 AB，约束方程为

$$\frac{\dot{x}_A}{\dot{y}_A} = \frac{x_B - x_A}{y_B - y_A}$$

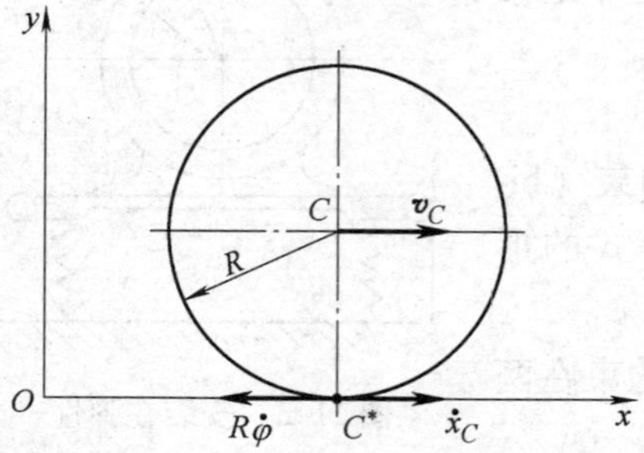

图 11-6 沿直线轨道作纯滚动的圆轮

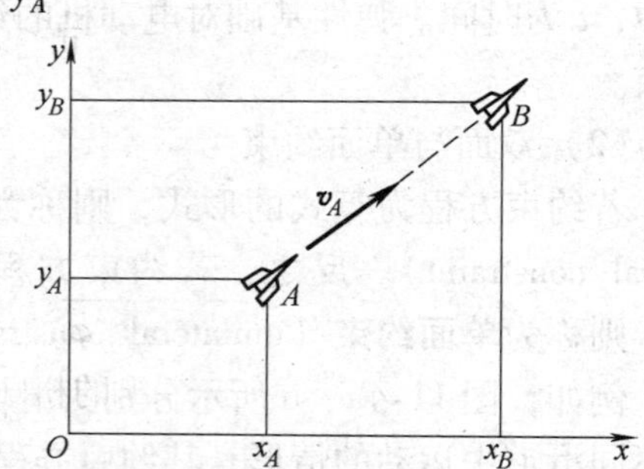

图 11-7 导弹追踪敌机的可控系统

该式不符合微分方程的可积条件，因此导弹所受的约束为非完整约束。

该例中，导弹与敌机之间无物体联系，当然也不存在静力学中定义的约束力。但按分析力学观点，存在限制导弹运动的预加条件，即存在约束。由此可见，只有

写出约束的分析式，约束概念才更具一般性。

需要注意的是，实际约束往往是上述定义的几种约束的组合。本书主要研究完整、定常和双面约束。

11.1.2 广义坐标与自由度

分析力学的特点之一，就是在研究力学系统运动时采用广义坐标概念，而它与系统的自由度又密不可分。

确定质点系在空间位置或构形的独立参数称为广义坐标（generalized coordinates），记为 q。广义坐标必须是独立变量；它可以是线坐标、角坐标或其他坐标；其选择不是唯一的，可视求解问题的性质与难易程度而定。

对完整约束系统而言，广义坐标个数称为该系统的**自由度**㊀（degree of freedom）。

设系统由 n 个质点组成，受有 s 个完整约束，则系统的自由度，亦即广义坐标个数为

$$N=3n-s \tag{11-2}$$

该式表明，研究由 n 个质点组成的系统时，一般用 $3n$ 个直角坐标确定它的位形，但由于系统还受有完整约束，这 $3n$ 个直角坐标不是完全独立的。广义坐标的引入，将确定位形的坐标数目减少到最小。这样做有很大的好处，因为描述一个力学系统的数学方程数目，对静力学来说是平衡方程数目，对动力学而言是运动微分方程数目，与位形坐标的数目是相同的。

将图11-2所示的曲柄－滑块机构近似看成质点集中在 A、B 两处的两质点系统（图11-8）。该系统 $s=3$，又因为质点只能在平面内运动，所以根据由图11-2写出的约束方程数（$s=3$），其自由度 $N=2\times2-3=1$。选广义坐标 $q=\varphi$，不独立的直角坐标（x_A，y_A，x_B）可用广义坐标 φ 表示为

$$\begin{cases}x_A=R\cos\varphi\\ y_A=R\sin\varphi\\ x_B=R\cos\varphi+\sqrt{l^2-R^2\sin^2\varphi}\end{cases}$$

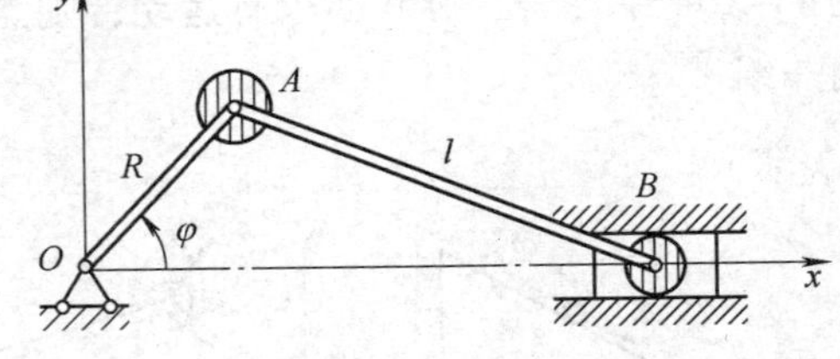

图11-8 简化为两质点系统的曲柄－滑块机构

图11-9所示的抓举工件 E 的机械臂由刚体 A、B、C、D 组成。这类刚体系统或质点－刚体系统的自由度判断，一般不采用式（11-2），而是按照系统中物体的顺序，逐个分析确定其在空间的位置所需的独立变量数，其总和即为系统的自由度。

㊀ 对非完整约束系统而言，由于广义坐标的变分（也称广义虚位移）δq_j（$j=1, 2, \cdots, N$）还要满足非完整约束方程，所以，定义质点系独立的虚位移个数为自由度。在完整约束系统中，广义坐标数等于自由度数；在非完整约束系统中，广义坐标数大于自由度数。

图 11-9 中，刚体 A 绕铅垂轴 O_1 作定轴转动，描述其位置需独立变量 q_1；刚体 B、C、D 分别绕动轴 O_2、O_3、O_4 转动，需独立变量 q_2、q_3、q_4。因此，该机械臂共有四个自由度。

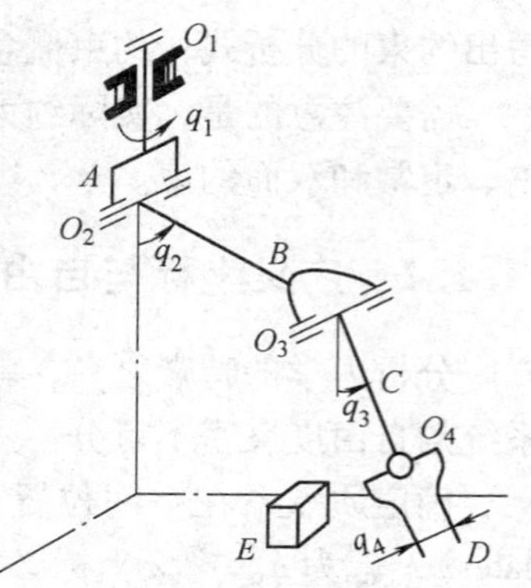

图 11-9　四自由度的机械臂

11.1.3　虚位移与虚功

虚位移和虚功是分析静力学，乃至整个分析力学的核心概念。

1. 虚位移（virtual displacement）

在给定瞬时，质点（或质点系）符合约束的无限小假想的位移称为该质点（或质点系）的虚位移，记作 $\delta \boldsymbol{r}_i (i=1, \cdots, n)$。虚位移 $\delta \boldsymbol{r}_i$ 与实位移 $\mathrm{d}\boldsymbol{r}_i$ 既有区别，又有联系。二者都要符合约束条件，但是，$\mathrm{d}\boldsymbol{r}_i$ 是在一定主动力作用、一定初始条件和一定的时间间隔 $\mathrm{d}t$ 内发生的真实位移，其方向是唯一的；而 $\delta \boldsymbol{r}_i$ 则不涉及有无主动力，也与初始条件无关，是假想发生、而实际并未发生的位移，所以它不需要经历时间过程，其方向至少有两组，甚至有无穷多组。

图 11-10 所示为三种质点系。其中，图 11-10a 所示为放置于二维固定斜面上的质点 P，其虚位移可以是 $\delta \boldsymbol{r}_1$ 或 $\delta \boldsymbol{r}_2$；图 11-10b 所示为简化成两质点系统的曲柄－滑块机构，其虚位移可以是 $\delta \boldsymbol{r}_{A1}$ 和 $\delta \boldsymbol{r}_{B1}$，或 $\delta \boldsymbol{r}_{A2}$ 和 $\delta \boldsymbol{r}_{B2}$；图 11-10c 所示为放置于三维固定曲面上的质点 P，其虚位移可以是 $\delta \boldsymbol{r}_1$，或 $\delta \boldsymbol{r}_2$，…，或 $\delta \boldsymbol{r}_n$。三种系统分别在一定的主动力作用下，对于一定的起始条件，在 $\mathrm{d}t$ 时间间隔内只可能产生一组真实位移，它是各虚位移中的一组。但是，若为非定常约束，例如图 11-10a 中，若二维斜面也有运动，则点 P 的实位移将不再是两组虚位移中的任何一组。

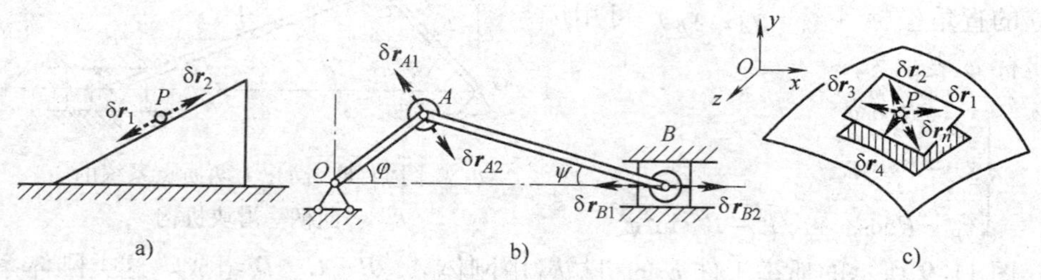

图 11-10　三种质点系统的虚位移分析

应该说明，虚位移记号“δ”是数学上的变分符号。在本书所讨论的问题中，**变分**（variation）运算与**微分**（differential）运算相类似。

质点系（包括刚体）的虚位移也可用广义坐标的变分（variation of generalized coodinate）$\delta q_j (j=1, 2, \cdots, N)$ 来表示，δq_j 称为**广义虚位移**（generalized virtual displacement)。对一个质点系统来说，广义坐标 q_j 是独立变量。对完整约束系统而言，$\delta q_j(j=1, 2, \cdots, N)$ 是独立的虚位移。

将图 11-10b 所示曲柄－滑块机构中两质点不独立的虚位移 $\delta \boldsymbol{r}_A$ 和 $\delta \boldsymbol{r}_B$ 用广义坐标变分 $\delta\varphi$ 表示。为此，对由图 11-8 所得的三个约束方程分别取变分

$$\delta x_A = -R\sin\varphi\delta\varphi$$

$$\delta y_A = R\cos\varphi\delta\varphi$$

$$\begin{aligned}\delta x_B &= -R\sin\varphi\delta\varphi - \frac{1}{2}\frac{2R^2\sin\varphi\cdot\cos\varphi}{\sqrt{l^2-R^2\sin^2\varphi}}\delta\varphi \\ &= -R\left(\sin\varphi + \frac{l\sin\beta\cdot\cos\varphi}{l\cos\beta}\right)\delta\varphi = -R\frac{\sin(\varphi+\beta)}{\cos\beta}\delta\varphi\end{aligned}$$

其中，φ 角和 ψ 角均已示于图 11-10b 中。

2. 虚功

作用在质点系上的有功力在相应虚位移上所做的功称为虚功（virtual work）。虚功与实功的计算方法类似。若力 $\boldsymbol{F}_i$ 的作用点的虚位移为 $\delta\boldsymbol{r}_i$，则力 $\boldsymbol{F}_i$ 所做的虚功为

$$\delta W = \boldsymbol{F}_i \cdot \delta\boldsymbol{r}_i \tag{11-3}$$

若力偶 M_i 作用的刚体的虚角位移为 $\delta\theta_i$，则力偶 M_i 所做的虚功为

$$\delta W = M_i \cdot \delta\theta_i \tag{11-4}$$

虚功与虚位移一样，也是假想发生而实际并未发生的。δW 一般也不是功函数的变分，仅是虚功的记号。

11.1.4 理想约束

若约束力在质点系的任一组虚位移上所做虚功之和等于零，则此类约束称为**理想约束**（ideal constraint)，记为

$$\sum \boldsymbol{F}_{Ni} \cdot \delta\boldsymbol{r}_i = 0 \tag{11-5}$$

式中，$\boldsymbol{F}_{Ni}$为作用在第 i 个质点上的约束力。

上述关于理想约束的分析力学概念，深刻地揭示了约束的动力学性质，使约束力有可能在质点系动力学的力学模型中（对于静力学，就是在平衡方程中）不出现。分析力学在处理约束问题上的这一创造性的特点具有重要的理论和实际意义。

11.2 虚位移原理

11.2.1 虚位移原理

具有理想、双面约束的质点系，其某一符合约束的位形是平衡位形的充要条件是：在此位形上，主动力系在系统的任何虚位移上的虚功之和等于零。此即**虚位移**

原理，可以表示为

$$\sum \boldsymbol{F}_i \cdot \delta \boldsymbol{r}_i = 0 \tag{11-6}$$

或

$$\sum (F_{xi}\delta x_i + F_{yi}\delta y_i + F_{zi}\delta z_i) = 0 \tag{11-7}$$

式中，$\boldsymbol{F}_i$ 为作用在第 i 个质点上的主动力，$\delta \boldsymbol{r}_i$ 为该质点的虚位移。

所谓平衡位形是指，系统在初始时刻处于这一位形且各点速度为零，而在以后的各时刻里仍恒处于这一位形。

11.2.2 虚位移原理应用概述

根据以上分析，应用虚位移原理可以求解静力学的若干问题。其过程大致如下：

（1）判断约束性质和自由度，选择广义坐标。

（2）写出主动力系在虚位移 $\delta \boldsymbol{r}_i (i=1, \cdots, n)$ 上的虚功关系式。

（3）将不独立的 $\delta \boldsymbol{r}_i$ 表示为广义坐标的变分 $\delta q_j (j=1, 2, \cdots, N)$，有以下三种方法（参见例题 11－1）：

几何法——根据几何关系建立 $\delta \boldsymbol{r}_i$ 与 $\delta q_j (j=1, 2, \cdots, N)$ 之间的关系；

解析法——先写出直角坐标与广义坐标的关系，再求变分；

虚速度法——根据速度关系建立 $\delta \boldsymbol{r}_i$ 与 $\delta q_j (j=1, 2, \cdots, N)$ 之间的关系。

（4）根据 $\delta q_j (j=1, 2, \cdots, N)$ 的独立性，在方程中消去虚位移，得到平衡方程及最后结果。

【例题 11-1】 图 11-11a 所示顶重装置中，$OA = AB = l$。若在点 A 作用一水平力 $\boldsymbol{F}$，试求当 $\angle AOB = \theta$ 时所能顶起的重物重量 W。

解：本例中的约束为理想、双面约束，自由度数 $N=1$，取广义坐标 $q=\theta$。主动力系的虚功为

$$\boldsymbol{W} \cdot \delta \boldsymbol{r}_B + \boldsymbol{F} \cdot \delta \boldsymbol{r}_A = 0 \tag{a}$$

1. 几何法

假设 OA 杆有虚转角 $\delta\theta$，则点 A 和点 B 有相应方向的虚位移 $\delta \boldsymbol{r}_A$ 和 $\delta \boldsymbol{r}_B$，如图 11-11b 所示，且

$$\delta r_A = OA \cdot \delta\theta \tag{b}$$

又因为 AB 为刚性杆，所以 $\delta \boldsymbol{r}_A$ 在 AB 上的投影等于 $\delta \boldsymbol{r}_B$ 在 AB 上的投影，即

$$\delta r_A \sin 2\theta = \delta r_B \cos\theta$$

$$\delta r_B = 2\delta r_A \sin\theta = 2OA\sin\theta\delta\theta \tag{c}$$

由式（a）可得

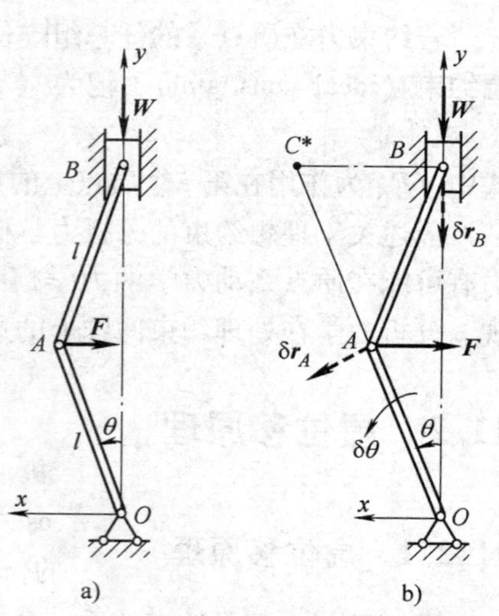

图 11-11 例题 11-1 图

$$-F\cos\theta\delta r_A + W\cdot\delta r_B = 0 \tag{d}$$

将式（b）和式（c）代入上式得

$$W = \frac{F}{2}\cot\theta \tag{e}$$

2. 解析法

本例中的 θ 为一般角度，适宜于用解析法，在图11-11的坐标系中，将式（a）写成分量形式：

$$-W\delta y_B - F\delta x_A = 0 \tag{f}$$

根据图示坐标系和几何关系有

$$\begin{cases} x_A = l\sin\theta \\ y_B = 2l\cos\theta \end{cases}$$

上式求变分后，得

$$\begin{cases} \delta x_A = l\cos\theta\delta\theta \\ \delta y_B = -2l\sin\theta\delta\theta \end{cases} \tag{g}$$

将式（g）代入式（f），有

$$(-Fl\cos\theta + W2l\sin\theta)\delta\theta = 0$$

由于 $\delta\theta$ 的独立性，式中带括号的项必为零，于是，同样得到式（e）。

3. 虚速度法

在定常约束条件下，实位移是虚位移中的一组。如：本例题的一组虚位移 $\delta\boldsymbol{r}_A$ 和 $\delta\boldsymbol{r}_B$ 就对应一组实位移 $d\boldsymbol{r}_A$ 和 $d\boldsymbol{r}_B$。又由运动学知，点的实位移与其速度成正比，即 $d\boldsymbol{r}_A = \boldsymbol{v}_A dt$，$d\boldsymbol{r}_B = \boldsymbol{v}_B dt$，故可用求各点的速度关系的方法求定常约束系统中虚位移之间的关系。于是，由点 A 与点 B 的速度 $\boldsymbol{v}_A$ 与 $\boldsymbol{v}_B$，可确定平面运动刚体 AB 的速度瞬心 C^*，如图11-11b所示，并且有

$$\frac{v_A}{AC^*} = \frac{v_B}{BC^*}$$

于是可得 δr_A 与 δr_B 的关系

$$\frac{\delta r_A}{AC^*} = \frac{\delta r_B}{BC^*}$$

即

$$\delta r_B = 2\sin\theta\delta r_A \tag{h}$$

将式（h）代入式（d），有

$$-F\cos\theta\delta r_A + W\cdot 2\sin\theta\delta r_A = 0$$

$$(F\cos\theta - 2W\sin\theta)\delta r_A = 0$$

考虑到 $\delta r_A \neq 0$，由小括弧内两项的代数和为零，即得与式（e）完全相同的结果。

4. 本例小结

（1）若用刚体静力学方法求解本例，则必须将系统拆开，这就必然出现未知

的内约束力；而用分析静力学方法求解，只需考虑整体系统，故在求解过程中不会出现与之无关的未知内约束力。

（2）当用解析法将虚位移变换为广义坐标的变分，即 $\delta r_i = f(\delta q_j)$（$i=1, 2, \cdots, n$；$j=1, 2, \cdots, N$）之后，借助 δq_j 的独立性，便能得到不含虚位移的结果。这是引入广义坐标概念的重要意义之一。

（3）本例已知平衡位形，求主动力之间关系。反之，由已知主动力之间的关系，亦可确定平衡位形。这表明，刚体静力学所能解决的问题，分析静力学也都能解决。

【例题 11-2】 桁架结构及其所受载荷如图 11-12a 所示。若已知水平载荷 $\boldsymbol{F}_P$，试求 1、2 两杆的内力。

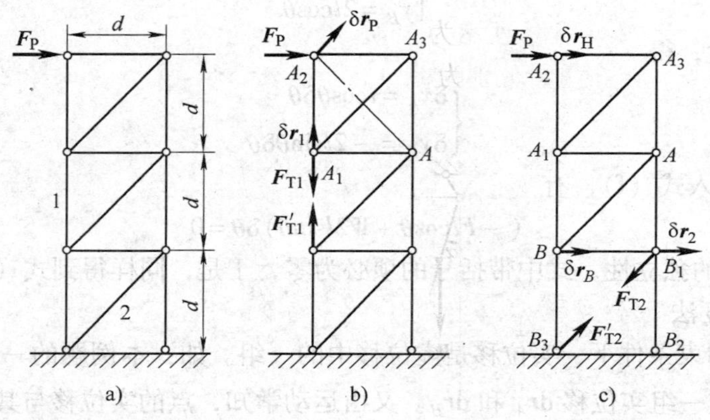

图 11-12 例题 11-2 图

解：本例为桁架结构，自由度 $N=0$。对于这种无自由度的系统，为了应用虚位移原理，必须应用**解除约束原理**。

所谓解除约束原理，是指若将非自由质点系的约束解除，并代之以相应的约束力，则解除约束后的系统与原系统等效。在刚体静力学中取隔离体、画受力图，实际上就是应用了这一原理。

为求杆 1 的内力，将杆 1 除去，并代之以相应的内力 $\boldsymbol{F}_{T1}$、$\boldsymbol{F}'_{T1}$，如图 11-12b 所示。这样，原结构部分 $A_1A_2A_3A$ 即成为可绕点 A 作定轴转动的机构。令加力点 A_2 处有位于结构平面内、垂直于直线 A_2A 的虚位移 $\delta \boldsymbol{r}_P$，则 $\boldsymbol{F}_{T1}$ 作用点的虚位移为

$$\delta r_1 = \delta r_P \cos 45° \tag{a}$$

根据虚位移原理，可以写出图 11-12b 系统的虚功关系

$$F_P \delta r_P \cos 45° - F_{T1} \delta r_1 = 0 \tag{b}$$

考虑到式（a），得

$$F_{T1} = F_P \quad （拉）$$

为求杆 2 的内力，同样要将杆 2 解除，并代之以相应的内力 $\boldsymbol{F}_{T2}$、$\boldsymbol{F}'_{T2}$

（图 11-12c）。这样，原结构的部分 $BB_1B_2B_3$ 变成了平行四边形机构，而 $A_1A_2A_3AB_1B$ 部分将作平移。若令 $\boldsymbol{F}_P$ 的加力点有一水平方向虚位移 $\delta \boldsymbol{r}_H$，则有

$$\delta r_B = \delta r_2 = \delta r_H \tag{c}$$

应用虚位移原理写出图 11-12c 所示系统的虚功关系

$$F_P \delta r_H - F_{T2} \cos 45° \delta r_2 = 0 \tag{d}$$

将式（c）代入，得

$$F_{T2} = \sqrt{2} F_P \quad （拉）$$

本例小结：应用虚位移原理求结构的内、外约束力时，由于系统无自由度，因而无法给出符合约束的虚位移。为此，可应用解除约束原理，根据不同要求，将结构化为机构求解。

【例题 11-3】 图 11-13a 所示为平面双摆，均质杆 OA 与 AB 用铰链 A 连接。两杆长度分别为 l_1 与 l_2，重量分别为 W_1 与 W_2。若杆端 B 承受水平力 $\boldsymbol{F}$，试求平衡位置的角度 α 与 β。

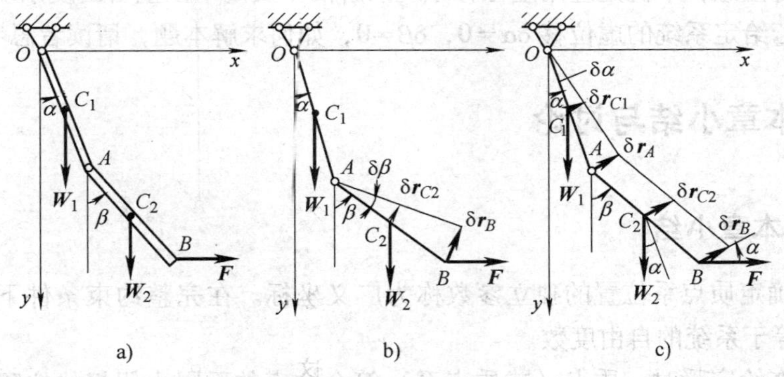

图 11-13　例题 11-3 图

解：双摆的自由度 $N=2$，选广义坐标 $q_1=\alpha$，$q_2=\beta$。用几何法求解，取 $\delta\alpha=0$，$\delta\beta\neq 0$（图 11-13b），根据虚位移原理，虚功表达式为

$$-W_2 \delta r_{C2} \sin\beta + F \delta r_B \cos\beta = 0 \tag{a}$$

其中

$$\delta r_{C2} = \frac{l_2}{2}\delta\beta, \quad \delta r_B = l_2 \delta\beta \tag{b}$$

将式（b）代入式（a），得

$$\left(-W_2 \frac{l_2}{2}\sin\beta + F l_2 \cos\beta\right)\delta\beta = 0$$

因为 $\delta\beta \neq 0$，得

$$-\frac{W_2}{2}\sin\beta + F\cos\beta = 0, \quad \beta = \arctan\frac{2F}{W_2} \tag{c}$$

再取 $\delta\alpha\neq0$，$\delta\beta=0$（图 11-13c），注意此情形下，杆 OA 为虚定轴转动，而杆 AB 作虚平移。由虚位移原理有

$$-W_1\delta r_{C1}\sin\alpha-W_2\delta r_{C2}\sin\alpha+F\delta r_B\cos\alpha=0 \tag{d}$$

其中

$$\delta r_B=\delta r_{C2}=2\delta r_{C1}=2\times\frac{l_1}{2}\delta\alpha \tag{e}$$

将式（e）代入式（d），得

$$\left(-\frac{1}{2}W_1\sin\alpha-W_2\sin\alpha+F\cos\alpha\right)\delta\alpha=0$$

由于 $\delta\alpha\neq0$，得

$$-\frac{1}{2}W_1\sin\alpha-W_2\sin\alpha+F\cos\alpha=0,\quad \alpha=\operatorname{arccot}\frac{\frac{W_1}{2}+W_2}{F} \tag{f}$$

请读者注意，本例是应用虚位移原理求解两个及两个以上自由度系统的一种典型解法。若给定系统的虚位移 $\delta\alpha\neq0$，$\delta\beta\neq0$，如何求解本题，请读者思考。

11.3 本章小结与讨论

11.3.1 本章小结

（1）确定质点系位置的独立参数称为广义坐标。在完整约束条件下，广义坐标的数目等于系统的自由度数。

（2）在给定瞬时，质点（或质点系）符合约束的无限小假想的位移称为该质点（或质点系）的虚位移。力在虚位移上所做的功称为虚功。

若约束力在质点系的任一组虚位移上所做虚功之和等于零，则此类约束称为理想约束。

（3）虚位移原理：具有理想、双面约束的质点系，其某一符合约束的位形是平衡位形的充要条件是，在此位形上，主动力系在系统的任何虚位移上的虚功之和等于零。即

$$\sum \boldsymbol{F}_i\cdot\delta\boldsymbol{r}_i=0$$

或

$$\sum(F_{xi}\delta x_i+F_{yi}\delta y_i+F_{zi}\delta z_i)=0$$

11.3.2 确定给定系统的自由度与广义坐标

这是对给定的质点系统进行力学分析的首要一步。一般的系统由质点和刚体组成。例如，图 11-14 所示的刚性直管 AB 在平面 xOy 内自由运动。管内弹簧的一端

固定在管的 A 端，另一端连接在管内自由运动的质点 P 上。为了确定这类系统的自由度与广义坐标，读者首先要对运动学中单个质点与刚体在各种形式下的自由度与广义坐标描述加以总结；然后，对图 11-14 所示系统，按照组成物体系统的次序，逐个分析，确定其在空间的位置所需的独立变量与数目，其总和即为系统的广义坐标与自由度。

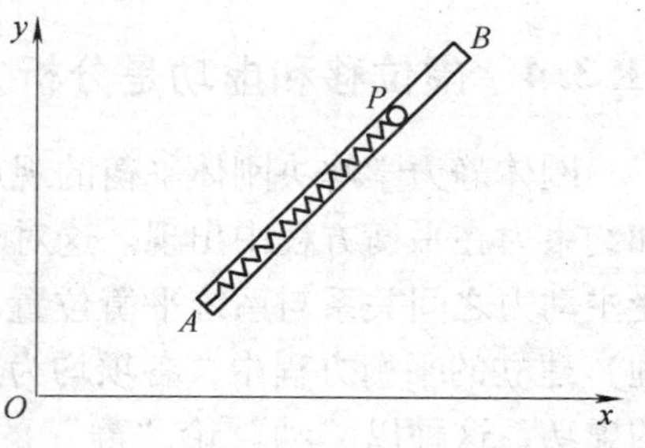

图 11-14　刚体—质点系统的自由度分析与广义坐标选用

11.3.3　确定虚位移之间的关系

找出各主动力作用点的虚位移之间的关系，即将不独立的虚位移用独立的广义坐标变分表示，是应用虚位移原理解题的关键。确定虚位移之间的关系有三种方法：几何法、解析法和虚速度法。

请读者分析图 11-15a、b、c 所示的三个例子，为了求得两主动力（或主动力偶）与广义坐标的关系式，各应该采用以上什么方法？其中，图 11-15a 中，滑块 A 可自由地在直杆 OC 上滑动。若已知角 φ，可求主动力 $\boldsymbol{F}_B$ 和 $\boldsymbol{F}_C$ 之间的关系，或已知 $\boldsymbol{F}_B$ 和 $\boldsymbol{F}_C$，求平衡位置 φ；图 11-15b 中，当用主动力偶 M 拧紧螺杆时，因螺母 A、B 分别为左旋和右旋螺纹，故它们相互靠近，从而压紧重物，可求关系 $f(M, F, \theta)=0$；图 11-15c 所示为已知平衡位置（杆 OA 水平，角 θ），求解关系 $f(M, F_D)=0$。

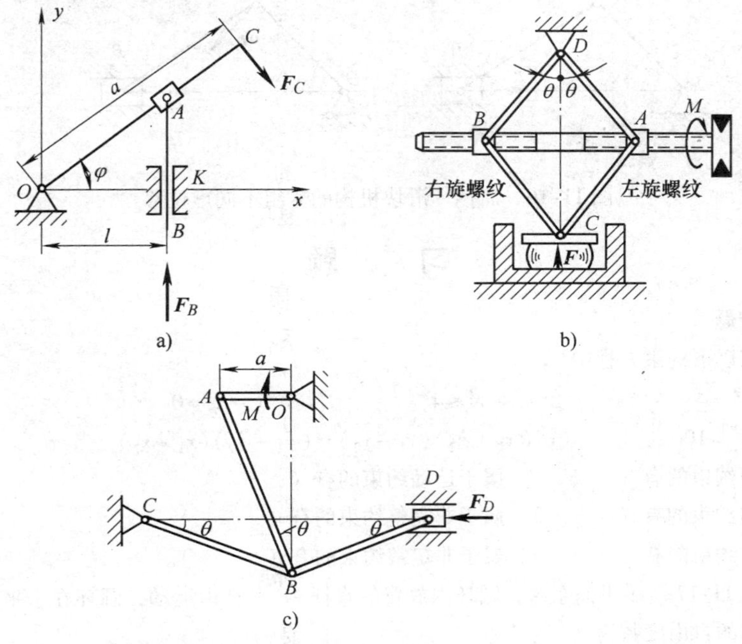

图 11-15　确定虚位移关系的三个例子

11.3.4 虚位移和虚功是分析力学的核心概念

刚体静力学解决刚体平衡的观点是孤立静止地“以静论静”，因而难以避免未知约束力在平衡方程中出现。这对于求解刚体所受约束力固然有利，但对于求解所受主动力之间关系与系统平衡位置却会带来很大麻烦。用分析静力学（虚位移原理）建立的平衡方程中，各项均为所考察的质点系所受各主动力在给出虚位移上的虚功，这种以“动”论“静”的思想和方法对求解系统所受主动力之间关系与系统平衡位置往往非常有利。其中的关键是引入虚位移和虚功的概念，这些概念为分析力学巧妙而有效地处理非自由质点系的约束问题起了核心作用。

掌握和运用虚位移概念的要点是，“虚位移必须为系统约束所允许”。图11-16所示为曲柄－滑块机构，现对该机构中的点 A、B 给出四组不同的虚位移。请读者判断哪些组是正确的？为什么？

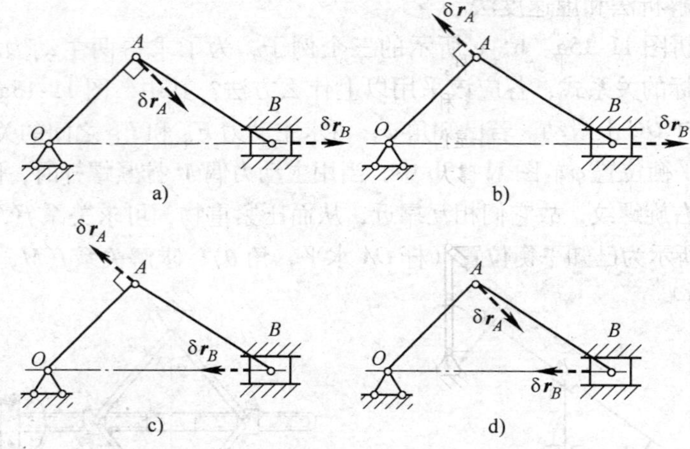

图11-16 曲柄－滑块机构的4组不同虚位移

习 题

选择填空题

11-1 在以下约束方程中，

① $x^2+y^2=4$ ② $x^2+y^2\leqslant 4$ ③ $\dot{x}-r\dot{\varphi}=0$

④ $x^2+y^2=10t$ ⑤ $(\dot{x}_1+\dot{x}_2)(y_1-y_2)=(\dot{y}_1+\dot{y}_2)(x_1-x_2)$

属于几何约束的有（ ），属于运动约束的有（ ）；

属于完整约束的有（ ），属于非完整约束的有（ ）；

属于定常约束的有（ ），属于非定常约束的有（ ）。

11-2 图11-17所示平面系统，圆环内放置的直杆 AB 可自由运动，圆环在水平面上作纯滚动，则该系统的自由度数为（ ）。

① 3 ② 1 ③ 4 ④ 2

11-3　图 11-18 所示平面机构，CD 连线铅垂，杆 $BC=BD$。在图示瞬时，角$\varphi=30°$，杆 AB 水平，则该瞬时点 A 和点 C 的虚位移大小之间的关系为（　　）。并在图上画出虚位移 $\delta \boldsymbol{r}_A$、$\delta \boldsymbol{r}_B$、$\delta \boldsymbol{r}_C$。

① $\delta r_A=\frac{3}{2}\delta r_C$　　② $\delta r_A=\sqrt{3}\delta r_C$　　③ $\delta r_A=\frac{\sqrt{3}}{2}\delta r_C$　　④ $\delta r_A=\frac{1}{2}\delta r_C$

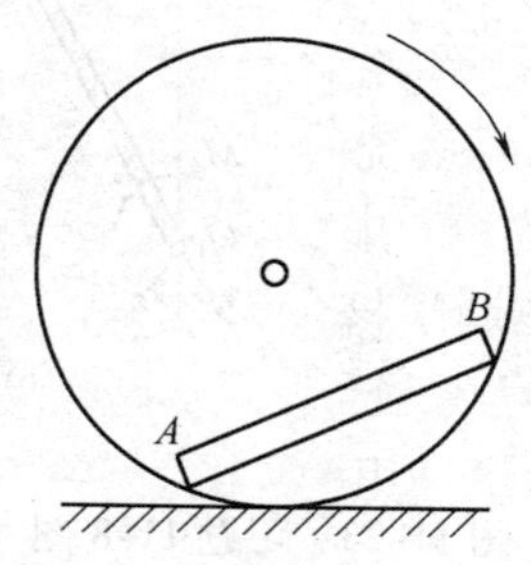

图 11-17　习题 11-2 图

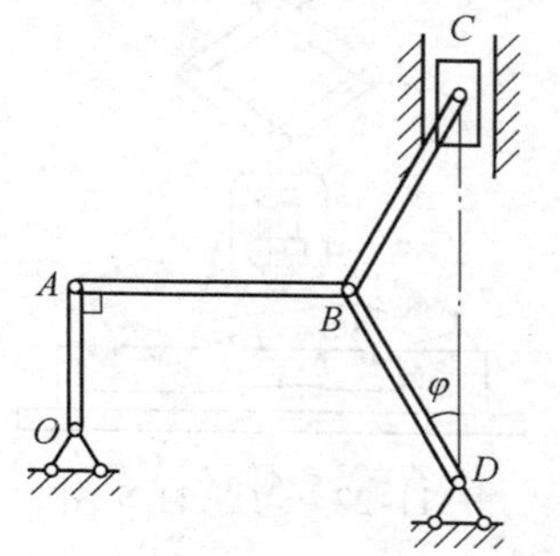

图 11-18　习题 11-3 图

11-4　在图 11-19 所示平面机构中，A、B、O_2 和 O_1、C 分别在两水平线上，O_1A 和 O_2C 分别在两铅垂线上，$\alpha=30°$，$\beta=45°$，A 和 C 点虚位移大小之间的关系为（　　）。

11-5　如图 11-20 所示，为了用虚位移原理求解系统 B 处约束力，需将 B 支座解除，代以适当的约束力，此时 B、D 两点虚位移大小之比值 $\delta r_B:\delta r_D=$（　　）。

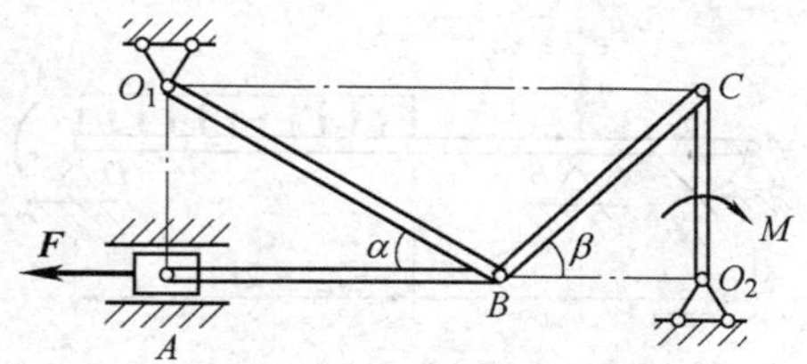

图 11-19　习题 11-4 图

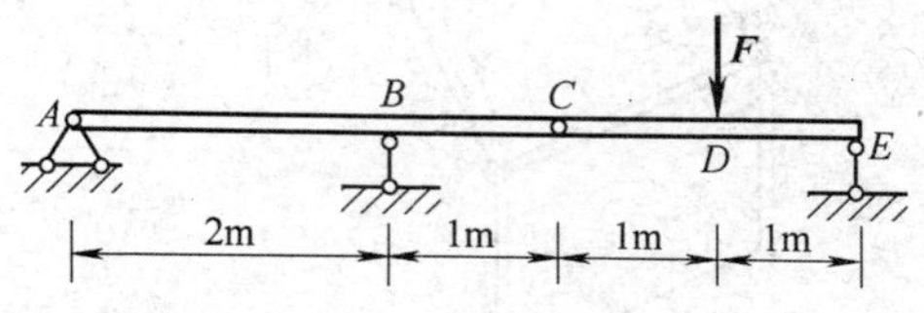

图 11-20　习题 11-5 图

分析计算题

11-6　曲柄 - 滑块机构的均质杆 $AB=BC=1\text{m}$，所受载荷如图 11-21 所示，两杆的质量均为 10kg。当 $\theta=45°$ 时，弹簧没有变形。试求系统的平衡位形 θ 角。

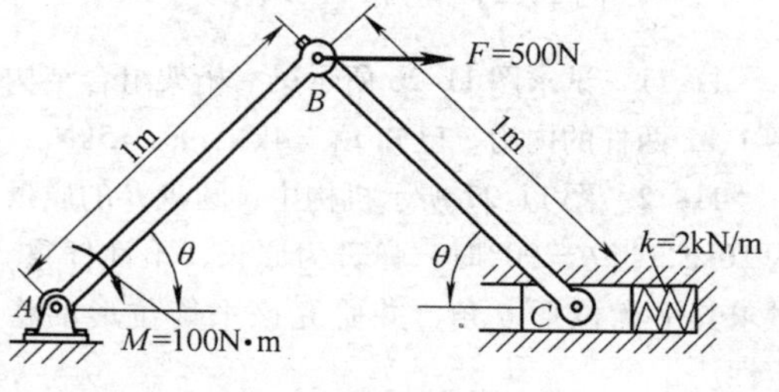

图 11-21　习题 11-6 图

11-7　图 11-22 所示为一医疗用的辐射器支架，C 为固定铰链，B 为活动螺母，调节螺杆上 BC 的距离可改变辐射器 A 的位置高低。已知辐射器的质量为 m，各杆等长均为 $2b$，螺杆的螺距为 h，忽略杆的质量和各接触点的摩擦。试求该系统在任意角度 θ 位置处于平衡时加在螺杆手轮上的力偶 M。

11-8　两摇杆机构分别如图 11-23a、b 所示，图 11-23a 中 $OA=R$，$\angle AOO_1=\pi/2$，$\angle OO_1A=\pi/6$；图 11-23b 中 $OB=R$，$\angle BOO_1=\pi/2$，$\angle OO_1B=\pi/6$。今在杆 OA 上施加力偶 M_1，试求系统

保持平衡时，需在 O_1B 上施加的力偶 M_2。

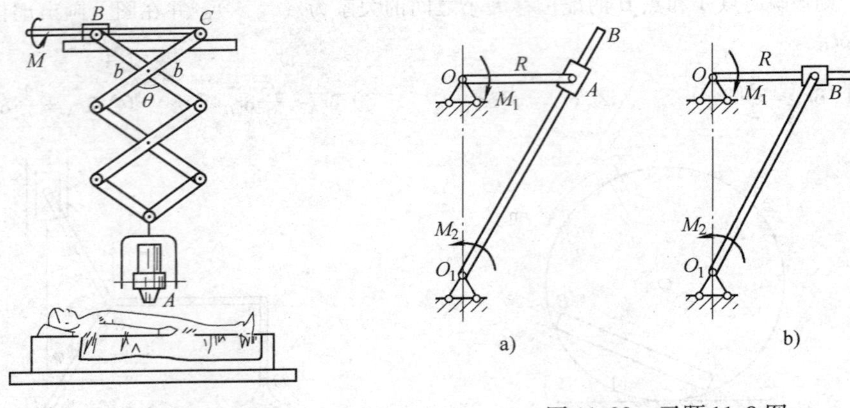

图 11-22 习题 11-7 图　　图 11-23 习题 11-8 图

11-9 图 11-24 所示为相互铰接的三片拉门的门板，其中上片为水平，下片为铅垂位置，中片与水平线成 45°角，每片拉门重 W。试求使系统在图示位置处于平衡时所需要的水平拉力 F。

11-10 试求图 11-25 所示连续梁的支座约束力。设图中载荷、尺寸均为已知。

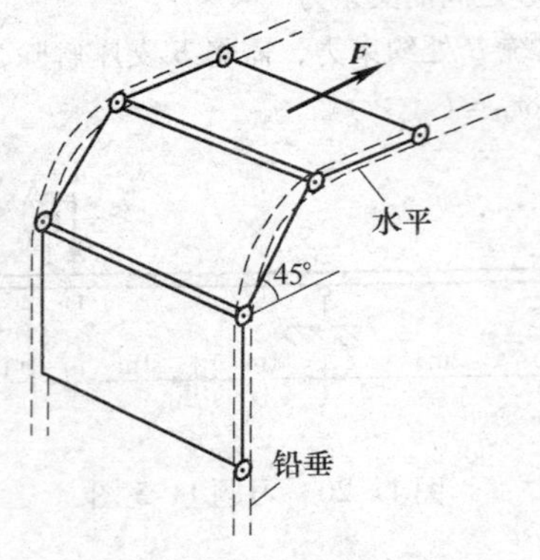

图 11-24 习题 11-9 图

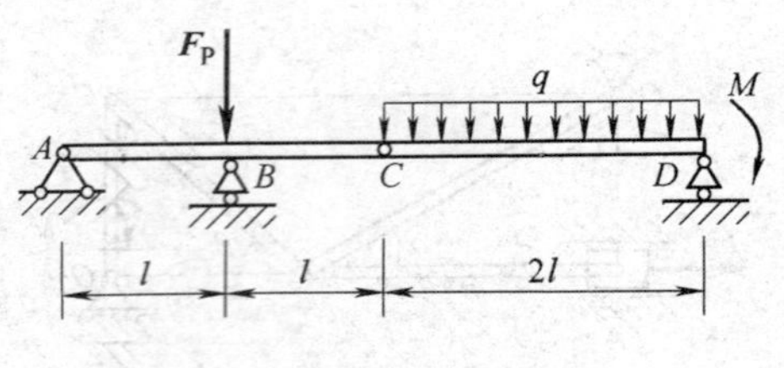

图 11-25 习题 11-10 图

11-11 试求图 11-26 所示梁－桁架组合结构中 1、2 两杆的内力。已知 $F_1 = 4\text{kN}$，$F_2 = 5\text{kN}$。

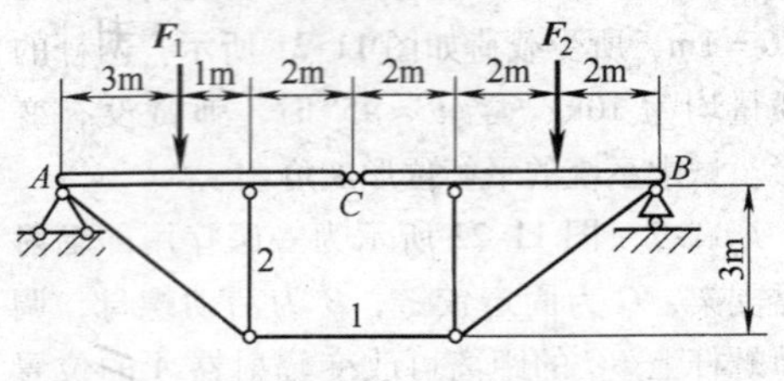

图 11-26 习题 11-11 图

11-12 图 11-27 所示机构中，圆盘 B 的质量为 20kg，当 $\theta = 90°$ 时，弹簧为原长，不计杆重。试求其平衡位形 θ 角，并研究该平衡位形的稳定性。

11-13 图 11-28 所示机构中，杆 AO 与 BC 在点 B 铰接组成曲柄－滑块机构。杆 DG 的 D 端与杆 AO 铰接，G 端自由，中间穿过铰接于杆 BC 上的套筒 E，并可在其中自由滑动。$OB = BC = AB = 2BD = 2BE = 2a$，已知水平力 F，弹簧两端分别连接于 G 和套筒 E 上，其刚度系数为 k，当 $\theta = 0°$ 时，弹簧为原长。试求系统平衡位形 θ 角。

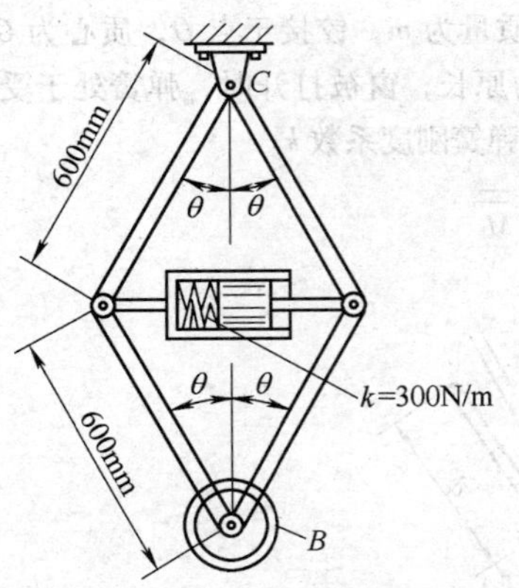

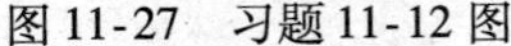

图 11-27 习题 11-12 图

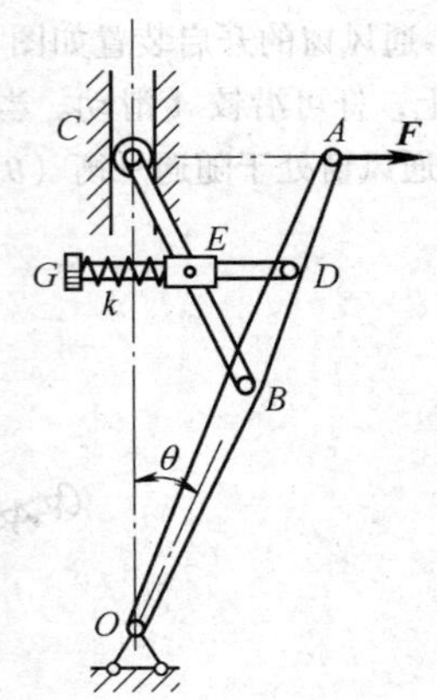

图 11-28 习题 11-13 图

11-14 移动式汽车起重机如图 11-29 所示，活动部分借两等长连杆 AB 和 CD 与底部相连，$ABCD$ 构成一平行四边形，利用油压力作用在杆 BC 上而使汽车被举起。当汽车的质量为 1.0×10^3kg 时，试求活塞上所受的油压力为多大才能将汽车举起。设此时 CD 和 AC 与水平线的夹角均为 45°，$AB=CD=5$m，$AC=BD=1.7$m。

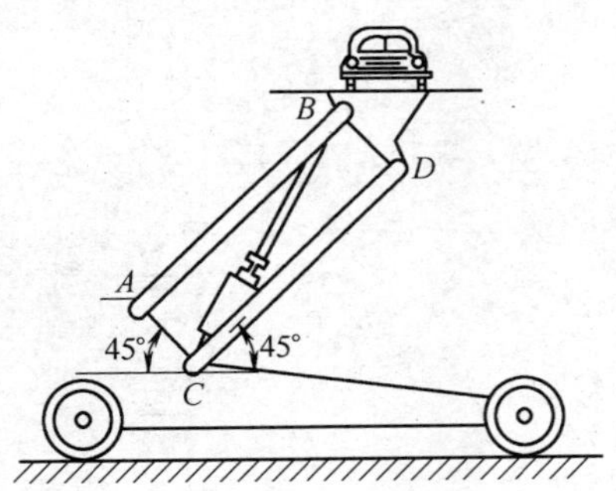

图 11-29 习题 11-14 图

11-15 两均质杆的质量均为 m，杆长均为 $2l$，其上连有滚轮 A、C 和 D，分别置于铅垂和水平的光滑滑槽内，如图 11-30 所示。在杆的一端施加有力偶，其力偶矩为 M。试求平衡位形 θ 角。

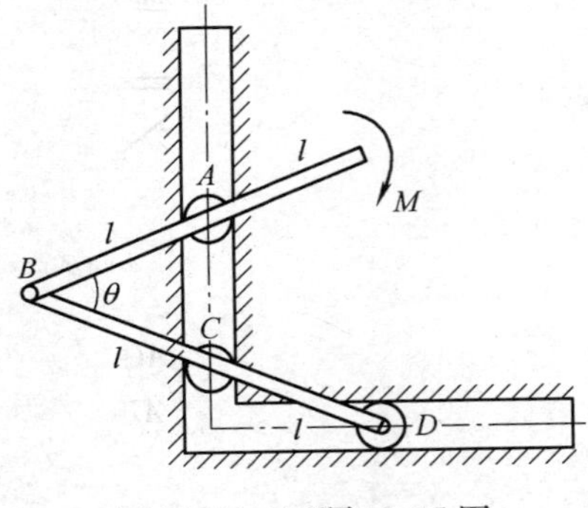

图 11-30 习题 11-15 图

11-16 通风窗的开启装置如图 11-31 所示，窗的质量为 m，铰接于点 O，质心为 G。弹簧套在杆 AG 上，杆可沿铰 A 滑动。当窗关闭时，弹簧为原长；窗被打开时，弹簧处于受压缩状态。试求使通风窗处于随遇平衡（θ 角为任意值）时的弹簧刚度系数 k。

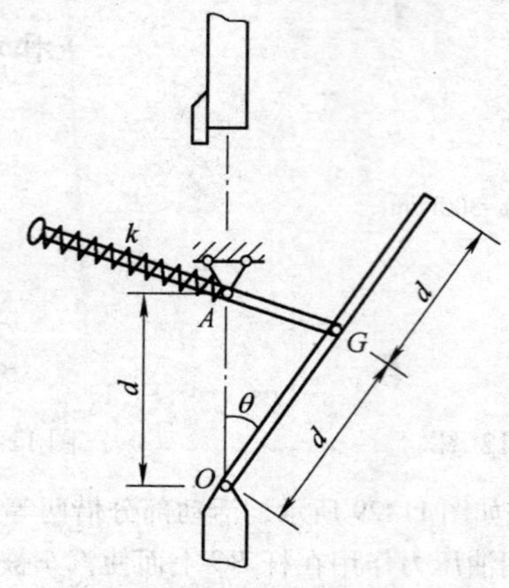

图 11-31 习题 11-16 图

附　　录

附录A　习题答案

第 1 章

1-1　①，③，④
1-2　②
1-3　④
1-4　③
1-5　③
1-6　①，②
1-7　③
1-8　④
1-9　滑移
1-10～1-16　（略）

第 2 章

2-1　①
2-2　②
2-3　④
2-4　③
2-5　④
2-6　④
2-7　②
2-8　②
2-9　①
2-10　①
2-11　②
2-12　③
2-13　一力和一力偶，$F'_R = 2\sqrt{2}F$，$M_A = 2Fa$；合力，$F_R = 2\sqrt{2}F$
2-14　$b = a + c$

2-15 $F_z=\frac{\sqrt{14}}{7}F$；$M_z(\boldsymbol{F})=\frac{3\sqrt{14}}{14}F$

2-16 $\theta=\arctan\frac{d_2}{d_1}$

2-17 $\sum \boldsymbol{M}_O(F)=(-260,328,88)\mathrm{N}\cdot\mathrm{m}$

2-18 $M=78.3\mathrm{N}\cdot\mathrm{m}$

2-19 $\boldsymbol{M}=(3.6,\ 12\sin40°,\ 0)\mathrm{kN}\cdot\mathrm{m}$

2-20 合力大小 F，方向同 $2\boldsymbol{F}$，在 $2\boldsymbol{F}$ 外侧，距离为 d

2-21 合力 $F=\frac{25}{6}\mathrm{kN}$，$\boldsymbol{F}=-\frac{5}{2}\boldsymbol{i}-\frac{10}{3}\boldsymbol{j}$，作用线 $y=\frac{4}{3}x+4$

2-22 $\boldsymbol{F}=(0,\ -4,\ -8)\mathrm{N}$，$\boldsymbol{M}_O=(0,\ 24,\ -12)\mathrm{N}\cdot\mathrm{m}$

2-23 $\boldsymbol{F}=(-120,\ 0,\ -160)\mathrm{N}$，$\boldsymbol{M}_A=(-7.0,\ 9,\ 24.0)\mathrm{N}\cdot\mathrm{m}$

2-24 应满足条件 $\boldsymbol{F}_\mathrm{R}\cdot\boldsymbol{M}_O=0$，得 $l_1+l_2+l_3=0$，合力 $F_\mathrm{R}=\sqrt{3}F_O$，方向余弦 $\cos\alpha=\cos\beta=\cos\gamma=1/\sqrt{3}$，$F_\mathrm{R}$ 与原点的垂直距离 $d=M_O/F_\mathrm{R}=\sqrt{l_1^2+l_2^2+l_3^2}/\sqrt{3}$

2-25 （a）$F_{\mathrm{R}A}=F_{\mathrm{R}B}=\frac{M}{2l}$；（b）$F_{\mathrm{R}A}=F_{\mathrm{R}B}=\frac{M}{l}$；（c）$F_{\mathrm{R}A}=F_{\mathrm{R}B}=\frac{M}{l}$

2-26 $F_{\mathrm{R}A}=F_{\mathrm{R}C}=2694\mathrm{N}$

2-27 $F_{\mathrm{R}A}=750\mathrm{N}$（向下），$F_{\mathrm{R}B}=750\mathrm{N}$（向上）

2-28 $F_{\mathrm{N}A}=F_{\mathrm{N}B}=0.75\mathrm{kN}$

2-29 $F_1=\frac{M}{d}$（拉），$F_2=0$，$F_3=\frac{M}{d}$（压）

2-30 $M=4.5\mathrm{kN}\cdot\mathrm{m}$

2-31 （a）$F_{\mathrm{R}A}=F_{\mathrm{R}C}=\frac{\sqrt{2}M}{d}$；（b）$F_{\mathrm{R}A}=F_{\mathrm{R}C}=\frac{M}{d}$

2-32 $M_1=M_2$

2-33 $M=dF$

2-34 $F_{\mathrm{R}A}=F_{\mathrm{R}B}=\frac{M}{d}$

第 3 章

3-1 ④

3-2 ③

3-3 ①

3-4 ④

3-5 ③

3-6 ②

3-7 ②

3-8 ①，③，④；②

3-9 ③

3-10 两力矩方程的矩心的连线不与投影方程的投影轴垂直；三力矩方程的矩心不在同一直线上

3-11 5；3；5

3-12 （1）2；（2）1；（3）2；（4）3；（5）3；（6）3；（7）3；（8）6

3-13 $2F$；向上

3-14 $3n-2n_1-n_2-n_3$

3-15 （a）$F_1=F_3=\frac{\sqrt{2}}{2}F$（拉），$F_2=F$（压）；（b）$F_1=F_3=0$，$F_2=F$（拉）

3-16 $F_T=80\text{kN}$

3-17 $\beta=\arctan\left(\frac{1}{2}\tan\theta\right)$

3-18 （a）$F_{Ax}=0$，$F_{Ay}=20\text{kN}$（向下），$F_{RB}=40\text{kN}$（向上）

（b）$F_{Ax}=0$，$F_{Ay}=15\text{kN}$（向上），$F_{RB}=21\text{kN}$（向上）

3-19 $F_{Ax}=0$，$F_{Ay}=F$（向上），$M_A=Fd-M$（逆时针）

3-20 $F_{NA}=6.4\text{kN}$，$F_{NB}=13.6\text{kN}$

3-21 $F_{RA}=6.7\text{kN}$（向左），$F_{Bx}=6.7\text{kN}$（向右），$F_{By}=13.5\text{kN}$（向上）

3-22 $F_{NA}=\frac{M}{\sqrt{d_1^2+d_2^2}}$，$F_{NB}=\frac{Md_1}{d_1^2+d_2^2}$，$F_{NC}=\frac{Md_2}{d_1^2+d_2^2}$

3-23 $l_{max}=1\text{m}$

3-24 $F_{Ax}=0$，$F_{Ay}=\left(\frac{1}{2}+\tan\alpha\right)W$，$F_{Bx}=W\tan\alpha$，$F_{By}=\left(\frac{1}{2}-\tan\alpha\right)W$

3-25 （a）$M_A=2qd^2$（逆时针），$F_{Ay}=2qd$（向上），$F_{By}=F_{Cy}=0$

（b）$M_A=2qd^2$（逆时针），$f_{Ay}=2qd$（向上），$F_{By}=qd$（对 BC，向上），$F_{Cy}=qd$（向上）

（c）$M_A=3qd^2$（逆时针），$F_{Ay}=\frac{7}{4}qd$（向上），$F_{By}=\frac{3}{4}qd$（对 BC，向上），$F_{Cy}=\frac{1}{4}qd$（向上）

（d）$M_A=M$（顺时针），$F_{Ay}=\frac{M}{2d}$（向下），$F_{By}=\frac{M}{2d}$（向上）

（e）$M_A=M$（逆时针），$F_{Ay}=F_{By}=F_{Cy}=0$

3-26 $F_{DE}=F_{FG}=14.1\text{kN}$（压），$F_{Ax}=10\text{kN}$（向左），$F_{Ay}=5\text{kN}$（向下），$F_{Cx}=10\text{kN}$（向右），$F_{Cy}=5\text{kN}$（向下）

3-27 $F_{\mathrm{T}}=107\mathrm{N}$，$F_{\mathrm{R}A}=525\mathrm{N}$，$F_{\mathrm{R}B}=375\mathrm{N}$

3-28 l，$\frac{l}{2}$，$\frac{l}{3}$，$\frac{l}{4}$，$\frac{l}{5}$，…，以此类推

3-29 $F_{Ax}=594\mathrm{N}$（向右），$F_{Ay}=104\mathrm{N}$（向上），$F_{Cx}=594\mathrm{N}$（向左），$F_{Cy}=386\mathrm{N}$（向上）

3-30 $F_{Ax}=12.5\mathrm{N}$（向右），$F_{Ay}=105.8\mathrm{N}$（向上），$F_{Bx}=22.5\mathrm{kN}$（向左），$F_{By}=94.2\mathrm{kN}$（向上）

3-31 $W_2=\frac{l}{a}W_1$

3-32 $F_x=\frac{W}{2}\tan\theta$（向左），$F_y=\frac{W-W_1}{2}$（向上），$M=\frac{(l-d)}{4}\left(W-\frac{W_1}{2}\right)$

3-33 $P_{\min}=2W\left(1-\frac{r}{R}\right)$

3-34 $F_{\mathrm{S1}}=367\mathrm{kN}$（拉），$F_{\mathrm{S2}}=82\mathrm{kN}$（压），$F_{\mathrm{S3}}=358\mathrm{kN}$（拉）

3-35 $F_{Ax}=F_{\mathrm{P}}$，$F_{Ay}=\frac{3}{2}F_{\mathrm{P}}$，$F_{Bx}=-F_{\mathrm{P}}$，$F_{By}=-\frac{1}{2}F_{\mathrm{P}}$（对 AB），$F_{Cx}=F_{\mathrm{P}}$，$F_{Cy}=-\frac{1}{2}F_{\mathrm{P}}$（对 CD），$F_{Dx}=-F_{\mathrm{P}}$，$F_{Dy}=\frac{1}{2}F_{\mathrm{P}}$，$M_D=F_{\mathrm{P}}d$（逆时针）

3-36 $F_{\mathrm{T}C}=813\mathrm{N}$，$F_{\mathrm{T}D}=862\mathrm{N}$，$F_{\mathrm{T}B}=693.7\mathrm{N}$，$\delta_{\mathrm{st}}=0.462\mathrm{m}$

3-37 $F_{\mathrm{T}}=1.134W$，$F_{\mathrm{R}}=0.378W$

3-38 $F=70.9\mathrm{N}$，$\boldsymbol{F}_{\mathrm{R}A}=-68.4\boldsymbol{i}-47.6\boldsymbol{j}$，$\boldsymbol{F}_{\mathrm{R}B}=-207\boldsymbol{i}-19.04\boldsymbol{j}$

3-39 $F_A=183.9\mathrm{kN}$，$F_{Ay}=423.9\mathrm{kN}$

3-40 $\boldsymbol{F}_{\mathrm{N}B}=\left(0,\ \frac{W_1+W_2}{2},\ 0\right)$，$\boldsymbol{F}_{\mathrm{N}A}=\left(0,\ -\frac{W_1+W_2}{2},\ W_1+\frac{W_2}{2}\right)$，$\boldsymbol{F}_{\mathrm{N}C}=\left(0,\ 0,\ \frac{W_2}{2}\right)$

第 4 章

4-1 ③

4-2 ③

4-3 0，$2\mathrm{m/s^2}$，4m

4-4 ④

4-5 $40\mathrm{mm/s^2}$，向下，$8\mathrm{mm/s^2}$，向左

4-6 50

4-7 （a）减速曲线运动；（b）匀速曲线运动；（c）不可能，因为全加速度应该指向曲线凹的一侧；（d）加速曲线运动；（e）不可能，$v\neq0$ 时，$a_{\mathrm{n}}\neq0$，此时 $\boldsymbol{a}$ 应该指向曲线凹的一侧，而不能只有切向加速度。

4-8 1. ④③ 2. ④① 3. ④②

4-9 （1）$y=\frac{3}{4}x$，$v=5-5t$，$a=-5$，为匀减速直线运动，轨迹、速度、加

速度的图像略。

（2）$y=2-\frac{4}{9}x^2$，$v=\sqrt{9\cos^2 t+16\sin^2 2t}$，$a=\sqrt{9\sin^2 t+64\cos^2 2t}$，作简谐运动，轨迹、速度、加速度的图像略。

4-10　$x=v_C t-R\sin\frac{v_C}{R}t$，$y=R\left(1-\cos\frac{v_C}{R}t\right)$，$v=2v_C\left|\sin\frac{v_C}{2R}t\right|$，$a=\frac{v_C^2}{R}$，$\rho=2PC^*$

4-11　$v_P=\frac{v}{\sqrt{2}}$，$a_P=\frac{v^2}{2\sqrt{2}h}$，$\ddot{\theta}=-\frac{v^2}{2h^2}$（顺时针）

4-12　$x=R\cos\varphi+R\varphi\sin\varphi$，$y=R\sin\varphi-R\varphi\cos\varphi$，$s=\frac{1}{2}R\varphi^2$

4-13　$\boldsymbol{v}_B=28(4,\ 0,\ 3)\mathrm{mm/s}$，$\boldsymbol{a}=11.2(21,\ -25,\ -28)\mathrm{mm/s^2}$

4-14　$y=R+e\sin\omega t$，$\dot{y}=e\omega\cos\omega t$，$\ddot{y}=-e\omega^2\sin\omega t$

4-15　$\omega_2=0$，$\alpha_2=-\frac{lb\omega^2}{r_2}$

4-16　$d=46.17\mathrm{m}$

第 5 章

5-1　②

5-2　③，①

5-3　②

5-4　③

5-5　$\sqrt{2}R\omega^2$，$M\to O$，$R\omega^2$，$M\to O_1$

5-6　$\omega(r\cos\varphi+l\cos\theta)$，向上，$\omega^2(r\cos\varphi+l\cos\theta)$，向左

5-7　否

5-8　提示：（a）选物块 B 上的 C 点为动点；（b）选 OA 杆上的 A 点为动点。

5-9　$x_1=\sqrt{d^2+r^2+2dr\cos\omega t}$，$\tan\varphi=\frac{r\sin\omega t}{d+r\cos\omega t}$

5-10　$v=0.942\mathrm{m/s}$

5-11　$v_\mathrm{a}=3.06\mathrm{m/s}$

5-12　$v=0.1\mathrm{m/s}$，$a=0.346\mathrm{m/s^2}$

5-13　$v_M=0.173\mathrm{m/s}$，$a_M=0.35\mathrm{m/s^2}$

5-14　$v_\mathrm{a}=20.3\mathrm{m/s}$，$a_\mathrm{a}=116\mathrm{m/s^2}$

5-15　$\boldsymbol{v}_{AB}=\frac{2\sqrt{3}}{3}e\omega_0\boldsymbol{j}$，$\boldsymbol{a}_{AB}=\frac{2}{9}e\omega_0\boldsymbol{j}$

5-16　$\omega_1=\frac{\omega}{2}$（逆时针），$\alpha_1=\frac{\sqrt{3}}{12}\omega^2$（逆时针）

5-17 $a=30.1\text{m/s}^2$ （个）

5-18 $\boldsymbol{v}_P=(-5.49\boldsymbol{i}+137.2\boldsymbol{j}+1.22\boldsymbol{k})\text{m/s}$，$\boldsymbol{a}_P=(-247\boldsymbol{i}-4.94\boldsymbol{j}-24687\boldsymbol{k})\text{m/s}^2$

第 6 章

6-1 ②，④

6-2 ③，①，②

6-3 ③

6-4 ②

6-5 $\dfrac{v_C^2}{R-r}+\dfrac{v_C^2}{r}$

6-6 2rad/s，$4\sqrt{3}\text{rad/s}^2$

6-7 $x_A=(R+r)\cos\dfrac{\alpha_0 t^2}{2}$，$y_A=(R+r)\sin\dfrac{\alpha_0 t^2}{2}$，$\varphi=\dfrac{1}{2r}(R+r)\alpha_0 t^2$

6-8 $x_A=-v_A t\cos\alpha$，$y_A=v_A t\sin\alpha$，$\varphi=\arcsin\left(\dfrac{v_A t}{l}\sin\alpha\right)$

6-9 $\omega_A=2\omega_B$

6-10 速度瞬心 C^* 的位置在过 O 点的铅垂线上，且在 O 点下方，$OC^*=\dfrac{v}{\omega}=222\text{m}$，与角 θ 无关。

6-11 $\omega=0.722\text{rad/s}$

6-12 $\omega_{AB}=3\text{rad/s}$，$\omega_{O_1B}=5.2\text{rad/s}$

6-13 $v_O=1.2\text{m/s}$，$\omega=1.333\text{rad/s}$，卷轴向右滚动

6-14 曲柄 OA 在两铅垂位置时，$v_{DE}=0$；曲柄 OA 在两水平位置时，$v_{DE}=4\text{m/s}$，方向与$\boldsymbol{v}_A$相同。

6-15 $\omega_{\mathrm{F}}=5\text{rad/s}$，$\omega_{\mathrm{R}}=4.94\text{rad/s}$，$\omega_{\mathrm{T}}=0.1943\text{rad/s}$

6-16 $\omega_B=1\text{rad/s}$，$v_D=0.06\text{m/s}$

6-17 $\omega_{\mathrm{t}}=27.1\text{rad/s}$

6-18 $v_F=v_G=0.397\text{m/s}$

6-19 $\omega_{AB}=2\text{rad/s}$，$\alpha_{AB}=16\text{rad/s}^2$，$a_B=5.66\text{m/s}^2$

6-20 （a）$a_C=r\omega^2\left(1+\dfrac{r}{R-r}\right)$，指向 O；（b）$a_C=r\omega^2\left(1-\dfrac{r}{R+r}\right)$，指向 O

6-21 $\alpha=0.177\text{rad/s}^2$

6-22 $\omega_{O_1D}=7.5\text{rad/s}$，$a_B=2.08\text{m/s}^2$

6-23 $\omega_D=0$，$\alpha_D=1409\text{rad/s}^2$

6-24 $\boldsymbol{v}_D=(-1.766\boldsymbol{i}+0.766\boldsymbol{j})\text{m/s}$

第 7 章

7-1 ④

7-2 ③

7-3 g，2kN；$\dfrac{g}{3}$，$\dfrac{4}{3}$kN，$\dfrac{4}{3}$kN

7-4 $a \geqslant \dfrac{g}{f}$

7-5 ④

7-6 ③

7-7 ②

7-8 ③

7-9 $\dfrac{4\pi^2(P-G)}{g(T_1^2-T_2^2)}$

7-10 9.035m

7-11 $s=23.26\text{m}$，$\alpha=61.7°$

7-12 $a_{\max}=\dfrac{\sin\theta+f_s\cos\theta}{\cos\theta-f_s\sin\theta}$，$a_{\min}=\dfrac{\sin\theta-f_s\cos\theta}{\cos\theta+f_s\sin\theta}$

7-13 （a）初始条件：$t=0$ 时，$x=a$，$\dot{x}=0$，$x_a=a\sin\left(\sqrt{\dfrac{k}{m}}t+\dfrac{\pi}{2}\right)$

（b）初始条件：$t=0$ 时，$x=a+\delta_{st}$，$\dot{x}=0$，$x_b=a\sin\left(\sqrt{\dfrac{k}{m}}t+\dfrac{\pi}{2}\right)+\dfrac{mg}{k}$

（c）初始条件：$t=0$ 时，$x=-a$，$\dot{x}=0$，$x_c=-a\sin\left(\sqrt{\dfrac{k}{m}}t+\dfrac{\pi}{2}\right)$

（d）初始条件：$t=0$ 时，$x=-(a+\delta_{st})$，$\dot{x}=0$，$x_d=-a\sin\left(\sqrt{\dfrac{k}{m}}t+\dfrac{\pi}{2}\right)-\dfrac{mg}{k}$

7-14 $x=x_0\sin\left(\sqrt{\dfrac{fg}{d}}t+\dfrac{\pi}{2}\right)$，$T=\dfrac{2\pi}{\omega_n}=2\pi\sqrt{\dfrac{d}{fg}}$

7-15 $x=9.9\sin(30.3t)$（x 以 mm 计，t 以 s 计）

7-16 （1）$F_B=\sqrt{2}mg$，$F_A=mg$；（2）绳 A 剪断瞬时，$F_B=\dfrac{\sqrt{2}}{2}mg$

7-17 $a_{Ar}=11.8\text{m/s}^2$，$F_N=4.49\text{N}$；相对运动规律：$x_r=\dfrac{1}{2}a_rt^2=5.91t^2(\text{m})$

7-18 $x=\dfrac{m}{k}a\left(1-\cos\sqrt{\dfrac{m}{k}}t\right)$

7-19 周期 $T=\dfrac{2\pi}{\omega_n}=2\pi\sqrt{\dfrac{l}{g+a}}$

7-20 $a_r = 3.46\text{m/s}^2$，$F_N = 2\text{N}$

7-21 $\omega_n = \sqrt{\dfrac{3ag(m_1 + 2m_2)}{l\delta_{st}(2m_1 + 9m_2)}}$

第 8 章

8-1 ③

8-2 ③

8-3 ①

8-4 ③

8-5 ④

8-6 图 8-32a、b 所示系统水平方向

8-7 ④

8-8 ③

8-9 0，mvr；$\dfrac{1}{2}mvr$，$\dfrac{3}{2}mvr$

8-10 ③

8-11 ①

8-12 ②

8-13 ②

8-14 ②

8-15 $\dfrac{\sqrt{3}}{3}$

8-16 $\dfrac{m_A v}{m_A + m_B}\sqrt{\dfrac{m_A + m_B}{k}}$

8-17 无穷大

8-18 （1）$\dfrac{\sqrt{5}}{2}ml\omega$；（2）$2R\omega m$（↓）

（3）$\boldsymbol{p} = \left[(m_1 + m_2)v - \dfrac{2m_1 + m_2}{4}l\omega\right]\boldsymbol{i} + \left(\dfrac{2m_1 + m_2}{4}\sqrt{3}l\omega\right)\boldsymbol{j}$

8-19 $p = \dfrac{9}{2}ml\omega$（垂直于杆 AB）

8-20 不同

8-21 $F_y = (m_1 + m_2 + m_3)g + \dfrac{m_2 + 2m_3}{2}\mathrm{d}\omega^2\sin\omega t$，$F_x = -\dfrac{d}{2}m_2\omega^2\sin\omega t$

8-22 $a = \dfrac{2(m_2\sin\theta - m_1)}{m + 2(m_1 + m_2)}g$，

$F_N=\sqrt{(m_2g\sin\theta-m_2a)^2+(m_1g+m_1a)^2-2(m_2g\sin\theta-m_2a)(m_1g+m_1a)\cos\theta}$

8-23　$\dfrac{m_1+m_2}{2m_1+m_2+m}b(1-\sin\theta)(\leftarrow)$

8-24　$(x_A-l\cos\alpha_0)^2+\dfrac{y_A^2}{4}=l^2$，此为椭圆方程。

8-25　(1) $ms^2\omega$（逆时针）

(2) ① $p=\dfrac{R+e}{R}mv_A$；$L_B=[J_A-me^2+m(R+e)^2]\dfrac{v_A}{R}$

② $p=m(e\omega+v_A)$；$L_B=(J_A+meR)\omega+m(R+e)v_A$

8-26　$L_O=(m_AR^2+m_Br^2+J_O)\omega$

8-27　$\alpha=8.17\text{rad/s}$，$F_{Oy}=449\text{N}(\uparrow)$，$F_{Ox}=0$

8-28　$a=\dfrac{(M-mgr)R^2r}{J_1r^2+mr^2R^2+J_2R^2}$

8-29　$a=\dfrac{(Mi-mgR)R}{mR^2+J_1i^2+J_2}$

8-30　$\Delta F_A=\dfrac{l^2-3e^2}{2(l^2+3e^2)}mg$

8-31　$J_C=17.45\text{kg}\cdot\text{m}^2$

8-32　$v_A=\sqrt{2a_Ah}=\dfrac{2}{3}\sqrt{3gh}(\downarrow)$，$F_T=\dfrac{1}{3}mg$（拉）

8-33　$a=\dfrac{F(R+r)R-mgR^2\sin\theta}{m(R^2+\rho^2)}$

8-34　$a_A=\dfrac{g}{\dfrac{m'}{m}\cdot\dfrac{(\rho^2+r^2)}{(R-r)^2}+1}$

8-35　$a_O=\dfrac{2(M-\delta mg)}{3mr}$，$F=\dfrac{2(M-\delta mg)}{3r}$

8-36　$a_B=\dfrac{m_1}{m_1+3m_2}g$；$a_C=\dfrac{m_1+2m_2}{m_1+3m_2}g$；$F_T=\dfrac{m_1m_2}{m_1+3m_2}g$

8-37　$t=\sqrt{\dfrac{2s}{fg}}$，$\omega=\alpha t=\dfrac{2}{r}\sqrt{2fgs}$（逆）

8-38　$\alpha=\dfrac{3g\sin\theta}{2l}$

8-39　$a_{BE}=\dfrac{F(R-r)^2}{Q(R-r)^2+W(r^2+\rho^2)}g$

8-40　$M_z=2\rho l^2A\omega v_r$

8-41　$F=\dfrac{\Delta p}{t}=\dfrac{6.03}{0.15}\text{N}=40.2\text{N}$，与水平线夹角 $\alpha=3.431°$

8-42 $v_0=1.0507\sqrt{ga}$，$v_C=\frac{a}{\sqrt{2}}\omega=0.557\sqrt{ga}$，$\omega=\frac{3v_0}{4a}=0.788\sqrt{\frac{g}{a}}$

第 9 章

9-1 ④

9-2 ③

9-3 ④

9-4 ②，③

9-5 ④

9-6 $\frac{3}{4}m(R_1+R_2)^2\omega^2$，$m\omega(R_1+R_2)\left(R_1+\frac{3}{2}R_2\right)$

9-7 (1) $\frac{3}{16}mv_B^2$；(2) $\frac{1}{2}m_1v^2+\frac{3}{4}m_2v^2$；(3) $2mR^2\omega^2$

9-8 $T=\frac{1}{2g}[(W_1+W_2)v_1^2+\frac{1}{3}W_2l^2\omega_1^2+W_2l\omega_1v_1\cos\varphi]$

9-9 $T=\frac{r^2\omega^2}{3g}(2F_Q+9F_P)$

9-10 $a_A=\frac{m_1(R-r)^2}{m_1(R-r)^2+m_2(\rho^2+r^2)}g$

9-11 $\omega=\sqrt{\frac{6\sqrt{3}mg+3kl}{20ml}}$，$\alpha=\frac{3g}{10l}$

9-12 $t_a=\sqrt{\frac{2s}{a_C}}=\sqrt{\frac{2s}{g\sin\alpha}}$，$t_b=\sqrt{\frac{2s}{a_C}}=\sqrt{\frac{4s}{g\sin\alpha}}$；圆盘先到达地面。

9-13 $v=\sqrt{3gh}$

9-14 $\omega=1.93\text{rad/s}$

9-15 (1) $\delta=r\omega\sqrt{\frac{3m}{2k}}$；(2) $\alpha=2\omega\sqrt{\frac{k}{6m}}$，$F=r\omega\sqrt{\frac{mk}{6}}$

9-16 (1) $\alpha=\frac{2g(Mr\sin\varphi-mR)}{2m(R^2+\rho^2)+3Mr^2}$；(2) 摩擦力 $F=\frac{Mr\alpha}{2}$；绳子的张力 $F_T=m(g+R\alpha)$

9-17 $\omega_n=\frac{d}{r}\sqrt{\frac{2k}{m_1+2m_2}}$

9-18 $\omega_n=\sqrt{\frac{4k}{3m}}$

9-19 $P=0.369\text{kW}$

9-20 $a_D=\frac{2(m+m_2)g}{7m+8m_1+2m_2}$，$F_{BC}=\frac{2(m+m_2)(m+2m_1)g}{7m+8m_1+2m_2}$

9-21　（1）$a_A = \frac{1}{6}g$；　（2）$F_{HE} = \frac{4}{3}mg$；　（3）$F_{Kx} = 0$，$F_{Ky} = 4.5mg$，$M_K = 13.5mgR$

9-22　$v_C = 2R\omega$，$\omega = \frac{1}{5R}\sqrt{10gh}$；$F_T = \frac{1}{5}mg$

第 10 章

10-1　④

10-2　③

10-3　$m\alpha r$，$\frac{m\omega^2 r^2}{R-r}$；$\frac{1}{2}mr^2\alpha$

10-4　$m(a-\alpha r)$，$\frac{1}{2}mr^2\alpha$

10-5　ma_C，水平向左；$\frac{1}{2}ma_C r$，顺时针

10-6　$g\cos\theta$

10-7　$\alpha = 47.04\text{rad/s}^2$；$F_{Ax} = 95.26\text{N}$，$F_{Ay} = 137.6\text{N}$

10-8　$F_{AD} = 5.38\text{N}$，$F_{BE} = 45.5\text{N}$

10-9　（a）$\alpha_a = \frac{2W}{mr}$，绳中拉力为 W，轴承约束力：$\sum F_x = 0$，$F_{Ox} = 0$；$\sum F_y = 0$；$F_{Oy} = W$

（b）$\alpha_b = \frac{2Wg}{r(mg+2W)}$，绳中拉力 $T_b = \frac{mg}{mg+2W}W$，轴承约束力：$\sum F_x = 0$，$F_{Ox} = 0$；$\sum F_y = 0$，$F_{Oy} = \frac{mgW}{mg+2W}$

10-10　$\omega^2 = \frac{2m_1 + m_2}{2m_1(a + l\sin\varphi)}g\tan\varphi$

10-11　$F_{CD} = 3.43\text{kN}$

10-12　$a_{max} = 6.51\text{m/s}^2$

10-13　$F_{Ax} = 0.122\text{N}$，$F_{Ay} = 30\text{N}$

10-14　（1）$a = 310.4\text{m/s}^2$；（2）$F_B = 11.64\text{kN}$

10-15　（1）$a_C = \frac{4}{21}g$；（2）$F_{AB} = \frac{34}{21}mg$，$F_{DE} = \frac{59}{21}mg$

10-16　$k \geqslant \frac{m(e\omega^2 - g)}{2e+b}$

10-17　$F = 933.6\text{N}$

10-18　（1）$\alpha = \frac{9g}{16l}$；（2）$F_{Ax} = \sqrt{3}mg$（由 A 指向 B），$F_{Ay} = \frac{5}{32}mg$（垂直 AB 向上）

10-19　$a=5.88\mathrm{m/s^2}$，$\alpha=19.6\mathrm{rad/s^2}$

10-20　$F_D=117.5\mathrm{N}$

第 11 章

11-1　①②④，③⑤；①②③④，⑤；①②，④

11-2　④

11-3　③

11-4　$\delta r_A=\dfrac{\sqrt{2}}{4\cos 15^\circ}\delta r_C$

11-5　4:3

11-6　$\theta=36.1^\circ$

11-7　$M=\dfrac{5mgh}{2\pi}\tan\dfrac{\theta}{2}$

11-8　（a）$M_2=4M_1$；（b）$M_2=M_1$

11-9　$F=\dfrac{3}{2}W$

11-10　$F_D=\dfrac{M}{2l}+ql$（向上），$F_B=F_\mathrm{P}+2ql-\dfrac{M}{l}$（向上），$F_A=\dfrac{M}{2l}-ql$（向上）

11-11　$F_{\mathrm{N1}}=\dfrac{11}{3}\mathrm{kN}$（拉），$F_{\mathrm{N2}}=\dfrac{11}{2}\mathrm{kN}$（压）

11-12　$\theta=36.6^\circ$

11-13　$\sin\theta=\dfrac{F}{ak}$

11-14　$F_\mathrm{N}=21.52\mathrm{kN}$

11-15　$\cos\dfrac{\theta}{2}=\dfrac{M}{4mgl}$

11-16　$k=\dfrac{mg}{d}$

附录B　索　引

problem)
冲量(impulse)
初始条件(initial condition)
纯滚动(pure rolling)

D

单面约束(unilateral constraint)
达朗贝尔原理(d'Alembert's principle)
达朗贝尔惯性力(d'Alembert inertial force)
等时性(isochronism)
等效力系原理(theorem of equivalent force systems)
等效刚度系数(equivalent stiffness coefficient)
等效质量(equivalent mass)
点(point)
定参考系(fixed reference system)
定常约束(steady constraint)
定位矢量(fixed vector)
定轴转动(fixed - axis rotation)
动参考系(moving reference system)
动静法(method of dynamic equilibrium)
动力学(dynamics)
动力学普遍方程(generalized equations of dynamics)
动量(momentum)
动量定理(theorem of the momentum of the system of particles)
动量矩(moment of momentum)
动摩擦力(dynamic friction force)
动摩擦因数(dynamic friction force)
动能(kinetic energy)
动平衡(dynamic balance)
动约束力(dynamical constraint force)
多刚体系统(rigid multi - body system)
多余约束(redundant restraint)

E

二力构件(members subjected to the action of two forces)

F

法向加速度(normal acceleration)
法向惯性力(normal inertia force)
非完整约束(nonholonomic constraint)
非定常约束(unsteady constraint)
非光滑面(rough contacting surface)
非理想约束(non - ideal constraint)
分布力(distributed force)
分离体(isolated body)
副法线(binormal)
复摆(compound pendulum)
复合运动(composite motion)

G

干摩擦(dry friction)
刚体(rigid body)
刚体定轴转动微分方程(differential equations of rotation of rigid body with a fixed axis)
刚体平面运动微分方程(differential equation of planar motion of rigid body)
刚性约束(rigid constraint)
固定端或插入端(fixed end support)
惯性力(inertial force)
光滑接触面(smooth surface)
光滑圆柱铰链(smooth cylindrical pin)
广义虚位移(generalized virtual displacement)
广义坐标(generalized coordinates)
广义坐标的变分(variation of generalized coodinate)

轨迹（trajectory）
滚动摩阻（rolling resistance）
滚动摩阻系数（coefficient of rolling resistance）
辊轴支承（roller support）

H

合力之矩定理（theorem of the moment of a resultant）
桁架（truss）
弧坐标（arc coordinate of a directed curve）
滑动摩擦力（sliding friction force）
汇交力系（concurrent force system）
回转半径（radius of gyration）
恢复因数（coefficient of restitution）

J

基点（base point）
基点法（method of base point）
机构（mechanism）
机械能（mechanical energy）
机械能守恒定律（theorem of conservation of mechanical energy）
集中力（concentrated force）
加速度（acceleration）
加速度合成定理（theorem for the composition of accelerations）
尖劈（wedge）
简单桁架（simple truss）
简化中心（reduction center）
角动量（angular momentum）
角速度（angular velocity）
角加速度（angular acceleration）
角速度合成定理（theorem of composition of angular velocity）
节点（node）
节点法（method of joints or pins）
结构（structure）
截面法（method of sections）
静定结构（statically determinate structure）
静定问题（statically determinate problem）
静力学（statics）
静摩擦力（static friction force）
静摩擦因数（static friction factor）
静约束力（statical constraint force）
绝对加速度（absolute acceleration）
绝对速度（absolute velocity）
绝对运动（absolute motion）

K

科氏加速度（Coriolis acceleration）
可动铰链支座（roller support）
空间桁架（space truss）
空间任意力系（three dimensional force system）
库仑摩擦定律（Coulomb law of friction）

L

拉力（tensile force）
（第二类）拉格朗日方程［Lagrange equation（of the second kind）］
拉格朗日函数（Lagrange function）
力（force）
力的可传性原理（principle of transmissibility of a force）
力的三要素（three elements of a force）
力对点之矩（moment of aforce about a point）
力对轴之矩（moment of a force about an axis）
力偶（couple）
力偶臂（arm of couple）

力偶矩矢量（moment vector of couple）
力偶系（system of couples）
力偶作用面（acting plane of a couple）
力矩中心（center of a moment）
力螺旋（wrench of force system）
力系（system of forces）
力系的简化（reduction of force system）
力系等效（equivalent force systems）
理想约束（ideal constraint）
力向一点平移定理（theorem of translation of a force）
零杆（zero－force member）

M

密切面（osculating plane）
摩擦（friction）
摩擦力（friction force）
摩擦角（angle of friction）
摩擦锥（cone of static friction）

N

内力（internal force）
内摩擦（internal friction）
内约束力（internal constraint force）
黏性阻尼（viscous damping）
黏性阻尼系数（coefficient of viscous damping）

P

碰撞（collision）
碰撞冲量（impulse of collision）
平衡的充要条件（conditions both of necessary and sufficient for equilibrium）
平衡方程（equilibrium equations）
平衡条件（equilibrium conditions）
平面桁架（planar truss）
平面简单桁架（simple truss）
平面任意力系（arbitrary force system in a plane）
平面运动（planar motion）
平移（translation）

Q

牵连加速度（convected acceleration）
牵连速度（convected velocity）
牵连运动（convected motion）
切线（tangential line）
切向惯性力（tangential inertia force）
切向加速度（tangential acceleration）
球形铰链（ball－socket joint）
曲线平移（curvilinear translation）
曲线运动（curvilinear motion）

R

柔索（cable）
柔性约束（flexible constraint）

S

三角形结构（triangle structure）
矢径（position vector，radius vector）
受力图（free－body diagram）
受约束体（constrained body）
双面约束（bilateral constraint）
瞬时平移（instantaneous translation）
瞬时速度中心（instantaneous center of velocity）
四面体结构（tetrahedron structure）
速度（velocity）
速度合成定理（theorem of compositions of the velocities）
速度投影定理（theorem of projections of the velocity）

W

外力（external force）
外约束力（external constraint force）
完整约束（holonomic constraint）
位矢端图（hodograph of position vec-

tor)
位移(displacement)
位置矢量(位矢)(position vector)
无滑动的滚动(rolling without slipping)
微分(differential)
物理摆(physical pendulum)

X

线动量(linear - momentum)
相对法向加速度(relative normal acceleration)
相对加速度(relative acceleration)
相对切向加速度(relative tangential acceleration)
相对速度(relative velocity)
相对运动(relative motion)
楔块(wedge)
虚功(virtual work)
虚位移(virtual displacement)

Y

压力(compressive force)
约束(constraint)
约束力(constraint force)
运动效应(effect of motion)
运动学(kinematics)

Z

载荷(load)
质点动力学(dynamics of a particle)
质心运动定理(theorem of the motion of the centre of mass)
质点系动量守恒(conservation of momentum of system of particles)
质点系对定点的动量矩定理(theorem of the moment of momentum of a system of particles)
主动力(active force)
主矩(principal moment)
主矢量(principal vector)
主法线(normal line)
转动惯量(moment of inertia)
转动惯量的平行轴定理(parallel - axis theorem of moment of inertia)
撞击中心(center of collision)
直线平移(rectilinear translation)
直线运动(rectilinear motion)
自然轴系(trihedral aces of a space curve)
自锁(self - lock)
自由度(degree of freedom)
自由矢量(free vector)
自由体(free body)
最大静摩擦力(maximum static friction force)

参考文献

[1] 范钦珊，陈建平．理论力学［M］. 北京：高等教育出版社，2009.

[2] 范钦珊，刘燕，王琪．理论力学［M］. 北京：清华大学版社，2004.

[3] 朱照宣，周起钊，殷金生．理论力学：上册［M］. 北京：北京大学出版社，1982.

[4] 朱照宣，周起钊，殷金生．理论力学：上册［M］. 北京：北京大学出版社，1982.

[5] 刘延柱，杨海兴．理论力学［M］. 北京：高等教育出版社，1991.

[6] 哈尔滨工业大学理论力学教研室．理论力学（Ⅰ）［M］.6 版．北京：高等教育出版社，2002.

[7] 哈尔滨工业大学理论力学教研室．理论力学（Ⅱ）［M］.6 版．北京：高等教育出版社，2002.

[8] 洪嘉振，杨长俊．理论力学［M］.3 版．北京：高等教育出版社，2008.

[9] 王烈，官飞，薛克宗，等．理论力学［M］. 北京：清华大学出版社，1990.

[10] Meriam J L，Kraige L G. Engineering mechanics：Statics［M］. 3th ed. New York：JohnWiley&Sons Inc，1992.

[11] Meriam J L，Kraige L G. Engineering mechanics：Dynamics［M］. 3th ed. New York：JohnWiley&Sons Inc，1992.

[12] Bedford A，Fowler W. Engineering mechanics：Statics［M］. New York：Addison – Wesley Publishing Company Inc，1995

[13] Bedford A，Fowler W. Engineering mechanics：Dynamics［M］. New York：Addison – Wesley Publishing Company Inc，1995

[14] Hibbeler R C. Engineering mechanics：Statics［M］. 6th ed. New York：Mcmillan Publishing Company，1992.

[15] Hibbeler R C. Engineering mechanics：Dynamics［M］. 6th ed. New York：Mcmillan Publishing Company，1992.

[16] Riley WF，Sturges L D. Engineering mechanics：Statics［M］. 2th ed. New York. John Wiley&Sons Inc，1996.

[17] Riley WF，Sturges L D. Engineering mechanics：Dynamics［M］. 2th ed. New York. John Wiley&Sons Inc，1996.

[18] 贾书惠．刚体动力学［M］. 北京：高等教育出版社，1987.

[19] 王照林．运动稳定性及其应用［M］. 北京：高等教育出版社，1992.

[20] 梅凤翔，刘桂林．分析力学基础［M］. 西安：西安交通大学出版社，1987.

[21] 郑兆昌．机械振动：上册［M］. 北京：机械工业出版社，1980.

[22] 郑兆昌．机械振动：中册［M］. 北京：机械工业出版社，1988.

[23] 中国大百科全书总编辑委员会．中国大百科全书：力学卷［M］. 北京：中国大百科全书出版社，1985.

[24] 中国大百科全书总编辑委员会．中国大百科全书：航空航天卷［M］. 北京：中国大百科全书出版社，1985.

[25] Kleppner D，Kolenkow R J. 力学引论［M］. 宁远源，刘爱晖，译. 北京：人民教育出版社，1980.

[26] Rosenberg R M. 离散系统分析动力学［M］. 程逼巽，郭坤，译. 北京：人民教育出版社，1981.

[27] ΦP 甘特马赫. 分析力学讲义［M］. 钟奉俄. 薛向西，译. 北京：人民教育出版社，1963.

[28] 卢德明，李良标，苏品. 运动生物力学［M］. 北京：人民体育出版社，1982.

[29] 倪振华. 振动力学［M］. 西安：西安交通大学出版社，1989.

[30]《力学词典》编辑部. 力学词典［M］. 北京：中国大百科全书出版社，1990.

[31] 罗远祥，官飞，关冀华，等. 理论力学：上册［M］. 3 版. 北京：高等教育出版社，1981.

[32] 罗远祥，官飞，关冀华，等. 理论力学：中册［M］. 3 版. 北京：高等教育出版社，1981.

[33] 罗远祥，官飞，关冀华，等. 理论力学：下册［M］. 3 版. 北京：高等教育出版社，1981.

[34] 范钦珊. 理论力学［M］. 北京：高等教育出版社，2000.

[35] 范钦珊，王琪. 工程力学 1［M］. 北京：高等教育出版社，2002.

[36] 范钦珊，王琪. 工程力学 2［M］. 北京：高等教育出版社，2002.

[37] 谢传锋，静力学［M］. 北京：高等教育出版社，1999.

[38] 谢传锋，动力学（Ⅰ）［M］. 北京：高等教育出版社，2001.

[39] 谢传锋，王琪. 理论力学［M］. 北京：高等教育出版社，2009.

[40] 朱炳麒，赵晴，王振波. 理论力学［M］. 北京：机械工业出版社，2001.

[41] 浙江大学理论力学教研室. 理论力学［M］. 3 版. 北京：高等教育出版社，1999.

[42] 哈尔滨工业大学理论力学教研组. 理论力学：上册［M］. 5 版. 北京：高等教育出版社，1997.

[43] 贾书惠，张怀瑾. 理论力学辅导［M］. 北京：清华大学出版社，1997.

[44] 王铎. 理论力学解题指导及习题集：上册［M］. 2 版. 北京：高等教育出版社，1984.

[45] Ferdinand P Beer，E Russell Johnston Jr. Vector Mechanics for Engineers：Dynamics［M］. 6th ed. New York：McGraw Hill，1997.